NF文庫
ノンフィクション

陸軍試作機物語

伝説の整備隊長が見た日本航空技術史

刈谷正意

潮書房光人新社

はじめに——試作機に賭けた苦闘の足跡

テストパイロット

キーン！　腹わたを引ッ裂くカン高い爆音。白銀に輝く芥子《けし》粒ほどの飛行機が、紺碧の大空の一点から真ッ逆さまに突っこむ。

コクピットの中では、必死にハンドルを支えたパイロットの血走った目が計器の針を追う。

高度計の針はクルクル下げ回り、スロットルは全開だ……と、突然ピピッ！　と風防に亀裂《きれつ》が走る。社運を賭けた試作戦闘機のパワーダイブテストだ。

息を凝《こ》らして見まもる地上の人々の目に、その形が見るみる大きくなった途端、ちぎれ紙のように飛び散る主翼。救急車のサイレンが狂気に唸《うな》る。

翼を失い、石のように墜《お》ちてゆくノースロップＸＡ17。

必死で自記計器をもぎとったパイロットは、猛烈な風圧を蹴って空中に身を躍らせた。

青空に漂う純白の落下傘……。その二四本の命綱の結び目に、「これぞ我が命」と、自記計器をガッチリ胸に抱いたテストパイロットの姿があった。

「死の恐怖」を払いのけ、目もくらむ加速度に懸命に耐えながら、彼がつかんだこのデータこそは、試作機にとっては制式機への貴重なパスポートだった。

戦前のアメリカ・メトロ映画、クラーク・ゲーブル主演『テストパイロット』。この強烈なイメージの一齣《ひとこま》にしびれたのは、果たして筆者だけだったろうか。

……空には夢があり詩《うた》がある……人類は、宇宙の秘密のベールを一枚一枚はぎとり、払いのけながら、より速く、より高く、そしてより遠くへと、果てしない夢を大空に追い続けた。

そのパイオニアたる使命感に燃えたつ大空の群像「テスパイ」たちは、計り知れない勇気をさりげない笑顔で包み、異常なまでの情熱と誇りで、その大空の魔力に挑戦した。

そして今もなお極限の条件を探りつつ、ただ一途に試作機の完成への夢を賭け、未知の世界で遭遇する数々のエピソードを、強烈なタッチで描き続けるのだ。紺碧のキヤンパスを切り裂くあの純白のコントレールがそれだ。

試作機

軍用機は、最先端技術の粋を集めた珠玉の芸術作品である。

でも、それは完成品ではない。多くの基礎研究をふまえ、輝かしい未来を期待された生まれたてのベビーなのだ。

戦闘機・偵察機・爆撃機など、それぞれが期待どおりの性能を発揮できるかどうかは未知数なので、テスト飛行で一つ一つのテーマを実証して、それをパスしなければならぬ。

日進月歩の航空界では、今日の新鋭機も、明日はもう旧式機といわれるほど進歩のテンポが早い。将来の戦略・戦術動向を予測して企画された試作機の研究・試作・テストなどの各スタッフは、「国防の安危は我が双肩にあり」との自負と栄光を胸に、一日も早く優秀な制式機に育てようと心血を注ぐのだ。

だが、ドッコイそうは問屋が卸《おろ》さぬのが世の常だ。採用され、制式機として量産されるその陰には、担当した人々の哀歓をよそに、貴重なデータを唯一の誇りにして、人間社会さながらに惜しまれながらも消え去った多くの試作機のうしろ姿がある。

だから当然、試作機は〝金食い虫〟だといわれるが、けだしこれは試作機の宿命だろう。

昭和一五年、戦闘機一機が約二万円の頃、筆者が担当した次期戦闘機キ44は、破壊試験用〇号機を含む四機の試作費が四〇〇万円だと聞いていたが、単純計算でも制式機二〇〇機分の開発費が計上されていたわけだ。

受注した製作会社も、制式機になるか否かは、時によっては屋台骨をもゆさぶられる大仕事。ましてや競争試作ともなれば、会社にとってはまさに「宣戦布告」も同然だ。

したがって、その試作機とともに陸軍航空技術研究所へ乗り込んできた派遣技師団の気迫がすさまじかったのも当然だった。

陸軍航空技術研究所

筆者は、昭和一四年四月、〝〽エンジンの音轟々と……〟の軍歌で名高い飛行第六四戦隊の第三中隊（北支戦線太原基地）から、立川陸軍航空技術研究所に転任した。

ここは碩学《せきがく》卓見の所長安田武雄中将の下に一～九科に分かれ、陸軍でこれから使う新しい航空機材と、航空医学の研究や制式化のための審査をする役所で、われわれ第一期技術生徒出身者にとっては憧れのメッカだった。

筆者が配属された総務部飛行科では、腕っこきの中佐、少佐、大尉、古参准尉、曹長らの名テストパイロットたちはもちろん、「神様」という海軍での専用語もそのままに、陸海軍で鍛えあげた老練な「整備の神様」たちが、それぞれの特技を競いあっていた。

弱冠二〇歳、航空兵曹長だった筆者は、現役兵の故をもって第一、二格納庫チーフを仰せつかり、これらの「神様」たちから鍛えられながら、若き血を躍らせつつ新試作機審査に励んだ。

まず手初めに担当したキ51の審査では、眼底に火花の散る六〜七Gの加速度で繰り返される操縦性能試験に、ハッカ入り菓子を口に含んで頑張ったり、下を向けば、関東平野が八畳敷くらいに見える一万メートルの上空にブラ下がったような姿勢に

昭和18年8月、調布南地区の第47戦隊整備班長のころの筆者

なる上昇限度試験など、地上では味わえない変わった体験をしながら、いろいろな試作機を迎え、そして送り出した。

飛行科のピストには、臨時軍用気球研究会以来の超ベテランの生き証人や、エアーインテークから入って排気管から出てきた男といわれた航研機の関根機関士等々、各部の超エキスパートの「神様」方や、新進気鋭の研究者が集まって飛行試験に立ち会うのだった。

そしてこの方々からは、毎日のように陸軍機試作にまつわる貴重な経験、古事来歴や奇談、珍談、苦心談の数々を拝聴する光栄に浴した。

なんの気負いもなく淡々と語られるそれら話のたった一切れでも、血と涙と汗の結晶であり、キラリと輝く知恵の珠玉編だった。そしてそれがまた、そのまま陸軍試作機の歴史でもあった。だからこそ貴重なそれらの業績は、長く語り伝えて雲外に霧散させてはならないものと思う。

戦後、昭和二七年、航空再開とともに、大森健夫元技術中佐の提唱で、零戦の設計者堀越二郎技師や、当時ペンシルロケットを手掛けておられた東大の糸川博士ほか各界の権威者でつくられた日本ヘリコプター研究会が企画した、「よみうりY1ヘリコプターJA7009」の試作担当を手はじめに、ふたたび航空関係に従事することになった筆者は、これを契機に試作機に託したこれら先人の夢と熱情と苦心の跡を辿って記録に残そうと、改めて当時の各担当者をお訪ねした。

けれども、その大先輩や同僚の中にも、常にアクシデントの危険と背中合わせの試作機と運命を共にされていたり、戦後すでに鬼籍に入られた方もあり、貴重なデータも終戦時に火中にされていて、記憶に頼るほかない点もあった。

これら彼此《ひし》較量してできるだけ正鵠《せいこく》を期したつもりなのだが、なおも多い不備な点には大方のご叱正を仰ぎたい。

この物語は昭和三二〜三四年、「航空ファン」に連載したものだが、光人社牛嶋義勝氏からの示唆《しさ》で新しい見地から稿を起こし、筆者の実戦体験を加えて述べたものであり、本題の試作機の後期のものについては参考記載とした。ご了承賜わりたい。

陸軍試作機物語——目次

三面図／雑誌「丸」編集部
写真提供／著者・航空ファン・雑誌「丸」編集部・米国立公文書館

陸軍試作機物語

第一章――軍用飛行機はこうして生まれた

日本の航空の夜明け

チョンマゲ機まかり通る

まずは、今からさかのぼる明治四三年一二月一五日付、朝日新聞第八四五号（5）トップ記事を御覧いただこう（現代仮名遣いに改めた）。

飛行器見物記

▼代々木原の試揚

一三日、代々木練兵場で始めて飛行機というものを見た。

当日は組み立て及び発動機試運転があるということだったが、記者が同所に行き着いたのは午後一時頃で、組み立てはすでに終わっていた。格納庫たる大天幕が二つと、一五、一六飛揚の当日接待所たるべき小天幕が四つ、練兵場の東端山手線に沿うて立つ。

谷田工兵中佐と徳永気球隊長を頭に、気球隊の将校が数名、小浜、金子の両海軍大尉、田中館、中村（清二）横田等の各理学博士の間に、日野大尉がグラーデ式飛行器を前にして立つ。

▼トンボに酷似《こくじ》す

始めて見た飛行器は、きわめて変なものであった。もっともかくあらねばならぬのだろうが、大層小さな、しかも手軽な物であった。もちろん前々から写真でだけは見ていたのであるが、実際に見た瞬間の感じは、はなはだ異様であった。

早分かりするように、このグラーデ式飛行器を説明するならば、金属と帆布で作ったトンボである。

長さが五間余りで、羽翼もこれに準ずる。トンボの頭に当たるところに発動機があって、その前方に大きな竹トンボのような黒い鉄製の推進器がついている。

トンボの脚部に自転車のと同じ二輪車のゴム車があって、その細長い尾の中ほどに、またきわめて小さいゴム車が付着している。

そして操縦者はトンボの頭の下、二つのゴム車の間の黒い布で作った椅子の上に蹲踞《うずくま》って、上の発動機から下に突出した棒をとるのである。

▼推進器のうなり

発動機から続いてトンボなら首筋に当たる辺りに、真鍮《しんちゅう》製のピカピカ磨いた大砲の弾のようなものがある（筆者注、燃料タンク）。二人の職工がそれに揮発油を注ぎこんで、コロコロと飛行機を押して、松の根元へ尾を木の近くに持って行った。

発動機から太い麻縄を引っ張って、その端をダイナモメーテル（検力器）に結びつけ、検力器にはまた別の綱をつけて、松の木にグルグル巻きつけた職工が手をかし、発動機にグイグイと運動を着ける。

それと共に日野大尉が釦《ぼたん》を押すや否や、それがブーとかなり大きな音響をたてて回転し出し、逸《はや》り出さんとする飛行器を押さえた綱が固く緊張した数分の後、検力器を調べてみると、七〇基（キロ）ほど出べきが三一、三のところを指していた。

▼いよいよ滑走を始む

少時してから綱を断って、日野大尉が乗った。ブーンブーンと推進器がうなりを生じて飛行器が走り出した。フワリフワリと今にも飛び上がりそうに、縦に横に丸く楕円に五丁余りの距離を走ったが、遂に地上を離れるには至らなかった。

二四馬力ほどの機械が一二馬力ほどの力で、推進器は一分間に八〇〇回ほど回転しているのである。同じことを数回続けて、日の暮れるまでやった。

ファルマン飛行器は天幕の中へ納めたままで、徳川大尉が技師職工らと共に種々試験をしていたが、推進器はいまだクルクルと盛んに回転するまでには至らなかった。

この方が複葉でだいぶ大きく、形もグラーデとはよほど違う。


つぎの一六日の新聞では、一五日の飛行の模様を、グラーデ式が一〇〇メートル、高度二〇メートルの飛行後、車輪が土中に没し転覆したと、その状況を報じている。これが、日本で飛行機が初めて空中に浮かんだ瞬間だったが、公式公開日でなかったのと転覆事故とからんで、「飛行」とは言われなかった。一六日午後には修理のうえ、ジャンプ飛行を何回かやっている。

一方、徳川大尉のファルマン式は五〇馬力の全馬力を出すまで調整できなかったが（筆者が直接伺った話ではマグネトーの故障）、一六日、地上滑走中、右車輪を台地に引っ掛けて車軸を折り、月中天に懸《か》かる夕刻となったので、障害物を見分けられなかったとの話だった。

その後は雨・風強しなどで飛行を見合わせており、「午後四時過ぎの風凪《なぎ》でないと飛べない」などと田中館《たなかだて》博士の談話が出ていて、当時の苦心のほどがしのばれる。チヨンマゲ機ファルマン式で、徳川大尉が歴史的飛行に成功したのも一九日の朝凪を利用してであった。

この状況を、朝日新聞はつぎのように報じた。

●飛行三〇〇〇メートル

▽冬枯れの代々木原頭

▽徳川大尉の大成功

近頃、意地悪の北風吹き続きて、週日来、せっかくの飛行器試験もとかくにはかばかしき結果を示すに至らず、口善悪なき京童子《きょうわらべ》をして「木枯吹き荒ぶ冬枯の代々木ヶ原に、今頃トンボが飛び上がって堪《たま》るもんかい」など悪洒落《しゃれ》をほしいままならしめおりしを、何某にも口惜しき限りなりしが、一九日、徳川大尉の操縦するファルマン式複葉飛行器は、天晴《あっぱれ》三〇〇〇メートルを飛行し、目先の利かぬ馬鹿者どもをして、グーの音も出ざるに至らしめしこそ、我他共に目出たけれ。

日本で初飛行した徳川大尉のアンリー・ファルマン機

▼発動機戛《かつ》々の響き

前日以来、不断の試験に機械の運転も手に入り、イザやこの日は朝まだきより飛行して、早いつもりで出て来る天道様までをもオット遅かったと失望せしめくれんずものと、両飛行器は夜来いまだ明け放れざるうちより天幕外に引き出され、山手線の電車がいまだ軌《きし》り出さぬ前より発動機戛々の響きは、既《はや》くも霜白き練兵場に反響を返す。

仰げば残月尚天にあり、二回、三回、五回、一〇回、ファルマン式の駆走試験は、回一回ますます良好の成績示し、二、三〇メートルの距離をプイプイと飛ぶ事掌《たなごころ》を返すよりも易々《いい》楽々、「旨《うま》いなあ」「大丈夫」「飛べるぞ」などという声、そこここに起こり、沈毅寡黙をもって聞こえたる操縦者徳川大尉も、遉《さすが》に今日ばかりは喜色掩《おお》い難く、元気と自信は眉宇《びう》の間に動けり。

▼飛ぶ、飛ぶ、飛ぶ

七時五〇分、これなら十分なりと、いよいよ飛行に取りかからんとせし頃、東方雲破れて燃ゆるが如き旭出たり、風まったく凪《な》ぎて焚火《たきび》の煙は低く周囲の森に棚引く、戛々発動機回転を始めて数秒、時分はよしと、徳川大尉が左手を上げて出発の合図を為すと共に、機械の出動を抑えいたる（注・車輪止めはまだ発明？　されていなかった）数名の兵士は、バラバラと別れて、飛行器の後より続く二台の自動車に飛び乗る。

滑走三〇メートル、早くも飛行器は地上を離れて悠然として梯子なき宙天高くよじ登りつつ進む一〇秒、三〇秒、五〇秒、松の木よりも高し、森よりも上に出、面仰向け、目見張りて打ち眺むる間に鳥は魂《たまげ》消て東に飛び、雀は驚いて西に逃ぐ。

徳川好敏

独り悠然として進む飛行器はすでに、場の一角を回りて舵を西方に転ずれば、消ゆるも惜しと打ち眺めおるらん残月を掠《かす》めて、朝日に映る富士の雪紅燃ゆるが如きを目掛けて飛ぶ飛ぶ、飛ぶ、飛ぶ。

▼徳川大尉の喜色

目出たく一周を完了す。ここで降りるかと見ている間に、さらに第二周目に入りて、今度は前回よりやや低く同じコースをまた一周す。万才万才のうちに、きわめて静かに下降して出発点に帰り来れば、まず井上兵団長は逸早《いちはや》く駆け寄り、手を握りて成功を祝す。

島川少将、中村少将、田中館博士、山川博士そのほか徳永少佐、だれやかれや挙手に脱帽に功を祝し、労を労《ねぎら》う。徳川大尉何条嬉しからざるべき、微笑自ら口辺を洩れて、淋漓《りんり》たる流汗を拭うその手は、この時、鬼をも挫《ひし》がんすべき力あり。

ふと見る万目蕭々《しょうじょう》冬枯れの中に、紅一点とかくに昂《たかぶ》る胸を抑えて嬉し涙の止めもあえぬは、日野大尉夫人とともに遙かにこの光景を打ち眺むる徳川大尉の令妹なりき。

この飛行距離三〇〇〇メートル、時間四分。

ついで、日野熊蔵大尉もグラーデ式で一〇〇〇メートル、高度四五メートル、時間一分二〇秒の飛行に成功した。

美文調のこの新聞記事は、若い方々には滑稽だろうが、当時の模様を事細かに写し出した名文といえよう。

昭和九年、所沢陸軍飛行学校生徒だった筆者らは、飛行場台上の愛国講堂で、慈眼にロイド眼鏡の当の徳川好敏校長（少将）から、それが特徴の早口で、〝チョンマゲ機〟と言われた当時の模様などを、事細かに拝聴して感激したものだった。

謹んで今は泉下に眠られる偉大なる先駆者「徳川大尉」を偲《しの》び、その業績を称《たた》えよう。

この日、明治四三年一二月一九日こそ、日本の空に日本人が初めて飛行機を飛ばした記念すべき日で、それがまた、陸軍航空創設の幕開けを飾る快挙となったのである。

【解説】

さて、ここでこの時の飛行機をちょっと調べてみよう。

アンリー・ファルマン複葉機　徳川大尉の手で初めて日本の空を飛び、日本航空史にその名を留めたチョンマゲ機アンリー・ファルマン式複葉機一九一〇年型は、全幅一〇・五メートル、全長一二メートル・グノーム・オメガ回転空冷式七気筒五〇馬力発動機を装備した複座機で、重量六〇〇キロ、速度六五キロ／時、当時の購入価格は一万八八〇〇円也。

ボアザン複葉機を改良して、フランス人アンリー・ファルマンが製作した。

この当時、ポールハン（仏）が、この機でロンドン―マンチェスター間三二〇キロを、四時間一二分で飛行した実績が世界的な名声を博していた。

組桁張線《はりせん》構造の機体は、飛行機凧《だこ》と思えばまず間違いない。エルロンは両方とも垂れ下がっているが、飛行中は風圧で正しい翼型となり、旋回するときは外側のを操縦索で引き下げ、迎え角を大きくして機体を傾ける。

箱型水平尾翼の下方の安定板は固定、上部の後ろ半分も昇降舵とはなっているが、〝チョンマゲ〟機の名のもとである機首のエンテ翼が主昇降舵である。（写真は滑走しはじめで、尾部が上がるように前下り操舵）

「操縦は、踏棒《ふみぼう》と前後と左右の傾きを二個の舵輪でやるので、忙《いそが》しくて忙しくてしようがなかったヨ」とは、これまた閣下の述懐だが、この舵輪式のものはフランスで訓練中の話なので、練習途中で購入を取り止めたアントワネット機のことらしい。

代々木の初飛行でのトラブルはマグネトーの故障とわかり、応急処置で電池をマグネトーの配電盤へ繋《つな》ぎ、やっと発動機が始動したなど、苦心談の数々は興味深かった。

そのとき、われわれ生徒に回覧された飛行機操縦者免許証は、フランス航空協会の

グラーデ式単葉機。ドイツ人ハンス・グラーデの設計

一九一〇年一一月八日付発行で、第二八九番だった。

ファルマン機は、所沢駅近くの航空本部補給所南倉庫（現在の西部鉄道修理工場）を改装した航空館に、ただ一機残っていたが、終戦時アメリカ軍に持ち去られ、その後昭和三五年五月、日米修交一〇〇年を記念して返還され、東京万世橋の交通博物館が閉館されるまで展示されていた。


グラーデ式単葉機　ドイツ航空界の先覚者ハンス・グラーデの設計したもので、一九〇九年一二月に初飛行した。その改造型がフランスの飛行競技会で優勝した実績と、構造材料に鋼パイプと竹が主に使われているので、竹が豊富な日本の研究機には適当だと判断した訓令でこの機を購入したとの話だ。ドイツで訓練を受けた日野大尉の専習機である。

上反角のある主翼は、単葉羽布張りの張線式で、当時としては一味違う斬新な設計であり、近代機の原型ともいえよう。

操縦は垂れさがった一本の操縦桿で行ない、左右の傾きはエルロンがないので、傾ける反対側の翼端後部を引き下げる撓《たわ》み方式である。

翼面荷重がアンリー・ファルマンより大きい上に、馬力荷重も一三・七キロ／馬力と大きいのが目立つ。

全幅はアンリー・ファルマンと同じく一〇・五メートル、全長七・五メートル、全高二メートル。エンジンはグラーデ空冷式V型四気筒二四馬力、主翼二五平方メートル、全備三三〇キロ、速度五七キロ／時、航続時間三時間である。

陸軍航空の芽生え

飛行機購入のいきさつ

「鳥のように空を飛びたい」という大昔からの人間の願望が、戦場で敵の動きを偵察するという目的の手段に使われるのは、あまり歓迎すべきことではないが、軍としては明け放たれた第三次元の大空を利用しない術はないとするのも一面の道理だろう。

これまでにも明治一〇年、西南戦役の熊本城攻撃用にと気球が製作されたり、立川付近の多摩川で流水試験などをして日本式気球（長変型）を研究開発して採用し、日露戦争で旅順攻囲戦にも使用された。

また、明治四三年にはヨーン式飛行船を購入するなど、繋留《けいりゅう》気球や飛行船の研究は熱心に進められていて、明治四〇年一〇月には二年前に発足した気球班が早くも気球隊に改編されたのだったが、飛行機についてもその芽ばえがないわけではなかった。

川田明治大尉の調査報告書　明治四二年五月、参謀本部部員の川田歩兵大尉が「空中飛行器に関する研究」という調査報告書を山田課長に提出し、「出色なり」とされて全軍に発表された（後の大将、海軍大尉山本英輔もこの二ヵ月前に「飛行器に関する意見書」を上司に提出していた）。

寺内陸相の決断　この前年の明治四一年、桂内閣の陸軍大臣寺内正毅子爵は、将来の空中戦力を予想して六〇万円の予算を獲得し、「どうもこの次の戦争には、航空機が主武器になりそうだ。今より大いに研究せねばならんゾ」と、局長会議で発議したのだった。

ところが、寝耳に水のこの話に、陸軍次官石本新六少将が、「人間が鳥の真似の出来ようはずはない。こんなつまらぬことに六〇万円もの大金を捨てることはおよし願いたい」と反対するといういきさつなどもあって、明治四二年七月三〇日、勅命第二

寺内正毅

○七号をもって陸海軍大臣の監督に属する臨時軍事気球研究会が設立された。

明治三六年一二月一七日、キティホークから六キロのキルデビルの砂丘で、ライト兄弟が動力機による初の有人飛行に成功した後、実用機のフライヤーⅢの飛行は、二年後の一〇月五日だったし、パリ西郊バガテルでサントス・デュモンが欧州での初飛行をした明治三九年一一月一二日からは三年四ヵ月しか経っていないのだから、遅ればせながらのこの決断も、決して遅すぎたものではない。

第一次世界大戦が始まったときに、欧州でも飛行機を兵器として考えた者はなかったといわれているので、飛行機を軍用として育てようとしたさきの寺内大臣の決断と処置は、まさに時宜《じぎ》を得た先見の明と大きく評価できよう。

飛行機購入のこと　ところで、明治四二年八月二九日の辞令で初代会長を引き受けた見事な髭《ひげ》で名高い長岡外史将軍は、八月三〇日、さっそく、つぎの訓令を受け取った。

「訓令　臨時軍用気球研究会ハ軍事ノ要求ニ適スル遊動気球及飛行機ヲ設計試験シ、其操縦法及之ニ関スル諸設備ヲ定メ、又気球及飛行機ト地上ノ通信法ヲ研究スルヲ以テ目的トスル」

このうち気球の方は、イ号飛行気球から、ついにはかの有名な雄飛号へと発展するのだが、ここでは飛行機だけの話にしよう。

さて、明治四二年一一月二九日に承認された「研究方針」にもとづき、越えて翌年一月二五日の研究会の席上で会長は、「外国飛行機を購入して飛行を試みよう」と提議し、異議なく可決された。

これまでに、日本でも飛行機は一部で研究されていた。表具師浮田幸吉、「飛び安里」といわれた沖縄の安里周当、二宮忠八氏らの故事はさておき、前出の日野大尉も、明治四三年三月に竹を主材とした八馬力の日野式一号を試作して、テストはしたが飛行は出来なかったなどと、個人的には試行錯誤が重ねられてはいた。

遅まきながら、ここでやっと腰をあげた陸軍は、当時飛行機界で世界のリーダーシップを握っていたフランスなどから、手ッ取り早い完成機の輸入へと踏み切ったのである。

そこで四月一日、日野歩兵大尉と、委員を命じられたばかりの徳川工兵大尉が選ばれて、飛行機操縦術習得および飛行機購入のため、欧州へ出張を命じられたのだった。

訓令には「アントワネット一層型一個及びファルマン二層型一個を選定し、之が操縦法を習得したる後、差遣期間に尚操縦法を習得し得るならばブレリオ又はグラーデ一層型及びライト二層型一個を購入する如く取計らうべし」とかなり欲張った注文だった。

両大尉は明治四三年四月一一日、大勢の見送りを受けて、背広姿で新橋駅を出発した。

敦賀、ウラジオ経由でシベリア鉄道二週間の旅の後、ベルリンを経てパリに着いた両大尉は、各機種を実地に検分してアンリー・ファルマン式およびアントワネット式を、ドイツでは最新型優秀機ライト式およびグラーデ式を選んだ。

このうちアントワネット式は、当時の欧州では最大型の優秀機で研究の対象としての価値はあったが、発動機が旧式でたびたび故障するので、イギリス製エンジンに交換するように交渉したが、誇り高きフランス人がこれを聴《き》きいれるはずはなかった。

そこで、フランス陸軍の秋期演習で優秀な成績を挙げたブレリオ式に変更したとの徳川さん（親愛をこめてこう呼ばせて頂きます）の話だった。

ライト式飛行機。大きな水平安定板が前方にある先尾翼式

こうして購入したこれらの飛行機は、明治四三年一一月～四四年四月の間に三井物産の扱いでアンリー・ファルマン、グラーデ、ライト式、ブレリオ式の順序に日本に到着したが、購入価格はそれぞれ一万八八〇〇円、八〇〇〇円、一万二七〇〇円と一万五六〇〇円だった。

ライト式　新潟港に陸揚げされたライト式は、ライト兄弟開発の有名なフライヤー号のライセンスを買い取ったドイツが、改造して生産したものである。

全幅一二メートル、全長九・三五メートル、全高三・五メートル、発動機はライト式水冷直列型四気筒三〇馬力、全備重量四七〇キロ、時速五七キロ／時、航続三時間。

アンリー・ファルマンとは違い、大きな水平安定板

日野大尉のライト機。エルロンのない翼端撓み操縦方式

が前方にある先尾翼式なので、ちょっと見ではどちらが前進方向か分かりにくい。一台の発動機で二個のプロペラをチェンドライブする推進式二座で、写真のプロペラブレードの形で分かるように左右逆回転でトルクを打ち消す設計が特徴である。

明治四四年四月九日の初飛行には、所沢で日野大尉が高度二三〇メートルで五三分間・六二キロを飛行したが、これもエルロンのない翼端撓《たわ》み操縦方式なので操縦が難しく、毛嫌いされて乗り手がないので、ほとんど腕力の強い日野大尉の専用だったという。

ブレリオ式　アントワネットの不成功をしり目に、製作者のブレリオ自身が、一九〇九年七月二五日、三七分の飛行でドーバー海峡横断飛行に成功して、海洋飛行のトップを切った飛行機である。ムササビのような水平安定板を持ち、当時としては相当洗練された翼型式の単葉木金混合の高速機タイプだが、主翼断面はまだ単純翼型なので、剛性の高い一型ビームの桁ではないらしく、座席付近に立てた三角柱（琴の駒にあたる）から左右の翼へ降着張線を、胴体下から翼へ飛行張線（どちらも高炭素鋼ピアノ線）を張って翼の剛性と取付け角などを保つので、もしもこの張線が切れると、翼は空中分解しよう。

前出のように、ライト式と同じく可動エルロンのない翼端撓み式の操縦方式を頑《かたく》なに守っていて、構造と操縦上に無理な点もある。

乗員二名、発動機はノーム・ガンマ空冷式回転星型七気筒七〇馬力、主翼二七平方メートル、全備重量五五〇キロ、最大速度九〇キロ／時、航続四時間。

尊い航空殉職第一号

このブレリオ機は、明治四四年四月一三日、徳川大尉操縦の初飛行時には、高度二五〇メートル、飛行時間一時間九分三〇秒、距離八〇キロと当時の飛行記録を作ったが、同年六月九日、所沢——川越間野外航法で不時着したので大修理をした。

その後大正二年三月二八日、このブレリオ機は青山練兵場における各宮殿下や貴衆両議員への展示飛行に参加した後、第一期操縦術修業者訓練中の木村鈴四郎砲兵中尉操縦、徳田金一歩兵中尉同乗で帰途についたのだった。

ところが午前一一時五九分、所沢飛行場の東北約一〇〇〇メートルの松井村下新井字柿ノ木台の上空三〇〇メートルまで来て左旋回したとき、突風を受けて飛行張線が切れたらしく、突如、左翼が上方に折れ、ブリル二旋転後、右翼も離脱、真ッ逆様に墜落した。

近くの畑で農作業中、これを目撃した越坂部一、弟弥一の両氏が駆けつけたとき、木村中尉は操縦機を握ったまま、また同乗の徳田中尉は木村中尉の膝に抱きついたままこときれていた。

自宅の門外で帰還を待ちつつ空を見上げていた木村中尉の奥さんが、爆音を聞いてその機影を発見した途端の、アッ！　という間もない出来事だったという。

そうして両中尉は、このブレリオ機で尊い航空殉職者第一号となられたのだった。

ブレリオ式単葉機。大正２年３月28日に墜落、殉職者が出た

このブレリオ機は、前歴の事故修理のあと一年九ヵ月経っているので、この間の訓練飛行で張線《はりせん》が疲労していて破断したのだろう。当日の地上風速は、南南東六メートルだったと記録されている。

当時の『やまと新聞』が義捐金《ぎえんきん》を募《つの》って墜落現場に建てた記念塔は、昭和四年、所沢駅前広場に移されたが、戦後、西武園——入間基地と転々したあげく、やっと現在の所沢航空公園に定置された。

なお、この事故の直前の午前一一時一〇分、パーセバル飛行船が青山練兵場に着陸しようとして失敗し、葬祭場の更衣所に墜落した。幸い搭乗者は無事だったが、この日は不思議にも航空界ではよくある友引《ともびき》航空事故の悪日だった。

桜花を浴びて葬送

四月五日、国をあげての悲しみの中でとり行なわれた陸軍葬の状況を追憶して、寺師義信軍医少将は、雑誌『航空時代』で、つぎのように述べられている。

「九段の偕行社で厳《おごそ》かな棺前祭が執り行なわれた後、霊柩車は行列を整えてしずしずと青山斎場へ向かったが、先頭が半蔵門に達した頃、最後尾がようやく偕行社の玄関を出る有様で、電車通行止めの沿道の両側には、諸学校生徒及び一般民衆が人垣をきずいて敬虔なる哀悼の意を表して黙送した。

時あたかも春の真最中で、英国大使館前の桜が満開だったが、幾十の弔旗の先端が桜の枝に当り桜吹雪が芬々《ふんぷん》として降りそそぐ有様は、実に何ともいえぬ麗《うるわ》しい光景だった」

また、『君死にたもうことなかれ』と謳《うた》いあげ、反戦思想だと非難された有名な歌人与謝野晶子さんも、つぎの慰霊の一首を捧げた。

ひさかた青き空よりわがむくろ
　埴に投ぐるも大君のため

なお、両中尉の殉職に先立つ二月二二日、研究会で検討していた航空従事者の保護施策が勅令第九号として実現していたが、それによると、「殉職者には別表の一時賜金を給す」とあって、高等官七等（中尉）は一〇〇〇円であった。

日本の航空軍制

気球から飛行機へ

「私はまだ飛行機というものを、絵でも見たことはありません。石本君のように飛ばぬとも考えませんが、飛ぶとも信じられません。しかし、会長は物を知らぬ方がかえって便利なことがある。ヨシ私がひきうけましょう」

と、長岡将軍が会長となって、日本陸軍航空の発起点となった臨時軍用気球研究会が発足した前後の事情は前にのべた。

本書は日本航空部隊の軍制や軍略を語るのが本旨ではないが、軍用機が時代とともに変わってゆく姿を描くには、軍の基本的な考え方と時代の変化への対応を明らかにすることは避けては通れないので、年次を追ってその概要に触れておこう。

臨時軍用気球研究会の役目　陸海軍大臣の監督下にあるこの研究会の仕事は、訓令第一一号（海軍官房二八五〇の二）によって起草し認可をうけた「研究方針」にもとづく研究結果を大臣に報告すればそれでよいという、今の審議会のような立場であった。

いわば立案・調査・研究はするが、決定・実施権はないというのが研究会の性格であり、実行は別の機関によるのが建前だった。

しかし、現実的には研究という本務のほかに、

一、機材の製造と補給

二、乗員その他の教育

長岡外史

三、演習参加等、運用（実用）面の研究などの実務が、自然発生的に大きくのしかかってきたのだった。

陸軍省工兵課は、予算と法制をともなうこれらの問題を処理しながら、効率よく気球研究会を運用する頭脳的な役割を担当していた。

飛行機の効用もハッキリしない臨時軍用気球研究会発足の明治四二年当時は、自力航行気球の研究が優先する空気だったが、明治の末期から大正二年にかけての研究主題は、次第に飛行機にうつり、飛行船は逐次、トーンダウンしていった。

軍制の面でも、研究会を中心とした関係諸機関それぞれが、「新しく生まれ出るであろう航空機運用の主導権は、わが輩のところに確保しておきたい」と考えて議論百出、甲論乙駁の混迷時代を迎えたわけだが、こんなときにはかならず先見の明ある力強いリーダーが現われる。ここでいよいよ井上幾太郎少将の出番となる。

明治四四年から大正四年まで陸軍省工兵課長として、前述のように臨時軍用気球研究会のリード役だった井上は、はやくも工兵科の枠内に閉じ込めきれない飛行機の将来を見抜いたのだった。

「陸軍の航空制度はいかに樹《た》てるべきか？　との基礎的調査にもっとも力を費やし、ほとんど隔日に私は、所沢で各員の研究したことを携《たずさ》えて、陸軍省に出て関係者と協議を進めました」と、井上は述懐している。

所沢では、皆と同じように作業服を着て研究されたと伝えられているが、陸軍航空軍備は、井上の熱意とその卓越した指導ないしはサポートによって発展したのだといっても過言ではない。


航空用兵のＰＲ　井上はまず、「まだそこまでは進歩してはいないヨ」と反対する研究会幹事井上仁郎少将を説き伏せて、「お前が全責任を負うなら」と、下駄をあずけられた。

今も昔も当路者の責任逃れの口説はどうも似通っているが、そんなことで自説をまげる井上ではなかった。それは、大正元年一一月の所沢を中心として北は松山、南は立川の多摩川右岸地区までの特別大演習に、航空機を参加させる建議だった。

井上はこのチャンスに、一般軍部内に航空の進歩と航空機の効果をＰＲしようと考えたのだったが、彼の狙いどおりとなったその結果には、全陸軍が驚嘆した。

すなわち、これまでのやり方の騎兵による偵察では、敵状は最終の遭遇戦間際に分かるのだったが、今度の航空機でやった偵察では、状況開始一時間後には早くも行軍序列・兵力・位置などが手に取るようにわかり、軍司令官は、十分な余裕をもって作戦命令を作ることができた。

さらにその翌年の濃尾平野での大演習には、モ式四機、会式二機がそれぞれ紅白軍に別れて参加し、ますます飛行機の必要性が認識され、軍首脳はもとより、陸軍全般の空気として、「もはや航空機なくしては、今後の戦争はできぬ」とのコンセンサスができあがったのである。

軍が航空に期待したもの　当時、陸軍が航空大隊に期待したものは、地上軍の目となる「偵察力」であり、創設してからも四、五年間は戦闘、偵察の区分はなく、その後大正八年にできた戦闘、偵察の分科でも、主力は偵察隊に置かれていた。

大正一〇年頃の特別大演習での航空部隊の用法をみても、

一、敵の集中状態の捜索

二、わが集中および行動の庇護《ひご》

とあり、その後、この二項に『敵軍の集中および行動の妨害』が付加されているが、そのためにわざわざ爆撃機隊を創設するのではなく、偵察機に積んだ爆弾で攻撃するという程度のものだったようだ。

もちろん、師団長の隷下《れいか》にある飛行機は、いわゆる〝空の騎兵〟任務だったので、操縦術を習得した将校も平素は原隊へ帰って勤務し、大演習などのときには気球隊へ臨時に召集するという風変わりな一種の出稼ぎのような仕来《しきた》りが続いていた。

この考えは、時代の移り変わりとともにわずかずつの変更はあったが、あくまでも「軍の主兵は歩兵」で、後に航空兵科は作ったけれども、航空部隊や世界の情勢に明るい人たちによる初期の空軍独立論などは一蹴《いっしゅう》された。

部内的には航空兵団、後には航空軍や効果をあげた空地分離などの制度上の改変はあったが、遂《つい》に地上軍協力が主任務であるという考えからは抜けだせなかった。

太平洋戦争末期で敗色が濃くなると、慌《あわ》てて「地上

砲兵工廠における陸軍モ式６型偵察機

絶対、航空優先」などと「言霊《ことだま》の幸ふ国《さきはふくに》」の空念仏を唱え、困ったときの神頼みで少しは緩《ゆる》められたかに見えたが、意識の上でも制度上も、緒戦で成功した空軍的パワーへの認識を欠き、海軍の反対に押されて抜本的に対応する改正はできなかった。

もっとも国力の差は仕方ないが、今次の大戦の国土防空戦闘には、せめて「バトル・オブ・ブリテン」にならう程度の「バトル・オブ・ジャパン」の名を残す戦いができる態勢を作ってくれてあったらなアと思うのは、戦闘機隊に籍をおいた筆者のみだろうか?

「第一次世界大戦が終わったとき、イギリスでは陸海軍から離れて別に空軍省ができ、戦争中の仕事を整理し、上も下も盛んに飛行機で世界を征服する備えをしている。雑誌で見れば、常に一五万人の飛行機乗りを養っておく目論見《もくろみ》だとある」とは、田中館愛橘博士の大正九年の講話だが、同じ島国ながら七ツの海を制した大英帝国のプライドと意気込みは、残念ながらセクト主義と足の引っ張り合いの島国根性で終始した国とは雲泥の差がある。

国産機への模索

賞金めあてのヒコーキ野郎たち

一九〇六年一一月一二日、ブラジル人アルベルト・サントス・デュモンが、パリ郊外のバガデルで数千人の観衆を前に、六メートルの高度を保って二二〇メートルの距離を飛行した。

夢は実現した。鳥のように人間が空を飛んだのである。

欧州人は熱狂した。そこでこの飛行機人気を、メディアに自社をPRしようと、新聞や財界人が様々のイベントを企画して高額の懸賞金を出した。

まるで火に油を注いだように煽《あお》りたてられて奮《ふる》い立ったヒコーキ野郎たちは、この懸賞金めあてに勇敢に挑戦した。

もともと初飛行の栄誉を獲得したのはアメリカなのに、当時はアメリカでもあまり評価されなかった。というよりも、このことが世界にあまり知らされておらず、まるでヨーロッパにお株を奪われた格好になってしまった。

一九〇四年にはドーチェ・アーチディーコン賞（五万フラン）が設けられたが、一九〇七年（明治四〇年）九月一七日、アンリー・ファルマンがボアザン機で規定の一キロをわずかに越す一〇三〇メートルを飛んで、これを手にした。

また、この二年後にはアントワネット単葉機で挑んだが、エンジンの不調で不時着水したヒューバート・ラタムの再挙の寸前、これを尻目にタッチの差でドーバー海峡横断飛行に成功したルイ・ブレリオが、この横断飛行に懸けられたロンドンのデイリーメール賞金一〇〇〇ポンドとフランスからの三〇〇〇ポンドを獲得した。

続いてシャンパーニュやイタリアのプレシアで飛行大会が開かれ、グレン・カーチスがゴールデンフライヤー機で出場して五〇キロコース速度競争の優勝を奪い、アンリー・ファルマンが同乗者賞を、ラタムがアントワネットVIIにより一五五メートルで高度賞を得るなど、多くの航空イベントがつぎつぎに繰りひろげられた。

そのたびに記録が更新されるなど、欧州の航空界は、まさに華やかな「賞金稼ぎ」の世界だった。

一方、アメリカに帰ったグレン・カーチスは、アルバニーからニューヨークまで二二七キロを飛んで一万ドルの賞金を手にした。

一九一〇年（明治四三年）四月二七日にはロンドン——マンチェスター間三二〇キ

ロの無着陸飛行に、挑戦二回目のボーランがアンリー・ファルマン機により四時間一二分で成功して一万ポンドの賞金を得るなど、賞金レースをステップに飛行機の実用性は急速に高まっていった。

意外にもこの目まぐるしい動きにもかかわらず、この間の尊い生命の犠牲は少なく、一九〇八年一名、一九〇九年は三名、一九一〇年も二九名だったが、日本で徳川大尉らで初飛行が行なわれた翌年の一九一一年（明治四四年）にはそれが早くも一〇〇名に急増した。

飛行機ができた初期は性能が低く、危険度も大したことはなかったのが、この四年間に高度はたったの二五メートルから四九六〇メートル、速度は四四キロから一二三キロ／時へ、飛行時間はわずか一分二〇秒から一一時間一分二〇秒へ、飛行距離も一キロから七四〇キロへと飛躍的に性能が伸びていったせいだろう。

また、この年の製作機数が一三五〇機、全飛行距離二六〇万キロと、航空界が物凄い進歩ぶりだった状況をハッキリと表わす止むをえない裏数字なのだとも考えられる。

さて日本では、この頃どうだったのだろう。

明治四三年一〇月に奈良原三次氏が自作したアンザニー二五馬力付きで竹製の喰い違い翼複葉機一号機は、馬力不足で浮揚しなかったが、四五馬力エンジンを装備した

奈良原式２号。奈良原三次が自作した複葉機

日野式二号は、またもや離陸に失敗したのち、明治四四年八月に所沢で六〇メートル飛行するなど、試行錯誤が繰り返されていた。

こうした動きの中で、陸軍では輸入機による飛行経験をもとに国産機製作の熱意は研究会でも非常に高まっており、代々木の初飛行成功の段階で、早くも試作計画が徳川大尉に内示されていた。

一方、一機だけの操縦訓練用のアンリー・ファルマンも次第に衰損して、代機も必要になっていたのだった。

会式一号（徳川式） 内示によりかねてから構想を練っていた徳川大尉が、四月から設計にかかり、九月一日から中野気球隊で製作しはじめた「会式一号」が、わずか一ヵ月半で完成した。初飛行から一年足らずだが、当時としては大変な意気込みで製作した国産第一号の誕生である。

昔から日本人は発明よりも改良に才ありとの評判だが、この飛行機はファルマン式をベースにして翼幅を五〇センチ伸ばし、下翼は縮《ちぢ》めてエルロンをなくし、尾翼方向舵の改造、キャンバスで座席を覆うなど、構造や空力的にも優れた大尉の独創的な設計であり、アンリーの弟モーリスが改造したモ式量産型の一九一三年型（大正二年）と同じ改良が、その二年前にここでは実現していた。

完成後は「徳川式」と命名される予定だったこの一号機は、公私の別に厳しかった大尉が「研究会式第一号機」と呼ぶことをあくまでも主張したので、「会式飛行機（第一号）」と正式に名づけられた。

会式第１号(徳川式)。徳川大尉設計の国産飛行機第一号

第一次世界大戦と陸軍航空

青島派遣陸軍航空隊

大正三年六月一四日、サラエボで放たれた一発の銃声

青島派遣航空隊のニューポール式(手前)とモーリス・ファルマン式

から、ヨーロッパ全土は大戦乱に巻きこまれてしまった。

　連合国側の日本も八月二三日、ドイツに宣戦布告して軍艦を地中海に派遣するとともに、ドイツの極東の拠点青島《チンタオ》攻略のために送った独立第一八師団の司令部に、新たに編成した飛行機隊を配属した。

　有川鷹一工兵中佐を隊長として、大正三年八月二三日に所沢で編成をおわった五三八名の派遣航空隊のうち、操縦将校は徳川好敏工兵大尉、長沢賢二郎工兵、内藤国太郎砲兵、真壁祐松歩兵、深山成人工兵、坂本真彦歩兵の各中尉、武田次郎輜重《しちょう》、小関観三歩兵少尉の八名、偵察将校は弘中工兵少佐ほか二名で、装備はモーリス・ファルマン式一九一三年型四機、ニューポール式ⅣGⅡ駆逐機一機、計五機の飛行機と繫留気球一だった。

　筆者は生徒時代、第二期操縦術習得者としてこの攻撃に参加された、郷里の大先輩で当時生徒隊幹事だった坂本真彦中佐のお宅へ後輩とともにお邪魔して、美しい奥様のお手料理の御馳走を頂きながら、当時の武勇談に聞き惚《ほ》れたのだった。

早口の徳川閣下とは逆に、ユックリ淡々と話される中佐のお話のなかで、特に陸上げ場所が遠浅のため手間取ったことや、敵のドイツ側にあった一機のルンプラーB1からの攻撃にたいしては小銃や拳銃での応戦を覚悟したが、敵は遠くへ逃げて一度もかかって来なかったなどの話は忘れられない。

出発前、野砲の弾丸を改造して矢羽をつけた爆弾を紐で吊るし、ナイフで切り落としたり、手に持って座席から落としたりと苦労を重ねた爆弾投下実験や、これを見上げていた田中館博士に向かって砂袋爆弾が落ちてゆき、博士が思わず一歩退いたところ、前にいた位置に落下するという椿事《ちんじ》もあったそうだ。その爆弾は砂袋だったが、直撃されたなら、もちろん大怪我だ。

「泥縄式の訓練だったから、爆弾は敵艦にはなかなか当たらなかったヨ」との話になると、少年心に何とも残念な感じだったが、後年、筆者も航士校（陸軍航空士官学校）での通信筒投下演習で、目標にではなく教官天幕へ命中させて大目玉をくい、あらためて目ノ子爆弾の難しさを知った。

青島戦に使用した爆弾。投下爆弾数44

因《ちな》みに、この参戦での出撃回数は八六回、飛行時間八二時間、投下爆弾四四、機銃使用回数三回（九〇〇発）と記録されている。

ヨーロッパ戦線

開戦当初には飛行機を戦闘兵器として使うことを考えた者はいなかったという嘘みたいな話を前に述べたが、一九一〇年に航空隊を編成したフランスは、四年後の開戦時には二四中隊一六〇機の飛行機と一五隻の飛行船を装備しており、イギリスも陸海合わせて飛行機一八〇機、飛行船七隻を持っていて、ＢＥ２Ｃとアブロ五〇四の七五機をフランス戦線へ送った。

これにたいしてドイツは、飛行機三〇〇機、飛行船一二隻で、交戦国最強の航空兵力を持っていた。

開戦直後の八月三〇日、フェルディナント・Ｖ・ヒデセンの操縦するエトリヒＡⅡタウベ機は、パリに三キロ爆弾五個を落とした。

ところが、その意味することの重大さがわかってくると、それまでは敵味方の偵察機が戦場上空で行き交うたびに、互いに敬礼してわかれた〝空の騎士道〟が、奇麗ごとではすまされなくなる。

戦場でも空からの偵察や砲兵の射弾観測などの敵偵察機が邪魔になってきたので、「奴をヤッツケロ！」と、今までは敬礼していたその手にピストルを握り、手袋を投げて、〝大空の決闘〟へと、場面は大きく転回するのである。

そこで急いで味方の偵察機に旋回機関銃を載せてこの敵偵察機を攻撃したり、ついには互いに駆逐機を作って、激しくも華々しい空中戦が繰りひろげられるのだった。

その記念すべき第一回の空中戦は、早くも開戦二ヵ月後の一九一四年一〇月五日、爆撃に向かった仏軍のボワザンⅢ機とランス付近の上空で出会ったドイツのアビアチックB1偵察機とで行なわれ、ドイツ機が撃墜された。

これに味をしめたボアザン機は、さらに三七ミリ、四七ミリ砲へと武装を強化して、ついには地上攻撃用カノン飛行機といわれた。

無武装だったこのドイツのアビアチックB1偵察機も、翌年早々、同乗席に機銃一梃を取りつけたのだった。

その一方、初め頃は機関銃を翼上の取付台に固定してプロペラ回転圏外から発射していた駆逐機も、一九一五年一月にパイロットのローラン・ジャロス少尉が、モランソルニエN機のプロペラ後面を鉄板で被包して射撃する無茶な方式を考案したが、そのすぐ二ヵ月後にアントニー・フォッカーがプロペラ回転圏内から安全に発射できる

フォッカーEⅢ。初めて発射連動装置を採用、連合軍は1年間、対抗できなかった

連動装置を発明した。

　この発射連動装置は、プロペラが銃の射線をよぎる位置で引金《ひきがね》が落ちるように、エンジン内のカムと機関銃の間を油圧パイプで結んだもので、発射された弾丸は、プロペラの次の羽が通りすぎるまでの約一八〇度近い安全圏を通過する。油圧は座席内の手動ポンプ把手《とって》を引いてバネを圧縮して発生させる。

　この装置は、まずフォッカーEⅢに初めて取りつけられた。その結果ニューポール11やFB2Dが出るまでの一年間、連合軍はこれに対抗することができなかった。

　このフォッカーEⅢは、急上昇宙返り反転で方向を一八〇度変える有名なインメルマンターンを編みだしたインメルマンの愛機だったが、その彼も一五機撃墜の後、FB2D複座戦闘機に撃墜されたのだった。

　こうして大空に繰り拡げられた華やかな空中戦に、ドイツ軍ではかの有名な三葉のレッドバロン機フォッカー

Ｄｒ１を駆って八〇機を撃墜したリヒトホーヘンや、不朽の名を残したマックス・インメルマン。フランス軍では七五機のルネ・フォンク、五四機のジョルジュ・ギンヌメールなど多くのエース（五機以上撃墜）たちが生まれたのだった。

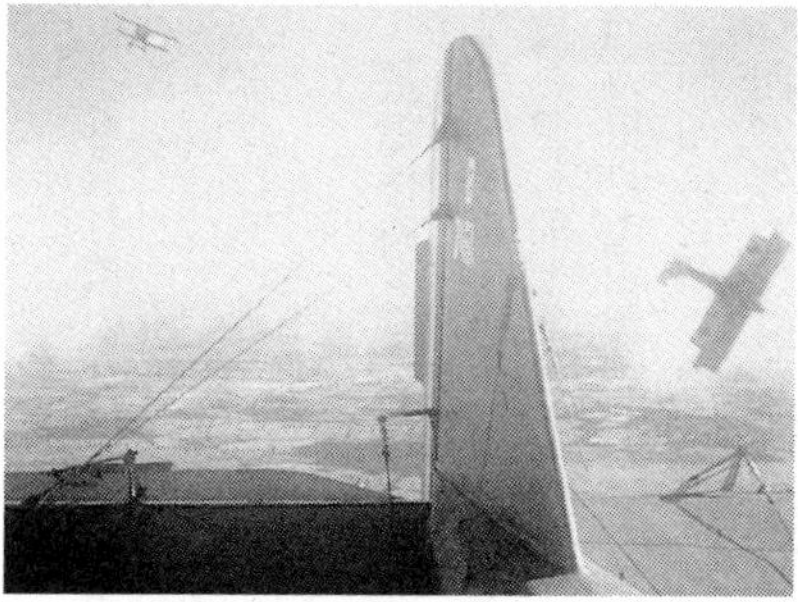
ドイツ軍のレッドバロン機フォッカー Dr1

一方、駆逐機の攻撃に対し爆撃機は、編隊を組んで旋回銃で防禦《ぼうぎょ》火網をつくり、さらに護衛戦闘機を同行する戦法を編みだして対抗するなど、空戦は次第にハッスルしていった。

そうした数々のロマンに彩《いろど》られつつ、多くの若人が雄々しくも白雲を紅に染めて散っていった欧州の空は、彼らがエースの夢と命をかけて飛行機の可能性の限界に挑戦したまぎれもない大空の実験場であった。

人類の幸福にと開発された飛行機が、敵機を撃墜したり、爆撃で人馬を殺傷する兵器となるのは悲しいことだが、戦場は一国の興亡をかけた非情で残酷な殺戮《さつりく》の場である。交戦国は知恵の限りを尽くして、敵にまさる威力の兵器や戦法の開発に総力をあげた。

この時代、地上戦ではタンクや長射程列車砲、海では潜水艦が新しく出現したが、中でも飛行機の登場は、従来の戦争の形を革命的に変え、戦場を三次元の空間にまで拡げたのだったが、この五年の間に、総計一七万七〇〇〇機もの飛行機が作られたと記録されている。

基礎技術と生産技術（産学協同）

開戦時は前出のように空軍は六〇機たらずの飛行機、海軍航空隊は一二〇機の飛行機と飛行船七隻の兵力しかなかったイギリスも、ピーク時には月産三五〇〇機、総計四万機以上を製作して戦場に送った。

国内に数多くあった工場と、人智の総力をあつめた飛行機生産技術の進歩は、その性能とともに譬《たと》えようもなく素晴らしい。

相手国のドイツでも事情はおなじで、このわずか数年間にヨーロッパの航空界は、幼年期から一足跳びに青年期へと飛躍的な発達を遂げたのだった。

特に開戦翌年の一九一五年後半には、支柱・張線構造からはまだ抜け出せないものの、はやくも近代的飛行機の基本形式とも言える牽引《けんいん》式プロペラ、空気抵抗減少の流線形胴体と安定尾翼、三舵操縦方式などが確立した。

こうした設計や生産技術の進歩は、学術的の基礎研究にもとづいて多くの技術者が持場でその能力を十分に発揮した結果だが、それらは開戦の四、五年前から早くも進められていた。今でいう産学協同である。

「こんどの戦いで学術動員ということをやって、ケンブリッジの先生方をはじめ、ほかの大学からも一流の学者が出て働いたことは、この勝利の原因となっている」との、イギリスの外務大臣パハフォワー氏の演説を聞いたと、前出の田中館愛橘理学博士の講演にもあるように、イギリスの戦時態勢への切り替えは特に素早く、彼らは第二次大戦でのバトル・オブ・ブリテンでもこれを実証した。

航空性能を支配する翼形については、鳥の翼を解析してグライダーを作り、一八九一年から二〇〇〇回以上も滑空して、遂に空に殉じたドイツ人技師オットー・リリエンタールや、簡単な風洞で翼模型を試験し、翼とプロペラを設計したライト兄弟はおくとしても、一九一二年（明治四五年）、英国王立航空工廠（R・A・F）ではRAF－5、－6などの翼型を完成、エッフェル（仏）も単葉一〇〇、複葉六〇、三葉二〇、計一八〇の翼形（薄翼）の研究をしている。

また、ドイツのゲッチンゲン大学でも一九一三年、風洞による厚翼型の基礎研究が大幅に進んでいて、特殊風洞（垂直）では、すでに『錐《きり》もみ』の研究も行なわれていた。のちにジュウコフスキー翼型と呼ばれたゲッチンゲン387を生んだのとも無縁ではない。

日本の臨時軍用気球研究会の研究方針（明治四二年一一月二九日）の〔其二〕ノ三に「風板関係」としてあげられているのは、単に飛行船の舵面だけではなく、当然田中館博士の担当する翼型の研究をも意味していたのだろう。

果たせるかな、その二年前に生まれて後年、田中館博士の遺沢《いたく》をついだ東大航空工学科谷一郎先生は、『流れ学』翼型の世界的権威となられたのである。

こうして飛行機の性能を左右する翼型は、従来の単純断面型から、小骨成型の厚翼断面型へと大きく進歩していった。

また同じ頃、胴体構造でも素晴らしい成果があった。フランスのドペルヂュサン社の設計者ベシュロによる一・六ミリベニヤ板を三枚バイヤスに重ね合わせて整形した、流線型のモノコック（一ツの卵形の殻）胴体の発明である。つまり、骨の無い、外板だけで形づくった胴体で外力に耐える構造様式だ。

この工法で作られた軽くて剛性の高い流線型胴体で、単葉の速度競争機ドペルヂュサン機は、一九一三年九月二九日、マルセル・プレボストの操縦で二〇四キロ／時の速度記録を出しているし、一九一六年以後にソッピースやスパッドが投入されるまで

イギリスから輸入したソッピース（ソ式３型パップ戦闘機）

は、一方的に英仏戦闘機に勝っていたドイツのアルバトロス機も、やはりモノコック胴体だった。

因みに日本でライセンス生産されたニューポールＮ29Ｃ１（甲式四型戦闘機）もベニヤ張り胴体だが、取扱書を見ると、肋材があって、実態はモノコック胴体ではない。

「航空発動機も、イタリアのフィアット星型四〇〇馬力は一八〇キロという重量で、これまでの馬力当たり重量が一～二キロだったのに比べて〇・四五と軽くなり、それまでは三〇〇～四〇〇グラムだった馬力当たり燃料消費率も、二〇〇グラム近くまで改善された。同じ量のガソリンで航続力が二倍になることを意味するこの数値は、じつに素晴らしい。

また、高度を上げても馬力が落ちないよう

ドイツのアルバトロスD5A戦闘機

にと、直径三〇センチの排気タービンのスーパーチャージャー付きの飛行機が、停戦時二〇機あった」などと、当時欧州を視察した田中館博士の報告にある。

航空機が一国産業のピラミッドの頂点に位置し、関連産業への波及効果が大きいのは今も昔も変わらない。

当時、ドイツのジュゥレン市で作られた軽くて強い合金のジュラルミンが、戦争末期の一九一八年五月、波板外板の全金属機ユンカースCL－1の主材料として現われたのは、第二次大戦末期のジェットエンジンの登場にも比べられる画期的なことだった。

大正８年１月、フランスからフォール大佐率いる航空教育団が来日

教育体系の移りかわり

大正四年まではフランスと気球隊（実施は臨時軍用気球研究会）その後は既述のように航空大隊がパイロットの養成を担当していた。

因みに、わが国では大正八年までに、各兵科から選抜して操縦訓練をうけた将校と、部隊で養成した准士官下士官一二名のパイロットの合計は、わずか一三〇名に過ぎなかった。

停戦の年の大正七年一二月、翌八年一月中旬に到着するフォール大佐を長とする五七名のフランス航空教育団の受け入れのため臨時操縦術練習委員会が設置されて、交通兵団付きの井上少将が委員長に任命された。

この件の決裁案の「別紙乙号　陸訓令第四十一号十二月十二日　井上委員長に与うる訓令」は、つぎのとおりだった。

一、臨時航空術練習委員設置の目的は仏国より派遣せらるべき将校以下に就き航空に関する諸般の事項を練習し国軍航空術の発達に資するにあり
二、練習科目は航空機の操縦、射撃、爆弾投下、通信、写真、工場設備並製作修理等とし練習期間は概《おおむ》ね三箇月とす
仏国派遣員は団長ホール大佐以下六十名にして内将校十九名、准士官以下二十二名は一月上旬到着の予定なり
三、貴官は仏国派遣員及練習委員を指揮し専修将校以下約四十五名の練習を行なうべし

とあり、別紙丙号では、関連する各軍隊官衙《かんが》の協力要領と経費の支払い要領などが通達されているが、これによると、練習地は「概《おおむ》ね所沢及各務原とす」とある。

フォール航空教育団はフランス政府のクレマンソー大統領の好意により、同国政府の費用でわが国に派遣されるもので、従来の日仏間の航空友好関係と、前年春に飛行機一〇〇機の購入をフランスに申し入れたのを端緒に、停戦ではけ口をなくした仏航空機産業の需要先開発の政策とがタイムリーに一致したとのちょっと意地悪い見方もできるが、日本にとってはまさに〝棚ぼた〟だったといえよう。

一月一二日、ニューポール80、83、24、スパッド13、サルムソン2A2、ブレゲー

14など十数機の飛行機とともに到着した五七名のフランス航空団は、第一～第八のグループにわかれて操縦（各務原）、偵察（下志津）、爆撃（三方原《みがたがはら》）、射撃（新居浜）、機体製作（所沢）、試験検査（東京砲兵工廠）、発動機製作（熱田兵器製造所）など、航空全般について教育を行なった。

中でも所沢でのルーストー少尉ほか七名による機体製作班（第六班）は、サルムソンの一号機を大正九年一〇月に完成。ジョッセー少佐以下四名指導による熱田兵器製造所における発動機製作班（第七班）は、大正九年三月にサルムソン二三〇馬力エンジンの完成運転を行なっている。

操縦教育法も初練、中練、実用機へとそれぞれの機種を使うやり方になった。因みに第八班は、追浜でのグランメーゾン海軍大尉による海軍飛行艇班だった。

イギリスと違って、「航空機はあくまでも陸軍に従属すべきだ」との思想で独立の空軍は持つべきではないとのフォール意見に基づく中央機構や組織や、はては航空戦略戦術についての勧告まであったが、第一次世界大戦五年間の実戦で鍛えた実技教育はもちろん、航空技術についても急速な発達をうながす端緒となった。

陸軍航空は、この航空団教育の素晴らしい成果をもとに、新しく制度の改革と部隊の整備をすめることになった。

後日談だが、フォール大佐の講評のなかには、日本の将校は実務より書類集めに熱心だが、遅刻するものや下士官教官の言うことをなかなか聞かない者が多かったとあり、また帰国したところ、フランスでは空軍が独立していたので、航空兵科の独立に反対したことを、井上大将に詫びてこられたという。

戦後、台座のみになっていたフォール大佐の胸像は、所沢市民の手により復元された。その碑銘によれば、来朝人員は六三名となっている。

第二章——輸入機の模倣時代はつづく

民間工場の発足

中島編

これまでは小石川造兵廠と名古屋熱田工廠でエンジン、所沢補給部支部で機体の製作をするのが陸軍のならわしだった。

一方、臨時軍用気球研究会会員だった中島知久平海軍機関大尉は、明治四五年六月三〇日、海軍大学校を卒業し、海軍航空技術研究委員会の委員に選ばれて、七月三日、米国に派遣を命ぜられ、ハモンズポートのカーチス飛行機工場で整備技術を習得するため横浜を出帆した。

この修業四ヵ月半の間に、私費で操縦練習をしてサンチェゴのアメリカ飛行クラブの検定試験に合格、同クラブ第一八九号のライセンスを得た。帰国後、

「飛行機の製作・整備技術を習得するのには操縦技術を体得していると有利である。小官は海軍のプラスになると判断して滞在費を節約して飛行練習をした」

と、中島の命令逸脱を非難する事情聴取に堂々と反論したと伝えられるが、兵科出身でないと一段下に見られる気風が海軍にもあったのだろうか。

大正元年一二月一五日に帰朝した中島は、横須賀鎮守府工廠兵器部員として、海軍の国産第一号となったカーチス水上機を作り、大正五年四月には複葉双発単フロートの水上機と中島式牽引プロペラ機を設計製作して、「横廠式」偵察練習用機とするなど、その手腕を遺憾なく発揮した。中島は在職中も常日頃から、

「戦艦一隻の費用で三〇〇〇機の飛行機ができる。一艦隊の費用では数万機となるので、これに魚雷を抱かせば、その戦力は計り知れないことになる」と主張してきた。

これはのちの第一次大戦の初めに、ロンドンを守る司令官をしたサー・ペルシー・スコットが、

「……五〇トンの爆弾を運ぶのには三万トンの軍艦が必要だ。これを飛行機で運ぶとすれば、三トン積みの飛行機一〇台で済む。根拠地に戻って、石炭小荷物の積み入れ

は軍艦と飛行機では比較にならない」

「軍艦はすでに死んでしまった」と言っているのと軌を一にしているが、非凡の卓見として、中島の主張には一日の長がある。

彼は大艦巨砲主義から抜け出せない海軍首脳の考え方を批判し、民営は官営の一二倍の仕事が出来るとの理論を堂々と展開し、飛行機の製作を通して国防の安成を期するのだと、大正六年六月に海軍を辞職した。

そしてその年の一二月二一日、神戸の肥料問屋石川茂兵衛氏をスポンサーに「飛行機研究所」を設立し、群馬県尾島の利根川べりに工場を作った。

のち中島飛行機研究所と改名、石川茂兵衛氏の失脚で川西清平衛氏と手を結び、合資会社日本飛行機製作所を設立して、日本初の民間工場による飛行機の製作を始めたのだった。

中島知久平

これが中島飛行機株式会社発足の姿である。

パイオニアの辿《たど》る道は常にきびしい。日本初のこの事業もその例にもれず、四号機までは、つぎのように失敗続きの惨憺たる実状だった。

一型機　大正七年七月完成。テストパイロットは佐藤要蔵氏。八月一日、尾島飛行場を離陸し、浮揚と同時に墜落。原因はパイロットのトラクター(牽引ペラ)式への不馴れ。

一型二号機 二型機用に準備した部品を使って一型機を修理し、八月二一日完成。八月二五日、岡楢之助大尉の操縦で飛行。着陸時小破。

一型三号機 九月一三日、各務原で飛行に成功。着陸滑走中に溝へ落ちて破損。

一型四号機 一二月九日、佐藤要蔵操縦で飛行中、利根川に墜落。パイロット重傷。

二型は設計は完了したものの、前出のように部品を一型二号に回したので、幻の飛行機となった。

三型 一二月完成。ファルマン型の大きな翼をつけ、高揚力低速機として初歩練習機を狙ったものだが、これもまた墜落した。

このたびたびの失敗に、飛行機の完成を待ちわびて痺《しび》れをきらした地元大田の人々は、時あたかも第一次大戦のさなかで物価が高騰したのに引っ掛けて、「札はだぶつく、お米はあがる。あがらないぞえ中島飛行機」と、囃《はや》したてたのも無理はない。

こうして創業以来満一年、経営に技術指導にと悪戦苦闘を重ね、その五号機目で、やっと期待どおりの成績が出たのだった。

中島式五型。中島飛行機にとっては記念すべき量産第一号の初歩練習機

四型　大正八年二月に完成した四型（通算六号）は、初めて安定した良い飛行成績を収めた機体で、中島の基礎を固めた記念すべき飛行機となった。
これを注目していた陸軍は、さっそく、この四型二〇機を発注した。

中島式五型　そこで尾島の工場では、ホールスコット一五〇馬力エンジンを装備し、陸軍仕様にモディファイした中島五型機を大正八年四月に完成して、九月に各務原飛行場での試験飛行を好評のうちにパスした。

引き続いて翌年五月までに二八機を完成したこの五型機は、大正一〇年三月までに民間用を加えて一一八機が製作され、航空大隊や航空学校に支給されるという成功作で、中島にとっては記念すべき量産第一号の初歩練習機となった。

これは、かねてから民間工場を指導して飛行機を作らせようと意図した陸軍が、大正五年五月一四日、陸軍省機材課で、予算処置を必要とするときの根拠として打ち合わされていた次の条文の趣旨に従い、初めて適用されたケースとなったのである。

「飛行機の製造方針に関する件
飛行機機体はその年度所要総数の約三分の二を航空部に於いて、約三分の一を砲兵工廠に於いて製造するを標準とする。但し型の種類により若干の変更を生ずることあるべく、又民間斯業奨励の目的を以てその発達に伴い一部を民間会社に製造せしむ」

この五型は、手放し飛行が出来ると好評だったが、安定板の採用とともに、これを微調整するボランハンドルも付けていたのだろう。

しかし、翼小骨の剛性不足による失速傾向、エンジン室のドレーン孔がなくて溜まった油で空中火災を起こすなどの初期故障や、同じ型式の民間用として二一〇馬力エンジンをつけた七型が丹沢山中へ墜落したりで、事故を起こしやすいといわれた。

そこで陸軍航空部は、検査官徳川工兵少佐を派遣して指導に当たらせるなど、バックアップに努めた。しかし、ほどなく軍の第一線からは引退するのだが、民間工場での量産第一号という航空史上の栄誉を担《にな》う飛行機である。

〔特徴〕　この飛行機は、中島海軍機関大尉がアメリカで学んだ一九一七年の二年前にB・D・トーマスが設計して、六五〇〇機以上も生産されたカーチスJN3ジェニーや、奇しくも同大尉の帰朝と時を同じくしてアメリカから輸入されたスタンダードH3をモディファイした制式第一号、およびドイツのアルバトロスC2をモデルとしたものだが、それでも一型以来、中島五型として世に出すまで二年の歳月がかかっているものの、まったくのゼロからの出発にしては立派だ。

制式第一号機。スタンダードH3を改良、蒸気冷却法を採用

余分な張線がなくなってスッキリしてはいるが、機首からの飛行張線は、まだそのままのようだ。

〔要目〕　ホールスコット一五〇馬力エンジン装備、全幅一二・八四メートル、全備重量一・一三〇キロ、最大速度一三六キロ／時、一〇〇〇メートルまで七分、航続四時間、複座。

中島は引き続いて前出のニューポール24C1（甲式三型練習機＝高練）の初号機を大正一〇年七月に完成し、

一〇月までに早くも七七機を納入した。

同じく中練のニューポール83E2（甲式二型練習機）を翌年三月から七月までに四〇機、その後、陸軍の主力戦闘機になったニューポール29C（甲式四型戦闘機）は、大正一二年一二月から昭和七年一月まで製作したが、陸軍製造分と合計した六〇八機のうち、四五四機が中島製だった。

のちに戦闘機王国中島の名を高からしめたのも、当時スマートさでピカッと他を一段ひきはなしていた、セミモノコック胴体の甲式四型戦闘機の長期にわたった大量生産で、さらに磨かれた自信がもととなったのだろう。

こうして、軍の指導のもとに蓄積されたのは資力だけではない。すなわち次の段階としての、自主製作に役立つ設計と製作技術を会得した多くの人材が育った大きな意義を見逃すわけにはいかない。

これら新進気鋭の技術者たちの第一目標が、技術の最先端を追求する戦闘機に置かれたのは当然である。

こうして中島は、これらを次の飛躍へのステップとして自立の道を驀進《ばくしん》し始めたのだった。

川崎編

川崎はもともと株式会社川崎造船所という船屋サンである。

その川崎は、中島飛行機が中島大尉の強い信念の下に、悪戦苦闘して新たに切り開いたようなリスクを避け、既設企業の組織を活用し、情報を集めてカタツムリさながら慎重にオーソドックスな道を進んだ。

すなわち、本職の船作りばかりでなく、大正五年頃から動乱最中の欧州へ社員を派遣して自動車と飛行機関係の調査をしており、特にこの大戦間に現われた軍用飛行機の将来性を見定めていた。

そうして、戦車や飛行機は、これから近代兵器として軍の保護育成を期待できるものと見通して、大正七年八月、造機部に自動車係を、また翌八年一月に飛行機科を新設して活動を始めた。

この前の年大正七年四月、臨時軍用気球研究会長は、在仏の永井大使館付武官から、つぎの内容の意見具申をうけた。

「三菱はイスパノの製造権を買収し、技師、職工を仏国に派遣して製造技術を練習せしめつつあり。わが陸軍もこの例に準じ、仏国における発動機中、将来の見込みの多いサルムソンエンジンの製造権を購入して製造技術を伝習錬磨しつつ、これと平行し

航空教育団団長フォール大佐

て技術家の発明力を増進するを要す」と。

そこで陸軍は、さっそくサルムソン社と契約し、一二〇万フランで製作図面を買った。

また、七月一五日にはサルムソン三〇機の譲り受けが決定したあと、日仏間でフォール航空教育団の交渉が始まるのだが、川崎造船所ではとうにこの動きを摑《つか》んでいたのだろう。

もちろん、フォール航空教育団が教材として携行してくるサルムソン機についても、十分調査済みだったはずである。

そのフォール航空教育団は、前出のように翌八年一月に到着した。代々木の初飛行から一〇年。この年の四月一五日に研究会から業務移管を受けた陸軍航空部は、購入したサルムソン機を所沢補給部支部で組み立てるのと平行して、五月一四日に陸軍省機材課で打ち合わせた後述の「飛行機の製造方針に関する件」にもとづいて、七月にその国産化試作を川崎造船所に指示したのだった。

そこで川崎造船所では、在欧していた松下幸次郎社長がサルムソン社と契約して、その機体と発動機製作のライセンスを獲得したその早業も、前出の事前手配があったればこそとうなずけよう。

こうして川崎造船所は、サルムソン式偵察機を足掛かりに飛行機屋の道を歩むことになるのだが、その後の実行段取りもやはり慎重だった。

サルムソン式2A2偵察機　松下社長が購入したサルムソン式2A2、二機と7A2、一機の偵察機とその補用部品は、大正八年八月に船着した。

これとは別に、陸軍がまず所沢の補給部支部で国産化を始めて大正九年末に完成したが、川崎造船所と陸軍との間にライセンス侵害問題があったとのことである。

川崎はサルムソン社に技術員を派遣して製作技術を習得させ、陸軍の指導も受けて大正一一年一一月に川崎製の国産初号機を完成した。

この方式は、その三年前に独自の試作機による発足に苦心惨憺《さんたん》した中島に比べ、幸運な出発というべきだろうが、オーソドックスな手堅い方式だ。

大正一〇年一二月に乙式一型偵察機として制式機となったサルムソン機は、昭和二年八月までに川崎で三〇〇機、陸軍（所沢、小石川）で三〇〇機の合計六〇〇機（一説では九〇〇機）が作られ、川崎航空機の基盤となった飛行機である。

機体と共に製造権を獲得したサ式二三〇馬力星型水冷式エンジンの高い信頼性と、

サルムソン式2A2偵察機。大正10年12月に乙式一型偵察機として制式化

無理のないオーソドックスな機体構造がうまくマッチしていたのが成功の鍵《かぎ》だろうが、尾部に安定板がなかった（一種のフライングテール）ので操縦訓練には都合がよいが、水平直線飛行にパイロットは苦労したとの話もある。

いずれにしても、昭和三年に八八式偵察機ができるまで、本来の偵察機として、指揮、連絡、弾着観測はもとより、爆撃、操縦訓練と万能ぶりを発揮した。

中でも大正一二年の関東大震災では、この乙式一型機装備の立川の飛行第五大隊等が大活躍したが、その後も満州事変や上海事変に出動して地上軍直協偵察機として活躍したほか、民間にも多数払い下げられて操縦訓練に使われ、そのパイロットたちによる郷土訪問飛行などで全国民に親しまれたのは、ちょうど今のセスナ機と同じだろう。

三菱編

三菱は、まず航空エンジンから着手した。大正五年、川崎が係員を欧州へ派遣した頃、三菱神戸造船所はルノー空冷V型8シリンダー七〇馬力エンジンの試作準備をはじめたが、大正六年二月に新会社を設立してその一二月、前出の永井武官が指摘したようにイスパノ・スイザ水冷V型8シリンダー二〇〇馬力と三〇〇馬力のライセンスを取得し、伊藤久米蔵博士らを仏国に派遣した。

ちょうどこの頃、海軍では横須賀海軍航空隊が発足。中島大尉、馬越中尉協同設計の横廠式水上機（サルムソン一六〇馬力エンジン装備）を完成していた。

当時の追浜飛行場は、陸軍の所沢飛行場と同じく輸入機の品評会場の景観だったといわれ、呉工廠とともに大正四年に試作に成功したルノー一〇〇馬力、ダイムラー一〇〇馬力およびサンビーム二二五馬力航空エンジンなどを製作していた。

三菱神戸造船所は大正八年五月、三菱神戸内燃機製作所となってルノー七〇馬力エンジンの第一号を完成し、翌大正九年五月、三菱内燃機製造株式会社を創立して海軍機用イスパノ二〇〇馬力を、また翌年四月には名古屋の大江町工場が完成し、六月にイスパノ三〇〇馬力を完成、その一〇月には三菱内燃機株式会社と社名を改めた。

航空エンジンの試作からライセンス生産へと、一歩一歩、着実に態勢を整えてゆくのは三菱の経営姿勢だが、新態勢を整えた三菱は、ここで初めて機体の製作へと進出するのだった。

甲式一型練習機　その前段階として、大正九年、陸軍が新たに企画した民間工場での国産化の方針に乗って、まず所沢陸軍補給部支部からニューポール81Ｅ２（二式81型飛行機、甲式一型練習機）と製作資料一式を借用、同時に技師を所沢に派遣し、まず同機のエンジン装備作業を請け負うなどの準備態勢に入った。これが三菱と陸軍航空と付き合う第一歩で、いかにも三菱らしい石橋を叩いて渡る慎重さである。

ついで同機の製作発注を受け、五月から新設の名古屋工場で製造に入り、大正一一年五月、第一号の完成を手初めに、一二年三月までの三〇機と四月以降の二七機、計五七機を納入した。

因みにこのとき、ニューポール83Ｅ２（二式83型飛行機、甲式二型練習機）は中島に発注されている。

甲式一型練習機は、大正一一年以降、主として飛行学校でつかわれたが、舵が鋭敏に過ぎ、機首を振る癖が強すぎて、離着陸時の方向維持が難しいとの評判で、このため破損も多かったようだ。

というのも、元来この機体は一九一五年（大正四年）ニューポール11べべ（べビー）として完成し、翌年二月、仏ベルダン上空の空中戦をリードした戦闘機（ローン八〇馬力）、同17（ローン一二〇馬力）の系列で、翼面積を二三平方メートルに広げ、全長を一・五メートル伸ばして複座練習機にしたものなので、舵の利きのよいのは当然といえよう。サルムソンと同じく、方向安定板がなかったのも大きな原因だろう。

三菱ではこの間、イギリスから元ソッピース社のスミス技師ほか九名を招き、海軍機の機体設計製造技術の指導を受けているが、イギリス式の実用一点ばりの工作法や、その後に移入したドイツ方式とともに、頑固に所定の手順書を厳守する三菱の航空機製作の伝統が次第に育成されていったものと考えられる。


己式練習機　陸軍が「大正一一年度以降使用スヘキ陸軍用飛行機、発動機ノ種類」として決定した計画は、大正一二年を境にして、わずか一年で変更を余儀なくされた。

初練として採用した甲式一型練習機も、その選定の誤りに気づいて製作は五七機で打ち切り、大正一二年に輸入したフランス陸軍の初練アンリオＨＤ14が、離着陸が容易で操縦しやすく安定もよいうえに、構造上、不良着陸の際の対策もあって好評なところから、甲式一型練習機に代えてこれを採用することにした。

同機の制作権を得た三菱は、桜井技師ほか四名がアビアシオン・アンリオ社で製作技術を習い、大正一三年三月に第一号を完成して、同年度に四〇機を納入。大正一五

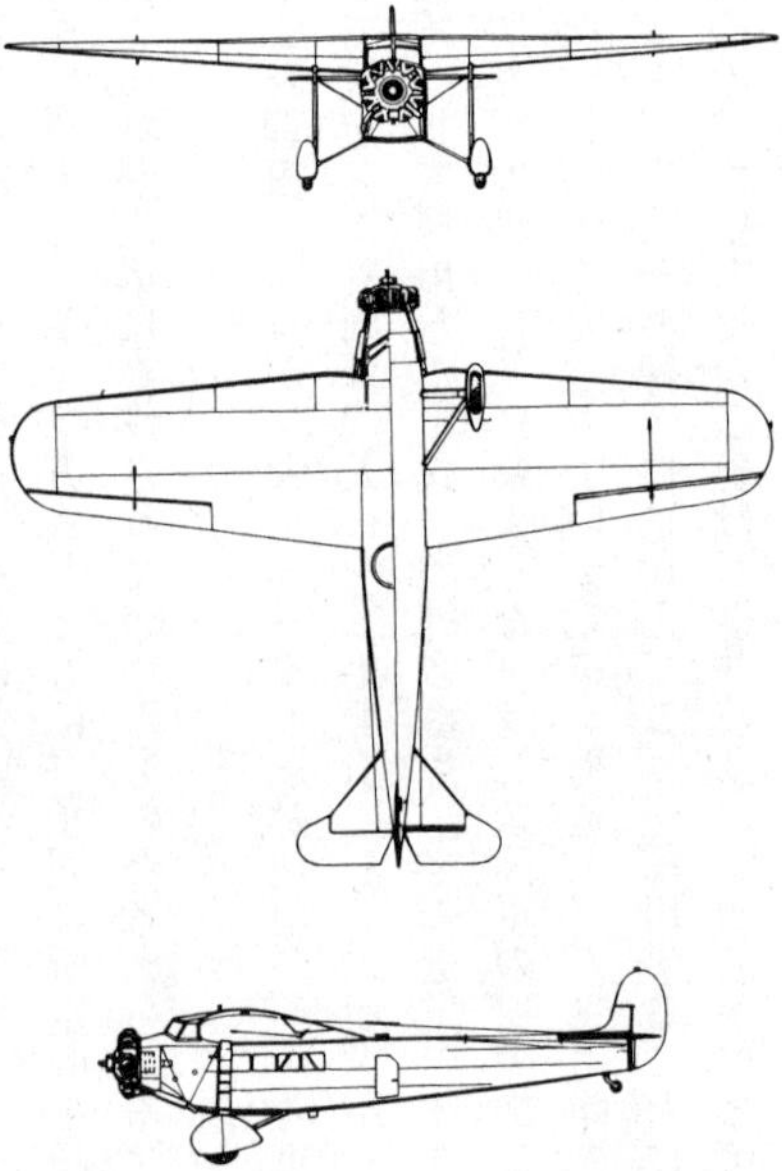
九五式三型練習機

年度一杯までに合計一四五機を完納した。基本操縦機のこの飛行機は、昭和一〇年、少年航空兵第一期操縦生徒の教育を最後に引退して、九五式三型練習機にその席を譲ったが、所沢飛行場の西北にあった航空社が払い下げを受け、再整備のうえ、民間飛行学校などで操縦訓練に使用された息の長い飛行機だった。

航空工業界に踏み入れてから一〇年、三菱では前記スミス技師指導の下に、イギリス方式により陸海軍機の製作に励んでおり、着々として堅実な地歩を築いていったが、このときエンジンはすでに四五〇馬力の時代に入っていた。

華やかに競い咲く輸入機群

輸入機の片鱗をのぞく

第一次大戦の停戦前、イタリア空軍へ応援パイロットを派遣した実績はあるが、主戦場を遠く離れた極東に位置し、わずかに青島攻略に飛行機を投入しただけの日本が、一国の運命をかける総力戦態勢でつぎつぎと新航空機を開発し、さらには実戦で磨きをかけて、兵器として完成して大空軍を育てあげた欧米との間に、大きく水をあけられたのは致し方ないが、その長い五年間、日本もただ指をくわえて見ていたわけではない。

この間にザッと勘定してみても、約一〇機種あまりを輸入して研究し、その技術を吸収して試作改造を加えたり、またそれらの飛行機を使って、パイロット養成の飛行学校と飛行大隊の拡充に努めていたのだった。

輸入できたのは、もちろん同盟国からだが、ここで少し、その片鱗をのぞいてみよう。

グレアム・ホワイト機。イギリスの大型複葉機

欧州では、大戦前の一九一一年にイギリスのデハビランドとF・Mグリーンが設計し、開戦とともにフランスに出陣した最初のイギリス機BE2aやb型偵察機は、すでに牽引式プロペラで羽布張り胴体構造、上下翼の風圧力の干渉を避けた食い違い翼などの形式へと進歩しており、一年後の一九一五年（大正四年）ごろからは、他の戦闘機や偵察機も風圧抵抗を減らすように形を整えて性能は格段に良くなっていた。

開戦第一日目から使われたアンリー・ファルマンHF20、一九一七年（大正六年）まで生き延びたF40や、前出のカノン飛行機といわれたボワザン5、あるいはモ式のような推進プロペラの露出組桁胴体構造は、時代遅れとなって次第に姿を消していった。

グレアム・ホワイト機　当時の西部戦線でなおも活躍していたイギリスのこの大型複葉機は、偵察術修業将校の杉山工兵少佐（後の元帥）の現地調査にもとづいて大正五年に購入した。日本陸軍が輸入した最後の裸胴体の飛行機である。

この五人乗り機は当時の日本最大の飛行機で、偵察、爆撃、射撃、写真撮影などの機上作業練習機とする予定だったが、翌年一〇月に墜落大破して、計画はご破算になった。

イギリスの第一線機だったショート爆撃機やハンドレページ〇／一〇〇爆撃機は輸入できないか、または大型爆撃機は計画になかったかのどちらかであろうが、その四年後の大正九年にアンリー・ファルマンF50を輸入するまでは、陸軍は大型機への関心が薄かったかに見える。

グレアム・ホワイト式小型機は、同じときに高速度研究機として輸入したものである。

その速度は、当時の第一線級の高速度機で7～13型まで合計一万五〇〇〇機も作られたフランスのS・P・A・Dのスピード一一九マイルに近い一〇〇マイルを記録していた。

スパッドS7戦闘機　本機は大正六年、フランスに派遣された武田次郎中尉が高速度研究用に輸入して短期間研究試用されたのだが、一五〇馬力のイスパノ・スイザエンジン付きで、最大速度一八〇キロだった。

当時の日本でもっとも速い戦闘機といわれていたこの快速機だが、研究熱心でパイオニア気質に燃え、操縦性能についてもすでに一家言を持つ豪傑肌の陸軍の戦闘機乗りを満足させることはできなかったようだ。

スパッドS11A2　大正七年に輸入したこの偵察機型は、イスパノ・スイザ水冷V8型二〇〇馬力エンジン付きで、前記の戦闘機を複座大型化したフランスの少数生産機だったが、日本では下志津校でフォール教育団の偵察教育用に使われたものである。

スタンダードH3　大正六年五月に牽引プロペラ式の操縦教育用にとアメリカから二機輸入した練習機で、大正七年三月までに一五〇馬力型三機が国産され、スタンダードの名にふさわしく民間の飛行機製作所の設計資料として貢献度の高い機体である。

フォールスカット使用のスタンダードH3型練習機

アメリカ陸軍の制式機だったこの機は高等練習機なので、意欲的に約一〇度の後退角を主翼につけて方向の復元力を増すように設計されており、鋭敏な操縦性を重んじた欧州の小型機には見られない新しい試みが見える。

ソ式戦闘機の素晴らしい操縦性

イギリスから翌大正八年一月中旬に到着したソッピース系列のうちの－3パップ戦闘機の輸入総計は五〇機に達し、ソ式三型戦闘機と名づけられて、航空第一、二大隊とウラジオ派遣航空班に支給された。

この飛行機は、日本の『初代戦闘機』として名を残した機体だが、なかでもその第五〇五号で小関中尉、川井田中尉がそれぞれ四〇五回、四五〇回の驚異的（？）な連続宙返り記録を残していて、今ならさっそく「ギネスブック」に登録される記録だろう。

当時の青年将校の心意気もさることながら、こんなことも可能なすぐれた操縦性能を持った飛行機だったことは確かだ。

このパップ機は、ハーバート・スミスの設計で作られ、一九一七年二月に初期の三枚翼型機で実戦に参加したカナダ人のエース、レイモンド・コリショーは、四週間で一六機を撃墜した。しかし、一九一七年夏以降、キャメルと交替した。

その系列の改良型F1キャメルは、一九一七年七月から休戦までに五四九〇機も作られ、『レッドバロン』ことフォン・リヒトホーヘン機フォッカーDr1を含むドイツ機一二九四機を撃墜した名機となった。

そのエンジンは、これ以前に輸入した1A2偵察爆撃機と-2偵察機と同じ空冷回転式九シリンダー一三〇馬力のクレルジェ9Bだったが、日本が輸入した-3型にはル・ローン八〇馬力が装備されていた。

そして、これらも航空大隊やシベリア派遣隊に配置された。

模倣の時代（ライセンス生産）

大正八年から大正一五年までの間も、やはり輸入機の模倣時代で、輸入機も一六機種をかぞえるが、受け入れ態勢もととのい、機種も次第に絞られてきた。

この年に発足した陸軍航空部や設置されてから苦節一〇年、計画した目的をおおむね果たした臨時軍用気球研究会の廃止、参謀本部航空班の設置などと兵器行政体系を整え、大正一〇年後半からは、つぎのように設計会社と機種による制式名の呼び方をきめるなど、陸軍航空隊のアウトラインが次第に形づくられてきた。

甲式……ニューポール

乙式……サルムソン
丙式……スパッド
丁式……ファルマン
戊式……コードロン
己式……アンリオ

これにともない、あとで述べる軍の自主開発やライセンス生産を通して培《つちか》った技術を引き継いだ形で、民間の飛行機製作会社による転換製作が始まったのである。

陸軍の主力、ニューポール型

これらの中で後に甲式の名をもらったニューポール型は、陸軍航空隊とは切っても切れない因縁と歴史に彩られた機種である。

大正七年春、陸軍が飛行機一〇〇機の購入を申し入れたのを端緒に、フランス政府から派遣されて陸軍航空を飛躍的に進歩させたフォール航空団は、覚めた目で見れば休戦で不用になった兵器の戦後処理の一環ともなる航空後進国への売り込みには違いないが、有難いことに派遣費用はフランス持ちだった。

食うか食われるかの実戦で学んだ航空機の用兵、戦術、技術などの伝授指導は、発

ニューポール単葉機。陸軍の主力を占め、甲式の名がつけられた

展途上の日本の航空にとっては計り知れない刺激となり、その恩恵は見逃すことはできない。

教育団が携行してきた飛行機を見ると、大量のニューポール80、81E2、83E2、24C1戦闘機などがある。

ニューポール24C1戦闘／練習機　歴史的に年次を追って述べれば、まず武田次郎中尉が購入して大正六年一一月に到着したニューポール24C1戦闘／練習機はロ式八〇馬力の練習機とロ式一二〇馬力の戦闘機とがあり、大正八年にはフォール航空教育団の使用機ともなり、のちにそれぞれ甲式三型練習機（高等練習機）同戦闘機として制式機となった。

だが、操縦性が鋭敏なので、錐もみからの離脱教育に有効に使われた後述するニューポールN29C1（甲式四型練習機）と大正一五年五月に交替するまで生きのびて、日本陸軍戦闘機隊とは切っても切れない存在となった。

大正一三年五月一一日、飛行第三大隊の谷大尉が六三〇〇メートルの高度記録を残しており、最大速度は一六三キロ／時だった。

ニューポール80型練習機　大正七年から約一〇機輸入したル・ローン八〇馬力エンジン装備の複座初歩練習機で、フォール教育団でニューポール二八平方メートル練習機の名で教育に使われただけの寿命で、ニューポール81Ｅ２練習機と交替した。

ニューポール81Ｅ２型練習機　ニューポール80型練習機の改良型で三八機輸入し、その当時は二式81と呼ばれ、ジャイロモーメントによる首振りの癖はあったが、大正一〇年、甲式一型練習機として、三菱で五七機が国産された。

大正一四年度上半期機種別統計によれば、この機体の飛行回数九二三四、時間一〇九五時間四八分、飛行延べ人員一万四八五六人、使用機体一一一機となっている。

ニューポール83Ｅ２型練習機　前述の81Ｅ２の一葉半翼の上翼を約一メートル縮めて下翼と同じくしたので、主翼面積二三平方メートルは一八・四となり、最高速度が一〇キロ増して一四〇キロに改良されたいわゆる中練で、中島飛行機で甲式二型練習機として四〇機が国産された。

ニューポール33ＨＳ練習機　中間練習機として大正一二年に輸入された複葉機だが、軍はその性能に不満足だったとのことだ。

複座機で、イスパノ・スイザ三〇〇馬力エンジン装備にもかかわらず、二〇〇〇メートルまで上昇するのに六分一〇秒かかっているのは、一二八〇キログラムと重い全備重量のせいもあろう。

ニ式33型練習機として、大正十三年度航空記録の飛行回数がもっとも多い者の項の、所沢検査官助手中田曹長二一六回のうちと、同じく一四年度上半期統計に、三八回、八時間五三分の飛行記録が残されている。

ニューポール29C1戦闘機　一九一八年に設計されながら、欧州大戦が休戦となったせいでもあったのか、母国のフランスではあまり評判がよくなかったともいわれたが、前出のように非常に洗練されたセミモノコック胴体の複葉単座戦闘機である。

母国での冷遇を見返すかのように、大正一二年に輸入されるや、その一二月には早くも所沢と後述の中島飛行機で国産化され、昭和七年一月まで合計六〇八機が作られている。

昭和六年の満州、上海事変に出動した後も、九一式、九二式戦闘機にまじって甲式四型戦闘機の名を残し、その後は昭和一一年までも生きのびて、第一期少年航空兵操縦生徒戦闘機班の明野陸軍飛行学校での練成教育用の中間戦闘練習機の役目を終わって消えた。

このとき、私たちは所沢陸軍航空技術学校で、気球庫をかすめ、土煙をあげながら離着陸する甲高い甲四の爆音に悩まされながら、水冷式V型12シリンダー八〇〇馬力エンジン付きの九五式戦闘機を勉強していた。

校長の徳川さんが代々木で初飛行してから二六年、航空機用試作エンジンは一〇〇〇馬力を越え、飛行速度は四〇〇キロ／時を突破していたこの時代まで、重宝に使われていた「甲四」は息の長い飛行機だった。

よく「アストラ燃料ポンプに故障を起こして不時着した」などと、当時の新聞記事にもなったのが思い出される。風圧で回転する小さなプロペラで駆動されていたそのアストラポンプは翼に付いており、両脚付根付近にあるランブラン型ラジエーターもまた特徴の一つだった。

余談ながら、己式一型練習機アンリオ（大正一二年に輸入して制式化）は、昭和一一年、第二期少年航空兵の操縦訓練から供用されはじめたキ17九五式三型練習機と交代した。

鹵《ろ》獲《かく》機

一般の輸入機とは少し性質は違うが、大戦で敗戦国となったドイツから戦利品として日本に配分された飛行機は一三二機で、エンジンだけでも三二〇台余だった。（注

ゴータG5爆撃機。ゴータGⅨなどの優秀機が戦利品とされた

1）この中にはR・ブラッツが設計した当時の最優秀戦闘機で、停戦前の一九一八年四月から使われだしたフォッカーDⅦや、その翌五月四日に初飛行したジュラルミン製片持翼で前出のユンカースCL1、初めて偵察者席に機銃をとりつけて武装したL・V・G－Ⅵ型や、ロンドンの昼間爆撃をしたゴータGⅨなどの優秀機が目白押しにあった。

　これらの飛行機が各部門に配分されて、日本の航空技術の飛躍的な進歩に寄与したのだったが、その役目を終わった昭和一一年ごろでも、所沢陸軍飛行場の、俗に〝押収格納庫〟と呼ばれていた北格納庫で、迷彩色は古ぼけながらも健在だったこれらの飛行機は、その後はどうした運命を辿ったのだろうか？

自主開発の努力（研究時代）

飛行機を作るのに、ドイツ人はじっくりと基礎研究してから作りだし、イギリス人は同じ型に固執し、フランス人はつぎつぎと新機軸を案出するといわれるが、模倣に長《た》けたわが日本では、果たしてどうだったのだろうか。

制式第一号　大戦の始まった翌年の大正四年五月、岩本周平技師、桜井砲兵大尉、松井命工兵大尉（のちの日野重工社長）、沢田工兵中尉が設計委員を命ぜられ、一一月から研究会付属工場で製作を始めて、早くも翌年四月三〇日に完成した機体である。

すぐに始まった試験飛行の結果もよくて制式第一号と名づけられたこの飛行機は、航空開始以来、まだ五～六年しか経っていないときに、すでにチョンマゲ機のエンテ式や肋骨胴体のイメージから大きく飛躍し、完全に近代的な飛行機の形をととのえた複葉機であり、中央翼を持つ外翼折畳みの形式だった。

陸上機の折畳翼とは珍しかろうが、遠距離輸送は空輸ではなくて鉄道輸送に頼らなければならなかった当時としては、必要で便利な構造で天幕格納庫へ入れるにも好都合である。

胴体は、組桁張線構造の羽布張りで、側面にラジエーターを持ち、肉抜鋼材のエンジンベッドにはダイムラー一〇〇馬力のエンジンを載せている。イギリスのアブロ504J、アメリカのカーチスJN3ジェニー、ドイツの有名なアルバトロス一族と同世代だが、主翼一般の設計が冗長らしく、馬力荷重も大きいので、性能も期待はずれだったようだ。

〔要目〕 全幅一五・五一メートル、最大速度一〇八キロ／時。

制式第二号 制式一号の性能向上型として大正六年末に完成した。

この機体は、一号機の一葉半様式の長すぎた上翼を下翼と同じ幅に切り詰めて全幅を九・八六メートルとしたので、性能は明らかに一号機を上回ったことは想像できるが、惜しくも翌七年、エンジントラブルで墜落して、第一期操縦術習得者出身阪元守吉歩兵中尉が殉職した。

ちなみにこの年までの殉職者は一四人だが、前年の大正六年三月八日には、モ式系列改良のベテラン沢田中尉も、畢生《ひっせい》の努力で開発した会式七号駆逐機の事故で殉職された。

校式一型飛行機 制式三号飛行機の計画をもとに復座の校式一型飛行機が完成したが、試験飛行中に大破して研究は中止された。

〔要目〕 エンジン・ホールスコット一五〇馬力、全備重量一〇〇〇キロ、最大速度

校式二型戦闘機。一枚板の水平尾翼で縦安定が悪く、量産されなかった

一六〇キロ／時。

校式二型戦闘機およびA3長距離偵察機

陸軍航空技術研究所第一部でキ51の審査担当だった雨宮氏には、筆者は同機の飛行科の係として、同氏に大変に御指導をいただいた。

雨宮氏は工業校卒業後、所沢の陸軍航空学校研究部に勤務して以来、終戦まで審査業務に従事したベテランである。以下は氏の語るところによる。

所沢の陸軍航空学校研究部は、飛行機班長松井命工兵大尉（仏ポリテニック大学卒）、装備班伊藤周次郎少佐（のちの陸軍航空技術研究所長）、発動機班渋谷少佐、実験（風洞）岩本周平技師をそれぞれの長として、設計、改修、研究、試験の業務をしていたが、大正九年～一一年に校式二型戦闘機を、また一〇年～一二年には三人乗りA3長距離偵察機を試作した。これらの細部設計は、みな二五歳以下の若人たちの手によった。

校式二型戦闘機　構造上で当時としては珍しい翼間の単支柱は、ハインケルより着想した雨宮氏の手による。

エンジンはサルムソン二三〇馬力で、水平尾翼もサルムソン（乙式一型偵察機）と同じフライングテール方式だった。

第一回飛行は、河井田中尉が行なって良い結果を収めたが、縦安定が悪くて「暴れ馬」の尊称を奉られた。

バランスタブ付きの今のフライングテールなら問題ないが、この機のような一枚板の水平尾翼では、とてもじゃないが機体のニュートラル位置を保って安定した水平飛行をするのは、まさに「神技の操縦」の腕前でなくてはできない無理な注文だ。

もしも固定式の水平安定板を持っていたなら事情は一変していて、高い外貨を支払って甲式四型戦闘機（ニューポール29C）を購入する必要はなかったかもしれない。が、安定板を取り付けることには、松井班長は頑として応じなかったという。それに、速度も計器の読みで二一〇キロ／時だった。

惜しくも二、三回の飛行後、離陸中断で場外に飛び出して壊してしまい、大正一二年、さらに一機製作されたが、その後は量産に移されなかった。育て方を誤ったともいえようか。

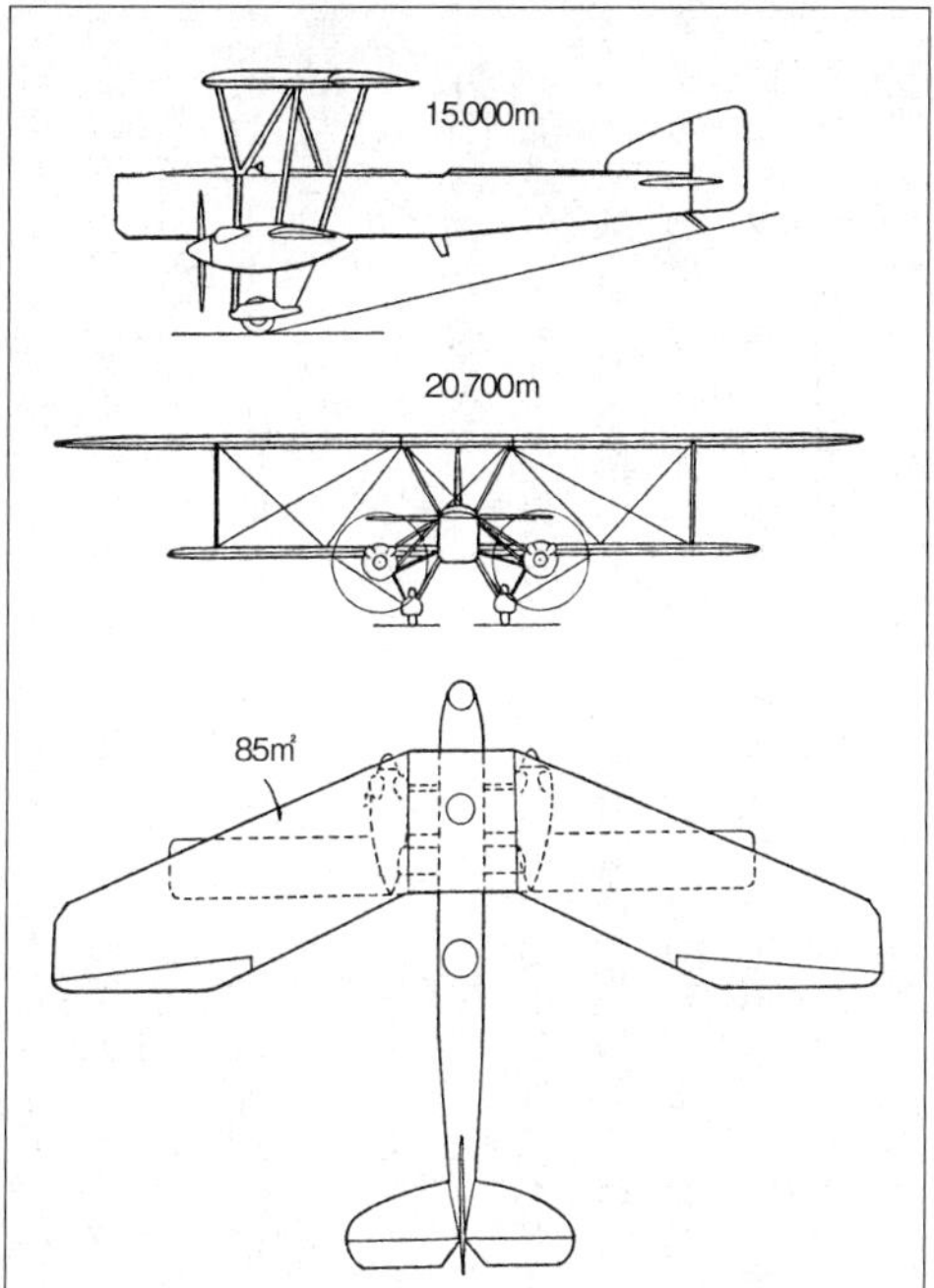

A３長距離偵察機

A３長距離偵察機　一方、アントワヌ・デ・ボワザン、デ・ランゲル、ロベルトらの技師団により長距離偵察機が設計され、富田技手はその係を命じられて、ロベルトとともに主翼の細部設計を担当した。

戦略偵察機とし

て計画したこの機は、フランスから輸入した軽合金骨格構造の羽布張り機で、大きく約二〇度の後退角をつけた上翼の中に、五時間分の燃料タンクを入れた翼間隔の大きな一葉半の双発機で、自重二トン、全備重量三・四トン、全長一五メートル、全幅二〇・七メートル、主翼面積八五平方メートル、計算速度は二一三キロ／時／〇メートルだった。

外国技術の導入

一部述べたように三菱内燃機は、大正一〇年二月にイギリスから元ソッピース社のスミス技師ら九名を招いて、機体設計製作の指導を受けていたが、大正一四年にはドイツのロールバッハ社からルドウイッヒ技師を、またシュットガルト大学教授バウマン博士やフランス人技師ヴェルニッシュらを招き、陸海軍機の設計指導を受けた。

またその後、昭和三年、陸軍の注文によるユンカース四発輸送機G3を超重爆撃機に改造するため、九月に同社からシャール以下の技術者を招くなど、主として欧州の技術を吸収するのに忙しかった。

中島飛行機では、マリー、ロバン両技師をフランスのニューポール社から招き、戦闘機の試作に当たらせ、英国からはブリストル・ジュピター6空冷星型エンジンのライセンスを獲得して製作した。さきに長距離偵察機の設計の際、製図手として来朝していたロベルトは、その後、中島飛行機に招かれてキ12の設計を指導している。

また川崎造船所飛行機部では、大正一三年、ドルニエ社からコメット輸送機およびワール飛行艇のライセンスを得て、ジュラルミン機体の製造技術を導入するとともに、BMW四五〇馬力一二気筒水冷エンジンの製造権を入手する。

立川飛行機（石川島飛行機）は、昭和四年に陸軍および民間用にと、英国からハンドレーページ・ラッハマンのスロット翼特許権を購入するとともに、発明者のラッハマン技師を招いた。

このように各社それぞれの目的に応じ、陸軍系は独、仏、海軍系は英国から機体技術者を招いているが、米国からは、三菱が昭和一〇年二月にP&Wホイットニーエンジンを、一一年には中島がダグラスDC2を、一二年には立川飛行機がロッキード14YおよびビーチクラフトHeavy軽飛行機をと、それぞれ制造権を購入するまでは大した関心を示していない。

戦後の航空再開がほとんど米国に依存したのと比べると、航空発達史の一面を語る面白い現象である。

ただし、軍ではカーチス、セバスキー、チャンスボートなどを研究用として購入し

リンドバーグ大尉とスピリット・オブ・セントルイス号

てはいる。

昭和二年（一九二七年）五月二〇日、リンドバーグ大尉がライアン『スピリット・オブ・セントルイス』号を駆って、大西洋横断の偉業を成し遂げたのだったが、彼の手記によると、当時は米国の航空工業自体が欧州に比べていまだ低い地位にあったものらしい。

さて、これらの外国技術を導入、吸収して従来のマンネリから抜け出した日本の航空界には、つぎつぎと新機軸のものが現われるようになった。その一番大きな進歩とは、軽合金の採用による構造設計製作技術であろう。

【要目性能比較表】

機　名	自重 kg	全備 kg	全長 m	全幅 m	翼面積 m^2	エンジン	最大速度 k/h	上昇限度 m	翼面荷重 kg/m^2	馬力荷重 kg/HP
ドルニエ・コメット	1,850	2,835	12.1	19.6	62	ロールスロイス 360HP	178	4,000	47.5	7.8
ブレゲー 19B2	1,414	2,444	9.5	14.83	50	ロレーンW型 450HP	230	7,900	50.0	5.5
八七軽爆	1,850	3,300	10.0	14.8	60	イスパノスイザ 450～600	185	4,275	55	7.3

爆撃機隊の新設

八七式軽爆撃機

大正一四年の宇垣軍縮で、陸軍は四個師団その他を削減したが、逆に「航空」では浜松の第七（重爆二、軽爆二）、台湾塀東に第八（戦闘一、軽爆二）の二個飛行連隊など混合編成の八中隊を増設し、その編成完結は大正一九年一月と大正一七年一月とした。

これまでは地上軍の目となる偵察機と、これを守る駆逐機（戦闘機）を主体に構成されていた航空隊だったのに加え、新たに敵の地上部隊に対する直接攻撃の仕事をさせる爆撃機隊の新設だった。

ところで、部隊を作ると適当な軽爆撃機を至急支給しなくて

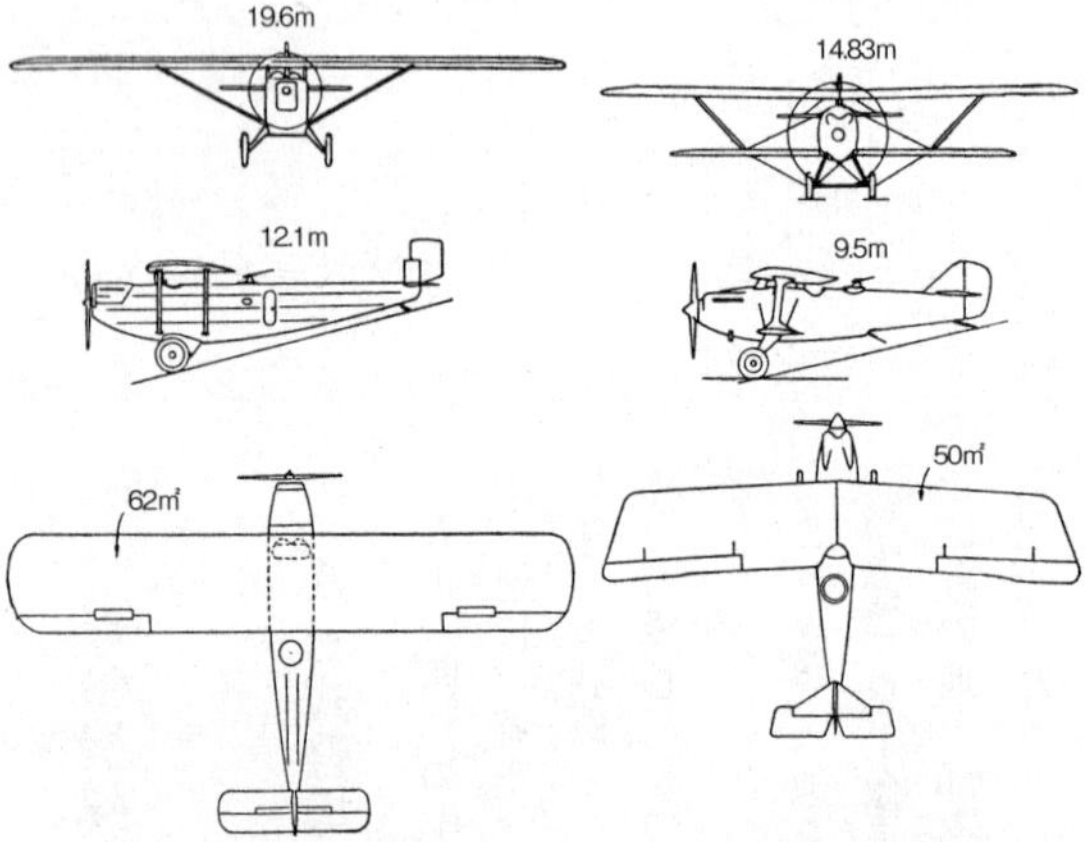

ドルニエ・コメット　　ブレゲー19B2

はならないので、大正一四年一一月、中島・川崎・三菱三社にこの試作を命じ、別に陸軍砲兵工廠にも独自に設計させた。

中島は輸入したブレゲー19B2、川崎はやはり輸入したドルニエ・コメット、三菱は海軍向けの自社製一三式艦上攻撃機（2MB1）と一二月に完成した2MB2をと、各社はそれぞれを陸軍仕様にして提出し、翌一五年一〇月に比較審査が行なわれた。

陸軍砲兵工廠の試製三座軽爆撃機は、完成が遅れたので番外の研究機となり、前頁の表で見られるように、各社の三機種ともに性能に大差はないものの、ドルニエは鈍重、軽くて馬力のあるブレゲーも速度はもっとも速かったが、視界不良等の理由で失格し、一三式艦攻改型が採用されて八七式軽爆撃機となった。

一三式はやや旧式だが、搭載量が多いうえ、すでに海軍で現用している手堅い英国

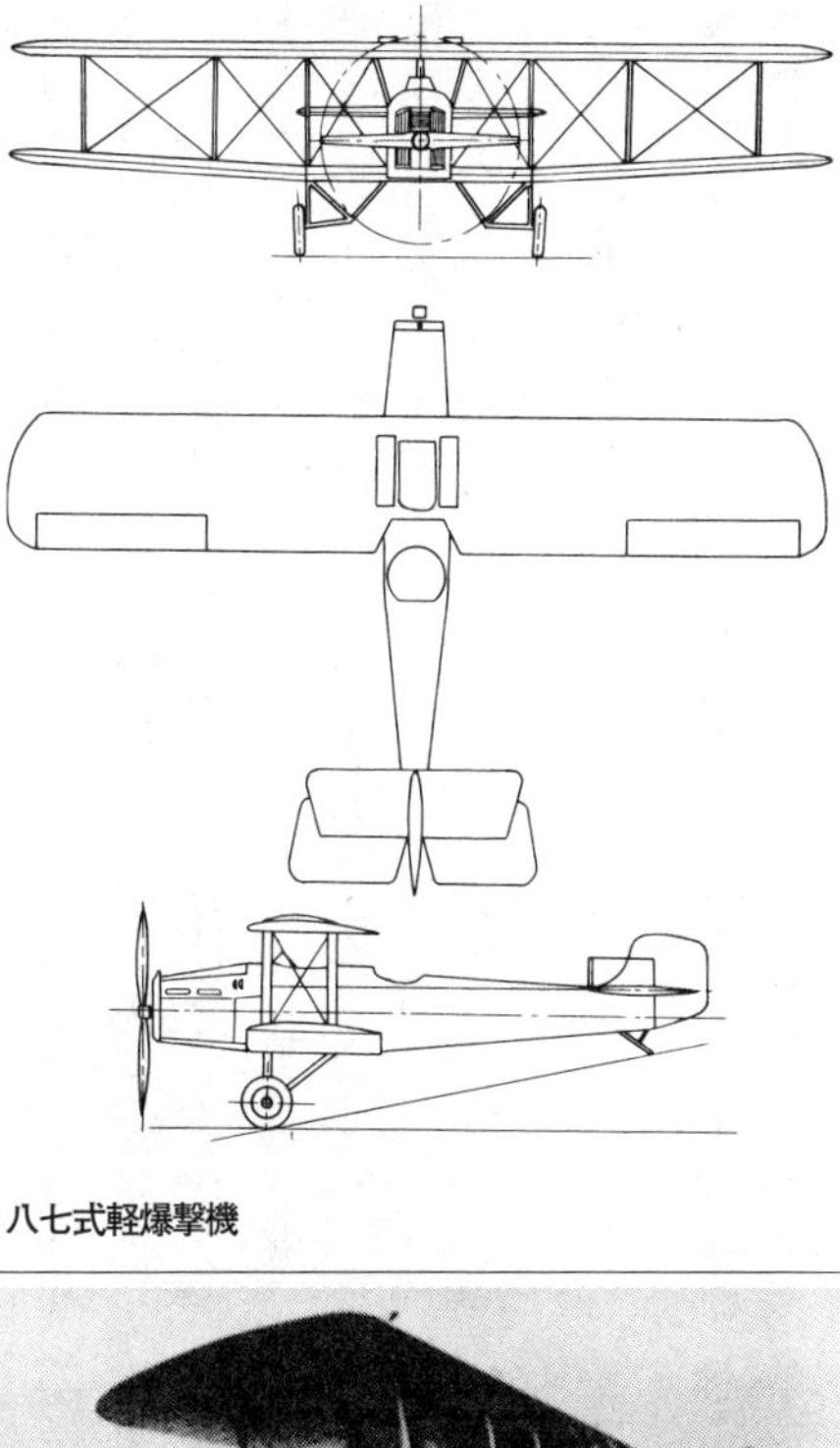

八七式軽爆撃機

八七式軽爆撃機。軽爆隊最初の装備機として48機生産

型の実用性と、特に操縦性のよい点が買われたという。

この八七式軽爆は、ついで出てきた川崎の八八式軽爆の好評の陰に隠れて生産は四八機と短命だったが、紀元年号の最後の二字を頭にする陸軍機呼称制度の最初の機種になるとともに、陸軍軽爆撃機隊の最初の装備機となった。

ちなみに、不合格だったブレゲー19A2（Aは偵察機、Bはボンバルマン・爆撃機、Cは駆逐機、2は座席数を示す）は、有名な初風・東風としてシベリア経由の訪欧飛行使用機でもある。

八七式重爆撃機

翼は羽布張りだが、金属製機の先頭を切ったのは八七式重爆撃機だった。

それまではファルマンF60ゴリアット双発型爆撃機を大正一〇年に五機、以来一五年までに合計一六機（注2）輸入し、丁式二型（四〇〇馬力×二）と名づけて、昭和三年六月まで夜間爆撃機として実験的に使用するとともに、一三年ごろからは当然、その後継機が検討されていた。

前出のようにドルニエ社とジュラルミン機の製造技術を導入していた川崎造船所か

八七式重爆撃機。昭和２年に陸軍が採用した最初の全金属製重爆撃機

ら、

「独国ドルニエ会社と提携、同会社設計飛行機（金属製飛行機）の日本における一手製造販売権を獲得したので、これの製造、販売に関し用命を賜わりたい」

と大正一三年九月一三日に上申したので、陸軍は渡りに船と同社に双発爆撃機の試作を指示した。

ドルニエ社は元来、飛行艇が得意で、ドルニエワールや一二発のＤｏＸなど有名な飛行艇を作っていた。この八七式重爆撃機（Ｄｏ・Ｎ）は、車輪をはずせばまるでそのまま飛行艇で、一般にはドルニエの型式名をもじって『八七ドン爆』の愛称で呼ばれていた。

このとき、リヒアルト・フォクト技師以下七名の技術者を招いたのだが、以来、川崎航空機とドイツとは密接な関係を保ち、機体では八八式偵察機、エンジンではＢＭＷやＤＢ６０１ａへと、一連の流れに乗ることになる。

陸軍の要求は爆弾搭載量一トン、速度／常用高度は一八〇キロ／時／四〇〇〇メートル、航続六時間、上昇限度六〇〇〇メートル、有効搭載量二・一トンなどだった。

大正一四年一月から製作が開始された一号機のエンジンには、同社がライセンス製造中のＢＭＷ四五〇馬力が間にあわないので、イギリス製のネピアライオンを装備して翌年一月に完成した。

審査は試作のＢＭＷ四五〇馬力エンジンを装備した二号機により、同年九月から各務原飛行場で、香積少佐担当で瀬戸大尉、緒方、駒村、南角中尉らの手で行なわれ、翌昭和二年三月に終了した。

その成績は要求を完全に満たしていなかったが、同年、テストをパスしたゼニス気化器付きＢＭＷ五〇〇馬力エンジンの性能向上の見込み十分なりとし、昭和三年五月一七日に八七式重爆撃機として仮制式された。

本機の乗員は五～六名、ドルニエ伝統の形そのままに、串型配置のエンジンを翼上面に付けている。

この場合、プロペラは前が牽引式、後が推進式となって、ピッチ角度は互いに逆捻り、また後ペラは前ペラで絞られた後流の直径内の寸法となり、ピッチも当然深くなっている。

クランクのベアリングも、推力受け面が逆向きになるなど、技術面の問題点もある。

元来、このエンジンの運転中、弁軸の給油は、弁バネの間に押し込んだグリースによるので、六時間もの長い飛行間には途中で補給する必要がある。

そこで機関兵は、梯子《はしご》でナセル室に登って給油や点検整備をするのだが、

「いや、暑いのと油だらけになるので参りましたヨ」

と、技研で相棒だった元浜松飛行七連隊での機関工手金井雇員か

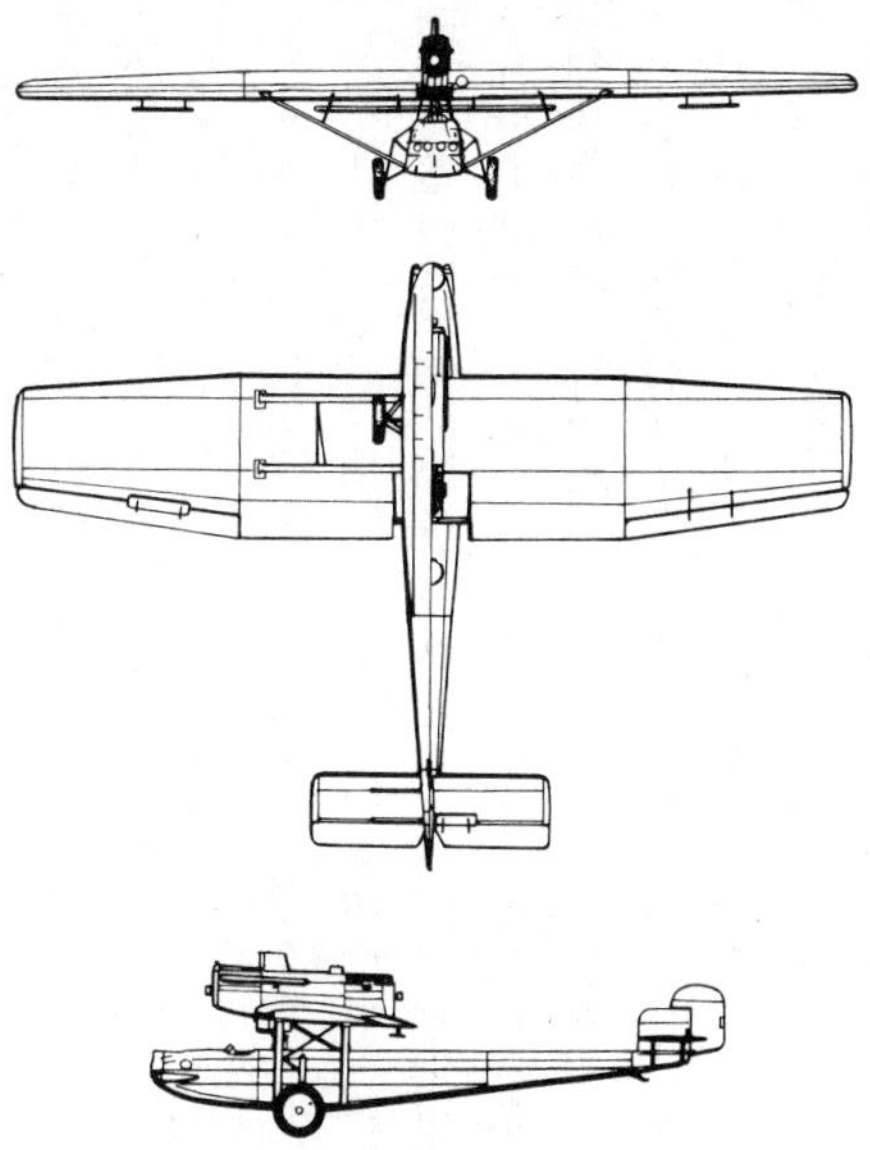

八七式重爆撃機

ら聞いた。

また、あるフランスの技師は、

「この機体は、不時着時の犠牲が大きいだろう」

と予言した。

果たせるかな、昭和四年八月一四日、立川を離陸して各務原の第一、第二連隊の演習査閲に向かった二番機の一〇二号が、離陸直後のエンジン故障で失速、背面になって砂川六番の陸稲畑に墜落し、参謀本部第四部長小川少将ほか七名が殉職した。

それでも別の参謀総長鈴木操六大将ほかの部員が乗った一番機は、原敬三郎（元陸軍航空技術研究所飛行課長、爆撃機戦隊長で戦死）操縦で、無事に各務原に到着した。

エンジンを翼上に装備した飛行機（艇）は、エンジン故障で推進力がなくなると、エンジンの大きな風圧抵抗力によるモーメントでバランスが大きく崩れ、上げ舵状態になった姿勢を取り直す暇もなく失速する。

戦後、琵琶湖で事故したレーク飛行艇の場合も、この八七重爆撃機の事故と同じ状態で、米人教官と筆者も親しかった関西航空の水野運航部長が殉職した。

この八七重爆撃機のエルロンと昇降舵に付いている大きなバランスタブは、川崎が先にイギリスから買った特許のハンドレーページ型である。

試作二機を含めて昭和七年までに川崎で二八機、東京砲兵工廠で六機と、合計三四機作られたこの爆撃機は、浜松の飛行第七連隊と、後に満州事変に出動したチチハルの飛行第一〇大隊に支給され、後述の八八式偵察機とともに熱河の承徳爆撃などに従事した。

八八式偵察機（八八式軽爆撃機）

今までたびたび引き合いに出された八八式偵察機は、中島、川崎、三菱、石川島の四社による陸軍初の競争試作の中から生まれた。

偵察機というよりは万能機として、大正七年以来使われてきたサルムソン乙式一型偵察機は、航空兵科が独立して新たな戦法を展開しようとするには、すでに旧式化した。

そこで陸軍省兵器局資材課は、大正一三年四月にできた陸軍航空本部の意見具申に基づく新しい偵察機を得るため、

「従来陸軍に於て採用せる飛行機は全部外国にて設計せるものにして之が完成品を調弁し若《も》しくは製造権を買収の上官民工にて製造したるものに依り補給し来たれるも設

八八式偵察機。乙式一型にかわる金属偵察機として採用

計製造等の技術も大に進歩し今日に於ては全部我国に於て実施得るの機運に到達し且《かつ》現制式の乙式一型偵察機は近く製造権の期限満了となる可きを以《もつ》てこの際純日本制式を制定し併せて民間工場助長の為左記要領に依り民間にて飛行機の設計竝《ならび》に模範の製作をなさしめ度　右決裁相成度候也」

との決裁案を陸軍大臣に提出し、一〇月一二日に決済を得た。

そこでその二〇日に二五万円の予算で、新型偵察機の競争試作に応募した川崎、三菱、石川島の三社に命じたのだった。

一説に甲式四型戦闘機の量産に忙しいだろうとして、この指名から外されたといわれる中島の中島知久平所長は、自発的にN35偵察機を製作して自主参加したものの、意図むなしく昭和二年に不時着大破した。

三菱は２ＭＲ１をバウマン博士、川崎はＫＤＡ２をフォクト博士、石川島はＴ２を吉原四郎技師とラハマン博士をそれぞれ設計担当者として、翌年一月の基礎図面の設計審査に臨み、八月に二機宛ての製作発注を受けた。

早くもその年の五月から細部設計に入っていて、越えて大正一五年二月、真っ先に陸軍の要求による木金混合機体の一号機を完成したのは川崎だったが、同社はこれを社用機として各務原でテスト飛行を重ね、陸軍に納入したのは七月に完成した二、三号機だった。

軍の要求は、「最大速度二〇〇キロ／時以上、航続距離一〇〇〇キロメートル以上、武装は前方固定銃一、後上方旋回双連銃一、大型偵察写真機と無線通信機を備えること」だったが、その一号機は、最大速度二四〇キロ／時と陸軍の要求を越える良い成績だった。

昭和二年二月から始まった基本審査や各学校などでおこなう実用審査で、石川島のＴ２は、飛行中にエルロンが破損してＴ３へと改修されることになって完成が間に合わず、三菱機も、脚のオレオの取り付け不良の初歩的ミスで着陸時に大破するなどの事故で敗退し、構造、強度、射撃、対敵編隊などの成績が抜群に勝れているとして合格したのは、この川崎のＫＤＡ２だった。

八八式軽爆撃機。八八式二型偵察機から発達した軽爆

そして、翌年三月九日に仮制式採用が決定し、八八式偵察機となった。

制式となった翌一〇日の陸軍記念日に、性能優秀として、川崎へ陸軍から二〇万円の賞金が渡されたのは、軍の満足度の現われであろう。

ジュラルミン製の円框《えんきょう》と縦通材の骨組みにジュラルミン板を張った（翼と胴体側面は羽布張り、ホック止）頑丈な機体もそうだが、大正一三年に製造権を得て国産化を進め、昭和二年に完成した極めて信頼性の高いＢＭＷ６型エンジンあってこその八八式偵察機だといっても過言ではなかろう。

筆者は昭和一〇年、所沢陸軍飛行学校技術生徒の二年生に進級して機体基本工術「複葉水冷」の教材としてこの機体で学んだのだが、上翼にあるエルロンの扇形板への操縦索の複雑で面倒な繫《つな》ぎ方には悩まされた。

試作初期にもこの繋《つな》ぎ方を誤り、エルロンの動きが逆になったまま離陸したテスパイ笠幸人特務曹長を慌《あわ》てさせたとの話は有名だが、他のパイロットだったら、そのまま事故に繋がっただろう。エルロンには、どの機種でも話題が絶えない。

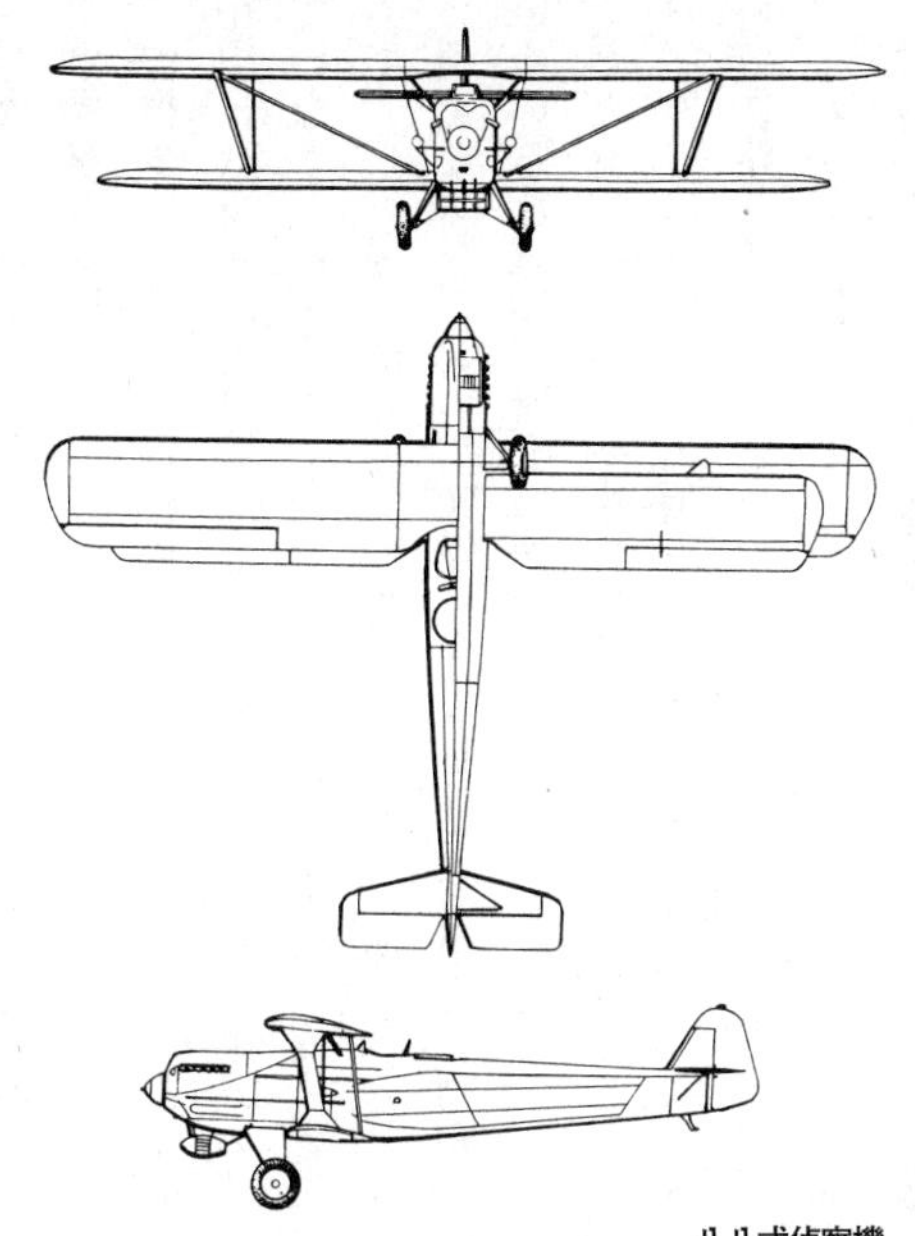

八八式偵察機

一型のエルロンは上翼だけにあり、ドルニエ・バドル型のバランスタブを持っていたが、機首のフラットな水冷却器をアンドレー式に換えてスマートにフェアリングした二型になったときは、このタブは取りはずされて、下翼にもエルロンが付き、連結桿で作動された。

この二型機で曽根少

佐操縦、本田中尉同乗で試験飛行中に、村山貯水池上空で左下翼のエルロンが飛散し、水平尾翼を破損した。

曽根少佐は、とっさに落下傘降下を決意して本田中尉にまず飛び出せと促したが、中尉は落下傘縛帯は装着してはいるものの、分離式の二号落下傘が同乗席に積み込んでいなかった。そこでやむなく、曽根少佐は、安定を失いそうな機をだましだまし操って、飛行場に滑り込ませたという逸話もある。

頑丈なエンジンの信頼性に支えられて実用性の高かったこの飛行機は、汎用機的にいろいろな試験、研究に使用された。

たとえば、フロートを付けての湖水面での使用や、昭和四年一〇月二一、二三の両日、四五〇リットルの増加タンクを取り付けて、大刀洗――塀東間一二〇〇キロを二機で往路八時間、復路をそれぞれ一五、一三時間余で飛んだ長距離飛行に成功したほか、わが国では始めての空中給油試験機としてもよく知られている。

生産機数は、昭和二年から六年までに川崎で五二三機、石川島で一八七機の合計七一〇機と記録されている。

余談だが、この八八式偵察機のエンジンを試運転するのには、まず後席にある高圧ポンプ（二段式の自転車空気入れタイプ）でタンクに蓄圧し、サンタン式始動気化器を経た高圧混合ガスを、始動分配器でシリンダーの爆発順序に送り込んでスイッチオンすると、エンジンが始動する。

　この際、地上の兵は、素早く始動位置にあるカムリフターのレバーを元の高圧の方へ押し戻すのだが、排気ガスの煙とペラの後流を受けながらでは、あまりいい役柄ではない。また、背の低い筆者などは後席に立っても首が出るだけだった。

　また、当時はまだ「飛行機操法」という教練があって、「前へー進めー」「右へー進めー」などと、騎兵の号令ばりののんびりした号令を、翼に取り付いた兵に下して飛行機を動かすのだったが、このころの飛行機の尾部は尾橇《びぞり》なので、こうした地上移動には尾橇台車に尾橇を乗せて運ぶ。

「馬鹿なことはやめろ！」との白石中隊長の一言で、後では中止された。

　この八八式の場合は、持ち上げ棒を尾部にセットされたパイプに通して掛け声とともに四名で持ち上げるのだが、上げるその重さは相当なものだった記憶が我が腕にあり、筆者には忘れ得ない懐かしい飛行機だ。

　それに、満州事変や済南事変の花形だったこの飛行機が、昭和一二年に起きた日支事変にも北支にノコノコと姿を現わしたのには、九五式戦闘機隊で従軍していた筆者もさすがに驚いたが、意外にも、後述の九二式偵察機やキ4九四式偵察機とともにその特色を生かして、その部隊が九八軽爆に機種改変するまで、地上軍の第一線直接協同に大いに活躍した。

この時代、すでにキ15神風号型の司令部偵察機が活躍しはじめていたが、それだけに息の長い実用性の高い飛行機だったといえよう。

昭和一一年末、筆者が平壌（今のピョンヤン）飛行第六連隊に赴任したとき、爆撃機中隊ではまだ空中射撃訓練の吹き流し曳行や夜間飛行に使われていたが、ある夜の航法訓練で、ロストポジションしたパイロットが同乗者の落下傘脱出を確認せず、自分だけ落下傘降下したため裁判されたという事件もあった。

この爆撃隊は、満州事変で八八軽爆撃機で華々しい働きをした歴史を持っていた。のち逐次、九三式単・双軽↓九七軽↓九九双軽と機種改変し、日支事変および太平洋戦争に大活躍した飛行第九〇戦隊の前身である。

第三章——自主航空新時代が始まった

戦闘機コンペティション

戦闘機は花形

いずれの時代でも戦闘機は花形である。

「緋おどしのよろいに黄金の、兜の前立てきらびやか。栗毛の駒に鞭打って、躍りいでたる武者一騎。ヤアヤア遠からん者は音にも聞け……パパン、パンパン」と、講談師の口上を待つまでもなく、紺碧の大空に純白のシュプールを描き、組んずほぐれつの空中戦こそは、戦闘機乗り花の独壇場である。

その空中戦の仕方も、今は様変わりしたが、軍用機として代表的な性能を発揮するのはいつの世でも戦闘機だ。

その戦闘機の攻撃からのがれようと、九七式司令部偵察機や一〇〇式司令部偵察機のような速度一点ばりの偵察機や、戦闘機より優れた高空性能で亜成層圏を飛ぶB29のような技術開発や戦法が生まれてくるので、戦闘機にはさらにそれを上回る性能が求められる。

このように戦闘機は、航空戦力の先導的立場なので、軍の計画担当者や戦闘機設計者も、その要求を満足させようと一段と熱が入るわけだ。

新戦闘機の試作指示

大正も昭和とかわり、長い間使って旧式化した甲式四型戦闘機に代わる新型戦闘機の試作が昭和二年三月から始まった。

最高速度三〇〇キロ／時の新戦闘機をもくろんで陸軍が発注したこの競争試作に、川崎はフォクト技師設計の水冷一二シリンダーV型イスパノ・スイザ四五〇馬力付きKDA3第二号機、三菱はバウマン博士指導のリード式金属プロペラ（竹トンボのように一枚のジュラルミン厚板をねじってピッチをつけた）をもつ水冷式イスパノ・スイザ四五〇馬力付きの隼型（1MF2）を、中島はニューポールのマリー技師設計ロバン技手原図で、ブリストルジュピター空冷九シリンダー四五〇馬力付きNC型で参加したが、この三社（別に石川島は辞退）による競争試作は、「鎬《しのぎ》を削る」という言葉がまさにピッタリ当てはまる激しい第一回の国産戦闘機コンペティションとなった。

いずれも、戦闘機パイロットの要求で下方がよく見えるパラソル型高翼単葉支柱支持構造ながら、設計者のお国柄がはっきりと分かるスタイルだった。

後に採用された九一式戦闘機の原型中島NC機は、前二者のドイツタイプに比べフランス流の流麗なジュラルミン製セミモノコック（半張り殻構造）胴体だが、翼の斜め支柱と脚組構造が少し奇妙だった。

車でも、見た目に美しいものは性能も良いものだが、この奇妙で複雑な構造があとでNC機のネックになるのだった。

つぎに各社の試作機について述べよう。

三菱隼型試作戦闘機（1MF2）

仲田信四郎技師を主務者とし、後年零式戦闘機設計で名をあげた堀越二郎技師や田中治郎技師らが、バウマン博士の指導をうけて昭和三年五月に完成した隼型試作戦闘

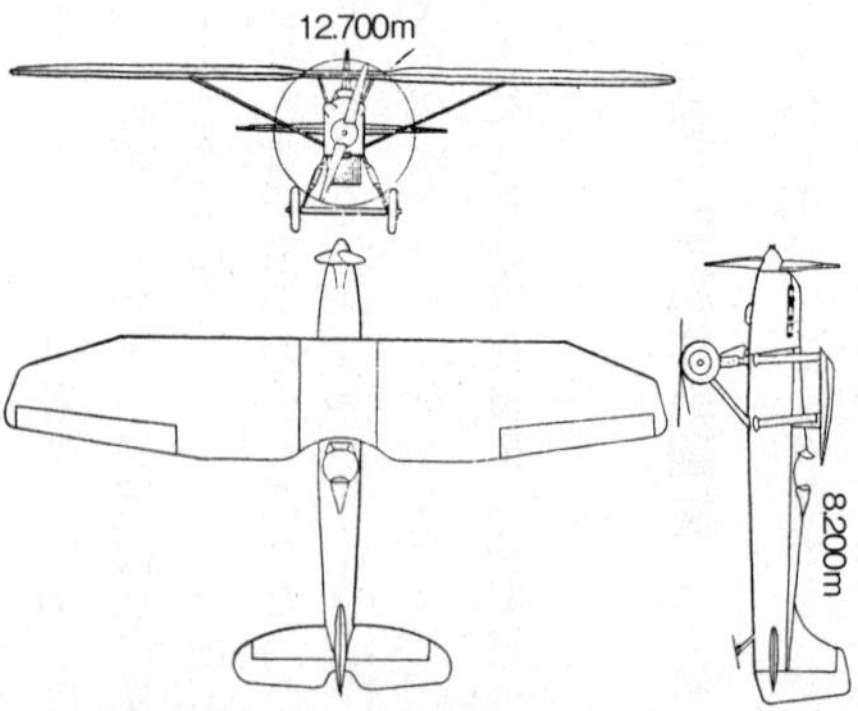

三菱試作戦闘機

機（1MF2）は、慎重型の三菱社らしくモックアップを作ってよく検討したと伝えられて飛行機としての完成度も高く、六月から始まった審査の一般飛行テストでは高度三〇〇〇メートルで速度二七〇キロ／時と良い性能をだした。

だが六月一三日、真っ先に命じられた高度四〇〇〇メートルからのパワーダイブテストで高度三〇〇〇メートル・速度四〇〇キロ／時に達したとき、大音響とともに主翼が折れ、エンジンはオーバー回転の悲鳴をあげながら入間郡入曽村の麦畑に激突して大破した。

午後二時一五分。まさに映画『テストパイロット』そのものだ。翼の強度不足だが、特異な主翼の平面型と大きなエルロンから、おそらくはフラッターが起きたのだろうと容易に推測される。

この機を操縦していたのは、民間パイロット養成制度の第一期陸軍委託操縦生をトップで卒業してすぐ三菱に望まれて入社した中尾純利操縦士（毎日新聞の世界一周機ニッポン号機長、元東京空港長）で、使い始めたばかりの落下傘で無事降下し、奇しくも世界中の落下傘降下者で組織するキャタピラークラブ会員日本第一号になった。氏はこのショックでその後半年ほど飛行機に乗れなかったといわれるが、テスパイの歩む道は常に厳しい。

川崎ＫＤＡ３試作戦闘機

川崎はドルニエー・ファルケ戦闘機に範をとり、フォクト博士設計指導、土居武夫技師主務で、全金属製胴体・水冷式Ｖ型一二シリンダーＢＭＷ四五〇馬力エンジン付き一号機を昭和三年三月に完成させたが、この機は四月一日に着陸事故を起こして破損した。

そこで、続いて五月に完成した二、三号機にイスパノ・スイザ四五〇馬力を装備し、一号機の飛行結果による尾翼等の改造の上、国枝操縦士（のち航空大学校校長）らにより社内テスト飛行を終わり、所沢飛行場へ空輸した。

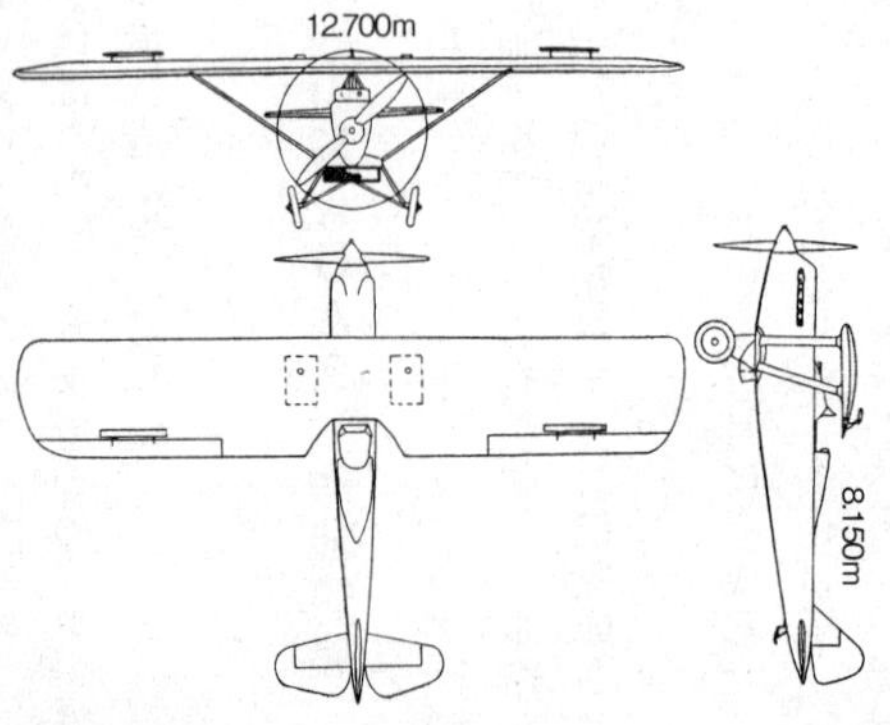

川崎試作戦闘機

このKDA3試作戦闘機は田中勘兵衛中尉により試験され、速度は二八五キロ／時と最優秀だったが、五〇〇〇メートルまでの上昇力が一二分と九一式戦闘機の八分四八秒より五〇パーセントも多くかかった。

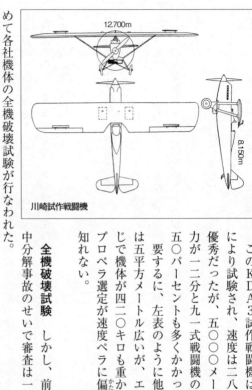

要するに、左表のように他よりも主翼面積は五平方メートル広いが、エンジン馬力は同じで機体が四二〇キロも重かったせいだろう。プロペラ選定が速度ペラに偏《かたよ》っていたのかも知れない。

全機破壊試験　しかし、前出の三菱機の空中分解事故のせいで審査は一時中止され、改めて各社機体の全機破壊試験が行なわれた。

当時の戦闘機は荷重六・五G×安全率二＝一三、すなわち全備重量の一三倍までの荷重に耐えるのが強度基準だったが、信じられないことに、これまでは全機破壊強度

	全長 m	全幅 m	翼面積 m^2	自重 kg	発　動　機	プ ロ ペ ラ	摘　要
中島試作戦闘機	7.25	11.7	▲20	▲1500	ジュピタ6型　星型空冷（スーパーチャージャー附）450HP	木製被包式	▲印は九一戦の数字、6号迄金属ペラ
三菱試作戦闘機	8.20	12.7	23	1265	イスパノ　450HP	リード式金属	
川崎試作戦闘機	8.15	12.7	25	1350	B.M.W　450HP	木製シュワルツ式	

試験で強度計算の結果を確認する手順が規定されていなかった。

この破壊強度試験というのは、機体を裏返しに支え、予想される飛行中の空気力の分布に従って、翼の上に合計二・五キロの鉛玉を縫い込んだ布（鉛弾という）を積み重ね、各部分の歪《ゆが》みを調べる試験で、加重倍数ごとに次第に鉛弾の数を増してゆき、壊れたときの全鉛弾の重さが破壊荷重となる。

さて、このときの強度試験は、各社から提出された予備機計三機を所沢の気球雄飛号用大格納庫（俗に気球庫とよばれ戦後取り壊し。現航空公園）に並べて行なわれたが、三〇メートル以上もある大扉は、モーターの唸りとともに左右からピタッと閉められた。「ひらけ、ゴマ！」と祈る願いも空しく、軍以外だれ一人入ることはまかりならぬという厳重なお達しだったので、締め出された会社側は気が気ではない。

社運をかけたこの一戦だ。何とかして情報をつかみたいと、コッソリ鉛弾積みの人夫に化けたり、人夫を買収したりの苦肉の秘策も、あまりに熱心な人夫だが？　と疑われてたちまち化けの皮を剥《は》がれたという逸話も生まれた。

この強度試験では、三菱、川崎の機体は九Gで壊れてしまったが、中島のNC機だけは一六Gかけても破壊しなかった。

後年、中島製キ44の破壊試験に立ち会った筆者には、山のように積みあげられ規定荷重を遙かに越える一六Gの鉛弾の下で、胴体外板に大きく波打つ皺にもめげずに耐えていたその情景がまぶたに生々しく蘇《よみがえ》ってくる。

しかし、この失敗と苦渋と反省の中から、次代を背負う川崎の九二式戦闘機や三菱の九六式艦上戦闘機が生まれたのだった。

中島NC戦闘機（九一式戦闘機）

中島はマリー技師、ロバン助手指導のもとに、大和田、小山技師が協力して昭和三年五月にNC型戦闘機の一号機を、続いて六月に二号機を完成したが、前出のようにジュラルミン製のセミモノコック構造胴体の流線型も目新しく、また星型エンジンもうまくこれにマッチしていた。

NC機が、規定を越す一三Gの強度試験にパスした秘密は主翼桁の構造に隠されていた。

その桁は、特にバックリング（挫屈・壊滅・破壊）に強くと、フランスから輸入したクロームモリブデン鋼の半円板を、荷重分布に応じて重ねたのを上下に向かい合わせ、肉抜き板で連結した設計だった。

筆者たちは昭和一〇年二月から、前出の気球庫で『単葉星型エンジン機』科目の実習機体として、この九一式戦闘機で教育を受けたのだが、桁の上下連結の管鋲の珍しさと、さも自分が設計したかのように、誇らし気にこの桁構造の説明をした助教の顔を思い出す。

主翼は、この前、後の桁の要所をパイプで繋《つな》ぎ、ピアノ線の交差締付けで剛性枠を構成し、M（ムンク）－6翼型小骨で形作ったうえに亜麻羽布を張り、酢酸繊維素ドープで仕上げた翼である。取り付け金具ももちろん、クロモリ材だった。

翼内ガソリンタンクは亜鉛メッキ鉄板製の一五〇リットル入り左右各一個で、胴体内タンクはアルミ製の五〇リットルタンクである。

もっとも試作型は、三面図のように主翼の平面型が制式型とは違う。

機関銃も胴体両側面につけ、翼支柱や脚組結構が奇妙な形なのは、胴体内燃料タンクが被弾発火したとき、急いで投下するのに邪魔にならないようにと、第一次大戦の

る。戦訓から学んだマリー技師の強硬な意見による。ここにも頑固なフランス気質が見え

さて、審査続行と命拾いしたNC機も、制式までの道のりはなおも遠くて三年余もかかるのだったが、忘れてならないのは、この機体に装備された四五〇馬力ジュピターエンジンだ。

新たに要求された飛行速度を出すのには、全盛時代を過ぎたル・ローン七〇馬力の回転空冷式エンジンや、長く続いた九シリンダーのサルムソン二三〇馬力、イスパノ三〇〇馬力などよりもさらに強いエンジンが必要だ。

そこで中島は大正一四年末、英国航空省のタイプテストに合格したばかりのジュピターエンジンの製造権をブリストル社から取得して、昭和二年六月から試作していた空冷星型九シリンダー四五〇馬力ジュピター6FをNC機用に採用した。

なお制式用の7Fに付いていたスーパーチャージャー（給気与圧器）は、この6Fにはまだ付いていなかった。

星型空冷式エンジンは前面面積が大きくて空気抵抗が問題だが、その一方、水冷式のような大きなラジエーターが不要なので、その空気抵抗分だけ得をする。

この水冷式対空冷式の優劣論争はこの後も尾をひくのだが、それはあとで述べよう。

試作のNC六号機からは、翼型断面のタウネンドリング装着して空気抵抗を少なくしているが、これには同時にシリンダーの冷却効果もある。

NC機の審査

技研は主任パイロット加藤敏雄大尉、機体岩野中尉、富田技手係で審査を始めた。異常なまでの熱意で取り組んだ加藤敏雄大尉は、まず手始めの操縦性能テスト用に二〇種類の操縦舵面を作り、つぎつぎと組み合わせを替えて、納得ゆくまで精力的に飛行試験を繰り返して比較検討するという凝りようで、その真摯《しんし》な態度には誰もが驚嘆したとは係だった富田技手の話である。

名パイロットと謳《うた》われて戦闘機畑一途に歩み、ノモンハン戦で顔面に火傷を受けた大尉は、宇都宮飛行学校校長で迎えた終戦時には陸軍少将に栄進していた。

加藤は昭和一三年、満州航空株式会社がドイツのハインケル社から購入した二機のHe116のベルリン〜東京間空輸に、後輩の三八期横山八男大尉とともに機長を勤め、空輸飛行にさきだち、その一機J－BAKDで、一九三八年のリビア国際飛行競技会に参加して、惜しくもゴール寸前のプロペラ故障で失格したというエピソードの持ち主でもあった。NC機はまさに名伯楽を得たというべきか。

昭和8年、立川飛行場を出発する陸軍機群。大部分は甲式四型戦闘機と八八式偵察機

試作第三号機はC型尾翼、改造試作七号機はI型安定板にL型方向舵、六号はM型安定板にO型方向舵が付いているのを見ても、加藤の努力精進の跡が実証される。

フラットスピン事故　準備された数多くの操縦舵面と、その組み合わせを選定をする操縦性能テストの最終決定までには、多くのパイロットが精力的にトライアルしてその意見が採り入れられる。

スマートなNC機のスタイルと、性能特に意のままに従う素直な操舵反応に魅せられ、彼らは「これでもか……これでもか」とばかりに、秘術を尽くして連日、NC機に挑戦した。難しい逆宙返りも、当時その一科目だった。

昭和四年六月、立川飛行場の北側上空で、所沢飛行学校教官兼技術部員の斉藤庄吉中尉（三三期）は、四号機で錐もみのテスト中だった。

ところが、その第三旋転目から次第に頭を上げ、舵がスカスカになってきてフラットスピン（水平錐もみ）にはいり、回復しないので落下傘で脱出した（左写真参照）。

次いで下山俊作中尉も、同じく水平錐もみになったが、辛うじて回復した。

水平錐もみから脱出する唯一の操縦法は、停止舵を使うとともに、ちょうどぬかるみにはまった自動車を出すときのように、スロットルレバーを開閉してエンジン馬力を変化させ、出来得れば重心を変化させることだと聞いたことがあるが、おそらくは頭を上げだした旋回初期にだけ通用する方法なのだろう。

上・三菱試作戦闘機の空中分解事故。中・中島試作戦闘機4号機の水平錐揉墜落現場。下・第6号のフラットスピン事故

　フラットスピンで自転しはじめると、風圧

中心が前進して、機体はますます頭をもたげて迎え角は五六度～九〇度にもなり、旋転中心が重心付近に近づくので、機の旋転速度がコマのように早くなって、ちょうど渦潮が海底に吸い込まれるような形で墜落する。

こうなると、渦の中心にいるパイロットはなかなか脱出できない。もちろん舵は効かない。

由来、高翼単葉機はフラットスピンには入らないという説もあるが、面白いことにこのスピンの場合は、前出のように機体は水平姿勢に近い形で速い旋転をする。ちょうどネジのピッチが小さい場合のように、落下する速さが比較的小さいので、接地したときの破損程度が軽微な場合が多い。

写真はその一例で、制式型値にした一〇六号機の操縦性テスト中の吉田雇員がこのフラットスピンに入り、どうしても脱出できないままに、技研構内北側の雑木林に着地したときのものである。

機体の損傷は中破程度のようだし、彼も片目を傷めただけで、その後も技研で一般の補備テストに従事していたが、どうした因縁か昭和一六年、彼が操縦して後席に糸井航技中尉を乗せたキ36直協偵察機が、この写真と同じ機姿で不時着した。

筆者らが墜落地点の砂川村にかけつけて目にしたのは、不幸にも、雑木林中の一本の大木にまともに激突し、操縦席まで提灯のように畳まれた機体内に、操縦桿を握ったまま端然たる姿勢でこときれていた彼の姿だった。

またもや、大迎角時には急反転して自転しやすいキ36のフラットスピンだったのではなかろうか？

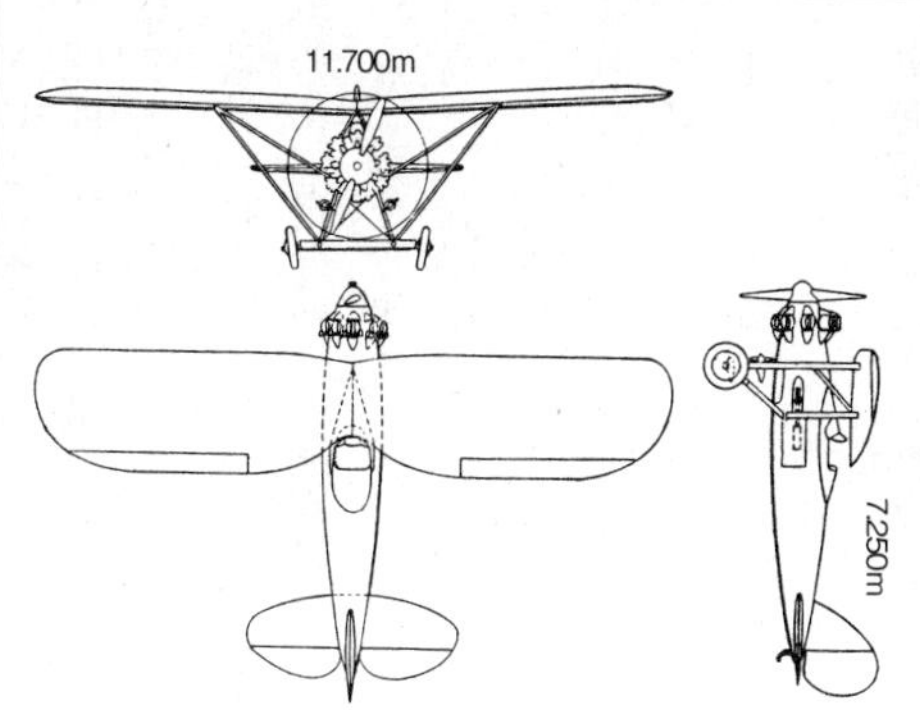

九一式戦第４号機

惨！　空に舞う片翼　一応の基本審査が終わると、ＰＲを兼ねて実用審査が明野飛行学校で実施されるのが通常だった。

ここは戦闘機パイロットを育て上げる学校なので、絶妙な操縦性の甲式三型や甲式四型戦闘機で鍛え上げた新進気鋭のベテラン教官連がたむろしており、学生相手に激しい空中の格闘戦が連日、大空で繰り広げられていた。

彼ら教官たちは、試作機がかならず通らなければならない関門を守る恐ろしい仁王様たちだった。

NCの実用審査は、昭和四年八月一四日から二日間の予定で行なわれたが、その第二日目、教官原田潔中尉（三三期）は、前日の慣熟飛行で早くもNC操縦の勘をつかんでいた。

彼は毎日乗っている甲式四型戦闘機より上昇力で五割、最高速度も八〇キロ／時早いのに、自分の思い通りになるNC機の絶妙な操縦性にすっかり惚れ込んでその虜《とりこ》になり、残すはダイブテストだけだった。

高度二五〇〇メートル、一度大きく深呼吸した彼は、グイと操縦桿を左回りにひきつけるとともにフットバーを蹴って上昇反転、そのままひねりこんで機を垂直降下に入れた。

スロットルはもちろん全開。フルパワーダイブテストだ。

加速とともに機は、頭をもたげようとするので、操縦桿を支える腕に次第に力がはいる。

地球重力による自然落下速度＋エンジンパワーの垂直降下速度と、機体の全抵抗が釣り合う速度を終極速度というが、そのまえ、高度一五〇〇メートル、速度四五〇キロ／時になったとき、操縦桿に異常振動がきたその瞬間、アッという間もなく左翼がフッ飛んだ。

落下傘で脱出した彼のそばを、片翼を失ったＮＣがブリルしながらかすめ去る。そして千切れた左翼は、ユックリと木ノ葉落としに落ちていった。

強度試験にもパスしたＮＣ機が、かつての三菱隼型機と同じく空中分解したのだ。「日本では、戦闘機の開発はいまだ無理だ」との悲観的な空気が陸軍部内に出てきた中で、それ見たことかと、対抗社の三菱は、さっそく米国へカーチスＰ６の輸入手配をする。

当の中島では直後の九月、さっそく、副社長で弟の乙未平をシベリア経由でイギリスに派遣して、ブリスルブルドッグ戦闘機のライセンス契約の手をうつなど、社内はもちろん、関係各社ともテンヤワンヤの騒ぎになった。

事故原因の追求　さて、ＮＣ機の事故原因追及の結果、支柱の折れたのが直接原因と明らかになった。それでは、当代随一の名設計者のマリー技師の手になる支柱が、なぜ折れたのか？　支柱自体の強度はあるのに、なぜだ？

全体の結構を見れば、なるほど常識はずれのように長いが、飛行中の応力は引っ張りだけで、あと考えられるのはブレだけである。

では、そのブレはどうして起きたのか？　剛性不足か？　いや共振以外にはない。

されば励振点は？　支柱自体か？　それともほかに？

筆者は考える。エルロンフラッターではなかったのだろうかと。

エルロン（補助翼）はいつでも疑いの対象になる素因を持っているものだが、この場合のＮＣ機の主翼型とエルロンも、こう疑うに十分な独得の形だった。

すなわち図のようにこのエルロンは、翼端まで次第に面積をひろげて翼の一部を形つくり、いわゆる先端翼ではないので、翼端にできる誘導渦流の影響をまともに受けてバタつきやすい。

制式機になった九一式戦闘機のエルロンは「フリーズ式差動型」といったが、このエルロンは、その名称からしてブルドック戦闘機とともに招いたブリストル社のフリーズ技師の考案だろう。

フリーズ式差動型エルロンというのは、図のように取り付け軸を中心に、張り出し部分と後部の翼面との重さをバランスさせ、軸まわりのモーメントをゼロに近づけた作りである。

飛行機を旋回させるには、遠心力と揚力を釣り合わすため、旋回する内側に操縦桿を傾けながら方向舵を使う。すると、内側エルロンは上がって揚力が減り、外側エルロンは下がって揚力が増し、機体は内側に傾いて旋回するのである。

だがこの場合、旋回外側のエルロンは迎角が増すので、揚力大となるとともに抗力も増し、旋回にブレーキを掛ける傾向が出て、機首を旋回方向と逆に振ろうとする（ダイバースという）性質がある。

このフリーズ式差動型エルロンは、張り出し部を旋回内側の翼下面に突き出して空気抵抗を増し、反対側のエルロンは内側よりも操作角度を小さく（差動角）して抗力係数の増える傾向を防ぎ、エルロンの効きをよくするうまい仕組みである。

なおNC機は、のちに先端翼とエルロン端間にも軸を設けて自由度を拘束し、フラッター傾向をさらに押さえている。

小山技師や、ロバン技師が強硬に固持する支柱結構方式を変え、後支柱と同じく胴体につなないで剛性を上げ、主翼の形も変更した経緯も、こうした思考経過を辿ったのではなかろうか。

フラッターや振動学の研究が進んだその後の段階でも、共振による破壊事故は多い。昭和一五年、技研の第四格納庫で慎重に振動試験をしたうえ、「満席による全機空中振動試験」科目で羽田を離陸したキ57MC20輸送機「妙高号」が、姉ヶ崎沖で空中分解して全員一三名が殉職した事故や、伊藤忠航空整備製日大N62の、VNE（耐空性審査要領規定の超過禁止速度）テストで起きたエルロンのフラッターによる破損例等

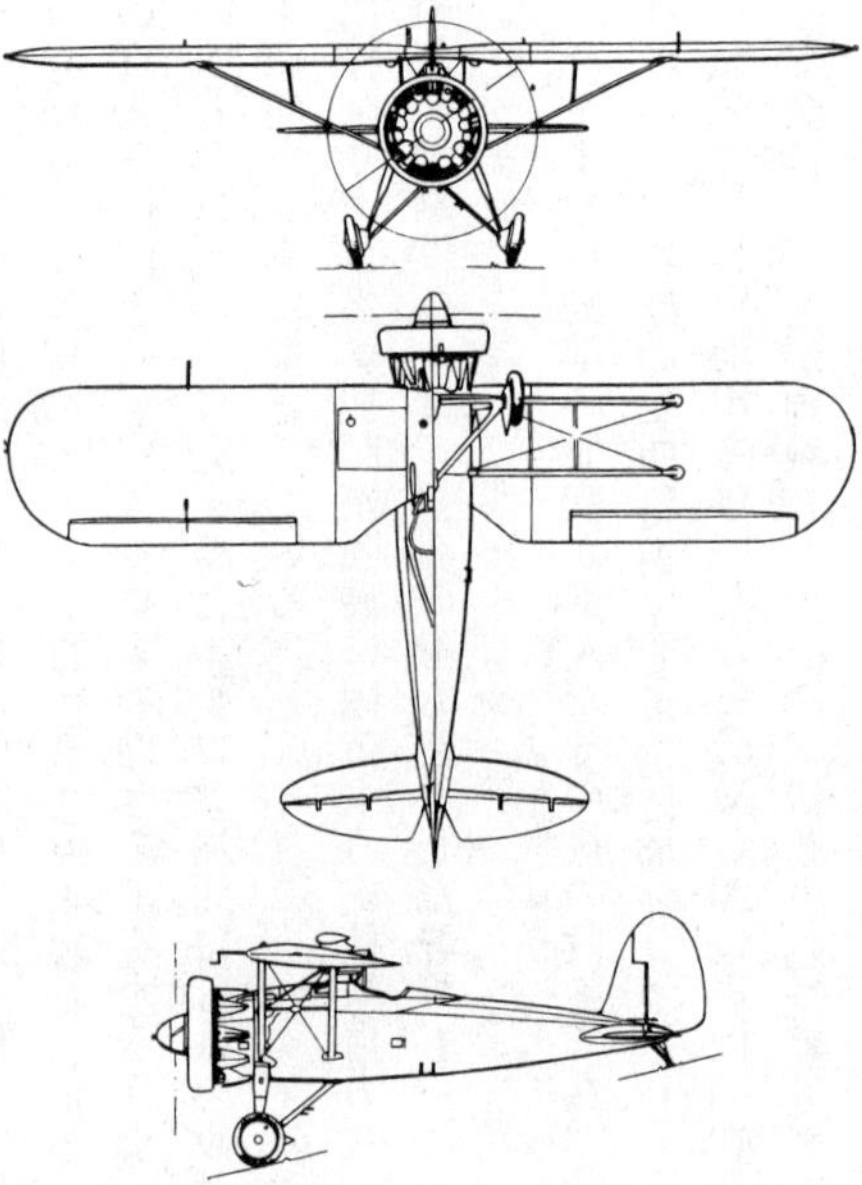

九一式戦闘機

もある。

制式機となる

長い時間をかけた慎重な対策の結果生まれた五号機は、前後支柱とも胴体直結とし、さらに中間支柱とリボン線（流線型断面鋼線）でしっかりと剛性を持たせた。

その支柱も旧来のリベット止めによる整形構造ではなく、ジュラルミンの中空流線型引き抜き整形材へと進歩していた。

当然、脚組もオレオ緩衝脚柱（バネと油圧併用）のシンプルなスタイルになり、翼

九一式戦闘機。足掛け５年の長い苦しみの末、昭和６年12月に制式化

型も後縁をわずか反らした風圧中心変動の少ないM6改翼型にして操縦性をも改良した。

エンジンは与圧高度三〇〇〇メートルで最大馬力五二〇馬力（回転数一九五〇）のジュピター7Fに換装、六号機からは振動の少ない木製被包式プロペラ（日本楽器製）に換え、八九式（ビッカース改）機関銃は計器板上方両側に移すなど、制式機への基本型が次第に完成していった。

こうした対策などに一年半、足掛け五年の長い生みの苦しみの末、昭和六年一二月、九一式戦闘機として制式化されたのだった。

その後のあゆみ　この年、昭和六年九月一八日に発生した満州事変は、ついに上海事変へと飛び火した。

そこで大刀洗飛行第四連隊で編成して、翌昭和七年一月に派遣された独立飛行第三中隊（隊長神谷少佐）がまだ甲式四型戦闘機装備だったので、敵の持っているボーイング戦闘機に甲式四型ではとても対抗できそうもないとの不安から、制式化されたばかりの九一式戦闘機四機を、同中隊に急いで派遣増強することになった。

パイロットは明野飛行学校の原田大尉（三三期）、檮原中尉（三八期）、中畑、井村両特務曹長ら四名が選ばれて、飛行機とともに二月末、上海に到着した。

国際都市の上海の空に展開された三機編隊の派手なデモンストレーションでは、あまりに張り切り過ぎて空中分解事故もあったが（写真によるとやはり左翼がない）、その優秀さは外人の目を奪ったことも確かだろう。

ただし、アメリカ人教官ショートの操縦する敵のボーイング一〇〇H戦闘機は、二月二二日、蘇州上空で、生田乃木次海軍大尉の指揮する三式二号艦上戦闘機三機に撃墜されていたので、九一式戦闘機にはついに空戦の機会はなかった。

長く使われていた甲式四型戦闘機と入れ替わって第一線機となり、総計四五〇機製作された九一式戦闘機は、飛行第一、三（のち五へ）、四、一一連隊と所沢飛行学校、明野飛行学校などに支給された。

そのうちの一機、二型でNo.一五一号機は、昭和六年一〇月から九年まで明野飛行学校長だった徳川少将の専用機だった。

閣下はまたその後の所沢陸軍飛行学校長の折、昭和一〇年八月に中将に進級されても、相変わらずこの機に愛乗されていた。

その二型は、昭和九年七月にエンジンを九四式五五〇馬力に換装して二二機作られた。

しかし、筆者が昭和一二年八月に北京の南苑飛行場でお会いした同郷の宮地大尉（ハルピン飛行第一一連隊能登中隊付）の搭乗機は、九一式戦闘機一型だった。

同機は最大速度三〇〇キロ／時の鈍速ながらも、北支の大同前進基地から太原飛行場攻撃に参加していた。これが九一式戦闘機にとっては生涯の掉尾を飾る実戦参加となった。

生田乃木次

チョット大袈裟に言わせてもらえば、完成当時には「世界に冠たる」の名のもと一時代を画して多くの空中戦士を育てた名戦闘機だったが、筆者にとっても、最初に学んだ機体として、またブリストル二連式気化器の取り付けの困難さとともに忘れることのできない思い出の飛行機である。

九二式の諸機種

九二式戦闘機

九一式戦闘機とのコンペティションにKDA3の二、三号機で参加し、強度試験の結果やその他の理由で三菱の隼型1MF2とともに大敗した川崎は、ここでも持ち前の粘り強さを発揮した。

前にも述べたように、中島のNCが一応採用予定となりながらも、四五〇キロ／時の急降下テストで空中分解事故やその後の補備テストでもたついていた昭和四年六月、川崎は独自に新しくKDA5試作戦闘機の設計を始め、翌年四月に完了した。強度試験も終わって初号機が完成したのは七月である。

この機は、世界の単葉化に逆行しても特に格闘戦に強く、操縦性（運動性）のよい複葉機としたのでKDA3よりも全幅が三メートルも縮まり、翼面積も一平方メートル少ない。

なお、高速度化のために七五〇馬力にパワーアップしたＢＭＷ６エンジン（ゼニス型気化器）に換装したので、翼面馬力も三一と飛躍的に高くなった。

複葉機の場合には下翼の揚力と上翼の抗力の干渉があるので、上下の間隔をなるべく大きくとったうえ、下翼を後ろへ下げる（喰い違い）のだが、九二戦の場合はこの間隔比を一、すなわち翼弦長と同じくとり、喰い違い角を約二二度とっていて、揚力効率は〇・八八くらいのようだ。

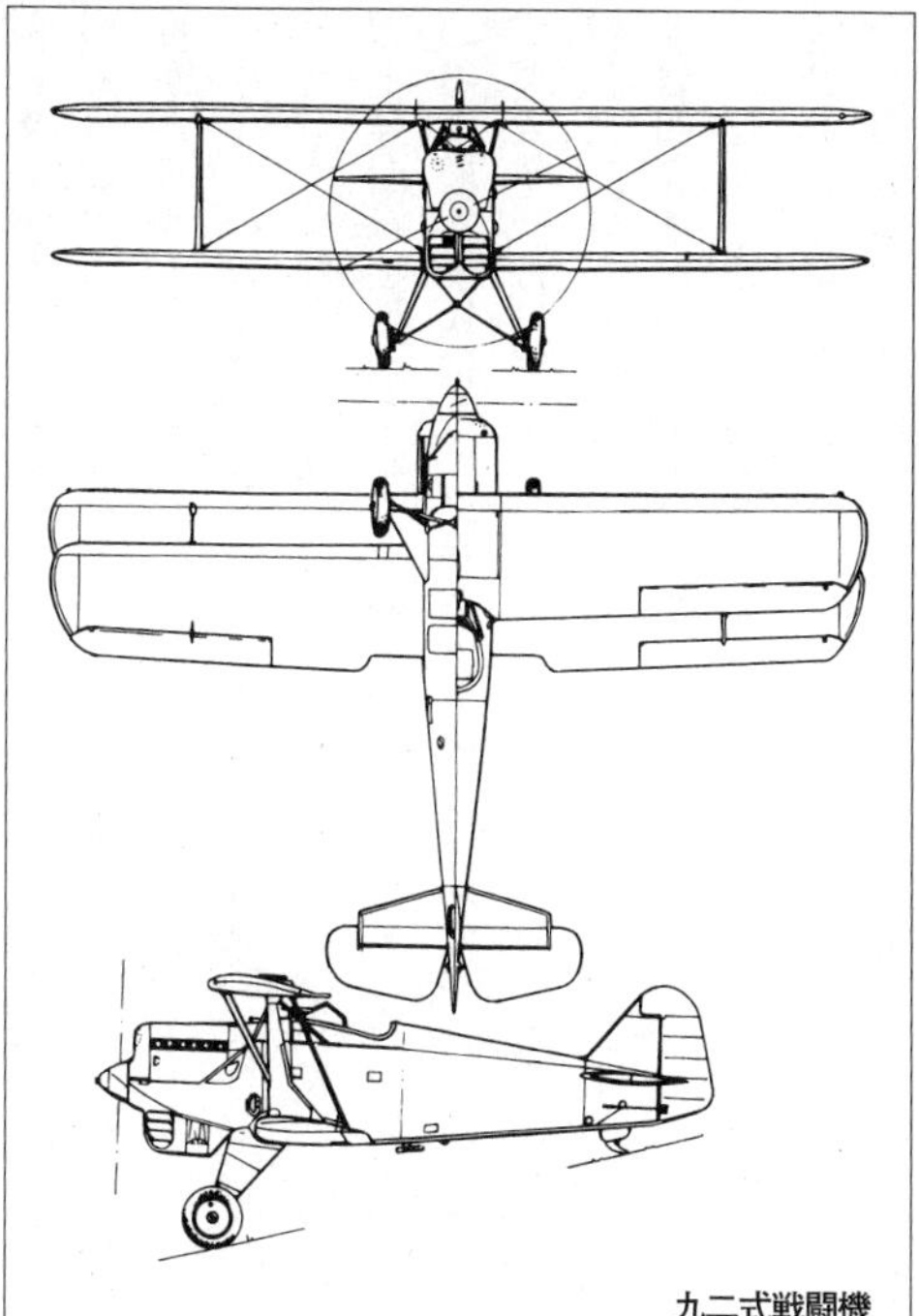

九二式戦闘機

翼型もこの四年

前に発表されたＮＡＣＡ・ムンク12の薄翼として、下翼に一・五度の上反角をつけている。この角度をあまり大きくすると安定性が強くなり過ぎて、戦闘機としての操縦性がかえって悪くなるものだ。

小難しいことはさておき、この一号機は試験飛行でつぎつぎと素晴らしい記録を作った。すなわち最大速度で三二〇キロ／時、さらに一一月四日には高度一万メートルの上昇記録を作ったが、その後の試験飛行中に空中火災で墜落大破した。パイロットの田中勘兵衛氏は幸いにも落下傘降下で助かった。

翌六年一月に完成した二号機が三三五キロ／時を出した自信に勢いづいた川崎では、三月に完成した三号機を持ち込んで、六月まで陸軍の審査を受けたが、急降下科目で前翼間支柱が曲がるトラブルが起きた。

これは、恐らく急降下中に起きたフラッターによる翼の捩《ね》じれ振動がもとだろうが、支柱のサイズアップその他で切り抜けできたようだった。

この機体は、技術的に水冷却器で一番苦労したらしく、冷却器の形の変化やプレストン冷却法をテストしたりしたとの話もある。

オレオを車輪ハブ内に入れた特殊なダウテイ式降着緩衝装置のライセンスを急いで英国から買ったのも、緩衝ゴムやバルーンタイヤではリバウンドジャンプが止まらないからだった。

この年の一二月、審査飛行中に空中火災を起こして立川飛行場の真ん中に墜落、名テストパイロットで名高い秋田中尉は、落下傘降下で生還したとの記録が写真とともに残っている。

九二式戦闘機（KDA5）。格闘戦に強くと操縦性のよい複葉にした

陸軍部内の若手連中からは、その性能の良さは認めながらも、「コンペで敗退しながら今さら……」と、この強引ともいえる割り込みに反対の声がでたものの、ちょうどこの年の九月に勃発した満州事変や、水冷エンジンの特殊性に加えて製作会社育成などの政治的絡《から》みもあって、防空戦闘機として採用し、翌年一月から本格生産に入った。生産機数は三八五機だった。

在満州部隊に配属されたのは、九一式戦闘機と同じく昭和七年六月との記録がある。

甲式四型戦闘機を交替支給された部隊は、四（大刀洗）、六（平壌）、八（屏東）、九（会寧）、一六（牡丹江）の各連隊で、昭和一〇年、九五式戦闘機との交替まで活躍し

九二式戦闘機のエンジン付近で整備している筆者（右端）

た機体である。

昭和一一年秋、筆者はこの後継機九五式戦闘機教育をすでに修了していたが、卒業演習にはこの九二式戦闘機を使用した。

当日は「状況……九五班はこの九二戦を組み立て、エンジンを交換して翌朝までに飛行準備を完了すべし」との急速整備命令を受け、同期五名と奮闘して翌払暁、坂口大尉操縦で無事、試験飛行を終えた思い出がある（写真の右端が筆者）。当時の基地移動には、機体を梱包して貨車輸送し、戦地でふたたび組み立てる古い考えがいまだ残っていた。

軍の学校には、生徒用として軍靴の先をチョン切って小さくした型があったが、われわれはこれを九二戦ブルドック靴と呼んだ。胴体の短い九二式戦闘機を評してまことに適切な表現だったと今でも思い出すのだが、エンジンを乗せた後に取り付けるランブラン式燃料ポンプの取り付けの困難さや、エンジンを卸《おろ》した機体の尾部を持ち上げる際の、前出の八八偵察機のそれにもまさる重さにはあごを出したものだった。

［要目］単発、複葉、単座、エンジン・川崎BMW6改（九二式五〇〇馬力）V型水冷一二気筒、プロペラ・木製二翅固定節、胴体全軽金属枠組ジュラルミン張り、主翼・全軽金属二桁式骨格羽布張前縁ジュラルミン張り、全幅九・五五メートル、全長七・一〇メートル、主翼面積二四平方メートル、自重一三五〇キロ、全備重量一八〇〇キロ、最大速度三二〇～三三五キロ／時、上昇力八分／五〇〇〇メートル、上昇限度記録一万メートル、実用上昇限度九四〇〇メートル、武装・油圧連動式八九式固定MG（機銃）×二。

九二式偵察機

本機は俗に九二軽偵と呼ばれ、第一線部隊の目となって空から直接戦闘に参加支援するのが役目で、後の九八直協偵察機のはしりともいえる。

大正一五年の偵察機競作の主な狙いは長距離偵察機で、その結果採用された八八偵の運動性が軽快さの点で不満足だったので、昭和三年頃から陸軍部内では小回りの利く近距離軽偵察機の必要性が論じられていた。

九二式偵察機（2MR8）。第一線部隊の目となる

この気運に乗って、三菱は昭和四年、自発的に複葉の2MR7を一機、研究試作したが、昭和五年に改めて陸軍から軽偵の試作を命ぜられ、その指示に従って新たに下方視界のよい高翼単葉にした2MR8の設計を始めた。

この設計は、フランスのベルニス技師指導の下に、河野文彦技師（神風号など九七式以降の設計部長で、のちの三菱重工社長）らが主となって行なわれた。これが外国人が設計に関わった三菱最後の機体となる。

破壊試験を含む一、二号機による各種テストの結果、支柱形式や全長、主翼面積等に手を加えた三号機で大幅な重量軽減に成功し、ここで九二偵の基本形態が出来上がった。

エンジンは同社が大正一五年以来、英国アームストロング・シドレー社と技術提携して開発を重ね、昭和六年六月に完成した初の純国産エンジンA－5型空冷九シリンダー（九二式四〇〇馬力発動機）装備の四号機で、初めて軍要求の二一五キロ／時をクリアして九二式偵察機として仮制式となった。

航空機工場育成政策を横目に、八七軽爆以来、海軍機は別として陸軍機競作では他社に負けてばかりの三菱だったが、ここでその空白が埋まってヤット愁眉を開いた形となった。

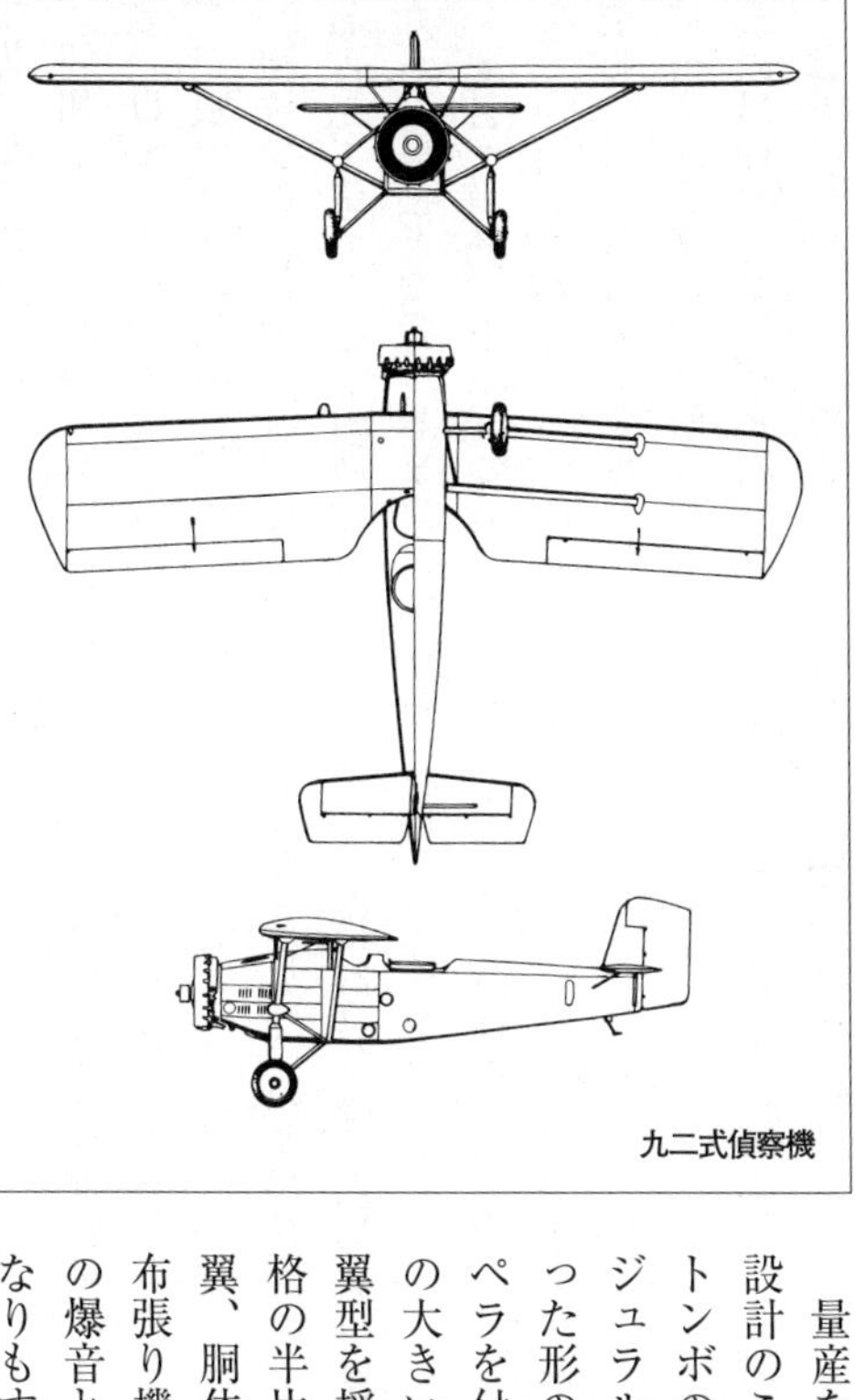

九二式偵察機

量産を考慮に入れた設計のこの機体は、竹トンボのように一枚のジュラルミン板をねじった形のリード式プロペラを付け、揚力係数の大きいクラークＹ改翼型を採用した金属骨格の半片持ち二桁式主翼、胴体後半は組桁羽布張り機で、エンジンの爆音とプロペラのうなりもすぐそれと分かる特有な音質だった。

昭和一一年当時のわれわれ技術生徒のなかでは、各務原飛行第二連隊配属予定の三名だけがこの機種の専修者だったが、中の一人は訪欧学生飛行の教官熊川飛行士の弟で、唄のうまい数衛君だった。

駒村少佐、甘粕大尉、島村技手担当で審査されたこの九二軽偵は、三菱で一三〇機、名古屋工廠で一〇〇機製作され、日支事変では釘宮部隊（のち衣川部隊）機として、九八直協偵と交替するまで大いにその特性を発揮した。

［要目］単発、単葉、複座、エンジン・空冷九気筒四二〇馬力／一〇〇〇メートル（九二式四〇〇馬力）、プロペラはリード式金属固定ピッチ二翅直径二・八メートル、全幅一二・七七メートル、全長八・五一五メートル、主翼面積二六平方メートル、自重一〇六〇キロ、全備重量一七七〇キロ、最大速度二二〇キロ／時、武装・機首八九式固ＭＧ七・七ミリ×一、後席八九式七・七ミリ双連旋回ＭＧ、爆弾一五キロ×六または五〇キロ×二、斜写真機および自動航空写真機装備。

九二式超重爆撃機

Ｂ29戦略爆撃機による日本本土爆撃で、日本は敗戦に追い込まれたのだったが、筆者らが子供の頃の大正末期から昭和の初期にかけても「日米もし戦はば」というさも尤《もっと》もらしい内容の本も、宇宙の夢物語ものとともに読まれていた。

実はその頃「陸軍は大正七年頃から対米作戦計画（フィリピン攻略計画）に取り組み、それを具体化したのは大正一二年からだった」との記録がある。

しかし、当時の陸軍機で台湾からバシー海峡を隔てたフィリピンに往復できるものはなく、まさに夢物語の現実だったので、作戦計画上では、上陸とともに現地で組み立てた飛行機で地上軍に協力するというのが精一杯だった。

ところが昭和三年、航空本部の小磯国昭少将の意見具申にもとづき、本部長井上幾太郎大将が「台湾からマニラ付近を攻撃できる超重爆撃機の整備」を発議、同年二月二一日に「設計並びに今より着手するを緊要と認むる」とする次の内容の「決議案」が、陸軍省議で可決された。

1、行動半径は一〇〇〇キロとし、五〇〇〇キロ以上の予備行動能力を維持すること
2、爆弾搭載量は二トン
3、設計は昭和三年度より着手、概《おおむ》ね三ヵ年で試作の完成を期すること
4、試作数は二機

5、経費総額は約八〇万円（除エンジンと特殊装備機材費）
6、経費は教育に支障の少ない更新機数を減らして捻出する。
そこで「本機の設計、試作は民間航空機製造会社を利用するを得」との条項にもとづき、監督班指導の下に三菱を利用することとした一般計画が八月七日に認可されて、陸軍初の超重爆撃機が日の目を見ることになった。

監督班で検討の結果、ドイツのユンカース社のG38輸送機の製造権を購入して改造、との設計の一般基礎事項が確定したのは昭和四年一二月である。

昭和三年に三菱航空機株式会社と社名変更して内容を充実した三菱では、直ちにユンカース社と契約を結び、シャーデ・カイル以下の技術者を招くとともに膨大な図面、設計製造資料や工作技術および工作機械、治工具、材料を導入した。

筆者は、このときユンカースに派遣され、のちにキ51の主任となった大木技師から、当時の事情を色々と拝聴したが、特にその進歩的な工作技術、工程管理方式、図面整理法、基本部品の扱い法などは、三菱の機体設計および工作の基礎になったと話されたのが印象深い。

翌年三月に開始された試作には、三菱と航空本部技術部との総力態勢の熱意の結果、一年半後の八月に第一号が完成した。

九二式超重爆撃機(キ20)。昭和6年から10年にかけて極秘で計6機つくられた

この計画に名古屋に泊まりこみで初期から参画した陸軍航空技術研究所の安藤技師（のち技術大佐）は、「約四年間の苦心の作であったので、かなりの勉強になった」と述懐されている。

第一号機は各務原の三菱航空機格納庫で組み立てられたが、「特殊試験機」の名で軍事極秘扱いのこの大きな機体の運搬には、関係者はずいぶんと心痛したらしい。名古屋築港から筏に載せ、夜間に木曽川を遡航して各務原に揚陸したそうだ。

陸軍航空技術研究所では、床にレールを敷いた専用の格納庫を建て、機体を横向きにして格納した。これが第一格納庫になる。

超重の審査は松村少佐係で、操縦は原大尉、エンジンは池内少佐と老練の手島技手担当で行なわれた。その手島さんの話。

昭和一〇年一二月、ユモ八〇〇馬力ディーゼルエンジンを装備したキ20の、六号機の上昇試験に、琵琶湖上空の六〇〇〇メートル以上にあがったとき、二名のパイロットのうちの一人が酸素欠乏でダウンして操縦桿に寄りかかったので、機は降下しだした。

機関係だった私も同じく参ってしまい、池内少佐から「大丈夫か」と聞かれたのはわかったのだが、口が聞けずに答えられない。そこで記録板に「大丈夫」と書いたのだが、その字が全然書体をなしていない。この文字は、あとで航空医学の参考品になった。

また翌年一月、浜松を離陸して関東平野を回り名古屋に戻った後、浜松に着陸する運航試験第一回は、高度三〇〇〇メートル、運航八時間ののち、エンジンの振動が激しくなったので着陸したのだったが、エンジンベッド二台（外側の一、四番がユモ）に亀裂が入っていた。

原因はディーゼル燃料が良質すぎたため、セテン価が低く、デトネーションを起こしてピストンを傷めていた結果だった。

第二回は原大尉操縦、下田技手らが同乗して浜松——秋田——山形——仙台——明野と延々一四時間の飛行を完成したが、なにしろ一月の高度三〇〇〇メートルの寒気は厳しい。

缶詰のパイナップルも蜜柑も皆、凍ってしまったので、暖めてから缶を切らなければならなかった。もっとも、暖めるのにはエンジンルームに歩いて行けば、熱源はいくらでもあった。また、尾籠《びろう》な話だが、小用に用意した三個の石油缶の内容物も皆、凍ってしまった。

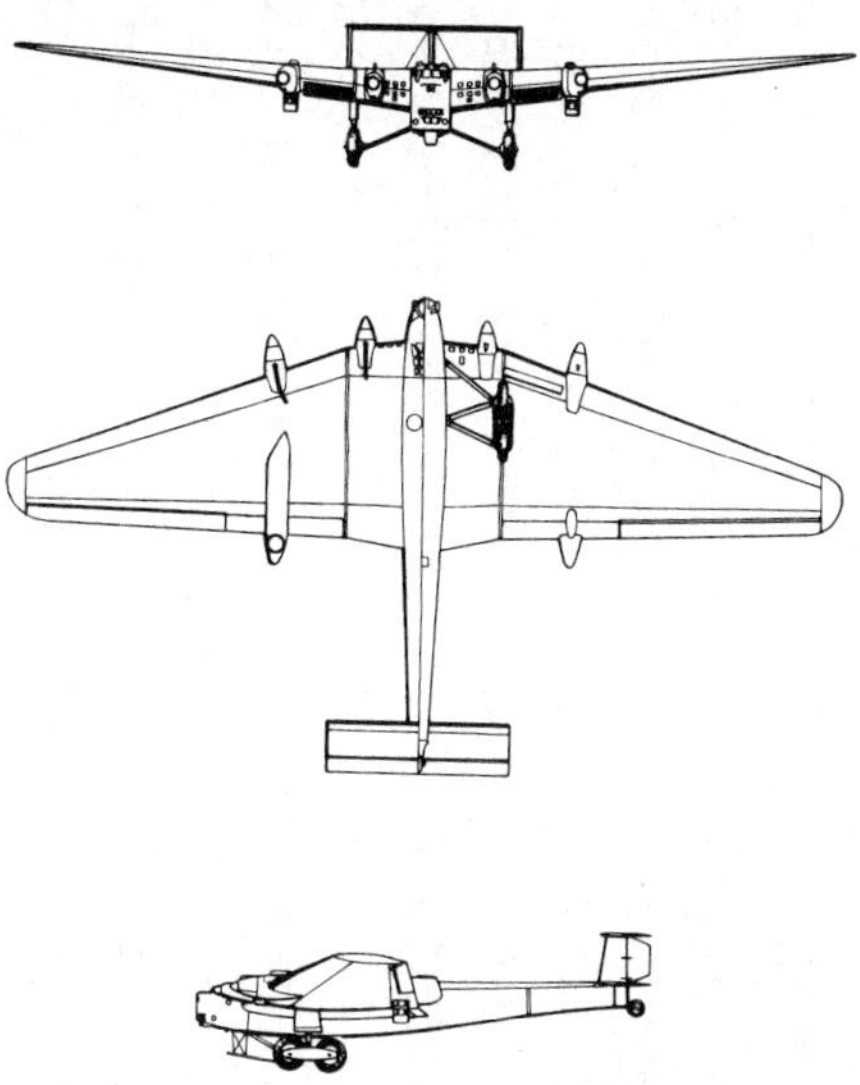

九二式超重爆撃機

　話は前後したが、G38をスウェーデンで爆撃機に改造したK51を原型としたこの超重は、全長二三・二メートル、全幅はB29よりも一メートル長い四四メートル、主翼面積は同じく約二倍の二九四平方メートル、水平尾翼の幅がキ44鍾馗の全幅よりも少し長い九・六四二メートルもある。

　燃料はドラム缶で四四本

分八三八五リットルを、提灯型のタンクに分けて入れた。

機長一、操縦者二、機関手五、銃手四、砲手一、無線・爆撃・写真各一の計一六名の搭乗員で全備重量二五トンのマンモス機体は、ユンカース特有の波型外板構造で、スッポリと翼内に収容された四基のユンカース八〇〇馬力エンジンは、オイルカップリング（フルカン接手）を介した延長軸で、四翅四・五メートルの大プロペラを回すのだった。

各エンジンには機関手一名が付き、操縦室の機関長の指令でラジエーターを上下して、温度調節したりして監視している。筆者もここと銃座への通路に入ってみたが、立ってなお十分な余裕のある翼の厚さだった。外方の一、四エンジンの後方上面にはナセル型の、また翼下面には五メートルも上下できる垂下銃座があった。

「機関室のエンジンの音響と熱気は非常なもので、飛行中でも機関係は真っ裸で勤務しているくらいで気の毒だった。また離れ小島の銃手は、旋回の度に大波に揺られているようだった」

さらに面白いのは着陸操作である。

「初めの頃は操縦席が高くて見当がつかなかったので、まず按摩《あんま》杖とも『着陸棒』ともいわれた竹製の探り棒を下ろす。接地寸前、棒が地面に振れると、チリンチリンと鈴が鳴るとともに豆電灯が光る。そこでやおら操縦舵輪を引くとともに、走れ！　と号令する。搭乗員一同は尾部へ向かってドッ！　とばかりに駆け出す。そうすると、尾部が下がって三点着陸ができた」という笑うに笑えない話は、当時の中隊長（六機編成）富所中佐の回顧談である。

昭和一〇年、前出のユモ・ディーゼルエンジン装備の六号機（キ20）で製作中止となったこの超重爆は、昭和一五年一月八日、陸軍初めの大観兵式に参加したのが最後の舞台で、空を圧する五〇〇機の空中部隊の先頭を承る三機の巨人機に初めて接した観衆の目を見張らせたのだったが、最大速度二〇〇キロ／時では、時すでに古典機の仲間に過ぎなかった。

そしてこのマンモス巨体は、所沢の航空博物館（南倉庫）や読売多摩川遊園に展示された。

昭和一四年秋の台風期、立川飛行場に繋留されていたこの巨人機が、風に流されて何十本もの止め杭を引き摺《ず》りながら技研の前まで流されてきた。筆者らは素っ裸になってその綱にブラ下がったが、ついに北端の砂川まで流されたことを思い出す。

何はともあれ、大型機に慣れない陸軍が、用兵上の実用価値は別としても巨人機中隊で六機を空に浮かばせた歴史的事実は残るが、当時の日劇では『B17空の要塞』が上映されていたのだった。

だが九一、九二式は、陸軍にとっては十分な時間をかけたテストによって、自主航空新時代への足掛かりを作った意義多い飛行機群といわなければならない。

第四章――わが青春の忘れられぬ愛機

自主開発の進展

九三式から九五式まで

満州事変の経験から軍備の質的改善の必要を痛感した軍は、急いで兵器の近代化を計ることになった。従来は、まず輸入機を選んで制式化し、ついで民間工場に外国技術者を招いて準国産機製作へと移行したのはしばしばのべた。

昭和七年にもなると、これら外国人から指導をうけて設計製作技術をマスターした多くの日本人技師が生まれるとともに、飛行機会社の製造や開発能力も飛躍的に向上してきた。

軍も新たな「陸軍軍需審議会令」を制定し、これに基づき杉元陸軍航空本部長が「陸軍航空本部器材研究方針」を策定申請して、昭和一〇年一〇月二〇日制定された。

この研究方針の中では戦闘機、重爆撃機、軽爆撃機、偵察機の四機種分が定められた。九三式重爆撃機、九三式単・双軽爆撃機、九四式偵察機と九五式戦闘機がこれに該当する。

「キ」番号などの登場

銭湯はお風呂屋の昔からの呼び名である。その銭湯の下駄箱の蓋には、一連番号が打ってあるが、その数字が私には飛行機の「キ」番号に見えてしようがない。「せんとうキ〇〇」の語呂合わせではないが、「今日はキ43の格納庫に入れよう。いやキ53にするかな……」私は心の中でこうつぶやくのである。キ番号で親しんできた試作機それぞれの姿を懐かしく思い浮かべながら……。

満州事変の経験に基づいて昭和八年にたてられた兵器研究方針の中で、陸軍航空本部は試作中および計画中の飛行機、発動機、装備品などを試作番号で呼称することにした。これらの略号は、スパイ対策だけではなく業務の簡素化にも大いに役立った。

この場合「キ」は、機体で代表される試作飛行機の呼び方だが、同じように「ハ」

は発動機、「ぺ」はプロペラなどを表わした。

参考までにこれらを並べると、つぎのようなものがあり、ずっと後から出てきたレーダー兵器のタキ、タチその他も加わった。

イ号……電波誘導飛行爆弾（有翼ミサイル）
ロ……ロケット弾
ハ……発動機
ホ……一三ミリ以上の航空機搭載砲
ト……戦車攻撃用投下弾装置
ル……排気タービン
カ……ガス雨下装置とガス弾
タ……戦車攻撃弾（一キロ散布弾）
タキ……多摩研究所機上レーダー
タチ……多摩研究所地上レーダー兵器
ネ……燃焼噴進（ジェット）エンジン
ク……グライダー
マ……摩擦熱信管弾

ケ……（K）カタパルト離発着装置
ケ号……熱吸着（赤外線追跡）爆弾
ふ号……風船爆弾
テ……鉄砲（旋回機関銃）
メ……照準眼鏡
略号の後には計画順に1、2、3、と順次、制式になるまでこの番号で呼ばれた。部隊の兵隊サンたちは、このキを省略してキ43一式戦闘機（隼）を43（よんさん）、キ43Ⅱ型を「よんさん2」、キ84四式戦闘機（疾風）は「はちよん」などと呼び、この方が隼や疾風という一般向けの通称や制式名よりも通用するようになる。
「キ1」の名誉ある番号をもらったのは、その前年から三菱で試作中の九三式重爆撃機だった。

九三式の系列

九三式は一連の爆撃機系列である。これらは三菱のキ1九三式重爆撃機（九三重）、キ2九三式双軽爆撃機（九三双軽）、川崎製のキ3九三式単軽爆撃機（九三単軽）の三種類だった。（　）内は呼び馴らされた略称である。

三菱機は、第一次大戦の終わり頃に初めて姿を見せたユンカース式軽金属波形外板と、ジュラルミン管骨組み翼桁や胴体縦通材を使った頑丈な単葉機だったが、川崎の九三単軽は金属枠組み胴体・羽布張り翼で、軽爆撃機最後の複葉機だった。

重爆は威力を要する目標または重要施設の破壊を、軽爆は敵飛行場にある飛行機や大きな威力を要しない諸施設の破壊が任務で、その飛び方も重爆は高空からの水平爆撃、一方の軽爆は急降下銃、爆撃などとそれぞれ使い方が違うので、計画する上では爆弾の種類と搭載量、要求飛行性能や構造も当然異なる。

仮想敵は満州と国境続きのシベリアに配置された極東ソ連軍なので、行動半径は比較的短い四〇〇キロと三〇〇キロの戦術爆撃機だった。

キ1 九三式重爆撃機（九三重）

八七式重爆撃機がドン爆と言われたのを真似たわけではなかろうが、九三式重爆撃機もひと口にドン重と呼ばれ、性能不十分になった八七式重爆撃機の跡継ぎとして、昭和七年四月九日、荒木陸軍大臣から航空本部長に試作審査が命じられた。

古代ギリシャの鎧《よろい》を装い、いかつい脛《すね》あてを履いたような九三重二型が、腹に応え

昭和20年、成増飛行47戦隊の地下戦闘指揮所での筆者

る爆音を唸りたてながら四囲を圧して悠々と離陸する姿は、巨人というよりも、頑丈な古城がそのましずしずと上昇してゆくような感じで、お世辞にもスマート、俊敏なぞという飛行機特有な感じはそのカケラもなかった。

さて、この飛行機の設計は、前出のユンカースK51改造で昭和六年に完成した九二式超重爆撃機と、同年二月にスウェーデン・ユンカースから輸入したユンカースK37双発万能機（九三式軽爆撃機の原型）に範をとったものだが、プレキシガラス張り前後スライド式密閉風防の採用や、垂下式銃座、動力関係では大きな薙刀《なぎなた》のようないかついシュワルツ型被包式プロペラをゆっくり回転させて、プロペラ効率の向上を狙うファルマン式減速装置を持つエンジンを採用した第一番目の機体だった。

ここでちょっと、ファルマン式減速装置について説明しておこう。

元来、エンジンは回転数を増すほど馬力は上がるが、プロペラは回転数があまり高いとかえってエンジンの力を前進力に変える割合（プロペラ効率）が下がる。

そこでクランクシャフトとプロペラシャフトの間に、直角に四本の腕を持つシャフトを入れ、この腕に取り付けられた四五度の傘形歯車を仲立ちにしてプロペラ軸に回転力を伝える仕組みにすると、プロペラ軸に伝わる回転数が低くなる。

面倒な計算は抜きにして、このファルマン式減速装置の減速比は、ちょうど〇・五になるように選べるので、プロペラの回転数はエンジン回転数の半分になる。

外見上は、クランクケースから前（減速室）が少し丸長くなるので見分けやすい。

余談だが、昭和一七年四月、ビルマ・ラングーンのミンガラドン飛行場で見た英軍のブレンハイム軽爆撃機のブリストル・ハーキュリスエンジンや、昭和二〇年一月九日、筆者のいた飛行四七戦隊の幸少尉（二階級特進）が、成増飛行場上空で体当たりして撃墜したB29のライトサイクロンR三三五〇エンジンを見たらやはりこのファルマン式減速装置だった。

本題に戻そう。

昭和七年四月、陸軍は八七式重爆撃機の後継ぎとして、三菱につぎの要目の試作指示を出した。

一、性能諸元　爆弾搭載量一〇〇〇キロ（燃料減で一五〇〇キロ）、常用高度二〇〇〇

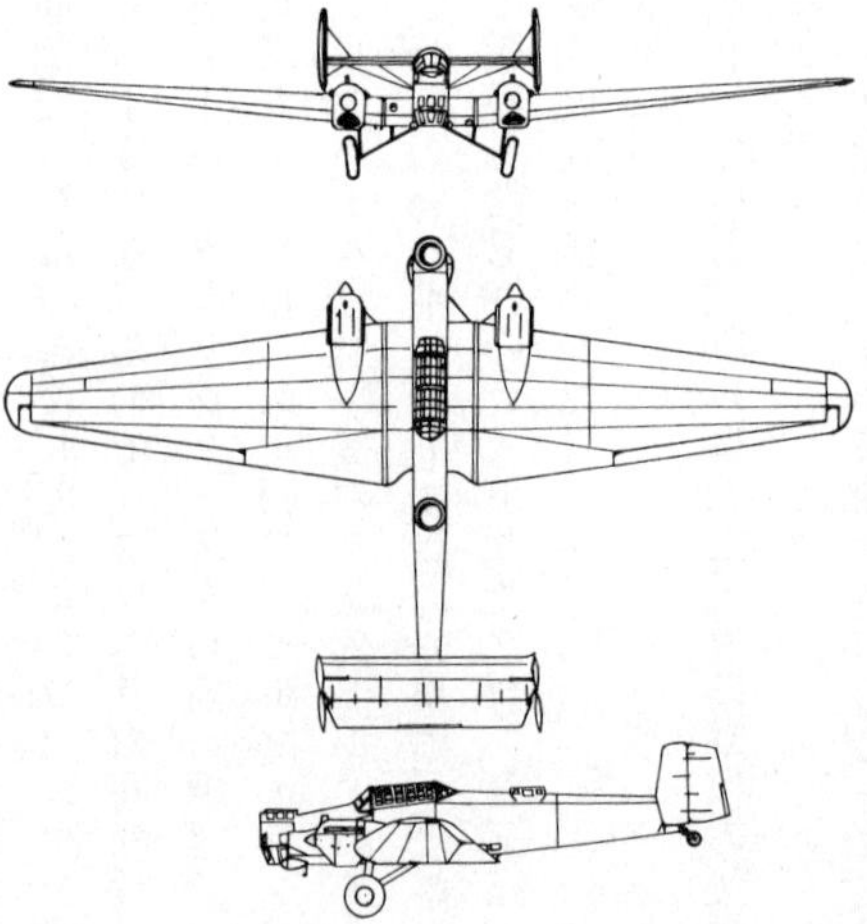

キ1　九三式重爆撃機

○～四○○○○メートル、最大水平速度二四○キロ／時（高度三○○○メートル）、全備重量七五○○キロ以下。乗員四、座席六（正副操縦、爆撃手、銃座は前、後上、後下）

二、片発水平飛行可能

三、基本形　双発、中翼または低翼の単葉金属製とし、発動機はこれを左右翼に配置する。

四、発動機は地上最大出力八○○馬力級のものとする。

五、射撃装置　旋回機関銃三（各銃一○○○発）

六、試作は二機。完成は昭和八年三月末。

以上の指示に基づいて、三菱では昭和八年三月に一号機を、続いて二号機も完成した。

技研の主務者は、初めから三菱に駐在して指導監督と試作促進につとめ、たった一ヵ月の短い期間に一号機を完成させた駒村利三大尉で、担当は温厚な橋本技手だった。

完成したこのキ1は、全幅二六・五メートル、全長一四・八メートル、全高四・九二三メートル、主翼面積九〇・七四平方メートル、全備重量八一〇〇キロ、翼面荷重八九・二平方メートル、爆弾搭載量最大一五〇〇キロで、外見上いかにも重そうに見え、最大速度は二二〇キロ／時と要求を下まわった。

構造の概要　主翼は中央翼、外翼と先端翼に分割され、ジュラルミン管骨組みの上に波型外板や小骨が鋲着されたのだが、丸い管と波板などとの点接触部位に鋲打ちするのには工夫がいる。そこでこの鋲打ち用にと、新たに考案した特殊な当て金が使用された。

その当て金とは、丸い棒鋼を二ツに割って間にバネを入れたのを長い棒の先に付けて、パイプのなかに挿《さ》し入れて使用するもので、外から差し込んだリベットの頭をエアーハンマーで叩くと、管のなかの当て金が躍ってリベット端を潰すのである。

中央翼と外翼の翼桁パイプは球関節結合だった。卒業写真を見ると、わが重爆専修班は約八〇センチくらいのパイプ腕の鈎《かぎ》スパナでこの袋ナットを回して結合している。

胴体は振動試験の結果、ねじり剛性が不足だった。おそらく後上、下方の銃座の大穴をあけたためもあったのだろうが、新たに四本の縦通材を追加して実用上、支障はなくなった。

その短い胴体で縦方向の安定を保つには大きな面積の尾翼が必要なので、尾翼は双垂直尾翼となる。

初期にはユンカースの基本形でその外側まで水平尾翼の両端が張り出ており、それぞれの方向舵も上下に分けられていたのだが、最終的には水平尾翼両端に支柱支持でつけられ、面積も次第に増加したうえ、その平面形も変更され、トリムタブも取り付けられた。双垂直尾翼は後方射界にも有利だ。

トリムタブは、舵の後縁の一部を蝶番で可動にし、操縦席から操作して舵面の中立位置を変えて操縦桿の手離し飛行ができるように調整する仕組みで、特に双発機の片発停止の場合には欠かせない装置である。

燃料は翼内にバンド止めされたタンクと、胴体中央部の片側に吊るされた提灯型タンクに収容され、その片側は前後の通路となり、操縦席は前後タンデム配置だった。

発動機　発動機は、一号機にはロールスロイス八〇〇馬力が装備された。その後は昭和四年にフランスから製造権を買って昭和七年から量産に入っていたハ2Ⅱ型九三式七〇〇馬力が使用された。

このエンジンは離昇九四〇馬力、九三〇馬力／一四〇〇メートルの性能をもつ六シリンダーブロックを左右六〇度V型に配置した水冷式でイスパノ系である。

最大回転数は二〇〇〇だが、前出のように二分の一に減速されるので、プロペラは一〇〇〇回転だ。

配備　本機は従来、八七式重爆撃機を配備されていた飛行第七連隊（浜松）、飛行第一〇連隊（満州チチハル）、飛行第一二連隊（満州公主嶺）と、昭和一一年編成の飛行第一四連隊（台湾嘉義）に配備された。

昭和一二年七月に起きた日支事変当初に、浜松飛行第七連隊で編成して参加した飛行第六大隊は、第五師団の山西省都太原城攻撃に呼応して、一一月五日、全機で中国特有の堅固なその城門や城壁等を一トン爆弾で破壊した。

南京城外に急設した王賓飛行場から、五〇〇キロ爆弾と一〇〇キロ爆弾四発を懸架

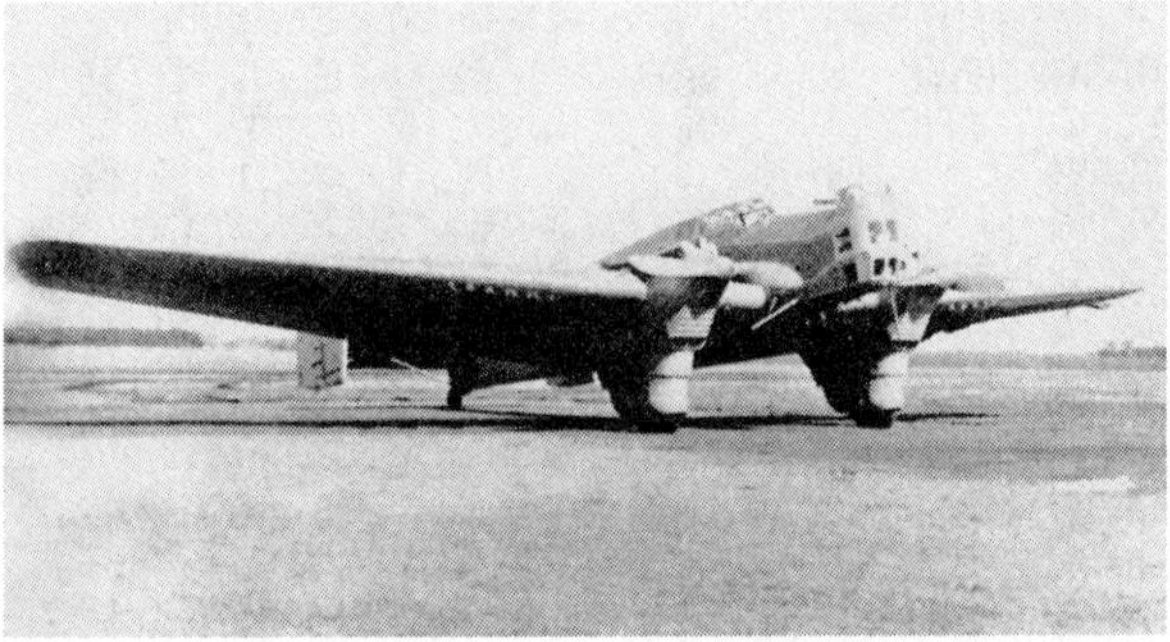

キ１九三式重爆撃機。鈍重低速で、キ21の完成と同時に生産は打ち切られた

した独立飛行第一五中隊の六機は、目と鼻の戦場大場鎮の堅塁に対して一日六回出動し、これを爆砕したが、同期の連中は、

「『仏作って魂入れず』のことわざどおりで肝腎の爆弾積み込み機が現地にはまだなく、二五〇キロ以上はオミコシ式の屋台で、ワッショワッショと担ぎ上げて装着した」

と、聞くも涙の笑えない当時の苦労話をする。

これらはすべて脚の構造を変更してスパッツを穿《は》かせ、エンジンもハ２Ⅲ型に換えたⅡ型機だったが、後述の九三式単、双軽爆撃機の華やかな活躍に対し、巡航速度一五〇キロ／時ではいかにもドン重そのものので、

「台北から上海への移動に五時間かかったよ。よく海を渡れたものだ」

といまでも同期生は嘆く。

この九三重は事変前の昭和一一年、同じ三菱のキ21完成と同時に生産が打ち切られたが、キ21が量産に入るその隙間におきた事変時に現用機だったのが不運だったものの、一時的の間に合わせにはなった。

キ19とキ21試作機が、北支那に巡回飛行した昭和一三年春頃もまだ使っていた独立飛行第一五中隊が、七月に機種改変したイタリアから緊急輸入したフィアットＢＲ20（一〇〇型、イ式重爆）とバトンタッチしてその生涯を閉じた。

この時期、海軍では九六式陸攻機が台湾の新竹や済州島基地から、いわゆる渡洋爆撃を敢行していたが、このキ１九三重爆は、機種改変のタイミングの悪さに禍いされて時代の進歩に立ち遅れたため、あたら若者の血潮に彩られた悲劇の爆撃機であり、ユンカース式波型外板機の幕引き役を勤めて消えた機体だったと言えようか。

キ２　九三式双軽爆撃機（九三双軽）

飛行機乗りになろうと昭和九年二月、所沢陸軍飛行学校へ入校した私が、初めて飛行機で空に浮かんだのは、三年近くも経った昭和一一年の秋だった。

その私を、タッタの五分間だけだが空中に浮かばせてくれたうえ、地球が傾く実感

昭和９年２月、所沢陸軍飛行学校に入校した筆者

を味わわせてくれたのが、同期の爆撃班が組み立てた九三双軽だった。

一年生の午後の科目には大鉄槌の向こう槌を振りあげて、鉛の立方体をその立方体型を保つようにペッタンコ、ペッタンコと叩く鍛工術からはじまるのだったが、手元が狂うとペッタン、カンと鳴る。カンというのは、的がはずれの槌が金床を叩く音。さっそく、とんでくる助教サンからお目玉を食う合図になった。あっちでカン、こっちでカン。助教サンも忙しい。

二年生では飛行機の機体、発動機の構造機能、分解組み立てを徹底的にやり、三年生になってやっと戦闘機、偵察機、爆撃機と専修機種がきまって実用機の勉強となる。最後の仕上げはピスト勤務になるのだが、この時点ではじめて地球から足抜きができることになるのだった。

前置きが長くなったが、そのキ2九三式双軽爆撃機は昭和五年九月、双発万能機の名でスウェーデン・ユンカース社から売り込まれ、三菱が輸入したユンカースK37をモディファイしたものである。

ユンカース社のフオッケス技師、リステッシュ操縦士とともに到着したこのK37は、昭和六年三月、各務原で初飛行した後、立川のデモフライに立ち会った陸軍の関係者を、その当時の双発機にしては驚異的に軽快な機動性ですっかり魅了した。これに惚れ込んだ軍は、さっそく陸軍学芸技術奨励寄付金で買い入れて、同年九月に勃発した満州事変に『あいこく一号』として匪賊《ひぞく》討伐戦などに参加させた。

ここでも抜群の性能を発揮したので、これを基礎として昭和七年九月に陸軍が三菱社にキ2として試作を命じたものである。その試作指示要目は、つぎの通りだった。

一、爆弾搭載量三〇〇～五〇〇キロ。

標準装備状態で速度二四〇キロ／時／三〇〇〇メートル、航続四・五時間、爆弾なしで六時間の燃料を搭載。常用高度二〇〇〇～三〇〇〇メートル。上昇限度七〇〇〇メートル。着陸速度七五キロ／時。爆弾〇、燃料半減。最大速度二六〇キロ／時／三〇〇〇メートル。乗員三（操縦、爆撃、前・後銃座）。全備重量四三〇〇キロ以下。

二、運動軽快で容易に垂直旋回可能のこと。片発で容易に水平直線飛行と、実働発動機方向への旋回可能のこと。離着陸は昼夜共容易なること。

三、発動機はジュ式四五〇馬力

四、試作機は二機。第一号機の完成は昭和八年七月。

三菱では前出のように、すでに昭和三年にドイツ・ユンカース社から買収したK51のライセンスで昭和六年、極秘のうちに九二式超重爆撃機を完成しており、ユンカース関係の技術はすべてマスターしていたので、K37よりも進歩した種々の改造案を軍に出したが、陸軍はタウネンドリング付ジュ式（ジュピター7F与圧器あり）エンジンと、後方射界の改善策を新たに指定したほかはほとんどK37に固執した。

前方銃座の球状風防化、引き込み脚の採用は当分必要なしなどと、その意図の理解に苦しむ回答。設計者の鼻っ面を逆撫でするとは、まさにこのことを言うのだろう。

このように技術的見地からも人間工学的にも、乗員の安全や居住性の配慮はなくて、ただいちずに精神徳目だけを強要し、もちろん防弾装備は無視したのが当時から軍の一般的な気風だった。

これがもしもパイロットから出たものとすれば、かえって技術の進歩を阻害する暴虎馮河《ひょうが》の勇であり、人命尊重の上からはその罪まさに万死に価する。

古来、弓には盾だが、後年幾多の優秀なパイロットを裸で銃弾にさらし、戦力の急激な低下をきたしたことと無関係ではなかろう。

それはさておき、三菱ではK37の特徴を採りいれて、前出のキ1九三式重爆撃機と平行して、予定より二ヵ月も早く試作機第一号を翌年五月に完成した。

ところが一号機は、たまたま起きた片発停止による不時着で、後方射界の要請から一段落として細くした後部胴体の真ん中から折れ曲がり、同乗者が圧死する事故を起こした。

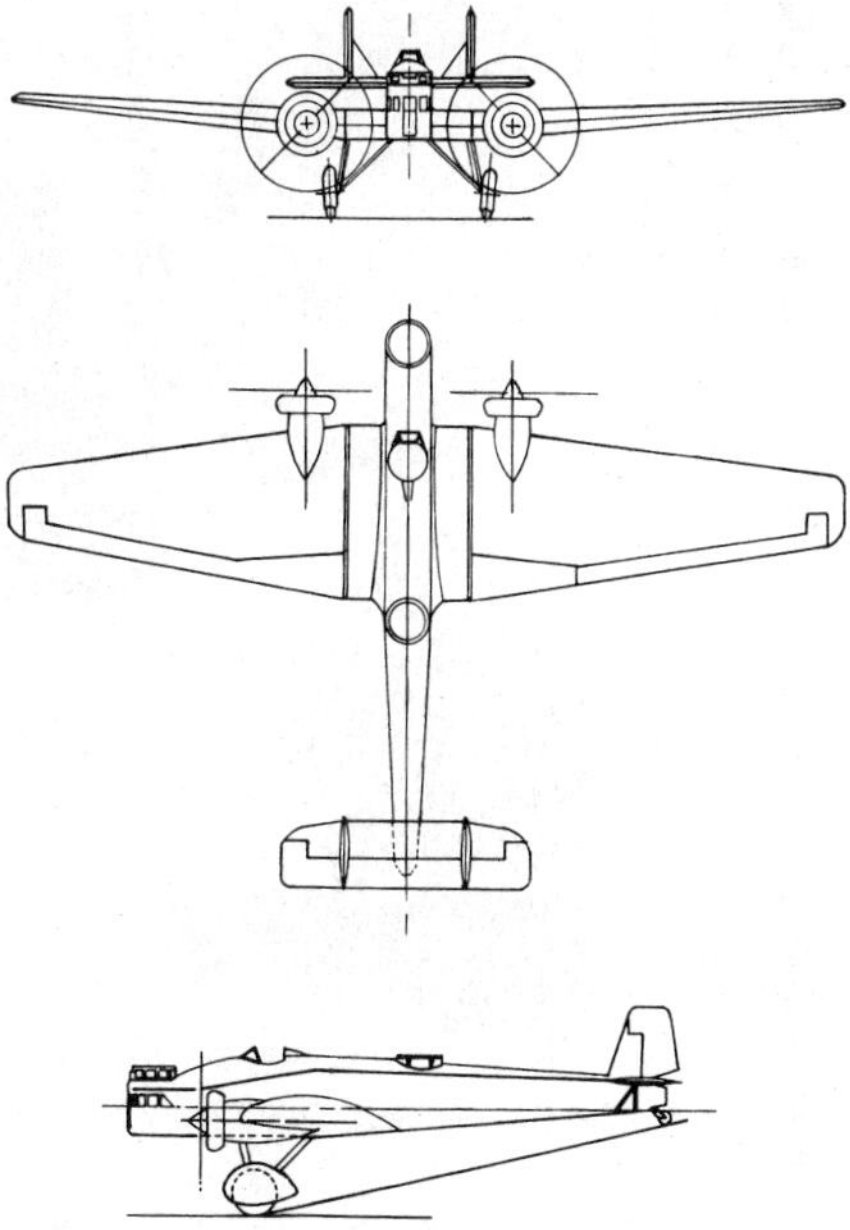
キ2　九三式双軽爆撃機

胴体の後席孔は強度上の配慮はありながらも、時として危険断面を構成するが、この尊い犠牲から、胴体構造はK37の原型に戻した。

審査はキ1を担当した駒村大尉が主任、富田技手係で順調に進行した

九三式双軽の機首に装備された7.7ミリ旋回銃

が、急降下爆撃も可能な抜群の運動性と、ユンカース伝統の頑丈さから信頼性も高く、九三式双軽爆撃機として制式採用されて、同時期に採用された九三式単軽爆撃機との編隊長機の役目をあたえられた。二機の複葉機九三単軽を左右に従えて飛ぶその姿は、まさに王者の風格を備えていた。

八八式軽爆撃機から機種改変した新たな軽爆撃機中隊は、編隊長機が九三式双軽爆撃機、二、三番機が九三式単軽爆撃機の三機編隊が三個、計九機で構成されていたので、同期の軽爆班はこの二機種の機体とエンジンの勉強が必要だった。

もっともジュ式は星型空冷の基本エンジンとして既修していたが、彼らは昭和一一年一二月、九三式装備の六（朝鮮平壌）、七（浜松）、八（台湾屏東）、九（朝鮮会寧）、一六（満州牡丹江）各飛行連隊へとそれぞれ赴任した。

この頃から、改造して性能向上した二型が生産に入ったが、翌年七月に勃発した日支事変の開戦劈頭《へきとう》、集中地の天津と熱河省承徳から発進して目覚ましい活躍をしたのは一型が主力だった。

つぎは二型の改造要点――

1、エンジンを九四式五五〇馬力に換装。NACAカウリングの採用

2、引き込み脚（油圧手動ポンプ）と尾輪カバーの採用

3、開閉式風防の採用

4、平板前縁の採用

そのほか、すなわちパワーアップと有害空気抵抗の低下により約三〇キロ／時速い二八三キロ／時／四〇〇〇メートルになった。

双発訓練機、「ケ」装置（カタパルト射出離陸とワイヤー鈎止着陸）や「カ」装置（ガス雨下器）試験などと多用途機としての本来の面目を発揮しても重宝に使われた。

なかでも昭和一一年、Ⅱ型を長距離連絡機に改造した朝日新聞社の鵬号は、新京――東京、大連――東京の無着陸飛行や東京――バンコック四九三〇キロを二一時間三〇分で日泰親善飛行を果たしたなどと、黄金の国ジパングを目指して盛んにチャレンジされたパリ――東京記録飛行に混じって、当時の日本人に航空への自信を呼び起

こさせた機体となった。

昭和一二年からのⅡ型六一機を加えて合計一七四機作られたこのキ2九三双軽は、日支事変初期に活用された後、昭和一三年キ30九七式軽爆撃機に席を譲って華やかなその生涯を閉じた。

〔諸元〕（ ）内はⅡ型 エンジン・ジュ式四五〇馬力（九四式五五〇馬力）×二、全幅一九・九六二メートル、全長一二・六メートル（一二・七メートル）、主翼面積五六・二平方メートル（五六・二平方メートル）、最大速度二五五キロ／時／三〇〇〇メートル（二八三キロ／時／四〇〇〇メートル）、航続距離九〇〇キロ（最大三〇〇〇キロ）、武装・八九式双連旋回MG機首一、後席一、爆弾三〇〇キロ（最大四〇〇キロ）。

キ3　九三式単軽爆撃機

キ2九三双軽と同時期に、運動軽快な戦場爆撃機が川崎航空機に試作指示された。

満州事件で飛行機の航続距離がもっと長くなければならないことが分かったが、軽爆撃機は単発か双発かで議論が分かれ、単発論者は軽快軽量でなくてはと主張し、双発論者は爆弾搭載量、防御力や性能の点から、現在の技術なら軽爆に必要な運動性のあるものが作れるはずだとした。

おそらくその頭の中には、事変で試用して大いに活躍した「あいこく一号」ユンカースK37があったのだろう。

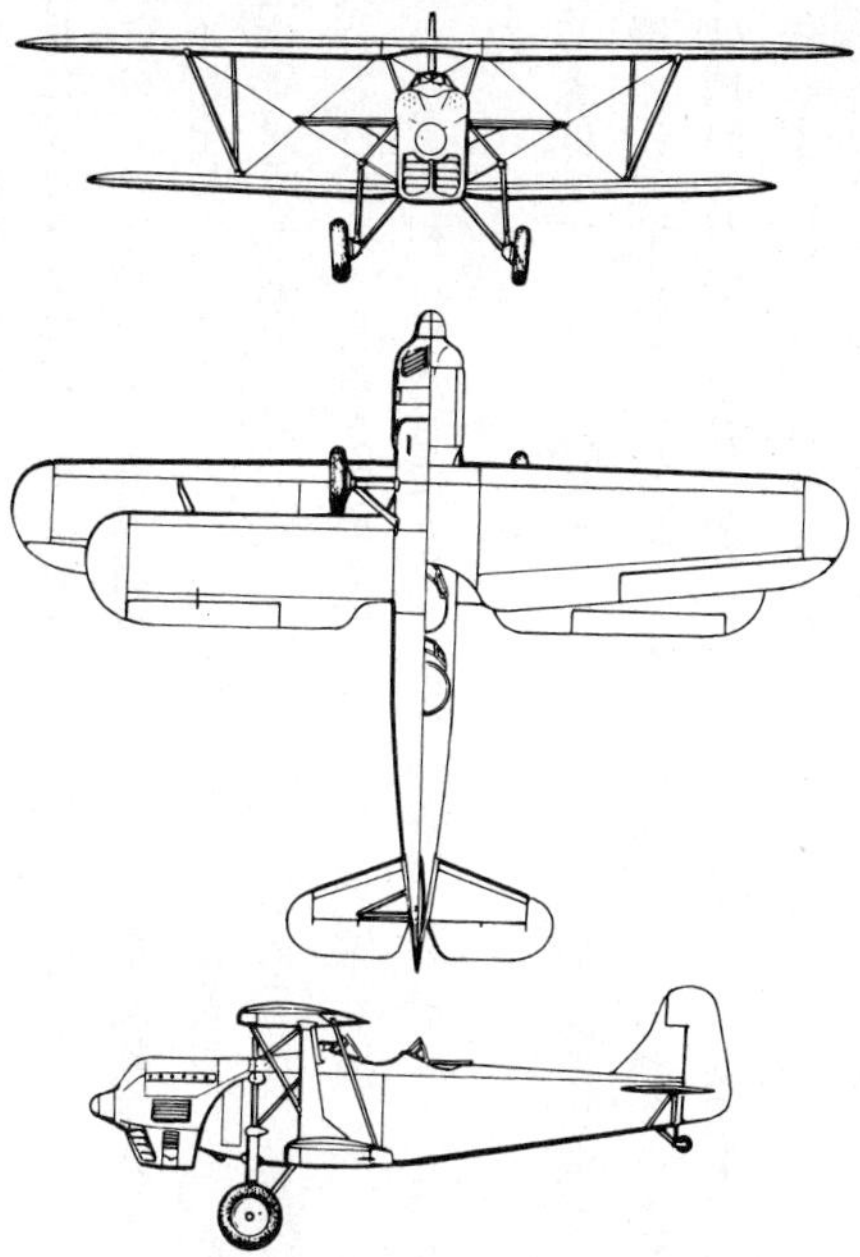

キ3　九三式単軽爆撃機

そこで昭和七年の軽爆撃機の試作要領には、単発、双発のいずれとも明示されていなかった。

川崎ではフォクト技師、土井武夫技師のコンビで、九二式戦闘機（KDA5）を大型化して昭和五年一一月から設計に着手、八八式改良偵察機として先に陸軍に売り込んだ前歴のあるKDA6を基礎に、翌八年四月にKDA7軽爆撃機の試作第一号機を完成した。

このジュラルミン骨組み羽布張りの複葉主翼面積三八平方メートル、全幅一三メートル、全長一〇メートル、全金属製胴体、全備重量三一〇〇キロのキ3は、陸軍航空技術研究所の本田大尉主任、島村技手係で審査され、複葉にして狙ったとおり、特殊飛行も容易にできるきわめて優秀な操縦性能を発揮して、わずか四ヵ月で実用試験も終わり、昭和八年八月に九三式単軽爆撃機としてキ2九三双軽と同時に制式に採用された。

審査はまず、速度計ピトー管の取り付け位置誤差の測定から始まる。

機体の速度計ピトー管は、空気の圧縮性による機体の影響を受けない気流の中に置けば理想的だが、主翼や胴体からあまり離すのは実用上、不可能に近い。

そこで、性能試験前に主翼前縁から約二メートル突き出た管の先に取り付けたテストピトー管による自記速度計（CAS＝位置誤差＋器差に相当）と、操縦席速度計の指度（IAS）の差をあらかじめ調べておくと、あとは外気温度で較正すれば真対気速度（TAS）が計算できる。

技術では青梅線の福生――羽村間の直線区間二一〇〇メートルの両端に測定点を設

けて、気流の穏やかな早朝を選び、高度五〇メートルでの往復飛行を各速度で繰り返すのだが、出来立てホヤホヤの試作機での超低空飛行は危険この上もない。いつでもそうとは限らないが、たまたまキ3の場合、不時着し、長縄パイロットと同乗の島村技手が投げ出されるアクシデントもあった。

エンジンはKDA6同仕様のBMW8だったが、二、三号機は同年九月に耐久運転を終了したハ9Ⅱ型乙（離昇八〇〇馬力）に装備替えした。（五七八頁、注3）

部隊配備後に評判が悪かったとの話があるが、筆者が隊付した飛行第六連隊（平壌）の戦闘機中隊も、吹き流し射撃目標曳行機用に一機もらって筆者が担当した。その経験によると、遠心羽根車式スーパーチャージャーの下にあるドラム型スロットルバルブのズム型気化器の、スロー回転ガス調整のバーニアの止め不具合で、着陸後エンジンが停止する癖があったのが案外、その原因かもしれない。

沸点上昇氷点降下をはかってエチレングリコールを混入した冷却水ラジエーターの水漏れは意外に少なかったが、一度漏れだすと、カドミュウム半田《はんだ》鑞付《ろうづ》けが大変だった。

また、燃料にはオクタン価上昇にとベンゾールを三〇パーセント加えていたが、吸湿性が高くて溜まった燃料濾過器の水が冬期には凍って、水抜きに苦労した。そのべ

キ3九三式単軽爆撃機。日支事変では九三双軽の僚機として活躍した

ンゾールの排ガスで、胴体横はいつも真っ黒だった。

単排気管のため爆音が喧《やかま》しかったが、シュワルツ式プロペラの特徴もあってかスロー回転爆音は逆に非常に静かで、所沢飛行場の台上で、われわれ生徒がラグビーに夢中になっているとき、ヒューンという風切り音に慌《あわ》てて身を伏せることたびたび。「九三単軽」の着陸だった。

この九三単軽は、前出のように支那事変では九三双軽の僚機として五〇キロ爆弾六発を翼下に吊るし、軽快な運動性にものいわせて急降下による列車や砲兵陣地の戦場爆撃で、第一線敵兵の恐怖の的になるなど、縦横に活躍した。

さすがにドイツのスツーカのような敵兵に恐怖感をあたえる笛付けの知恵はなかったが、翼間リボン張線の風切り音も結構なヒステリー音で唸る。

巷間不評のため早期に製作が打ち切られたと伝えられる向きもあるが、川崎航空機特有の手早さで、一〇中隊分と教育用との所要機数二〇〇機を充足し、さらに四〇機の転換製作と試作三機、合計二四三機の製作数の記録を見れば、直ちに製作期間のみで論ずるのにはちょっと同意しかねる。

頑丈な肋材と縦通材で構成された胴体に張った、薄いジュラルミン外板がぺこついていたのは、パテ塗りの九五戦以外の川崎式の特色？　だったが、この九三単軽もその例に漏れなくて、厚板外板構造のメッサー109の外観と好対照といえようか。

〔諸元〕　全幅一三メートル、全長一〇メートル、主翼面積三八平方メートル、全備重量三一〇〇キロ、最大速度二六〇キロ／時／一五〇〇メートル、航続距離九〇〇キロ、武装七・七ミリ、固定MG×一、双連旋回MG×一、爆弾三〇〇～五〇〇キロ。

キ4　九四式偵察機

昭和八年夏、八八式偵察機では性能的にカバーしきれないとして、新たに試作発注された軍偵察用機がキ４である。

軍偵は偵察将校を乗せ、作戦軍の目となって敵の全般の動きを探るのが主な仕事で、作戦地の地図を作る垂直航空写真も撮る。

中島飛行機で昭和九年三月に第一号機、続いて二、三号機が完成したキ４の審査は、

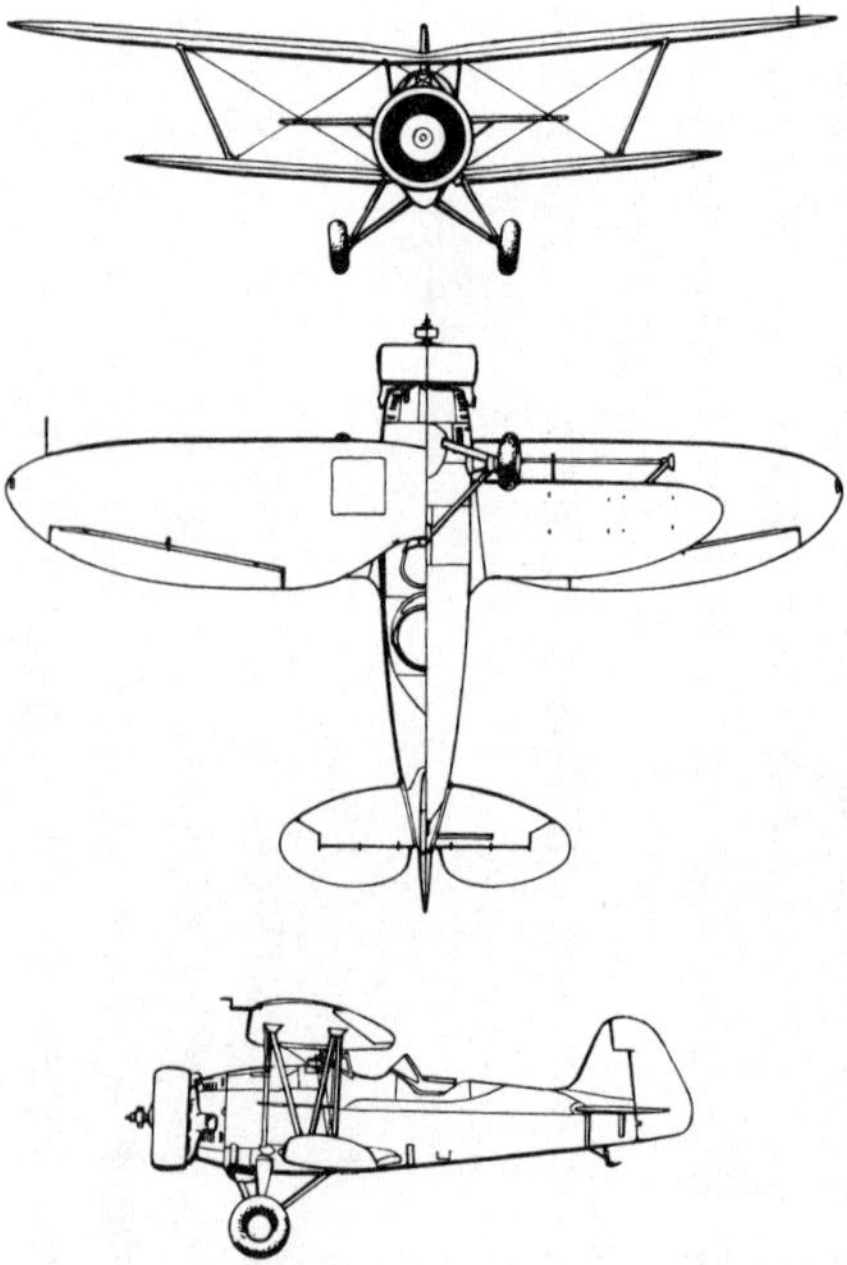

キ４　九四式偵察機

主任安藤技師、操縦は甘粕大尉と藤田大尉が担当し、九月には早くも制式機になった。

構造は大体九一式戦闘機とほとんど同じ方式ながら、一葉半の楕円翼を持ち、ジュラルミン製セミモノコック胴体に、集合排気管をもったハ８、正式呼称九四式五五〇馬力九気筒空冷エンジンを装備し、それにＮＡＣＡカウリングと直径二・九メートルの二翅分離式の鍛造ジュラルミン製プロペラをつけ、非常に女性的な感じのする複葉機だった。

見た目にも美しい楕円翼は英国のスピットファイアの翼にも使われていて、空力特性がよい半面小骨の長さがそれぞれ違い、治具の数や作る手間は多くなる。

この時あたりから、日本の航空技術が世界の進歩にヤット追いついたと言えるのではなかろうか。

審査では、縦安定が悪くて着陸でもピョンピョンとジャンプ（ポーポイズ）して転覆したり、（この結果、非常脱出口が考案された）九一戦でも述べたように操縦性テストで多くの舵面を選んだすえ、ようやく垂直板はA10、方向舵はB8に落ちついた。

この間、昭和九年五月には甘粕大尉が錐もみテスト中に水平錐もみに入り、回復不能で落下傘降下したが、部隊に配属され始めてからも下志津飛行学校（偵察）でスピン事故を起こしたり、昇降舵が鋭敏すぎてピッチングが収まらず、写真撮影時に安定しないと苦情が出てきたので、急いで航空支廠や立川飛行機で胴体を八〇〇ミリ延長する改修をして、やっと収まった。

軍偵の任務は直協偵とともに大変忙しい。なかでも会戦に先立つ戦場の写真撮影は、単機で特定地域を何往復もする危険な仕事だ。

この九四偵は、稼働率が良くて操縦性も抜群だったので、取り外し式爆弾架をつけて第一線の戦場爆撃役も兼ね、防弾装置もない当時だからノモンハン戦では相当な犠

キ４九四式偵察機。稼働率が良く操縦性も抜群だった

牲（一七機）がでた。

そのノモンハン戦後にキ51九九式軍偵が出るまでの永い間、戦場では不整地着陸が可能なバルーンタイヤを装備して使ったほか、単フロート装備、水上の救急用浮泛装置やカタパルトのケ装置など、いろいろな試験にも便利に使われた。これは神風号にも装備された九四式五五〇馬力エンジン（ハ8）の高い信頼性によるものだろう。

一機種に操縦訓練、地上軍協力など種々の仕事をさせるのは貧乏国の通例だが、それぞれの装備等に無理なところが出てくるので、満州事変や支那事変の実戦経験を採り入れて、偵察機に限らず軍用機全般の用法も、次第に任務の単能化へと変更されるようになってきた。そこで偵察機も司令部偵察機、軍偵察機や直協偵察機の機種が生まれるのだが、

これまでの多用途的な用法は、この九四偵を最後に終止符が打たれた。

技研には、制式機に起きる色々なトラブルの解明用に、部隊で使いこんだ補備試験

機があった。この古い九四式偵察機で、筆者はある日、コンビの吉田曹長と二人で一時間ほど江ノ島や鎌倉で空の漫歩としゃれた。

着陸して、それが癖で水平安定板をク、クッとゆすってみてアッと息を飲んだ。ガタガタ！　との手応えに、分解してみると、水平安定板の取り付けボルトが段減りして破断の一歩手前だった。

「危ない、危ない」と、さきほど漁船などにピッケした無謀さに首筋をなぜながら、このチェックは離陸前に行なうべきものだったと痛く反省させられたのだった。

〔諸元〕　全幅一二メートル、全長七・七三メートル、主翼面積二九・七平方メートル、自重一六六四キロ、最大速度三〇〇キロ／時／二四〇〇メートル、航続距離一二〇〇キロ／六時、武装七・七MG×二、機首（固定）七・七MG双連×一（旋回）、爆弾一五キロ×八または五〇キロ×四。

製作数　中島二〇〇、立飛五七、満飛一二六、合計三八三機。

キ5　戦闘機

速度は飛行機、特に戦闘機の命である。

昭和八年頃の世界の航空界では空力、特に翼型の研究が進み、旧来のクラークYから、最大カンバーが後退し、薄くて下面に脹らみを持つゲッチンゲン、M6、M12、NACAまたは航研、NN系などが考案されてきた。

さらに構造力学および冶金学の発達とともに、限界の見えてきた複葉機に見切りをつけた航空界では、空力的に有利な支柱のない単葉片持ち翼機へと切り替えが進んでいた。

川崎航空機でも、九一、九二戦の後釜を狙って低翼単葉逆ガルタイプの戦闘機を設計し、キ5の名があたえられた。

ハ9水冷エンジンを付けたこの機体は、秋田大尉によりテストされ、非常に良い上昇力と最大速度を発揮したが、残念にも振動が大きかった。

BMWエンジンは、四本のボルトでエンジン架にゴム板を挟んで取り付けていたが、このクッションゴムの固さや形にその後のように一工夫していたなら、避けられたのだろう。

決定的欠点だったのは、低速時に、水に浮かんだ丸太の上に乗っていて、バランスを崩したときにクルリと逆転するような不安定性だった。中央翼の下反角を大きくとり過ぎたのと、上下方向の重心配置が適正でなかったのだろう。

脚が短くはなるが、あまりにも野心的な新機軸を一度に盛りこみすぎたようだ。

そこで下反角を次第に減らしてついにはゼロ（水平）に改修されたが、それでもなお操縦性が軍の要求にあわず、昭和九年九月に没。川崎はやむなく、ふたたび手堅く複葉に戻って、キ10の設計に取りかかった。

このキ5は、昭和一四年頃も技研の射場の隅で、いたずらにその骸《むくろ》を風雨にさらしていたが、意外に厚翼だった。

キ6　九五式二型練習機

先に昭和五年、中島飛行機が民間輸送機会社用にと、製造権を購入してつくっていたフォッカー・スーパーユニバーサル機を、機上作業練習機に改造したのが、キ6である。

写真、通信訓練のほか、胴体上面に銃座を付けて旋回銃射撃などの訓練に使うためだった。

審査中に、片岡、南川両曹長が搭乗して新潟から帰還中に雲中に巻き込まれ、やっと姿勢を取り戻して立川に着陸したときは、ベニヤ板張りの翼上面の釘が皆、浮き上

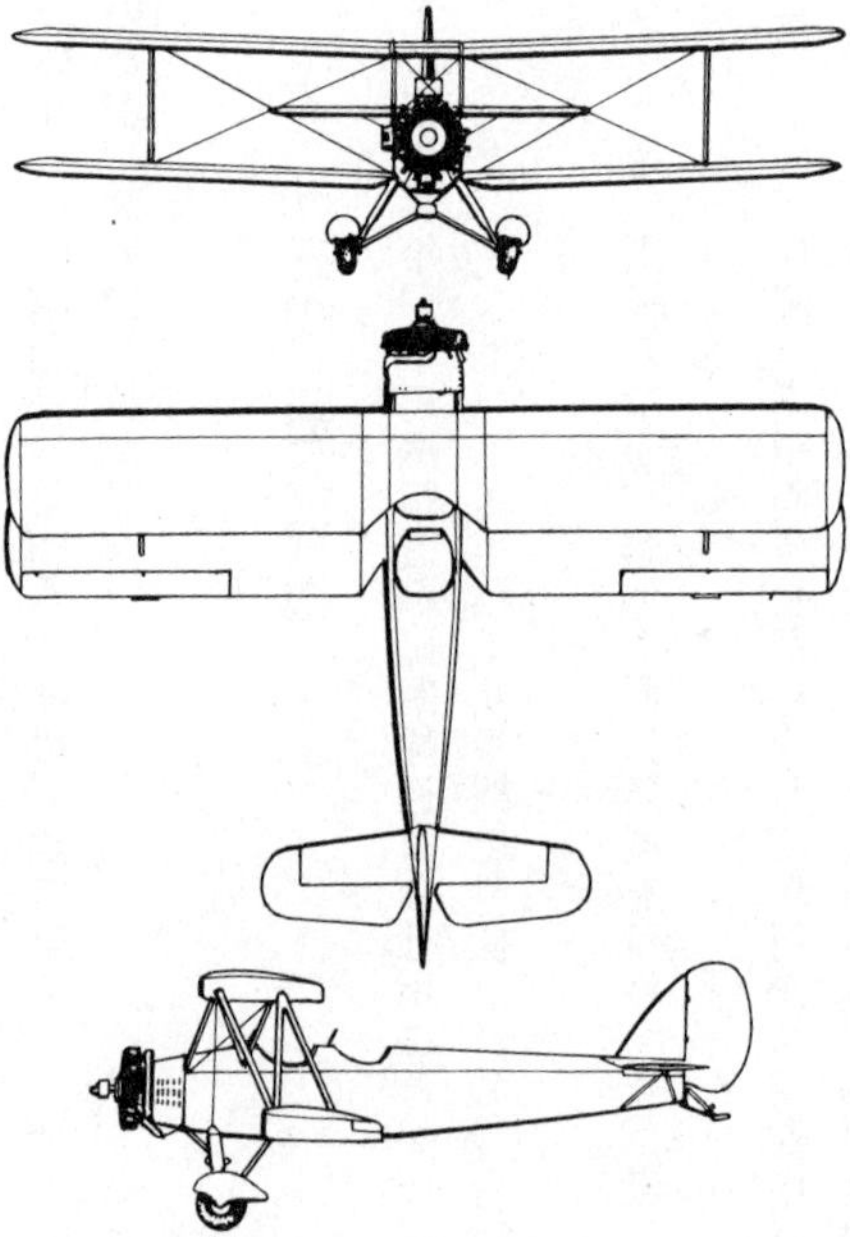

キ6 九五式二型練習機

がっていたという挿話もあり、これが雲中飛行でも姿勢を指示する人口水準器を装備する口火となった。

筆者も藤沢操縦士と熊谷飛行学校連絡の途次に、気化器の加温パイプからの油漏れに危うく不時着の難を逃れたことがある。

原型はハ1ジュピター四五〇馬力装備だったが、技研のはカウリングをつけたハ1乙エンジンだった。

これと同時にキ7作業練習機が三菱航空機で二機試作されたが、不採用になった。

キ6九五式二型練習機。フォッカー・スーパーユニバーサル機を機上作業練習機に改造

キ8　複座戦闘機

この頃、世界各国で、ユンカースK47、BJP16、ホーカー・デュモンなどの複座戦闘機の研究が盛んになったが、こうした航空界の動向に敏感だった中島飛行機は、研究機として自社開発の複座戦闘機を設計試作した。

陸軍からキ8の試作戦闘機を貰い、昭和九年三月から翌年五月までに五機作られたこの戦闘機は、寿3型五五〇馬力装備の全金属製モノコック胴体で、逆ガルタイプ片持ち式低単葉羽布張り翼だった。

技研ではなかなか評判がよかったそうだが、横山八男中尉が操縦中に尾翼の一部が空中分解して立川航空支廠の裏手に墜落してからは、複座戦闘機用兵論議とともに、急に株がさがって没になった。

その後、複座戦闘機は、大口径砲を持つキ38複座戦闘機兼地上攻撃機の計画を変更して、昭和一四年一月にで

キ８複座戦闘機。中島飛行機設計試作の研究機

きたキ45試作機の、生みの苦しみを経てキ45改（二式複座戦闘機・屠竜）でやっと花開くのだが、キ８は期せずしてこの露払い役となった。

〔諸元〕　全幅一二・八八六メートル、全長八・一七メートル、主翼面積二八・五平方メートル、全備重量二・一一一キロ、最大速度三二八キロ／時。

練習機キ９、キ17

練習機も一応、述べなければならない。

大正八年のフランス航空教育団が持ってきたモラン・ソルニエ12Ｒ２地上滑走機による初級の操縦練習は、その後ニューポール81を改造した二型八機、三型一五機の地上滑走機に引き継がれ、大正一二年からは前出の三菱編で述べたアンリオＨＤ14Ｅ二回転式ルローン八〇馬力エンジンの複葉機、制式名己式練習機を初練とし、中練に乙式一型偵察機の複操縦装置付きを使用していたが、いずれも大量教育には向かない

キ9九五式一型練習機。一口に中練と呼ばれ、オレンジ色の塗装から赤トンボの名で馴染まれた

うえに古くなったので、早急に新しい練習機の必要に迫られていた。

　キ9、制式名九五式一型練習機は一口に中練と呼ばれ、初練のキ17九五式三型練習機とともに、機体の塗装がオレンジ色なので赤トンボの名で馴染まれた機体だった。

　昭和九年四月に石川島に出されたキ9試作の要求は、「エンジンの換装で初歩・中間の両用練習機に使えるもの」だったので、一号機は一五〇馬力付の初練、二、三号機には三五〇馬力のエンジン装備の中練として提供したが、垂直オレオ脚組の三号機が昭和一〇年四月に合格し、九五式一型練習機として採用された。

　初練仕様の一号機は馬力不足などのため失格したので、改めてキ17として「狭山飛行場の広さを基準にして中央から離陸、一方から着陸して次の練習生に交替して離陸できる」ようにと計画され、「着陸滑走距離一二〇メートル、離陸重量九〇〇キロ」と、審査主任駒村少佐から

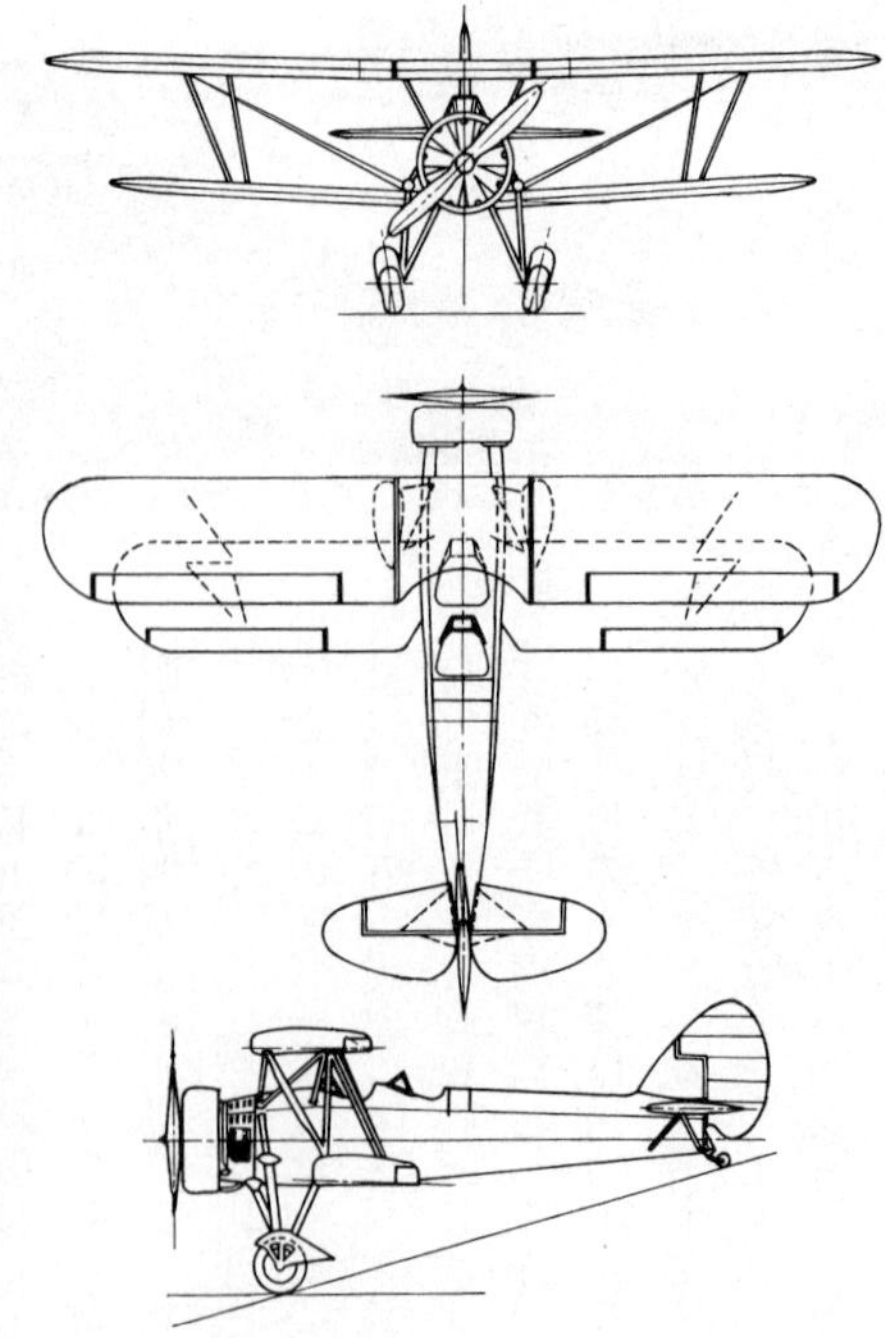

キ9 九五式一型練習機

同社に指示された。

石川島では、指示期間四ヵ月より一ヵ月も早く二機を完成して納入。しかも要求性能にピタリ収めたというエピソードを残した。そしてハ12神風三型一五〇馬力装備、最大速度一七〇キロ／時の九五式三型練習機として採用されて、前出のように昭和一一年、第三期少年航空兵操縦生徒の訓練から使われた。

当時の主務で、立川飛行機でR52、R53を作って読売新聞社に納入し、のち筆者らと東京機械化工業で国産Y1ヘリコプターの試作に従事した遠藤良吉技師は、「君、あれは早業でも何でもない。当たり前なのよ」とこともなげに語ったが、その後、遠藤氏が担当した読売R53のエンジンをライカミングエンジンへ換装する作業をお手伝いして、その段取りの良さに舌を巻いたものだった。

このとき、遠藤氏の手ずからの航空局提出「飛行規程」の青焼きは今も筆者の手元にある。

「刈谷君、練習機というのはネ、脚の一部材を弱く作っておくものなのよ。解る？　生徒は下手なのが当たり前だろ？」なるほど……練習機は脚を折ってヘタリ込んでも、ペラを壊す程度で主要部位は傷まなかったわけだ。

あいにくステの安全率をいくらにしたのかは聞き漏らしたが、周回世界記録を作った航研機やキ77をはじめ、つぎつぎと名機を作った名設計者・ギョロ目玉のこの巨漢から、親しく聞いた数々の裏話は後に回し、話を本題に戻そう。

前出のいきさつでキ番号では前後するが、まず離着陸から始まる初歩の基本操縦訓練はキ17九五式三型練習機で行ない、それが終わって実用機へ移る前の課程として、中間階梯機のキ9九五式一型練習機で、宙返りや横転などの高等飛行術を訓練するのがたてまえだった。

遠藤良吉技師設計の周回世界記録を作った航研機

それが学生の種別によっては、中練または高練のキ55から始められるようになるのは、戦時の大量急速養成になってからである。

この一型は、各部隊でも連絡機や幌を被っての計器飛行訓練にも使われたが、この場合の機体塗装は灰藍色のドープ羽布塗料（酢酸繊維素系）だった。ついでにちょっと羽布やドープにふれておこう。

木製または鋼管溶接胴体なら、大昔の飛行機またはベル47ヘリのようなガラだけでもよいが、揚力を受け持つ翼や尾翼は羽布張りして翼型を形成しないわけにはいかない。

その羽布はインチ平方あたり八〇〜八四本（中級、ライト級となるに従い細い糸を使うので本数は多くなる）の亜麻糸で織った布で、翼面荷重九一ポンド以上、超過禁止速度一六〇マイル以上の飛行機用には、引っ張り強度は八〇ポンド以上なければならない（飛行機用A級）と規定されている。

ドープとは、その縮みによって羽布に張りをもたせ、強さを増し、対水性と気密性をもたせて保護する役目で羽布に塗る液体である。

このドープは、専門的には醋酸繊維素（アセチルセルローズ）系と硝酸繊維素（ニトロセルローズ）系があり、これらの基材は遠心分離機で濾過紙も通過する細かい粒子のコロイド状に精製される。

キ17九五式三型練習機。基礎操縦訓練を行なった

醋酸繊維素系（アセチルブチルセルローズ・ドープ）は通常ブチレート・ドープと呼ばれ、ニトレート・ドープよりも耐火性がよいという大きな利点があるほか、塗装の際、浸みこみやすくて張りを強くする特性があり、一般に多用されている。

ドープ塗りは、室温と湿度を七五度Fと六五パーセント以下に調整した後、まず透明ドープを刷毛で二回十分に浸みこませ、乾燥後紙ヤスリかけ作業を挟んで三回塗る。その上に羽布を光線から保護するアルミ着色ドープ（銀色、ただしキ9などは褐色）を塗った上に、所要の色ドープを三回塗って仕上げる。

一見なんでもないような練習機特有の赤トンボが塗り上

がるまでには、こんな煩雑な手間をへている。おまけにこのドープは、金属を侵したり、エナメル塗料の仕上げ面を軟化して水ぶくれを作るので、酸化亜鉛のドープ隔離塗料を使って接触する金属の面を保護する。

一口に練習機といっても、その性格はなかなか面倒な条件をパスしなければならない。

まず悪質なブリルや自転などの特異な癖がなく、操舵の手応えが適当で、素直な従舵性と適当な安定性を持っていることが第一、そのうえ燃料消費もすくなく経済的なことだ。

性格の相反する安定性と操縦性のバランスをどうするか？　では、初練は前者を主とし、中、高練と進むに従って次第に後者に重点を移し、実用機へ順調に移れる下地を作ってゆく。それが練習機の性格である。

その本来の役目をよそに、後席にドラム缶を載せて特攻機として九州基地に多数現われたとき、われわれはただあきれるだけだったが、戦局の重大さをしみじみ肌に感じさせられたのだった。

それにしても、ほとんどのパイロットや、現在活躍中の大会社の社長連中の多くが、若き血潮を燃やして大空への夢を託したのが、この可憐な「赤トンボ」だった。

〔要目〕　一型（三型）　エンジン・ハ13九五式三五〇馬力（ハ12九五式一五〇馬力）、全幅一〇・三二メートル（九・八二メートル）、全長七・五三メートル（七・八メートル）、主翼面積二四・五平方メートル（二六・二平方メートル）、全備重量一四〇〇キロ（九〇〇キロ）、最大速度二四〇キロ／時（一七四キロ／時）。

昭和九年度競争試作（キ10、キ11、キ18）

昭和九年に指示された戦闘機競争試作に川崎はキ10複葉機を、中島はボーイングP26型のキ11低翼単葉機で応募した。

後に陸軍は翌年二月に完成した最大速度四四九キロ／時と好評の海軍向け九試単戦二号機と同型を、海軍の了解のもとに三菱にキ18として参加を求めた。

昭和一〇年秋から冬にかけて秋田大尉、松村少佐らの担当で、技研および明野飛行学校で熱心に審査研究された結果、空戦性能の卓越したキ10が採用された。

しかしその一二月には、さっそく快速の次期戦闘機としてキ27、キ28、キ33の競作が中島、川崎、三菱に指示されるのだった。

あとから参加したキ18は、最大速度がキ10より一〇パーセントも速くて明野では好評だったが、事故破損などで結局、参考機の域を出なかった。

キ11試作戦闘機改造通信機

キ11

中島のキ11は、昭和一〇年四月から一二月に井上真六技師、明川技師担当で四機製作された。

同社は、従来「戦闘機本来の姿はいかにあるべきか」との命題に挑戦し、過去に採用された甲式四型、九一戦やキ8などの経験と資料に基づき、目標を低翼単葉機一本に絞ってその翼の翼型、平面型、スパンワイズにかけての捩じり下げとテーパー比、アスペクトレシオ（縦横比）、先端翼と誘導抵抗、エルロンの形状と位置などについての相関関係を求めるため、血の出るような研究努力が続けられていた。

世界の戦闘機運用の趨勢《すうせい》を見越したキ8複座戦闘機での挑戦は別とし、単座戦闘機について軍要求の速度と操縦性、卓越した運動性をトコトンまで追及する姿勢から見れば、キ11はこの機会を利用する研究機であり、コンペでの勝利はあまり期待していなかったのでは？　とは筆者のうがちすぎだろうか。

その証拠には、軽量化を狙ってボーイングP26方式の前世紀的な張線結構を使った半面、セミモノコックで密閉風防の胴体や調整プロペラなどと新旧技術のチグハグな混用が見られるからだ。

それはさておき、キ11の捩じり下げ前縁直線翼が示した従来の定説を破る良い結果は、低翼単葉機の絶対性を信じて疑わない中島の設計者に励みをつけるとともに、ムンク6、12の翼型を見切り、独自のNA翼型を開発するなどの研究努力により、後日、軽戦闘機の極致とまでいわれた九七式戦闘機をはじめとした「戦闘機王国」の社風が育ってゆくのだった。

因みにキ11の急降下中の張線の唸りに、さすがの明野校の教官も閉口したとか。

キ10　九五式戦闘機

一方、川崎航空機はキ5のあまりにも急進的な設計の失敗に懲りてか、一歩後退し

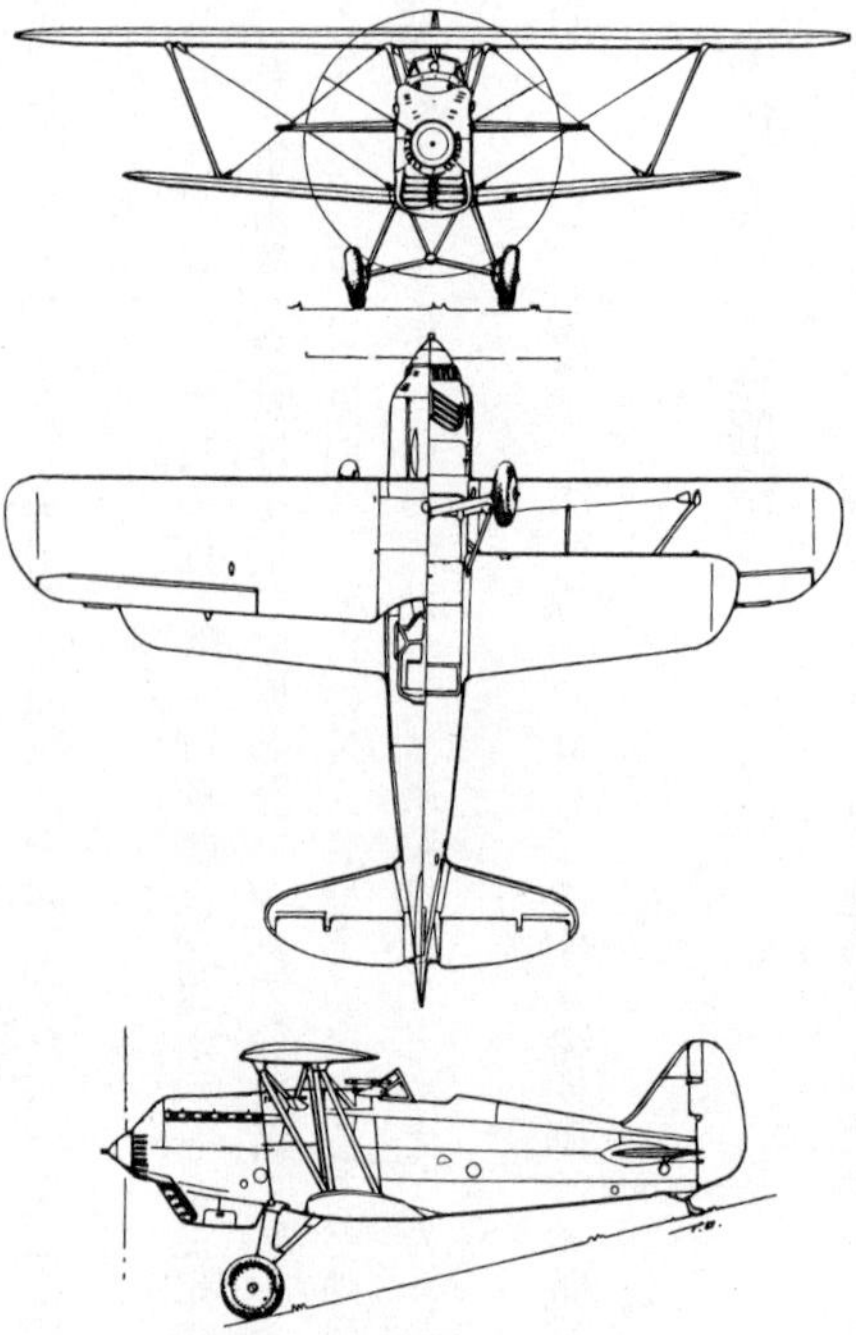

キ10 九五式戦闘機

て九二戦を踏襲した一葉半のキ10をもって臨んだ。

おそらく陸軍機オンリーの川崎では、九二戦の製作が終わり、九三単軽の評判もあまり芳しくない状況なので、経営上からも不退転の決意で「卓越した運動性」の要求に狙いを絞り、あえて複葉機で立ち向かったものといえよう。

当時、戦闘機の最大速度は四〇〇キロ／時が目安だったが、見るからに空気抵抗の

多い複葉機には大馬力のエンジンが必要だ。

因みに単葉のキ11は星型九気筒の離昇七五〇馬力、公称五五〇馬力、同じくキ18は六〇〇馬力だったが、川崎はＢＭＷ系列の経験をもとに自信をもって開発した水冷のハ９Ⅱ型公称八〇〇馬力、最大九五〇馬力（三〇〇〇メートル）と他社の約一・五倍の出力エンジンを装備した。

この水冷エンジンは、従来のＢＭＷに付加した与圧機のあとに、二ドラムバルブの気化器を配置した。加圧型気化器は凍結の心配はないが、燃料ポンプや燃料圧力計にも与圧空気を導入する考慮も要る。

水冷エンジンは前面面積が小さい点は有利だが、重量が重い上に冷却水と大きい冷却器が要るのが不利な点だ。

その冷却器の取り付け位置は空気抵抗と大きく関連し、本機の第三案（昭和一二年一一月完成）やキ61やＰ51のように胴体中央下部へと次第に後退していくのだが、キ10はＰ40と同じくエンジンの真下にあり、頭デッカチのブルドック型になった。

プロペラは鍛造ジュラルミン（Ｄｒ）製三翼調整式直径二・九メートルピッチ角二六度五〇分。

九二戦でも述べた複葉機宿命の上下翼の干渉に対しては、翼間隔を上翼々弦よりも大きな一・六メートルと〇・八二メートル（五二パーセント）の喰い違い角にするとともに、一葉半とした下翼の上反角を約四度と大きくしている。

全幅九・五五メートル、全長七メートル、全高三メートル、主翼面積二四平方メートル（上翼一七、下翼七）、全備重量一六三一キロ、翼面荷重八二・五馬力、馬力荷重二・〇四キロ／馬力と、軽快で良い上昇力が予想される数値の示すとおり最大速度四〇五キロ／時、五〇〇〇メートルまでの上昇五分を記録した。

また、複葉機の運動性のよいのは当たり前、これらすべてが陸軍の要求にピタリと嵌まるものだったので、各種の修正改造後の四号機でＯＫとなり、昭和一〇年九月に九五式戦闘機として仮制式になった。

構造の細部　主翼はＤｒの二桁構造に小骨を付け、前桁より前縁まで〇・五ミリのＤｒ板で整形の上にドープ隔離塗料を施して翼全面を羽布張りにした。

始動機ハック付きのスピナーとプロペラを頭とすれば、喉首に二五リットルのオイルクーラーが首巻のようにダンディな縞目を見せる。ラジエーターの温度調整扉はさしづめ肋骨だ。

そのラジエーターは、両端を六角に拡げた三五センチ（夏期用は四〇センチ）のアンドレー式特殊断面の真鍮《しんちゅう》パイプを束ねて溶融温度の高いカドミュウム半田鑞付けしてあるので、水漏れの場合の修理にはなかなか技術が要る。冷却水には、エチレングリコールを混ぜてある。

胴体はおおむね流線型で、断面の上部は半円、下部はやや大きな丸みを持つ矩形《くけい》の肋材一六個を隅角部主縦通材と外板および側面補強縦通材で枠組み、これにエンジン架付近〇・八ミリと一ミリ、座席回り〇・七ミリ、ついで〇・六ミリ、第一四肋材以後の側面は〇・五ミリと次第に厚みを減らしたＤｒ板で覆っている。ただし第七肋材までの側面は超Ｄｒ板である。

その外板は沈頭鋲で綴られたうえ、凹部をパテ仕上げして灰藍色塗装されていた。この表面処理で五パーセント速度があがったとのことだ。

燃料は上翼内タンクに一〇〇リットル、胴体タンクに二二五リットル、別に初の試みに下翼に舟型の落下タンクを装備したが、なかなか落ちなかったとの話もある。筆者は実用部隊員だが、この落下タンクを見たことはない。

上部計器板の左右上に取り付けられた八九式固定機関銃は、左右の各弾倉に五〇〇発ずつ保弾子で連結された七・七ミリ弾を持ち、それまでの油圧式に代わるピアノ線式九五式発射連動装置でプロペラと同期させる形式に進歩して、射弾のプロペラ回転

キ10九五式戦闘機。昭和10年12月から量産、558機作られた

面通過の確実性を高めた。
二五号F型無線機（のち九六式飛三号）は、右下翼前縁に装備の風力発電機が電源だった。

昭和一〇年一二月から始まった量産機三〇〇機、昭和一二年六月からはⅡ型を二八〇機、試作各型ともに五五八機が作られた。

筆者は昭和一一年三月からこの九五戦一〇五号（量産五号機か）で専修教育を受けた。そして一一月末の卒業式行事には「運転者に指名」の光栄に浴したが、ワックス掛けでツルツル光る機体の輝きが今も目に浮かぶ。

その一二月、赴任した平壌《ピョンヤン》市街から大洞江《デードンガン》を隔てた漁村里《オチヨンニー》の飛行第六連隊には舗装滑走路はなく、零下二六度の寒気で凍結した泥濘のソロバン滑走路で、クロームモリブデン製の尾橇《びそり》金具がすぐ磨耗するのに弱り、仕方なく堅いステライトのゴツイ下駄を履かせて使用した記憶が蘇る。

実戦場での状況　新配備の九五式戦闘機の中隊訓練が終了した昭和一二年七月、日支事変が勃発し、立川、大刀洗、平壌、満州牡丹江の九五戦部隊は北支那に、台湾屏東の八連隊は上海へと出動、筆者も独立飛行九中隊の一員として出動して、秋田中隊長編隊の整備を担当した。

翌昭和一三年のある時期、与圧器を駆動する弾性軸が前方に抜け出し、第六コンロッドを切断してクランクケースを破る故障が二機出た。北京《ペキン》の野戦航空廠でのオーバーホールにCピンの入れ方を間違えたのが原因だった。

昭和13年夏、河南省彰徳に進出した九五戦と筆者

その他の一件は済南攻略戦時、津浦線の徳県から戦場上空制圧に出動しての帰途、カム駆動傘ギアーの歯欠けで黄河涯の高粱《コウリヤン》畑に渡部軍曹が不時着したのだった。

整備班長以下筆者ら五名がその夜、現場に着き、翌朝付近の住民の応援を得て駅近くまで搬出し、エンジンを交換してそこから離陸させた。なにしろ北支の一二月の広大な高粱畑には作物もなく、どこでも飛行場として利用できたし、このII型機も荒れ地に強いバルーンタイヤだった。

事変での九五戦は、牡丹江の三輪大隊の太原上空の空中戦、保定上空の沢田大尉のカーチス75Aの撃墜や応急装備の一五キロ×四による対地攻撃等に活躍したが、中でも戦史に光彩を加えたのは帰徳上空の空中戦だった。

帰徳上空の大空中戦　昭和一三年四月一〇日、航空兵団長徳川中将は、「周家口から敵駆逐機一一機が九時一七分発、帰徳に向かった」との特殊情報により、寺西大隊（立川五連隊編成）を出動させた。

この敵機は林大隊長の指揮するИ《イー》15×七、劉中隊長指揮のИ《イー》15×一二、漢口からは二一中隊の一〇機（うちグロスターグラジエーター×三）の計二九機で、それまではなかなか姿を現わさなかった支那空軍が、この時はじめて決戦を求めてきたのだった。

寺西大隊は技量甲のパイロットで編成した九五戦一二、九七戦三の一五機で出動、正午頃帰徳東方二五キロで三層配置の敵機と遭遇した。

寺西編隊の四機は高位の六〇〇〇メートルから五五〇〇メートルのИ《イー》15×一二に、

加藤編隊の九七戦三機は五〇〇〇メートルから四八〇〇メートルの八機に、森本編隊の九五戦八機は四〇〇〇メートルから四四〇〇メートルのИ《イー》15×一一機？　と壮烈な大空中戦を展開し、その二四機を撃墜した。

昭和13年夏、北支彰徳の加藤建夫大尉機の九五戦と筆者

その後の「特情」（特別情報）によれば、敵の林大隊長は信陽へ、劉中隊長指揮の三機は、駐馬店へと着陸しており、生還したのはこの四機だけだった。

このうち九五戦による戦果は一七機だったが、「九五戦Ⅱ型の性能がИ《イー》15を圧倒したのが勝利のもとだった」と戦訓に語られている。

当方は九七戦一機が体当たり戦死、九五戦一機が受弾して不時着（パイロットは僚機が救助）の二機と大破一だった。その一機、福山中尉は右手と左足に受傷し、ハンカチを操縦桿に縛り、口で操縦して基地まで帰還したものの、方向舵の操作ができず転覆した。そして空戦経過を報告、「大隊の集結使用」などの意見具申の後、戦死されたのだった。

徳川中将は当日の日記に戦闘の全経過を詳述されるとともに、「鬼神も哭《な》かしむる行動、実に決死敢闘、強靭不屈、もって吾人の龜鑑たり」と賞賛された。のち福山機は、内地に運ばれて昭和天皇の天覧の栄誉に輝いた。

なお、加藤編隊長は、後に『エンジンの音轟々と……』の戦隊歌で有名な飛行第六四戦隊長で、軍神と称えられた加藤建夫少将（当時大尉）である。

こうして昭和一三年夏から冬にかけて、新鋭の九七式戦闘機にその王座を譲ったが、筆者にとって、キ10九五式戦闘機はわが青春をかけて共に戦った忘れられぬ愛機である。

また奇しくもわが独飛九中隊長はこのキ10の主任テストパイロット秋田大尉（のち大佐）だった。

第五章――パイオニアの辿る道は常に茨だった

軍用輸送機

キ34　九七式輸送機（AT）

中島は昭和三年五月、N36民間向け旅客機を製作したが、試験飛行で失敗した。ちょうどそのとき、日本航空輸送株式会社が米国からフォッカー・スーパーユニバーサル旅客機を輸入し、そのエンジンに中島製のジュピター四五〇馬力を装備したのがきっかけで、同機の製造権を買って国産化して、東京飛行機とともに、もっぱら日本航空輸送株式会社向けに多数作っており、陸軍でも後に九五式二型練習機として機

キ34九七式輸送機。陸軍初の軍用輸送機で落下傘部隊の訓練にも使用

上作業用に採用している。

ついで昭和一一年、中島はさらに民間用旅客機の需要をみたすため、ダグラスDC2の製造権を買い入れ、これを参考にして新たに独自設計の双発輸送機を計画した。

明川技師、西村技師担当で九月に完成したその第一号機は、満州航空株式会社の国光号として巣立っていった。

一方、陸軍航空部内では、満州事変後の昭和九～一〇年頃から、既述のように地上軍附随の用兵思想から抜けきれなかった軍航空の地位について、事変の戦訓と世界の情勢にもとづく空軍独立論が盛んになり、ついに「一部で地上軍に協力しながら独自の空軍的用兵」の折衷論へと落ち着き、その機動力を高めるため軍用輸送機の必要性も高まってきた。

おりしも勃発した日支事変では、陸軍には純粋な軍用輸送機がなかったので、やむなく徴用したフォッカー輸送機隊や民間のＤＣ３やロッキード14などでまかなう有様だった。

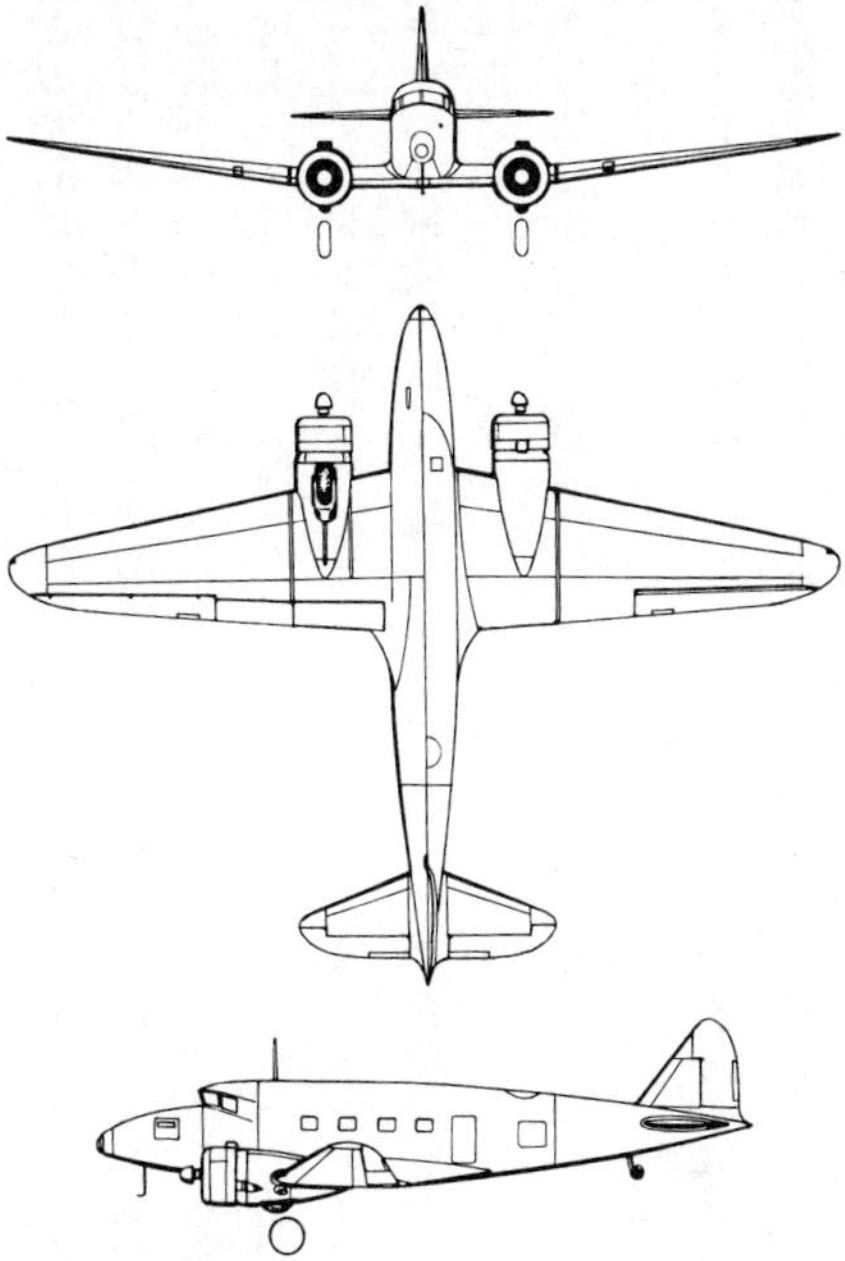

キ34 九七式輸送機

しかし、その事変前の四月、中島のＡＴの成功を見た陸軍はキ34として発注し、エンジンを九七式五〇〇馬力直結式（減速歯車なし）に装備換えし、プロペラを固定節にしてテストしたのち採用した。

陸軍はここに初

めて九七式輸送機として軍用輸送機を持つことになった。

このキ34は、日支事変以後も全戦線で大いに活躍した。なかでも陸軍きっての名パイロットの荒蒔さんが、全コースの豪雨をついて、陸軍大臣として満州から呼び戻される東条さんを立川まで無事送り届けた歴史的の機体でもある。

自重三・五トン、全備重量五・二五トン、乗客共一〇名、貨物約五六〇キロ、燃料九一二リットル、最大速度三六五キロ／時、巡航速度二五六キロ／時で航続力一二〇〇キロの中型輸送機で、操縦席風防が逆に上方が突出した作りがこの機体を特徴づけている。

全体的に構造が簡単な上にエンジンが好調だったので、古くなっても非常によく働き、落下傘部隊の訓練にも使われた。

筆者もしばしば御厄介になったが、太平洋戦争初期にはサイゴンを基地としたAT輸送隊と略称された森田部隊があり、第一線の輸送に大活躍した。なお、この部隊はのちに南方航空株式会社の母体になった。

ロ式輸送機

純試作機ではないが、その高性能ぶりを買われて盛んに使用された軍用輸送機にロ式輸送機がある。

昭和一二年、立川飛行機が米国のロッキード社からのライセンスで生産したロッキード14スーパーエレクトラである。

巡航速度四〇〇キロ／時と性能がよく、着陸速度をカバーするファウラーフラップ（下げると同時に後退して主翼面積を増す）を持っているが、胴体が短くて失速特性があまりよくないので、重心位置を許容範囲内におさめるため、一四名の乗客の体重に応じて搭乗座席位置を決める計算機を使用していた。

昭和一五年五月に日本航空の球磨号が翼端失速で事故をおこしたので、急いで主翼端前縁にスロット孔を開けて使用されたが、なおもグランドループの傾向に対して着陸は切線着陸と規定されていた。しかし、技研のパイロット連の自慢の一つに、この機をスーッと三点着陸に入れて見せるというのがあったのを思い出す。

太平洋戦争初期に、この同型改造機のロッキードハドソン爆撃機が、大きな球状ドームの後上方銃座を付けてマレーの基地爆撃に現われたときは、ちょっと変な気持ちがしたものだ。

原型は八〇〇馬力のライトサイクロンR一八二〇エンジン付きだったが、陸軍ではハ26Ｉ型（瑞星）九九式九〇〇馬力を付けており、奇妙なことにこの機体は、雨中飛行時にかぎってエンジン不調になり、肝を冷やされた。電纜《でんらん》の絶縁不良だと思いこんでいたが、シリンダーの冷え過ぎが原因だったようだ。

同じエンジンのキ51でも、シリンダーを冷やし過ぎるとポンポンと不調音になるが、筒温調節のカウルフラップを閉めてシリンダー温度を上げると回復する。そういえば、ロ式にはカウルフラップがなかった。

空挺部隊用としても使われたが、立川飛行機で軍用として製作されたのは四五機、後に川崎航空機に製作転換されてキ56一式輸送機の母体となった。

キ57 一〇〇式輸送機（ＭＣ20）

昭和一五年七月、キ57が技研に到着した。ＭＣ20だった。

中翼の九七式重爆撃機を低翼にし、胴体の収容スペースを増して旅客機仕様にしたもので、エンジンは九七重爆撃機と同じハ５だった。

もちろん武装はなく、非常に洗練された美しい機体である。真新しい純白の麻カバーの座席には、作業服で座るのがもったいない感じだった。

全長一六・一メートル、全幅二二・六メートル、自重五五二二キロ、全備重量七八六〇キロ、乗員四名、乗客一一名、貨物を加えた搭載量は二三三八キロになり、巡航速度三〇〇キロ／時で正規五時間、特別装備で一〇時間、三〇〇〇キロ以上の航続力があり、最大速度も四三〇キロ／時と優秀な性能だった。

各種の試験も順調に進んだが、第四格納庫で実施していた大森大尉担当の振動試験に所見があったようだ。

振動試験は、プロペラ先端に接続した励振子（アンバランスの回転振り子）をインダクションモーターの回転数（振動数）を変えながら回して正弦波の強制振動を発生させ、機体各部の固有振動数を測定して、この回転数に同調する構造部分があるかないかを調べる。

もし同調部位があると、たとえば吊り橋に乗って体で橋の揺れにあわせてゆすると、橋の揺れは次第に大きくなって（共振）、ついには橋が壊れてしまうように、同調部位から破損するおそれがある。

ここでは励振源にエンジン回転数の機械振動を例にとったが、主翼や尾翼など各部分の固有振動数を調べておけば、他の空気力その他の強制励振力に対しても対策の根拠数値となるので、振動試験は絶対に欠かせない大事な試験である。

キ57 一〇〇式輸送機

このときの試験結果の対策については詳《つまび》らかではないが、昭和一五年一二月二八日の全備空中振動試験（堪航試験を兼ねる）は、空中分解の大事故となった。当日は航空局から山川航空官他の検査官や大日本航空青木一等操縦士その他の関係者が多数見え、技研からは第一部（飛行機科）赤沢、小池両中尉の総勢一三名が搭乗した。

赤沢中尉は担当者野田中尉の都合による代役乗務で、筆者は格納庫前で見送った。

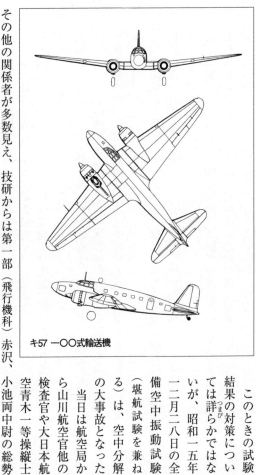

さて、立川飛行場を離陸したキ五七〇四号（妙高号）はいったん羽田に飛び、同飛行場を離陸して東京湾を東に向かった五分後にその消息を絶った。

そこで技研からは審査中のキ51第二号機を捜索機として、コンビの吉田十二夫曹長と筆者が急いで飛び立った。

キ57一〇〇式輸送機。終戦まで主力輸送機として活躍

キ51の巡航速度は、ちょうどキ57と同じく三〇〇キロ／時である。そこで想定コースを羽田から千葉方向にとって五分間飛ぶ。

「あったゾ！　あれだ」

二人は同時に叫んだ。ここは姉ヶ崎沖合、養殖海苔《のり》棚はずれに大きな油紋二つを発見したのだった。機体らしい物や破片などぞはない。エンジン故障などによる不時着じゃないゾ、こりゃ大変な事故だと、フルパワーで立川に帰って報告した。

果たせるかな、海軍掃海艇により、現場の海底からバラバラの胴体その他が引き揚げられた。

調査の結果、昇降舵のフラッター（主として空気力による突然の連成振動）によるものと推定されて、昇降舵バランスウエート（軸管より前の部分に取り付ける鉛の釣り合い重り）の改修など一連の対策がとられた。

技術の進歩のためとはいえ、それまで順調に経過していただけに、まことに尊くも痛ましい犠牲だった。

危うくも命拾いした野田さん（元日航専務）に代わり、志願して事故に遭った赤沢さんは実に気の毒だ。試作機に危険は付きものだと覚悟して毎日を過ごしていた筆者らも、改めて人生無常感を深くした事故だった。

制式名一〇〇式輸送機となって総計五〇七機作られたキ57は、終戦まで主力輸送機として軍、民間ともに大いに活用した。特に落下傘部隊用として一七～一九名乗りの長椅子式に改装した機体は、パレンバンの降下作戦にも参加した。

Ⅱ型にはキ47新司令部偵と同じハ102エンジンを装備して最高速度四七〇キロ／時を出し、まさに国産輸送機中の白眉といえる存在だった。現在、昔のままの姿を現わしたとしても、その優美な姿は括目に値しよう。

キ56 一式貨物輸送機

やはり昭和一三年の研究方針にもとづいたキ56が、キ57一〇〇式輸送機よりちょっと遅れた昭和一五年一一月に技研に来た。

ロ式輸送機の胴体を一・五八メートル延長して、一式戦闘機隼のI型と同じハ25九五〇馬力エンジンを装備した川崎航空機株式会社製のもので、貨物輸送および落下傘部隊用だった。

昭和一五年四月八日、陸機密六五号の改正研究方針「輸送機」に追加された仕様には、「人員輸送には空輸挺進隊の落下傘降下と物資輸送には物量投下をも為し得る如く」、また「物資輸送には、発動機、プロペラ、対空用無線機、及びドラム缶等の輸送に適せしむ」との但し書きがあった。

日支事変の戦訓というよりも、欧州動乱の落下傘部隊の必要性の認識からで、当時軍の主戦正面はやはり北方だったが、結果的には南方で使われることになり、キ34AT九七式輸送機やキ57一〇〇式輸送機とともに、大東亜戦争の開戦時のスマトラ・パレンバン油田の空挺作戦の主役を勤めたのは、このキ56一式貨物輸送機だった。

同時期または少し遅れて出てきた米国のロッキード・ロードスターと、寸法もあまり違わないのは偶然の一致とはいいながらまことに興味深い。使用目的もまた同じだった。

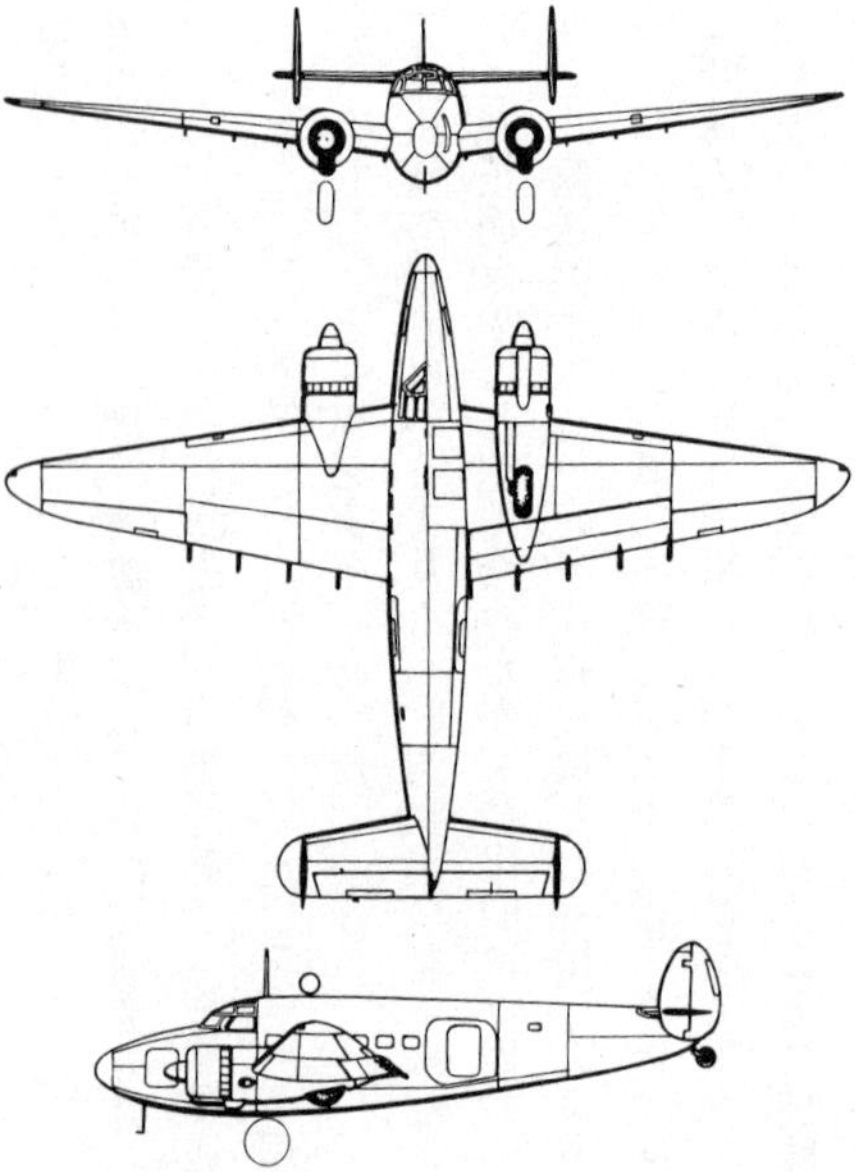

キ56 一式貨物輸送機

引き戸式の大きな出入口を開いて天井からチェーンブロックを引き出し、大型空冷エンジンなら三台積み込めて、ターンバックルで波板補強の床に固定できる。

落下傘開傘紐のバックル掛け用のパイプは扉側窓上に取り付けられ、折り畳み式キャンバス張り八人掛け椅子を両側に取り付けることができた。

昭和一六年一〇月、キ44実験中隊（独立飛行第四七中隊、通称かわせみ隊）の訓練中、その一機が突込過速によるエンジン故障で木更津海軍基地に不時着したことがあった。

担当整備長の筆者は、時を移さず換装エンジンとその他の機材をこのキ56に積み込んで木更津に飛んだのだったが、「エンジンだけかと思ったら、自転車まで飛行機で持ってきたよ」と、海軍さんに珍しがられたことを思い出す。

〔諸元〕　全長一四・五メートル、全幅一九・九六四メートル、自重四八九五キロ、搭載量三一三〇キロ、全備重量八〇二五キロ、主翼面積五一・二平方メートル（キ57より一九平方メートル少ない）、航続力一六一〇～二三八〇キロ。乗員四名で速度四〇〇キロ／時。

生産は試作二機を加え、一二一機となっている。

キ56一式貨物輸送機。開戦時のパレンバン油田の空挺作戦で活躍

キ59　一式輸送機（TK3）

航空局が近距離ローカル線用として、寺田技研（のちの日本国際航空工業）に設計させたTK3が、昭和一五年、技研で組み立てられた。

小堀雇員が担当したこの機体は、キ59の試作番号をもらって技研で審査され、昭和一六年に一式輸送機となり、五九機生産されてキ54が完成するまで使用されたとの記録もあるが、このとき、佐々木雇員担当のキ54はすでに私の格納庫に入っていて、審査も相当進んでいたので、この説はいかがなものか。

元来この機体の立案の基礎は、昭和一二〜一三年頃の民間のローカル線輸送機の主力だったフォッカー・スーパーユニバーサル機に代わる双発機を国産しようとしたものだったが、この時代の急速な航空技術の進歩の前にはすでに時代遅れの企画だった。しかし、その構造はついで要求された地上兵員輸送グライダーへの足掛かりとしての役目を、十分に果たした。

外形や構造様式はスーパーユニバーサルによく似た高翼単葉、木金混合、ベニヤ板の上への羽布張りで、エンジンナセルからぶらんとさがった長い固定脚、四角い胴体に丸窓、鋼管トラスの隙間を利用した出入口の三角扉など、フォッカー臭ぷんぷんの機体は、新鋭機を見馴れた目には一時代遅れと映ったのも無理はないが、「視界は絶好、見捨てたものでもないでしょう」と、同社の堀技師は大鼻をうごめかす。

そこでその恵沢に浴して、キャノンカメラに赤外フィルターをはめて、村山貯水池辺りの空中写真をとりにいったものだが、大きな長い脚柱がいつも邪魔だった。

一度こ奴に手ひどくやられかかったことがある。昭和一六年一月末、整備主任で参加した恒例の札幌飛行場での雪橇《ゆきぞり》試験のときだった。

一般にはオレオタイプのショックアブソーバーで橇の姿勢を保つのだったが、プラスチック処理した竹合板製の橇は、昔ながらにゴムのショックコードで橇の前後を吊って姿勢を保っていた。

テスト初日。ペタンと雪面に張り付いた橇は、雪面からなかなか離れ難い。キ59一号機は長い滑走の後、ヨタヨタとポプラ

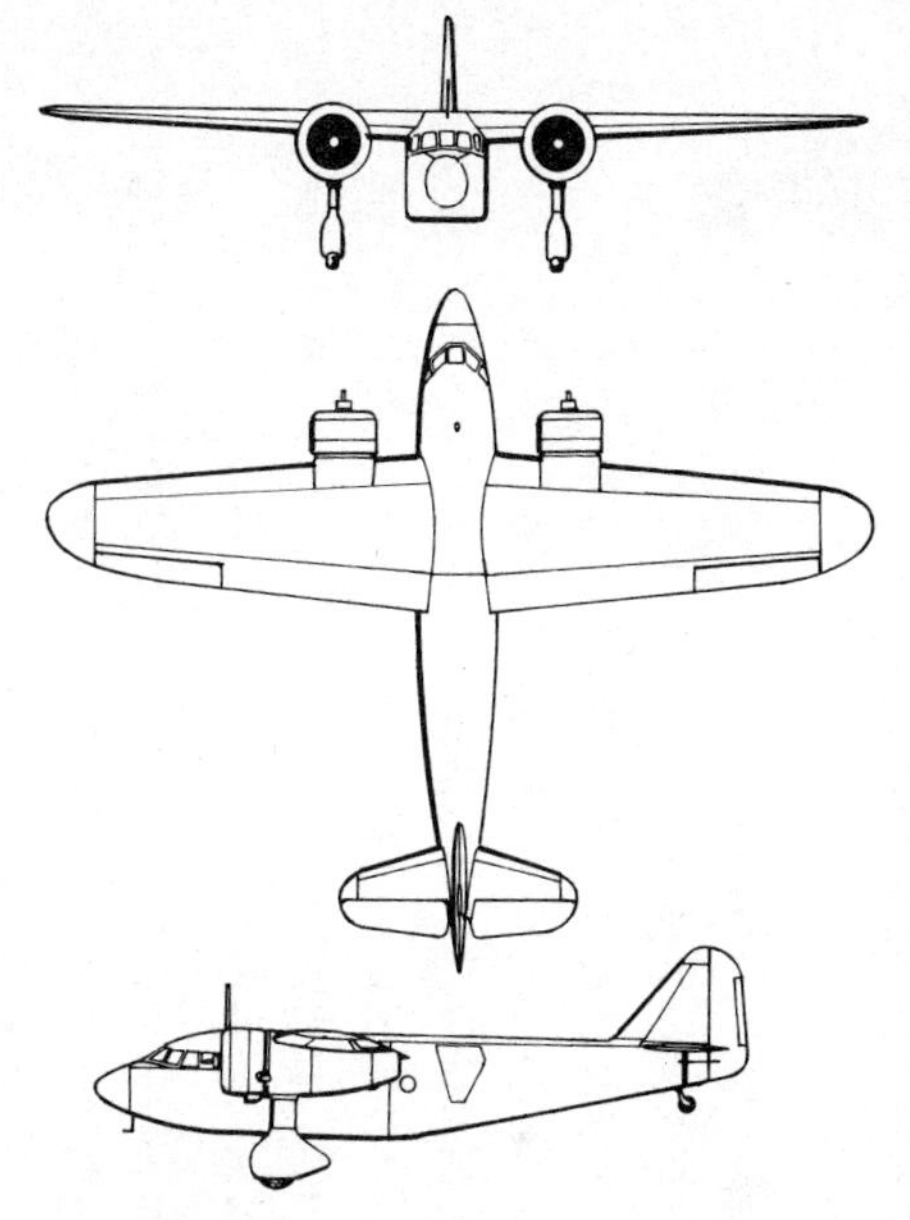
キ59 一式輸送機

札幌飛行場における雪上テスト。左からキ59一式輸送機(TK3)、キ51九九式軍偵察機、キ36九八式直協機

の古木をかすめるように離陸した。

「ヤット浮いたなア、八木」とパイロットに話しかけながら橇の動きを観察していた筆者は仰天した。左橇の頭がピクピクと振れているナと見る間に、ぐーっと七〇度くらいの俯角になってしまった。速度計は二六〇キロ/時。

サア大変！　このまま着陸したら……転覆疑いなしだ。

「八木！　速度殺せ！」筆者は叫んだ。

次第に機速が下がり、一六〇キロになった途端、ヒョイと橇は元の姿勢に戻った。ヤレヤレ……人騒がせなとひと安心。

ドア越しにうしろ座席を振り返ると、会社の堀技師らはこの騒ぎを知らず呑気に前方の小樽の方を眺めていた。橇の試験だというのに！

いい気なもんだと八木と二人で憤慨しながら、ソーッと着陸姿勢に持ち込んで事なきを得た。

雪橇は水上機のフロートのような形が一般的だが、このキ59のは、ちょうどファルマン機の翼の一部を切り取ったよう

キ59一式輸送機(TK3)。寺田技研の設計で軽便な機体だった

な単一曲面の翼型を逆さに取り付けた形だった。全重量の半分をささえる大きな底面積のこの橇が、飛行速度を増すと下向き風圧力を生むのは、ちょっと考えれば誰でも分かりそうなものだが、『新案竹製』の考えに酔ってしまったのか、ツイそこまでは考え及ばずに、安易にいくらでも伸びるゴムサスペンダーを信頼しきった結果だった。

テストフライにはアクシデントは付きものとはいうものの、ゴム紐に殺されるのはご勘弁願いたい。

〔要目〕　全長一三・四〇メートル、全幅一七メートル、主翼面積三八・四平方メートル、全備重量四四〇〇キロ、自重二八八〇キロ、乗員二、乗客八、最大速度三〇七キロ／時、巡航速度二三一キロ／時。

この一号機は松戸高等乗員養成所で使われたそうだが、実用一点張りで、エンジンもオイルクーラー不要の頑丈な日立製ハ13甲四五〇馬力、巡航速度二六〇キロ、わずか四一八リットルの燃料で五時間も飛べる経済性は買える。

現用のアイランダー旅客機と同じ思想の軽便な機体だったが、ともかく戦争のためわずか二〇機の生産で打ち切られたのだった。

のちに京都工場などで六一九機も作られたク8兵員輸送用グライダーの母体となる幸運にも恵まれている。ただし、せっかくのこのグライダーも、ドイツのクレタ島作戦や英軍のビルマ夜間着陸侵入のような作戦には、ついに使われることはなかったのだが。

キ12

昭和一〇年九月に三菱が輸入したフランスのドボアーチン510戦闘機が横浜に着き、一〇月七日に同行してきた名パイロット、マルセル・ドレー氏により所沢飛行場で公開された。筆者ら生徒も、休講になって見学した。

当日の日記を見ると、『十月七日晴　午後一時ヨリ仏機デボイチン五一〇ヲ見学ス。各部新シキ考案見ラル。最モ感心セシハプロペラ軸内ニ機関砲ヲ有スルコトナリ。対爆撃機戦ニ効果ヲ発スナリト。実物ヲ見シハ初メテナリ。

外被ニ皿鋲ヲ用イシモ面白シ。丸鋲ノ抵抗多キヲ改修シ、コレニヨリテ六パーセントノ速度増加ヲ見タリトゾ。且ツ又外被一面ニ槌打跡見ラルルハ、之加工硬化ニ依リ強度ヲ増加セントノ意向ナリトゾ。学ブベキ点スクナカラズ。尾輪オレオハ見エザルモ機構如何ニヤ。降着車輪ノ轍間ノ大ナルハ、地上急旋回容易且危険無ク、効果大ナラン』とある。一七歳の稚拙ながら、見るべきは見ていたようだ。

五メートルの超低空を、両手を高々と挙げ、四〇〇キロ／時で通過する手放しデモンストレートには胆冷やされたものだった。またラジエーターの正面面積が馬鹿でかいなーと感じた。

因みに氏はその後、コードローン・シームーン機でパリ——東京間の記録飛行に挑戦した。機関士はミケレッティ氏だったが、雄図むなしく高知県春野の海岸に不時着、挫折した。

このドボアーチン戦闘機は、装備エンジンのイスパノ・スイザ12Ｙｃｒｓ水冷一二気筒八六〇馬力の減速プロペラ軸孔を通して、二〇ミリモーターカノンを発射できる構造が特徴の低翼単葉固定脚の重戦闘機で、最大速度四五〇～五〇〇キロ／時との売り込みだったが、実速は四〇二・五キロ／時／五〇〇〇メートルだった。引込脚だっ

中島キ12試作戦闘機。片持ち低翼単葉機で1機のみ製作

たら軽く四五〇キロ／時は出ただろう。

　輸入の目的がモーターカノン装備の研究機だったうえ、まだ旋回戦闘を重視する日本では世界の重戦思想はまったく無視されていたが、中島の戦闘機設計室では、フランスから前記イスパノ・スイザエンジンを輸入し、ロベル、ベジョウ両技師を招いてその指導の下に、引込脚の片持ち低翼単機葉一機を試作し、昭和一一年一〇月にキ12の試作名を貰《もら》った。

　主翼面積が一平方メートル広い（キ44よりも一平方メートル広い一六平方メートル）。ほかの寸法はほとんどドボアーチン510と同じだが、油圧引込脚の他首巻形（D五一三型）の水冷却器をプロペラ直後に装備して前面面積の減少を計り、操縦席から垂直尾翼にかけてドーザルフィンをつけて方向安定を良くするほか、着陸速度低下にスプリットフラップをつけるなどの工夫の結果、最大速度四八〇キロ／時に仕上がった。

　複雑な機構の引込脚にしたにもかかわらず、全備重量が一九キロ軽くできたのは、構造設計技術の進歩だろう。

この時期、すでに前年の一二月、キ27など昭和一〇年度戦闘機競作が指示されており、本機が研究機の性格だったので、製作は一機だけにとどまったのだが、大口径砲による一撃離脱の重戦闘機の芽生えはすげなくも摘《つ》みとられたとの感は深い。

なお、キ13襲撃機（中島）、キ14直協偵察機（三菱）は計画だけで中止された。

司令部偵察機の登場

現代はメートル単位の解像度のある偵察衛星で世界の隅々まで監視されている時代だが、第一次世界大戦に偵察機が敵陣内の動きを知るのにはじめて使われて、地上軍の目となる役目を果たしたのだったが、日本でも前出のようにまず偵察将校が操縦将校の養成と同時に行なわれた。

こうした時代を経て航空兵科の創設の後、満州事変後の昭和八年頃からは、従来の地上軍従属の航空用法から抜け出して空軍的用法に転換すべきだとの大論戦が始まっていた。

九三ないしは九五式機が出揃って、陸軍航空の格好が大体できた昭和一〇年度からは、その前年に制定された地上作戦補助の観念的な「航空兵操典」は軽視され、開戦劈頭《へきとう》の航空撃滅作戦の考えが採り入れられた「航空部隊用法」が航空本部から新たに配布された。

ついで昭和一一年一一月の予算閣議で承認され、昭和一二年度から発足するとして一二月三日に関係部隊に通達された「一号軍備計画」の中の「軍備充実計画の大綱」の内容は、

「昭和一二年度以降一七年までに一四〇中隊に増設する」

というもので、特に戦力発揮に必要な兵器の量とともに、これまでの欠点だった質を改善して信頼性を増すのに重点が置かれていた。

この計画による航空部隊の用法は、

「開戦劈頭、主力を以てシベリア南部沿海州方面の敵航空基地を先制急襲して一挙に撃滅し、この間北方及び西部に対しては一部を以て戦略偵察及び地上直協偵察任務に服す」

という空軍的用法への大転換だった。

これには当然、爆撃機が主力になるので、その戦力配分は超重爆、軽爆を含む爆撃

機が四九パーセント、戦闘機二九パーセント、司令部偵察機一五パーセント、直協偵察機六パーセント（超重爆二中隊、重爆撃機三二中隊、軽爆撃機三九中隊、司令部偵察機二八中隊）で、地上軍への直協偵察機はわずか八中隊だった。

作戦の基礎情報を得る手段の司令部偵察機と地上軍への直協偵察機は、この作戦計画検討段階の昭和一〇年一〇月二九日に開催された軍需審議会で改正された研究方針で、特に目立った重爆撃機の速度増加と超重爆撃機の再開発とともに初めて登場した機種だった。

もっとも、この計画にある司令部偵察機とは、

一、従来の偵察機と同目的なるも特に遠距離捜査を主とするもの

1、主として捜査に用い、また軽爆撃機に代用する

2、軽爆撃機と同一型機とする

3、行動半径は軽爆撃機に同じ

4、爆弾搭載量は概ね軽爆撃機と同一ならしむ

というおよそ前近代的な用兵思想から抜け出せないものだったが、その後昭和一二年の研究方針を経て、やっと九七式司令部偵察機をはじめとする近代的な九七式の諸試作機が出揃うことになる。（注4）

因みに米国のＢ17爆撃機の原型は、すでにこの昭和一〇年七月にテストフライしており、航空本部部員だった川島虎之助氏（三一期・少将・第六航空軍参謀長）は、昭和一二年シアトルでその外観だけの写真を撮らせてもらい、ラングレーフィールドの飛行隊長から、「これは空の要塞だ。どんな戦闘機が来ても負けない」と胸をはられたので、ワシントンに行って「これを買いたい」と申し入れたが、断わられたと述べられている。

キ15　九七式司令部偵察機

キ15九七式司令部偵察機は、一連の九七式のトップを承って制式になった。もっとも「パイオニアの辿る道は常に茨の路」の譬《たと》えに漏れず、表面上は「高速連絡機」として強引に承認を得て、前出の昭和一〇年一〇月の軍需会議以前の七月二三日にはすでに試作命令が出されており、その一号機が完成したのは昭和一一年五月だった。

その後の一〇月の研究方針改定でも、軽爆撃機兼用でという、まだ司偵思想の熟しない背景の中だったが、ここらあたりが徳川幕府のお庭番ではないが、隠密偵察機ぶりの発足といえようか。

実は戦闘機の速度は四〇〇キロ／時付近だから、偵察機が五〇キロ／時以上の速度差があれば、任務完了後、レバー全開、雲を霞みに「ここまでおいで」と敵戦闘機を尻目にできるというのがミソだった。

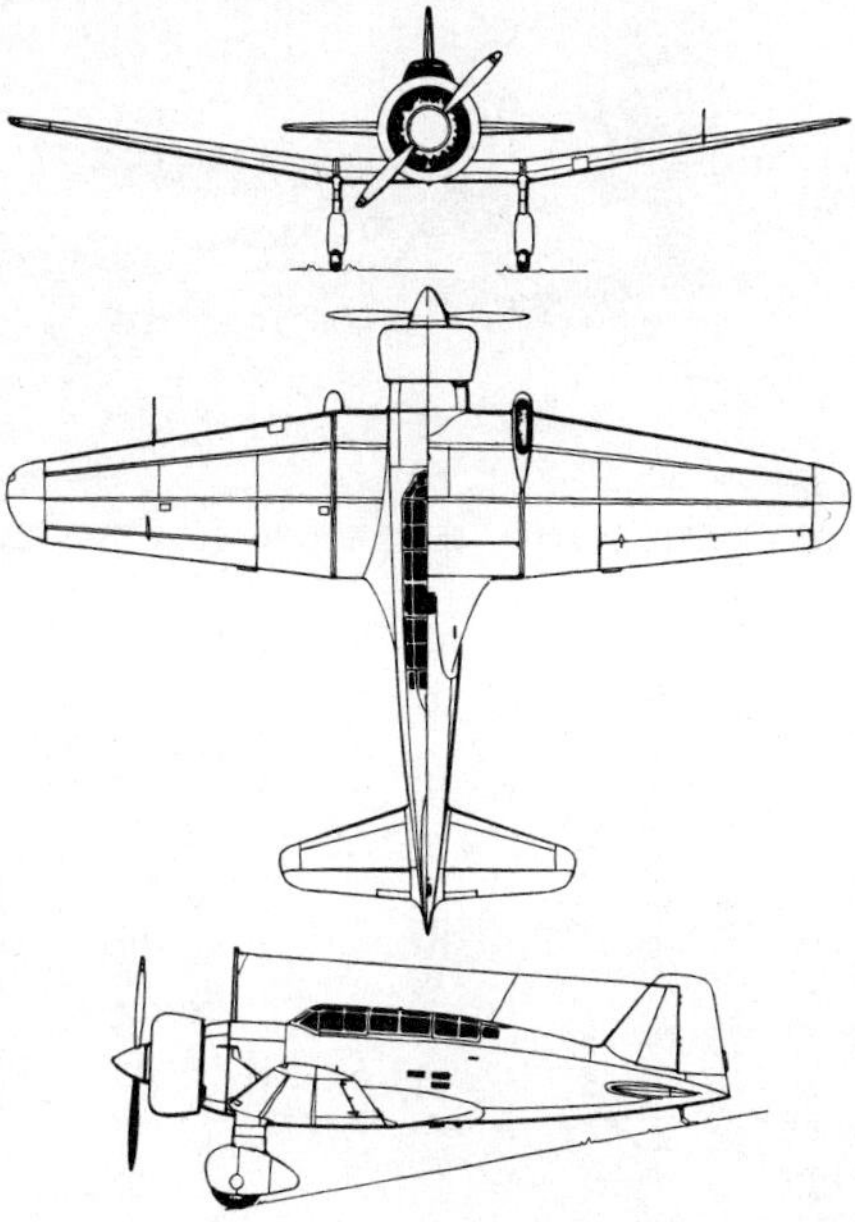

キ15 九七式司令部偵察機

このコロンブスの卵的発想は、陸軍航空技術研究所所員で、昭和一三年に長距離飛行記録（周回）を作った航研機のパイロットとして有名な藤田勇蔵大尉によるものだが、キ4九四式偵察機以来

キ15九七式司令部偵察機。藤田勇蔵大尉のアイデアから誕生

のコンビ安藤成雄技師（のち技術大佐）は、こう述べておられる。

「先の空軍的用法論戦中から偵察機中隊長を経て試作偵察機の審査に当たっていた大尉が、想を凝らして『すべからく原点に帰れ』として到達した素晴らしいアイデアだった。そのうえ、この構想で航空本部を説得して実現に漕ぎつけた信念と熱意は、高く評価すべきだろう」

　ここで特筆しなければならないのは、その試作仕様の示し方である。すなわち従来は二律背反的な細かい条件をつけるのが普通だったが、キ15の場合は重点を最高速度四五〇キロ／時以上との一点に絞り、あえてその他に特別な注文をつけずに会社の創意に一任したのが成功に繋《つな》がった。

　藤田大尉からこの構想で試作相談を受けた三菱航空機の河野技師（のち三菱重工社長）は、これは面白いと乗ったが、同社はすでにこの年二月に海軍の九試単戦機を完成し、四五〇キロ／時の快速を記録するという世界的な技術レベルに到達していたのだった。

そこでさっそく徹底的に空気抵抗を少なくすることを主眼にした設計を一二月に終え、実大模型審査を受けて早くも翌昭和一一年五月に一号機を完成したが、果たせるかな、その最大速度は予想をうわまわる四八〇キロ／時／四三〇〇メートルを記録した。

最大速度で最高効率を得るように選定された固定ピッチのプロペラは、その設計控え（キ15摘録書　第一五〇五・昭和一一年六月）によれば、

イ、固定節　ピッチ三〇度

ロ、可変節　ピッチ二二～二八度

となっており、一号機には可変節操作機構も付いているので、イ、を選定したのは審査時のプロペラ選定飛行の結論だろう。

「固定節　ピッチ三〇度」ではハ８Ⅱ型エンジンの最大七五四馬力（最大回転数二一〇〇／三四〇〇メートル）が離陸開始時に六五八馬力しか発揮できない。プロペラ効率を八五パーセントとしても利用馬力は五五九馬力だ。したがって離陸距離が長くなるのだが、重量を一キロでも軽くと考えたのだろう。実際その離陸ぶりを見ていても

「まだ浮かぬ……まだ浮かぬ……」と心配させられた。

神風号 当時、新聞各社は購読テリトリー拡大のため、盛んに飛行機を利用して写真原稿輸送のスピード化をはかり、競争相手よりも早く良い紙面をと、互いに鎬《しのぎ》を削っていた。そして世の耳目を自社に向けようと、各種のイベントを競った。

毎日新聞はもっぱら輸入機に頼っていたが、朝日、読売は軍の不採用試作機を改造して社用機にしていた。

朝日航空部は昭和一一年に九三式双軽爆撃機を改造した「鵬号」でシャム（タイ）国訪問飛行に成功したのは前述したが、続くイベントに早くもこの「高速連絡機」に目をつけ、翌昭和一二年の英国王戴冠式の奉祝欧亜連絡記録飛行を計画した。

キ15は武装のない（軍用には七・七ミリテ4を装備したが、実戦ではほとんど使用せずに取り卸していた）「高速連絡機」だから大手を振って世界に通用するので、航空気運を盛り上げる好機だと航空本部もこの企画に乗って、昭和一二年三月に完成した二号機を快く提供した。

読者投票で命名された「神風号」は、ライトブルーの全体塗装に機首からキャノピーにかけてダークブルーの流線でいろどられた。

その砲弾型のスマートな胴体にKAMIKAZEの文字、翼には登録記号J－BAAIと両翼端に真紅の朝日新聞社旗が描かれた。

エンジンも再分解検査して準備万端整った「神風号」は、飯沼正明操縦士・塚越健爾機関士のコンビで昭和一二年四月六日午前二時一二分に立川飛行場を発ち、一〇日午前零時三〇分にロンドンはクロイドンに無事到着して、盛大な歓迎の渦に巻き込まれたのだった。

神風号。朝日新聞が通信連絡機としたキ15試作2号機

所用時間九四時間一七分二三秒、飛行距離一万五三五七キロを平均時速三〇〇キロ／時で翔破するという輝かしい記録をうちたてたのだ。

予想時間投票などで大いに盛り上がった国内の「神風号」ブームはもとより、世界中がこの成功に瞠目して賞賛した。

なかには機体の設計製作技術には感心しながらも、「なんだ、エンジンはライトサイクロンじゃないか」などとケチをつける者もいたそうだが、ともあれ当時の言葉を借りれば、大いに「国威を宣揚」した意義あるイベントだった。

一方、軍としても「瓢箪《ひょうたん》から駒が出た」かたちとなり、さっそく、その翌月に九七式司令部偵察機として制式にした。ちょうど三ヵ月後に勃発した日支事変では朝日新聞提唱の「全日本号」として愛国機献納運動の対象となったので、陸軍としても十分ペイして「万事目出たし目出たし」となった。

筆者がこの「神風号」にお目にかかったのは、「昨日天津から写真原稿を運搬中の『神風号』は今朝発って行った」と、日記にある七月一三日だった。

ちょうどその日、私は平壌から熱河省承徳へ出動する日だったが、この「神風号」は戦況報道に備えて一四日には天津に到着して、事変第一報写真を携えての帰途だった。

この事変に新京から応急派兵で綏中に待機していた飛行第一〇連隊の九四式偵察機は、七月一二日に天津へ進出したが、一四日、同地に到着した「神風号」は同隊の羨望の的となった。

そこで続いて一七日に藤田少佐・江口特務曹長が搭乗して到着したキ15増加試作機により伝修教育を受けた同隊では、早くも五日後の二二日に黄河を越えて洛陽飛行場の偵察を行なっている。

　このとき、江口さんから伝修教育を受けた筆者と同期の高橋常吉（元少飛会会長）は、

「その後、北支方面軍の戦闘序列下命で、われわれ満州部隊は原駐地へ帰ったが、この司偵は二六日に熱河省承徳から到着した二号機（青木大尉・大室中尉）ともに天津に残った」と往時を述懐する。

　その二機で編成した青木部隊は、作戦命令第一号「済南飛行場偵察」を手初めに、敵の後方基地偵察に縦横の活躍を開始した。

　この部隊が「虎は千里を往って還《かえ》る」として虎をマークに描いた「全日本号部隊」こと独立飛行第一八中隊である。

　高橋は、また「キ15は高圧車輪なので、滑走路を外れて泥地に嵌《は》まると、脚を捩って尾輪を折る故障が多かった」というが、昭和一二年暮れに津浦線の徳県飛行場は急造で路盤が弱く、わが九五戦はバルーンタイヤだったが、キ15がやはりこの故障で手間取っているのを見た。

　明けて昭和一三年正月の済南飛行場では、同中隊機は四機になっており、滑走路の薄雪をけたてて西安や遠くは蘭州等の奥地偵察に出動していた。

〔諸元〕　全長八・四九メートル、全幅一二メートル、全高三・三四メートル、翼面積二〇・三六平方メートル、自重一三九九キロ、全備重量二〇三三キロ、翼面荷重九

キ44二式戦闘機「鍾馗」。昭和14年に出された陸軍の要求性能は最大速度600キロ／時以上であった

九・八キロ／平方メートル、最大速度四八〇キロ／時／四三〇〇メートル、実用上昇限度一万一三四〇メートル、航続距離一四〇〇キロ。

二型　ハ26Ⅰ型（瑞星）九〇〇馬力に換装した二型は、昭和一三年六月に完成。やはり三七度の調整固定ピッチプロペラをつけて、最大速度は三〇キロ／時増加したが、離陸距離はわずか六〇メートルしか縮まっていない。この年一二月に完成したキ43試作戦闘機が五一五キロ／時だったから、やはり一日の長はあったものの、その翌年に勃発したノモンハン事件では終結までに一七機を損耗した。

司偵は高度七〇〇〇メートル以上で行動したが、速度六〇〇キロ／時以上のツエカーベー機に撃墜されたのだった。五〇〇キロ／時そこそこの速度では、すでに話にならない時代になっていたのだった。

その後、司偵は高々度とともに戦闘機との速度の優越は七〇キロ／時以上が必要だとの明野校の研究がある。

制式になったのは、ノモンハン事件の終結した昭和一四年九月だった。

海軍は早くから一型を譲り受けてエンジンを瑞星に換え、九八陸偵として活用していた。

筆者も昭和一四年に秋田少佐に乗せていただいた。富士山を目指して飛ぶキ15Ⅱ型の写真窓越しに見える武蔵野の秋は、古錦の友禅模様かと見まがい、これを綾どる多摩川や相模川は白い帯をくねらせて海へと消えている。その風景をつぎつぎと現わして行く主翼後縁の一線が、遙か前の方にあり、振り向くと尾翼が頭のすぐ後ろにあって、ちょっと奇異の感にうたれた。

ともあれ、藤田大尉の卓抜な発想から生まれた神風号の成功を初めとし、おりしも勃発した日支事変で司令部偵察機として新しいカテゴリーを確立したキ15九七式司令部偵察機は、近代的な空軍機への飛躍的発展した一連の九七式のトップを切った名機だといえよう。その製作機数は四三七機に及ぶ。

エンジンの進歩発達

日進月歩といわれる飛行機の発達ぶりは、航空力学と構造部門の急速な進展によるのだが、そのドンガラの機体に生命の息吹をあたえるのはエンジンだ。プロペラはそのエネルギーを速度に変える。

しかし、水と同じく流体の空気の密度と粘性が、機体には抵抗力、プロペラには推進力を生むことになるが、そのプロペラにも越せない音速までとの限界がある。

それが第二次世界大戦の末期には、プロペラのいらないジェットエンジンが完成して、噴流の反力で音速を越える高速度を出すようになるのだが、それまではもっぱらピストンエンジンに頼るほかはなかった。

ピストンエンジンにはSL用蒸気機関と、航空機用には空気とガソリンを圧縮・点火し、その燃焼圧力でピストンを押し下げる直線運動をクランクで回転力に変え、プロペラを回して推進力を得るという面倒な手間暇をかける四サイクルのガソリンエンジンがある。

給排気弁機構の要らない効率の良い二サイクルのディーゼルエンジンも、一時は使われたものの、振動などの欠点で航空機からは見捨てられた。

生き残ったガソリンエンジンは、吸入・圧縮・爆発・排気のうち爆発サイクルだけが仕事サイクルで、排気のなかにはまだ四五パーセントもエネルギーが含まれたままだとか、複雑な弁機構が必要などの欠点を克服して順調に発達した。

爆発行程には空気とガソリンの混合ガスが要るのだが、飛行高度が高くなるに従い空気が薄くなり、酸素分圧は三〇〇〇メートルで地上の約二分の一となる。したがって、エンジンの馬力は、この気圧低減率のカーブに沿って低下する。

また、回転運動だけで極端に振動の少ないタービンエンジンに比べ、ピストンの往復運動を回転運動に変えるガソリンエンジンの複雑な機構にともなう振動や信頼性・耐久性の点は、いつも技術者の頭痛の種だった。

徳川さんが代々木練兵場で初飛行した頃のエンジンは五〇、七〇馬力クラスだったが、その後一〇〇馬力ダイムラー、二三〇馬力のサルムソン、三〇〇馬力のイスパノ・スイザの時代を経てBMWと空冷星型ジュピター四五〇馬力で二〇〇〜三〇〇キロ／時台の時代を賄《まかな》った。

この頃、四〇〇キロ／時台を狙って空冷エンジンか水冷エンジンかの論争が盛んに

三菱イスパノ・スイザV型450馬力

中島ジュピター6型450馬力

なるのだが、日本の飛行機会社でも前出のように大正の初、中期頃から英、独、仏の諸国からのライセンス生産で勉強し、次第に独自の設計、製作、開発へと、血の出るような研究努力と試行錯誤のエピソードに彩られながらも、この昭和一〇年頃には一応、先進諸国の技術レベルの足下にまで辿り着き、空冷、水冷エンジンともにそれぞれ八五〇〜九〇〇馬力の実用段階に到着した。

なかでもアメリカのライトサイクロンやワスプを見本にした空冷エンジンは、精巧緻密な英国のジュピターに比べて構造簡単で堅牢、しかも製作工数が少ない点が優れていたので、これを模範に一四、一八シリンダーの一〇〇〇、二〇〇〇、三〇〇〇馬力へと発達した。

三菱重工株式会社

また、昭和四年にはイスパノ・スイザ水冷六五〇馬力のライセンスを得て昭和七年、九三式重爆撃機用に量産した。

空冷式では大正一五年（昭和元年）、英国ASシドレー社からジャガー、リンクス、モングースの星型単列一三〇馬力、星型一四シリンダー三八〇馬力のライセンスを取得し、空冷星型エンジンA1、A3、A4、A5の試作を進めた。

このうちA2三二〇馬力は九二式軽偵察機試作機2MR8へ、昭和六年六月に完成したA5四〇〇馬力は、同性能向上型制式機の装備エンジンとして量産された。

A4は三菱航空機の星型一四シリンダーのプロトタイプとなり、昭和八年、「金星一型」翌年二月に二型、昭和一〇年一月に三型と逐年改造を加え、自社の試作機キ21の装備エンジンの「ハ6」として陸軍航空技術研究所で中島の「ハ5」と覇を争った。（注5）

当時の審査担当官の言を借りれば、性能・信頼性ともに「ハ5」より優秀だったが、たまたま耐久テスト中のシリンダー壁のかじりがあったほかにも、いろいろな理由から「ハ5」に敗れ、自社の機体に中島のエンジンという組み合わせの結果に終わった。「ハ6」は無理のないバランスのよいエンジンだったと聞くが、果たせるかな、のちにキ21Ⅱ型機の装備エンジンとなった「ハ101」一五〇〇馬力へと発達して高い信頼性を賞賛された。

また、米国からもホーネット七〇〇馬力を購入して研究のうえ、昭和一〇年二月、「ハ26」瑞星一〇〇〇馬力の原型を昭和一一年五月に完成。金星系とともに、ここに三菱の空冷エンジンの基盤が確立した。

中島の「ハ25」系列に対応するこの「ハ26」瑞星系列は、キ15Ⅱ型司偵、キ51襲撃機、キ45改複戦、キ46双発司偵、キ57輸送機、キ56輸送機、ロ式輸送機など多くの機種に装備されて十分な性能を発揮し、さらに「ハ102」「ハ112」へと一連の性能向上を見るのだった。

川崎航空機（水冷か空冷か）

昭和九、一〇年頃、水冷エンジンか空冷エンジンかの論争が陸軍部内でも相当活発に展開されていたが、川崎航空機ではB《ベ》MW《エムベー》四五〇馬力のパワーアップ型の「ハ9Ⅱ型」、甲、乙、丙を九三式単軽爆撃機、キ5試作戦闘機、キ8試作戦闘機、九五式戦闘機、キ32九八式軽爆撃機などに（水冷正立V型）、その後キ60試作重戦闘機やキ61三式戦闘機「飛燕」には、ダイムラーベンツDB六〇一aと同国産型「ハ40」「ハ140」など、倒立V型をと水液冷一点張りに固執した。

過去に航空参加の足掛かりになったサルムソン二三〇馬力星型九シリンダーも、星型ながら水冷だったのとは関係なかろうが、水冷V型の全面面積の小さい有利さにゾッコン惚れ込んだものの、長いクランクシャフトの精密研磨工作や固有振動には悩まされ続けた。

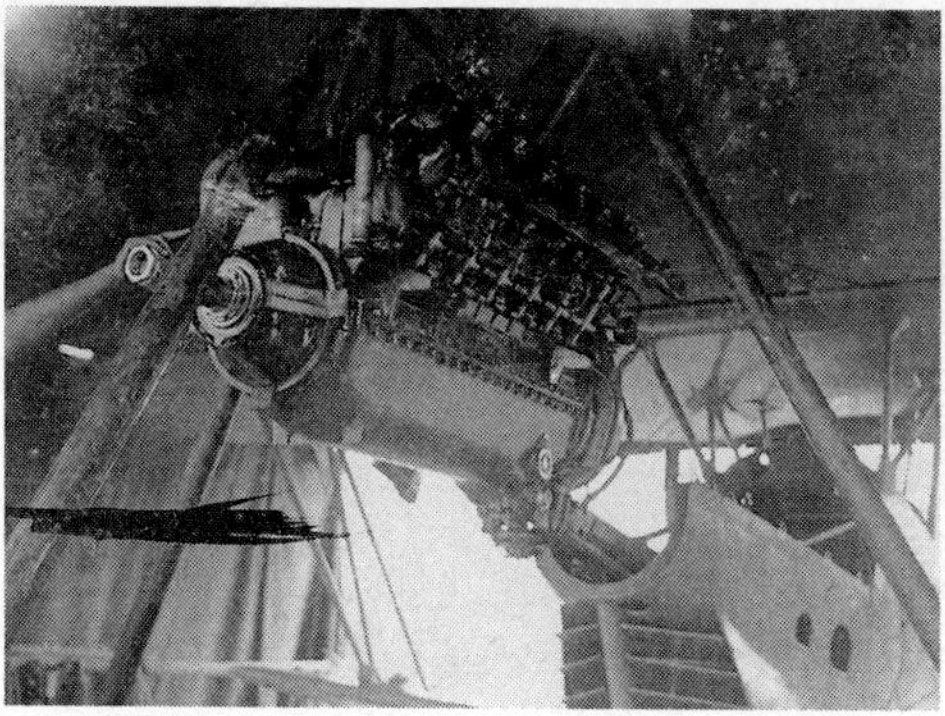
液冷式のハ9。写真は北支での九五戦のエンジン交換

八七式～九八式までの一〇〇〇馬力以下の時代にはなんとか糊塗できたものの、それ以上になると勝手が違ってきたのだ。

DB601a（ハ40）の量産はなんとかこなしたものの、パワーアップした「ハ140」一五〇〇馬力になるとどうもいけない。六〇ミリ径のクランクシャフトはポッキリと折れるし、秘蔵の名テストパイロット片岡載三郎氏は空中爆発で殉職するはの御難続きで、ついに三〇〇機ものキ61Ⅱ型がずらっと各務原《かがみはら》飛行場に並ぶ状態を招いた。

俗にエンジンの精密加工技術、とくにクランクの精密研磨、ベアリング加工、套体《とうたい》の一体鋳

サルムソン230馬力。サルムソン2A2乙式一型偵察機に搭載

造技術や弁座その他の細部にわたる不備がいわれたが、和製メッサーといわれた名機キ61も、さすがにここでその命脈を絶たれるのだった。

しかし、変わり身の早さが身上の川崎のこと、すぐに首を星型エンジンにすげ替えてキ100に変身、五式戦闘機として意外な働きをする好結果を見た。

空冷エンジンの信頼性が実証されるとともに、三〇〇キロも軽くなった機体設計の優秀性が改めて見直されたわけだが、「この改造稟議《りんぎ》書を上役の将軍に持っていったところ、一見して床に叩き付けられ、その決定が遅れた」航空本部の液冷エンジン固執者の責任は重いと、当時航本部員の技術中佐は当時を述懐する。

英国のロールスロイス、米国のアリソン、ドイツのダイムラーベンツの伝統的な技術の積み上げに、物真似ではついに追随できなかった見本といえようか。

便宜上その他の各社についてのエンジン談義は省略して話を戻すと、ともかくも昭和一〇年度計画の装備エンジンとして信頼できる一〇〇〇馬力近いものが一応出揃って、近代的な九七式機誕生の素地ができ上がったが、「千人寄った知恵」「三人寄れば文殊の知恵」といわれるが、は何と呼べばよいのだろう。

調査によると、一般的には約一〇年、最新のものでも四〜五年の後進性が現実だったといえよう。

英国のロールスロイス・マーリン液冷式Ｖ型1720馬力

キ21 九七式重爆撃機

一連の九七式の登場した時代は、エンジンと同様、機体にも一連の日本独自の優秀なものが姿を見せることになるが、米国ではすでにマーチン爆撃機が作られ、Ｂ17「空の要塞」が設計され、その完成より一足先にＢ19が飛行試験を始めたなどの時期で、日本海軍の九六陸攻

（いわゆる渡洋爆撃機）が完成した頃である。

すでに九三式では、縦深配置のソ連軍相手には作戦目的を満たすことが難しく、高速で足の長いものが必要だと爆撃機に重点を置いた昭和一〇年度研究方針に沿って、中島と三菱に双発爆撃機の競作が年内に内示され、翌昭和一一年二月に正式に諸元が指示された。

そして昭和一一年一一月に中島では「ハ5」エンジン装備のキ19、三菱は「ハ6」装備のキ19（のちにキ21）を完成し、技研で翌昭和一二年一杯、主任原少佐、小田、林、片岡各パイロットにより慎重にテストされた。

全密閉風防と引込脚、爆撃倉やフラップの採用とともに、ハミルトン二段可変プロペラを初めて採りいれた。空冷エンジンなので、もちろんラジエーターは不要だ。一見して判るように、九三式とは比較にならない長足の進歩のあとをみせ、性能も両者とも四〇〇キロ／時を軽く突破して、ようやく世界に通用する爆撃機の誕生を見た。

このうちキ48九九式爆撃機のような金魚腹のものがキ21の原型だったが、性能に大差のない中島キ19と三菱キ19のどちらを採用するかで大揉めがあった。

搭載エンジンの「ハ5」と「ハ6」も時を同じくして三〇〇時間耐久テストが行な

われていた。「このテストでは、かならず途中で破損するといっても過言ではない」とは、永年この現場に携わってきた宇山技師の述懐のように、苛酷な条件のテストだったが、このときも二〇〇時間で「ハ6」のピストンに齧《かじ》りが出て、これが命取りになったのは前述した。

それでも慎重を期した実用試験で三菱機に「ハ5」をと内定したものの、増加試作として中島機に「ハ6」装備を二機、三菱機六機に「ハ5」を装備してのテストも実施し、結果的に新たに三菱キ21として機体外形はほとんど中島キ19で、爆弾倉の扉も中島の二枚折れ型の折衷案で落ち着いた。

おりしも第一次審査終了頃に日支事変が勃発し、重爆撃機隊は鈍爆《ドンばく》と渾名《あだな》を頂戴した九三式で出動したのだが、このキ19の一号と二号機が一〇月に試験出動したと記録されている。

筆者は昭和一三年一月、「邯単《かんたん》は夢の枕」で有名な北支の邯単基地でこの二試作爆撃機にお目にかかった。

迷彩された金魚腹と流線型の各一機は、島田重爆撃機隊への伝修教育のもので、同期生の森君の案内で座席に座らせて貰った。そのときの写真によれば、操縦席がタンデム配置の金魚腹の三菱キ19だったようだ。

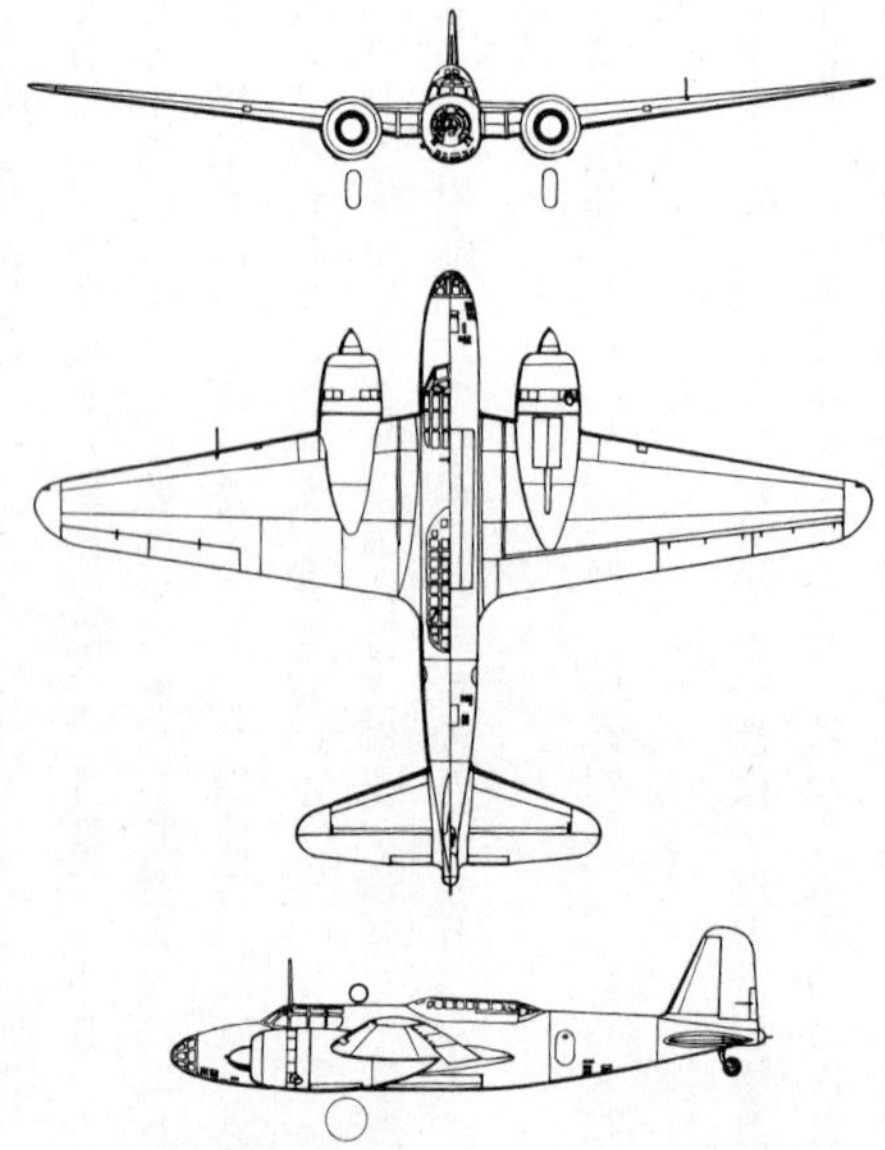

キ21 九七式重爆撃機

わが隊の複葉九五戦や九三鈍爆を見慣れた目には、洗練された新重爆は、ただただ素晴らしいの一言に尽きた。

当時、使用中の貧弱な古典爆撃機の実情から、増加試作の七号機まで早急に戦線に投入、部隊も逐次、機種改変された。そして実戦の経験を経て武装強化、防弾、航続距離の増大対策などとともに、安定性増加に尾翼面積の増大や主翼後退角の増加などの改修が加えられた。重心位置の変動に対する縦安定性の改善だった。

B17のような大きな背びれ（ドウザルフィン）が要らなかったのは、双発機だったせいもあろう。

〔諸元〕Ⅰ型（　）内は中島キ19　全長一六メートル（一六・二メートル）、全幅二二・五メートル（二二メートル）、主翼面積六九・六平方メートル（六二・六九四平方メートル）、自重四六九一キロ、搭載量二八〇一キロ、全備重量八四一二キロ、水平最大速度四二六キロ／時／五〇〇〇メートル。

さて実戦に参加して、成都、重慶、蘭州などの奥地爆撃に従事してその威力を発揮したが、金魚腹に銃座のある三菱キ19は別として、尾翼の死射界から攻撃してくる敵戦闘機に対し、とりあえず木製黒塗りの擬銃を尾端覆いからニュッと出したり、擲弾筒を発射したりした。

初めは効果もあったが、敵もさるもの直ぐに見破られたので、ついには後上砲射手の遠隔操作による尾部銃が北京の南苑基地に設置された第一五野戦航空廠で取り付けられた。

この戦訓が後に続いたキ49やキ67の尾部砲座採用の端緒になった。

日本陸軍でいう重爆撃機は、爆弾搭載量は七五〇〜一トン程度で、米英の同クラスの爆撃機に比べてはなはだ少ない。全備重量も現在のジェット戦闘機と同じくらいしかなく、作戦用兵思想上は軽爆撃機に毛が生えた程度の戦術爆撃機だったが、当時のエンジン馬力や飛行場の状況からは仕方なかったともいえよう。

Ⅱ型はハ101（二速度与圧器付）離昇一五〇〇馬力、一四五〇馬力／二六〇〇メートル、一三四〇馬力／四六〇〇メートルを装備して速度四七八キロ／時、行動半径一二〇〇キロ＋戦闘一時間と向上した。

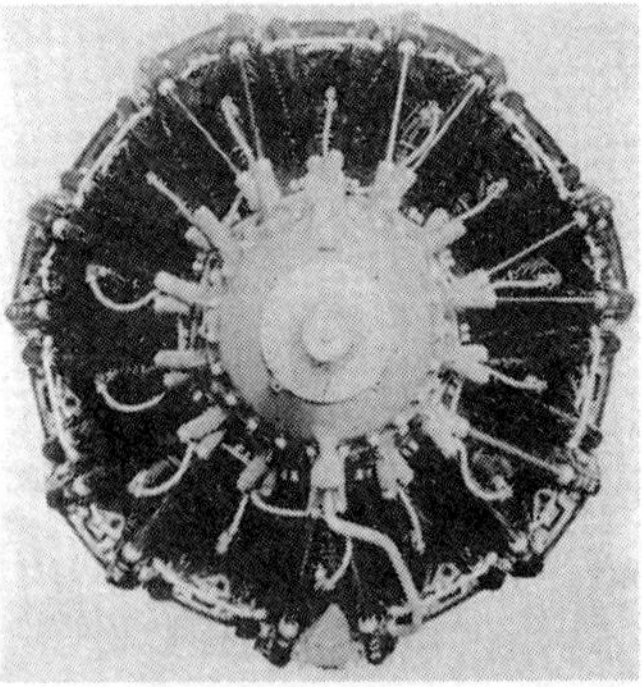
三菱の金星42型空冷式Ⅴ型1720馬力

この三菱金星系エンジンは信頼性が非常に高くて、筆者らが太平洋戦争開戦時の南方集結に搭乗したときの洋上飛行中などには、ムックリと大きいわりにはリファインされたカウリングのこのエンジンに、拝みたいような信頼感を抱いたものだった。

また筆者が技研に赴任した昭和一四年四月には、先年ドイツから訪日したコンドル二〇〇への答礼飛行用として長距離機に改造されたキ21三〇〇一号があった。

もちろん、後上方銃座風防もないスッキリした流線型で、爆弾倉は燃料タンク室となり、後にエンジンをハ101に換装したものを技研では一般にⅢ型と呼んでいたが、こ

キ21九七式重爆撃機Ⅱ型。陸軍の重爆として最も多く生産された

の壮挙も欧州戦の勃発で中止になった。乗員も決定して、制服も作ったロシア混血の名機関士南川准尉や森田雇員らもしきりに残念がっていった。

この機は日本国際航空製のラチエプロペラの空中テストや、次期高速爆撃機用のスポンソン（側砲銃座）試験に、また後にシンガポールからドイツに向かって出発したまま消息を絶った朝日新聞社Ａ26（キ77）二号機の長友パイロットや、神風号の飯野・塚越氏らのＡ26の一号機による周回記録飛行の訓練機としても使われていたが、ラチエプロペラの試験では、設計と整備上無視できないエピソードがある。昭和一五年夏の出来事だった。

第二与圧高度を探る全速度飛行の際、猛烈な操縦桿の前後振動が発生し、舵がスカスカになって操縦不能となった。パイロット八木曹長は測定員全員に落下傘の装着を命じ、必死にエルロンと方向舵で操縦しながらようやく技研格納庫をかすめ、立川飛行場を斜め一杯に使って無事着陸した。

二号落下傘を初めて装着した測定員の中には、誤って機内で傘を開いた気の早い者もいたという笑えないエピソードも残したが、原因は昇降舵タブロッドのピンが抜け出したことにあった。そうなると、自由になったタブがバタつく結果、ついに昇降舵の軸管の鋲《びょう》が切れて舵がフリーになってしまったのだ。

このコッターピンは、座金を介した割りピン止めになっていて、普通はなかなか簡単には抜けないものだ。当時の割りピンは軟鋼製だったが、やはり可動部は現行のようにねじ止めのうえ、ステンレス割りピンとすべきだった。たった一本の割りピンといえども、危うく人命を損なう大事故と直結しているのだとの貴い教訓だった。

そうした試験を経たラチエプロペラは九七重Ⅱ型の一部と、キ84四式戦闘機「疾風」に装備された。

九七式爆撃機は日本陸軍航空の近代化の先導役となるとともに、日支事変および引き続いた太平洋戦争の全期間を通じて爆撃・輸送などに便利に使用された。

だが、中の数機は機首から突き出た棒に信管で桜弾と呼ばれ、前面に凹みをつけて爆発力を前方に集中させる球形の一トン爆弾を背中につけた特攻機（五八〇頁、注6）や、沖縄戦で飛行場強行着陸切り込み義烈隊用機として使われた悲惨な歴史もある。筆者の航士校同期生二名も、その機長パイロットとして殉じた。合掌。

第六章——名戦闘機「隼」は苦難の生涯を送った

キ27、キ28、キ33のコンペ

九五式戦闘機に代わる次期の試作戦闘機は中島キ27、川崎キ28、三菱キ33の競作だった。

昭和一〇年一二月に指示されて翌年二月に出た試作命令の仕様は、低翼単葉・単発・単座、最大速度四五〇キロ／時以上、五〇〇〇メートルまで六分以内で、特に空戦性能をよくすることが要求された。

三菱は海軍機九六式艦戦の手当てに忙しくて気乗りしなかったが、やむなく一昔前のキ18（海軍九六式艦上戦闘機）に指定仕様のハ１エンジンを装備した一号機をキ33

とし、他社に先駆けて昭和一一年八月に、続いて堀越技師案による主翼取り付け角を翼端に向かい捩じり下げた二号機を完成して提供した。

川崎はハ9Ⅱ型水冷エンジン装備で、縦横比七・六と長い翼のキ28を昭和一一年一一月に、続いて一二月に二号機を完成した。

キ27　九七式戦闘機

一方、中島はさきにキ11試作戦闘機で川崎のキ10（九五式戦闘機）に、また海軍向けでも三菱の九試単戦（九六式艦上戦闘機）に負けて手痛い衝撃を受けた戦闘機設計室では、機動性に優れた複葉機にも勝てる単葉戦闘機をと臥薪嘗胆《がしんしょうたん》、小山技師長以下血の出るような研究が続けられていた。

そこでこのコンぺには社運を掛け、捲土重来を期して自社発注の研究実験PE機を製作して各種の予備テストをするなど、苦心の結晶の自信作キ27試作戦闘機をもって臨んだ。

戦闘機設計のコツは、速度と旋回性能、安定性と操縦性など、互いに相容れない多くの条件のバランスをうまくとることにある。

空戦性能がよいというのは一口に言って小さい旋回半径で小回りが効き、たやすく敵機の後ろに早く回り込むことができるのが性能がより良いということだが、それにはまず機体が身軽くて舵の効きが素直で鋭く、大きく舵を使ったとき（大迎角）でも失速せずにエルロン（補助翼）の効きが確実なのが絶対に必要だ。

その失速特性を良くするには自動スラット（前縁自動隙間翼）もよいが重量が増すので、厄介な翼端失速には有効だとされた主翼の取り付け角の捩じり下げ法が採り入れられるようになった。当時すでに実施していたのは前出の堀越技師設計による三菱のキ33試作戦闘機（九六艦戦改）の二号機だけだった。

今一つ見逃せないのが、射撃時の機体の据《すわ》りがよくて機銃の弾丸の命中精度が良いことだ。せっかく敵機を捕捉しても、機体が横滑りなどして弾丸が流れて命中しなければなんにもならない。

これら数々の要求性能を左右する翼型について、従来中島の九一式戦闘機やキ11試作戦闘機で使われていたムンク6や12翼型はすでに時代遅れになり、薄型のNACA翼型がはばをきかしていたが、ちょうど中島独自の研究によりNN系の理論が確立したので、渡りに舟と風圧中心の変動の少ないそのN2改翼型が使われた。

翼の平面型を直線翼でいくか英国のスピットファイアのような楕円翼にするかも、

風洞試験の比較研究の結果、工作の容易な直線翼で縦横比（アスペクト・レシオ）を七と決め、戦闘機生命の翼面荷重を決める主翼面積も一六・四、一七・六、一八・六平方メートルと三種類製作する慎重さだった。

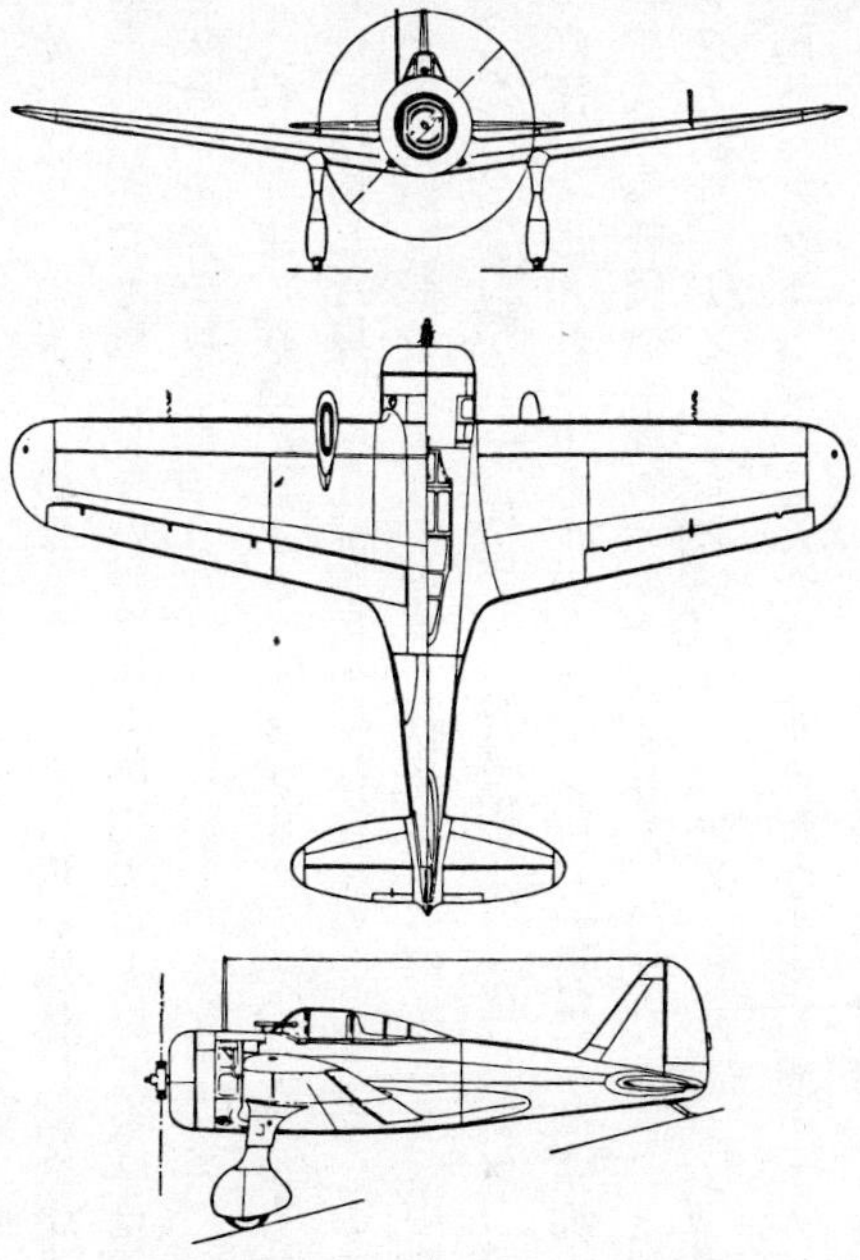
キ27 九七式戦闘機

また、作りやすく、軽くて強い構造にするため中島の発案による独特の方法が威力を発揮した。

そのミソは、一枚構造とした翼に前後に分割製作した胴体前部を作り付け、後部胴体は翼後縁付近の前後結合円框で六ミリボルト八〇本と五ミリボルト一二本で繋ぐ方式を初めて採用した。

その結果、いままでのような左・右の翼を胴体に結合金具で取り付ける方式よりも約一〇〇キロも軽くできた。この一〇〇キロという数字は、戦闘機にとっては大きな意味合いを持つ数字だ。

これは元来、鉄道輸送上からの要求なのだが、その後も中島機に採用されたこの方式は、損傷した場合、後部胴体の一体交換ができるなどの効果も大きい。

そのほか円框やストリンガー（縦通材）の肉抜きや、中空ボルトの全般使用など、「一グラムでも軽く」と徹底した無駄肉を省く構造設計も厳重に管理された。

直径一・二九五メートルのエンジンは、意外にも同系列ながらビア樽といわれたキ44二式単座戦闘機「鍾馗」のそれよりも三〇ミリ大きいと聞くと驚く方もあろうが、キ27は単列シリンダーエンジンカウリングを最大径とし、カウルフラップから補機室・胴体へとグーと絞り込んだ胴体平面型なので、頭デッカチ感から救われているのだろう。

キ44は同じ経路ながらエアーインテーク（気化器空気取り入れ口）などをエンジンカウリング内にもつ二重星型エンジンを流線型処理すれば自然にあの形になるので、一見してキ44のエンジンそのものの直径が大きいと勘違いされるのも無理はないし、加えて幅一〇メートルに足りない小さな翼がビア樽感に輪をかけている。事実、チビの筆者らは座席を一杯下げると、目線が風防レールとスレスレになる。

キ27に話を戻すと、ハ1エンジンの三分割されたエンジンカバーを、内側二本、外側一本のワイヤーで固定する方式も軽量化の一つだ。

新案の環状オイルクーラーや、旋回計用のベンチュリー管もエンジンのバッフルプレート（冷却用空気邪魔板）に取り付けられて、固定脚とアンテナのほか余計なものは機外に出ていない。照準器も初号機は風防内だった。

引込脚にした場合の速度増加と重量増加を較量《こうりょう》し、あえて固定脚にしたその単脚柱上部は、翼に固定した軽合金単造金具内を一二キロ／平方センチの空気圧と作動油によるオレオ脚柱がスライドするので、地上では約一〇センチほど翼上面に頭を出している。

車輪はカバーされた幅の狭い内圧五キロ／平方センチの高圧タイヤである。

尾橇《びそり》は旋回軸のないオレオ式なので軽いが、風の強い時や軟弱地での方向変換には整備員の手助けが必要だった。

単純開き下げ型の着陸用フラップも、ベベルギアー（傘形歯車）を介したハンドルによる。

燃料タンクは左右翼内に各一四〇リットル、防火壁後に五〇リットル、卵半切型の落下タンクは左右各一三〇リットル、主翼下面のタンクカバーは強度メンバーの応力外皮で、多数の緩み止めの割りナット・ビス止めになっており、落下タンクの吸い上げ故障とともに、タンク整備はスクリュードライバーのまだなかった当時は、整備員泣かせの一つだった。

初号機は他社より遅れて昭和一一年一二月に提出され、二号機は越えて昭和一二年二月に完成した。

川崎キ28試作戦闘機。ハ9Ⅱ型の信頼性の低さが致命的

審査状況

技研の飛行課では、キ27はのちに中島へ転出した温厚慎重型の林さん、キ28は同じく川崎へ引き抜かれた精悍強引熱血型の片岡さん、キ33は老練な愛称「小田万チャン」こと小田万之助氏らの戦闘機スタッフ全力で、計測飛行審査を始めた。

いずれ劣らぬ名パイロット連だが、それぞれ対抗意識も旺盛に、計測は三機とも同じ条件の下に一斉に実施するという厳しさで、会社側の社運をかけた意気込みも凄く、ここに九一式戦闘機以来の激烈な戦闘機のコンペティションが始まるのだった。

キ27は一六・四平方メートルの主翼で全備重量一三六〇キロの初号が最大速度四七五キロ／時を出したが、空戦性能はキ33とドッコイドッコイか少し悪いくらいだった。

普通に一号機は操縦性能、二号機は性能測定、三号機は射撃やその他の装備品の適合や一、二号機で出た不備な点の改良に当てるのが審査一般のしきたりだが、二機製作のキ27は、あらかじめ用意した主翼の面積一八・六平方メートルに交換した翼面荷重八八キロ／平方メートルの二号機が断然、素晴らしい空戦性能を発揮した。

キ28は旋回半径はキ27の八六メートルに対し一一〇メートルと大きかったが、最大速度四八五キロ／時と一番速いうえ、余剰馬力が大きいので上昇性能も優れており、上昇力も五分一〇秒／五〇〇〇メートルと他を圧していた。

この垂直面の上昇旋回性能や突っ込みの加速性は、一部具眼の士による評価は高かったものの、当時の一般見解では見過ごされたのだが、旋回半径が大きいのと、ハ9Ⅱ型甲水冷エンジンの信頼性の低さが何よりも致命的になった。したがって、実飛行時間も一番少ない。

これに比べキ27の星型空冷のハ1甲エンジンは、まったく故障なく、抜群の信頼性を発揮した。

事実、筆者も中国の北支戦線で水冷ハ9Ⅱ型エンジンの九五式戦闘機からキ27九七式戦闘機の機種改変に当たったが、整備員はこのハ1甲エンジンに手のかからない〝百姓エンジン〟の尊称を奉るほどだった。ただし吸排気弁室はまだ自動給油ではなく、ロッカーカバーを外してイモグリースを詰める方式には手間がかかった。

こうしてかつては川崎のキ10九五式戦闘機に惨敗して苦杯を嘗《な》めた中島戦闘機設計室の人々の苦心は報われて、軽戦闘機の極致とまでいわれる九七式戦闘機が誕生し、この年の六月から一〇月までに増加試作機一〇機で、各種の実用試験と補備テストの後、量産に入った。

実績と戦訓

大陸では、九五式戦闘機がソ連製И《イー》15や、英国製グロスター・グラジエーターなどの中国空軍機と空戦を交え、海軍の九六式艦上戦闘機も足を伸ばして南昌・漢口《ハンカオ》あたりの奥地まで敵機を追い込んだので、陸軍でも高速で足の長いこのキ27を、首を長くして待っていた。

そのキ27の初陣は、昭和一三年四月一〇日、九五戦の項で述べた帰徳空中戦だった。

九七戦三機の加藤編隊は、逃げる敵三〇機を駿足で捕捉しては戦場に追い込んだ。寺西大隊が撃墜した二四機のうちの七機は、その九七戦のスコアーだった。だが、入り乱れた激しい空戦のさなか、敵機と衝突した一機を失った。

その年の八月、寺西大隊は飛行第六四戦隊（「エンジンの音轟々と」の戦隊歌で有名）となり、筆者のいた独飛九中隊もその第三中隊となって北支を担当していた。

翌年の天長節四月二九日、中隊は山西省南端の運城基地から古都西安を通過し、長駆、南鄭を急襲して敵機一一機を撃墜したが、惜しくも深追いした外村大尉と僚機の原田曹長を失った。残念にも筆者は、この月初め、すでに陸軍航空技術研究所に転勤していた。

九七式戦闘機への機種改編も進み、部隊戦闘訓練もほぼ終わっていたその五月、ノモンハン事件が突発した。ホロンバイルの空を覆って来襲するソ連空軍と、陸軍戦闘機隊は連日の大空中戦闘で、その一三三二機を撃墜した。軍はこの戦果発表に疑問を持った外国武官を、現地観戦に招待したほどの戦果だったが、これに対し九七戦の損耗は一一九機だった。

対戦したソ連機はИ《イー》15、16、17、19グラマンなどだったが、緒戦に大敗の苦杯を嘗めたソ連は素早く戦法と装備を換え、七月以降の第二次戦闘再開では、戦法も大部隊による一撃離脱の奇襲攻撃作戦に専念した。

また新たにИ《イー》16への防弾鋼板と二〇ミリ砲の装備や、九七司偵一七機を撃墜した速度六〇〇キロ／時のツエカーベーの投入などに対して、日本軍は中南支から第六四戦隊や第一戦隊などの増援部隊を投入したが、第一次空戦ほどの戦果は得られなかった。当時九七戦の月産三八機の日本の態勢では、この戦訓に即応できる余裕はなかった。

しかし、日本軍が「虻《あぶ》」と呼んだИ《イー》16などの大群の新戦法に対し、空戦では絶対負けないゾとの陸軍戦闘機隊員の烈々たる必勝の信念を支えたのは「軽戦の極致の九七戦」だったので、事変後の研究会で戦闘機隊の本山、明野飛行学校が軽戦万能論を主張したのも肯《うなず》ける。

これに対して現地でИ《イー》16と戦った飛行第二四戦隊長檮原《ゆすはら》少佐（三八期）は、重火器装備・高速一撃離脱戦法の重戦闘機併用論を展開、参謀本部の久門中佐（三六期）もこれに讃意を述べた。当時、重戦闘機採用案は、すでに中央部の軍備計画に含まれていたとの記録もある。

だが一時の成功に酔い、世界の趨勢を見誤った現地若手の軽戦論執着により、その後の戦闘機試作が大きく阻害されたのは否めない。事実、昭和一五年五月から始まった重戦闘機キ44の審査（後述）に従事した筆者も、もろにその影響を受けた一人だが、所詮はゴマメの歯ぎしりだった。

ノモンハン事件で九七戦と戦ったソ連製И(イー)16

　空戦の様相も時代とともに進歩変遷するのだが、元来、戦闘機はまず敵機を捕捉してこれに戦闘を強要できるのが本来の使命なのだが、果たせるかな、昭和一六年一二月、太平洋戦争の開戦時に第一線戦闘機キ43の部隊はわずかに五九、六四の二個戦隊で、一、一一、五〇、七七戦隊はまだ九七戦だった。相手が植民地空軍だったから、一応事足りたものの、英軍のバッファローなど突っ込みの早い敵機には、九七戦では追尾捕捉できなくて、機数の割合には戦果が少なく、あたらキ43（隼）に名をなさしめたのだった。

　因みに、このとき突っ込み速度の速い「かわせみ隊」のキ44は、バッファローをセレター軍港の海中に追い落とすことも出来たのだった。

　また、内地防空も昭和一八年まで九七戦を充《あ》てざるを得ず、ドーリットルの東京超低空爆撃には、高空で待機した戦術判断のミスとはいえ、結果的には撃墜できなかった。

「軽戦万能論の末路や哀れ」というほかはないが、これは軽戦の極致といわれた九七戦がいかに優れた戦闘機だったかの反証ともいえよう。

〔要目（量産型）〕全幅一一・三一メートル、全長七・五二九メートル、全高二・八メートル、主翼面積一八・六五平方メートル、上反角七度、主翼捩じり下げ一・五度、全備重量一六五〇キロ、過荷重一八〇七キロ、エンジン九七式六五〇馬力（ハ1乙、離昇七一〇馬力、公称七八〇馬力／二九〇〇メートル）、最大速度四六八キロ／時／五〇〇〇メートル、上昇時間五分二二秒／五〇〇〇メートル、実用上昇限度一万二二五〇メートル、航続距離八二五〜一七一〇キロ、武装七・七MG×二。

九七戦余話

スロットルレバーの話

九七式の途中からエンジンコントロールのガスレバーが、それまでの「引き開」から「押し開」にと従来の海軍式に統一された。

陸軍の「引き開」式は陸軍航空がフランス式で教育された方式を踏襲していたものだが、新たに改正された英国型の海軍式では、例えば速度を増すのにはガスレバーを前方に押し、減速するには手前に引く。上昇の場合は左手でガスレバーを前に押して馬力を上げるとともに、右手で操縦桿を手前に引く。

このように左右の手が反対動作をするのが人間工学的にも合理的なので、この改正も比較的にスムースに受けいれられたようだった。とはいえ、従来身についた習慣は無意識の行動に現われるもので、この移行時期に色々な混乱が起きてもやむを得なかった。

昭和一九年二月の成増飛行場でのことだった。その前日に召集されたばかりの田中上等兵が、吹き流し目標機用の九七戦を試運転した。

ところが、彼の現役時代のとは違い、ガスレバーの「押し」「引き」がまるっきり逆になっているのを知らなかったのだからたまらない。パチンコ始動までは良かったのだが、レバーは全開位置だったので、機は車輪止めもはね飛ばして滑走はじめた。仰天した彼はスイッチを切るのも忘れ、アレヨアレヨという間に左に引っ掛けられながら二〇〇メートルくらい離れたキ44（二式単戦「鍾馗」）の列線に全速力で突っ込んだ。

衝突した両機とも腰砕けの形にへたりこんだその座席の中で、田中は頭皮をペロッとはがされて突っ伏していた。おかげで整備小隊長の筆者は、遣責《けんせき》処分をうけたが、過渡期の笑えない一齣だった。

タイ国へ輸出された九七戦

昭和一五年、同期生の中に背広を着て頭髪を延ばし始めている者があった。当時は外国へ赴任する者以外はこうした服装はできなかった。ちょうどタイ国とカンボジアの国境紛争を日本が仲介して解決させた頃だった。

さて、太平洋戦争が起きて昭和一六年一二月二五日、タイのドムアン基地へ行って見て驚いた。タイ空軍マークの多数の九七戦・九七軽爆と少数の九七重爆が旧式の複葉グラマンやカーチス75A戦闘機、マーチン爆撃機などと並んでいたのだ。さてこそ同期生の面々は、三井かどこかの社員に化けて空輸していたのだった。

ピカピカに磨き込まれて並ぶこれらの飛行機は、ラングーン爆撃で忙しい多数の日本機に遠慮してか、飛行しているのは見かけなかったが、開戦時の平和進駐時の手違いで、国境で挑戦してきた四機のタイ戦闘機は九七戦だった。

術《て》もなくその三機は撃墜されたが、パイロットたちはお互いにさぞかしとまどった

キ27九七式戦闘機。星型液冷のハ1甲エンジンの信頼性は抜群だった

ことだろう。

尾部につかまって同乗飛行

地上での方向変換に苦労した話は述べたが、それにはこんな話もある。

立川飛行場は全面芝生で、舗装滑走路はなかった。事はここで訓練中の飛行第五戦隊で起きた。

その日、風向きや軟らかい地面の関係でか、なかなか離陸方向に向けられない飛行機があった。急いで駆け付けた機付兵の手助けでやっと離陸方向に向いたので、パイロットの某中尉は途端にレバーを入れて離陸した。

ところが、いつもと違って舵の調子がおかしい。尾部が重いのだ。ハッと気が付いて振り返ると、何とさっき応援してくれた兵がしがみついているではないか！

彼は水平尾翼の前縁に身体を折り曲げて覆いかぶさり、延ばした左手でしっかりと垂直尾翼の前縁に摑《つか》まっていたのだ。

胆《きも》を冷やし、総身に冷や汗をかきながらも中尉は、慎重に場周を回って無事着陸できたのだった。

六〇キロ以上の人間を尾部にぶらさげた戦闘機。馬力上では問題なかろうが、大きく後退する重心位置関係はどうなっていたんだろう？　こんな決死の同乗飛行した兵隊サンも珍しいが、九七戦の垂直安定板前縁が水平安定板よりも前にあり、摑まりやすい構造だったのも幸いしている。

ノモンハン戦以来、戦闘機への同乗飛行は、敵地への不時着救援や移動時の機付兵が狭い同体内に乗るのが一般化しており、筆者もマレーのクアラベストからクワンタンまで同乗した。胴体下面の非常脱出孔から潜り込むのだった。

九七式前後を顧みて

いずれにしても、キ15司偵に始まる一連の九七式は、陸軍航空に近代的な息吹を与えたグループで、立ち遅れていた日本の航空技術が、やっと世界の航空に足並みを揃えるところまで辿り着いたのだった。

キ15神風号の訪欧飛行のエンジンが模倣だとのいちゃもんをつけた世界でも、ノモンハン事件の大量撃墜に瞠目《どうもく》したり、欧州では不必要だったが、アジアの広い戦場では、足の短い戦闘機のための落下タンクの早くからの採用で、敵の意表をつく作戦もできた。

しかし、反省点がないではない。冶金学上では相当なレベルにあって、強磁力鋼や超々ジュラルミンの開発、海軍では酸素魚雷の実用などの先進技術もあったが、工業化への効果的な応用、検査規格の統一標準化などに一歩も二歩も遅れがあり、工作の自動化も全面的に進まず、製造技術の進度も遅々で、組立も、トルクメーターのない勘に頼る法からは完全には抜け出せなかった。

その例として、エンジン工作技術について言えば、クランク室や後蓋の接合部からの油漏れ止めは接合面の精密仕上げとガスケットに頼っていたため、滲《にじ》み出る油で胴体下面はいつも真っ黒なのが日本機の姿だったが、ライトサイクロンなどの米国製エンジンには全然、油漏れがない。

これは接合面に耐油性のO－リングを使用して完全な油漏れ処理をしていたからだった。その接合面も規定寸法での荒仕上げのままですんで、緊度遊隙への考慮も不要であり、工作・性能・整備上まことに優れた考案だった。

また装備品や機能部品も、駆け足気味の性能重視の機体設計に追いつけず、信頼性がまだまだ、特に戦闘機用無線機の実用性が低くて空戦時の相互支援が不十分のため、いたらずに損害を大きくしたり、ミスミス敵機を見逃して戦果を拡大できなかった場合も多い。

総体的に整備性への配慮が少なかったために実働率が下がって、その整備に余分な手間が必要だった。

戦術的にも七・七ミリMG（機銃）×二の貧弱な火力による攻撃一点ばりで、防弾装置なぞは武人の恥とした気風が災いして、結局ただでさえ少ない飛行機と練度の高いパイロットを多数失う結果を招いたのは返すがえすも悔やまれる。防弾・防火も戦力上、重要なファクターだとの認識を欠いた結果といえよう。

えてして後進国には全般的なバランスの跛行が目立つものだが、わが日本陸軍でも一部具眼の士を除いては、世界の趨勢に目を覆い、自説を固持する野郎自大に引きずられた風潮なしとせず。

何はさておきチョンマゲ機の罷《まか》り通った頃から粒々辛苦、多くの先人の犠牲の上に立って初めて飛行機らしい飛行機の九七式に到達し、装備エンジンも水冷か空冷かの論争に大筋で結論がついて、九七式機のあらかたの機体が空冷装備になったのも見落とせない。

キ30 九七式軽爆撃機とキ32 九八式軽爆撃機

キ19の審査が始まった昭和一一年二月、九三式軽爆撃機（単・双）の代機として三菱にキ30、川崎にキ32の軽爆撃機の競作が内示され、その五月に製作が指示された。

三菱の単発中翼単葉機キ30は、河野文彦技師主務（のち三菱重工社長）・大木喬之助（のち名城大教授）、水野正吉両技師担当で、翌年二月に星型14シリンダー八五〇馬力ハ6エンジンに固定ピッチプロペラを装備した初号機が完成し、これに続いて川崎はその三月、キ30と同じ仕様の機体構造ながら水冷V型12シリンダー八〇〇馬力ハ9Ⅱ型乙エンジン装備のキ32が誕生した。

おりしもその七月に日支事変が勃発したので、とりあえずキ30は一六機、キ32は八機の増加試作が命じられ、キ30の増加試作機一号は九月に完成、キ32は翌年一～二月にかけて五機を納入した。

両機とも固定脚で、新たに胴体下部に爆弾倉を設けたので、翼は胴体を貫いた中翼構造になる。もちろん、引込脚にする技術はないわけではなかったが、あえて固定脚なのは、キ15の場合と同じ理由からだった。

そして、キ30初号機の車輪は完全流線カバーだったが、量産機の脚は片持式で車輪

キ30九七式軽爆撃機。三菱の単発中翼単葉機。星型850馬力のハ6搭載

カバーの外側が車輪大に切り欠かれている。

これは第一線に近接して運用される軽爆撃機が使用する飛行場のほとんどが、雨や凍土が解凍すると泥地化しやすい生地のままで舗装滑走路は望めなかったので、車輪整備を容易にするため技研担当者から強く要望して会社側の反対を押し切った結果だった。「満州での実用試験でその有用さが実証された」と、担当の雨宮技手は語った。

話は前後するが、同氏とともに審査に携わった練習機となった九七式戦闘機のキ79二式戦闘練習機が（九七式戦闘機改造機でフォーク支持車輪）練習教育隊で車輪覆を外して使用されていた状況を見ても、この処置が実用性を見越した卓見だったのがわかる。

また、「途中から二段可変ピッチプロペラに変更したので離陸距離が短くなり、浜松での実用試験ではパイロットから大変喜ばれた」とも述べられた。

〔諸元〕（　）内はキ32　全幅一四・五五メートル（一五メートル）、全長一〇・三四メートル（一一・五三メートル）、全高三・六四五メートル（三・九メートル）、主翼面積三〇・五八平方メートル（三四平方メートル）、自重二二三〇キロ（二〇〇〇キロ）、全備重量三三二二キロ（三四〇〇キロ）。

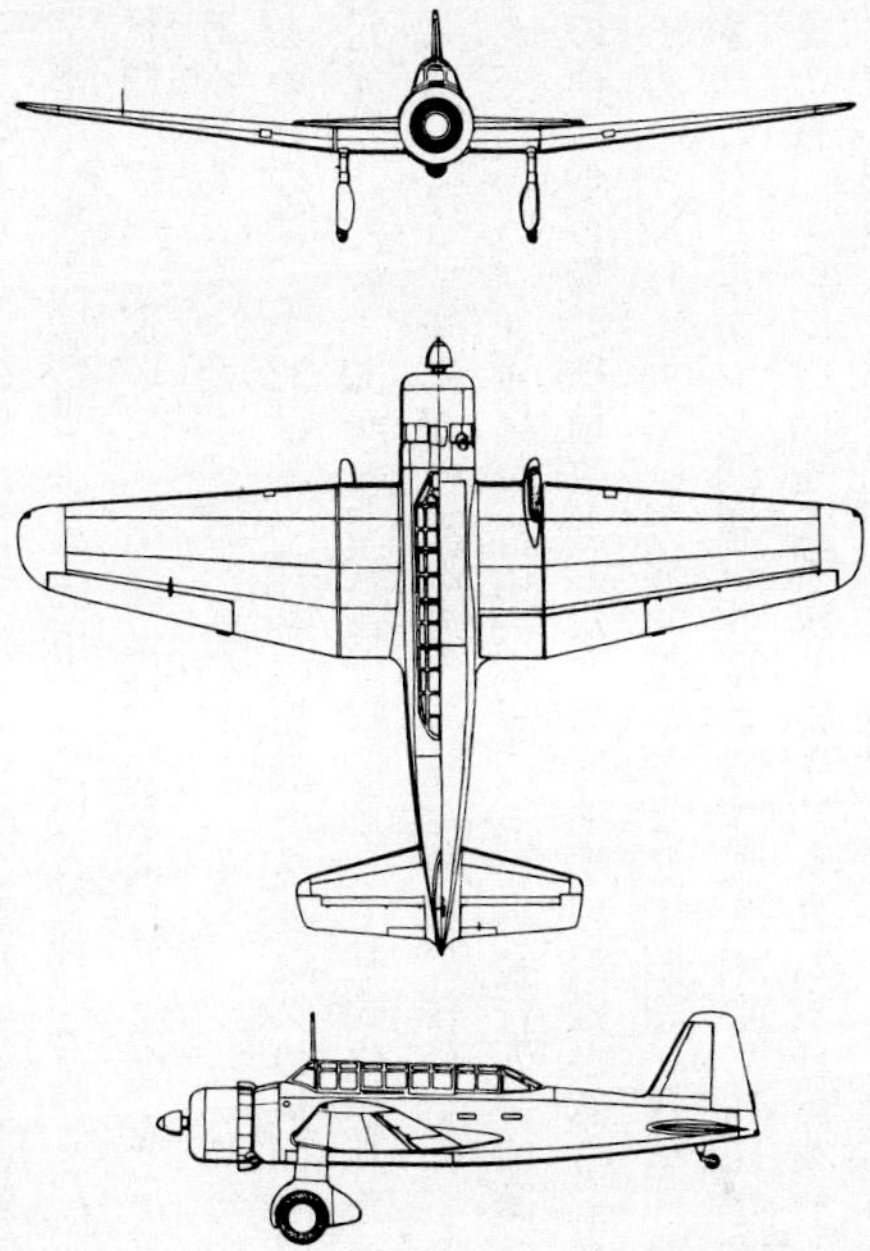
キ30 九七式軽爆撃機

技研二科ではキ30が雨宮技手、キ32が富田技手担当で、審査主任は飛行課のベテランテストパイロット航研機で有名な藤田雄蔵少佐と田中祐晴大尉だった。

張り切りボーイの雨宮技手は、浜松陸軍飛行場（浜松陸軍飛行学校＝爆撃および飛行第七連隊＝爆撃隊駐屯）での実用試験には巻脚絆のいでたちで全期間通したのには、会社側もアッと驚いて、「川崎側はこれで負けだナ」などと冗談を飛ばしたそうだが、これが事実になった。

というのは、キ32はエンジンの振動やクランクの折損問題などのトラブルで落伍し、一足先に三菱のキ30が九七式軽爆撃機として制式化されたのだった。

こうしてまずキ30が、キ21九七式重爆撃機に続いて九三式単軽爆部隊に逐次、支給されていった。北支の飛行第六大隊（のちの飛行九〇戦隊）は、昭和一三年三月、北京の南苑飛行場で機種改変したとの同期生の記録がある。

一方、キ32は、九七式軽爆撃機乙型として昭和一三年一月〜二月にかけて審査が継続されたが、エンジン問題は相変わらず後を引いて生みの苦しみが続いていた。

その後、エンジン問題を解決したキ32も九八式軽爆撃機として、北支戦線で八八式偵察機で苦戦していた飛行第七五戦隊に支給された。この戦隊では中支戦線で筆者の同期生三名が地上砲火で戦死した。

また、広東から桂林爆撃に従事した飛行第四五戦隊の同期生が同乗したキ32の一機が、エンジン不調になったことがある。

次第に高度が下がる。彼はパイロットに高空レバーで混合比を調整させ、南画そのものの突兀《とっこつ》とした石柱状の山が連立するその峰間を縫って、エンジンをだましだましながら基地に帰れたのだが、原因は何とエアーインテークの一部が剥がれ、空気の流入が妨げられてチョークしていたのだった。

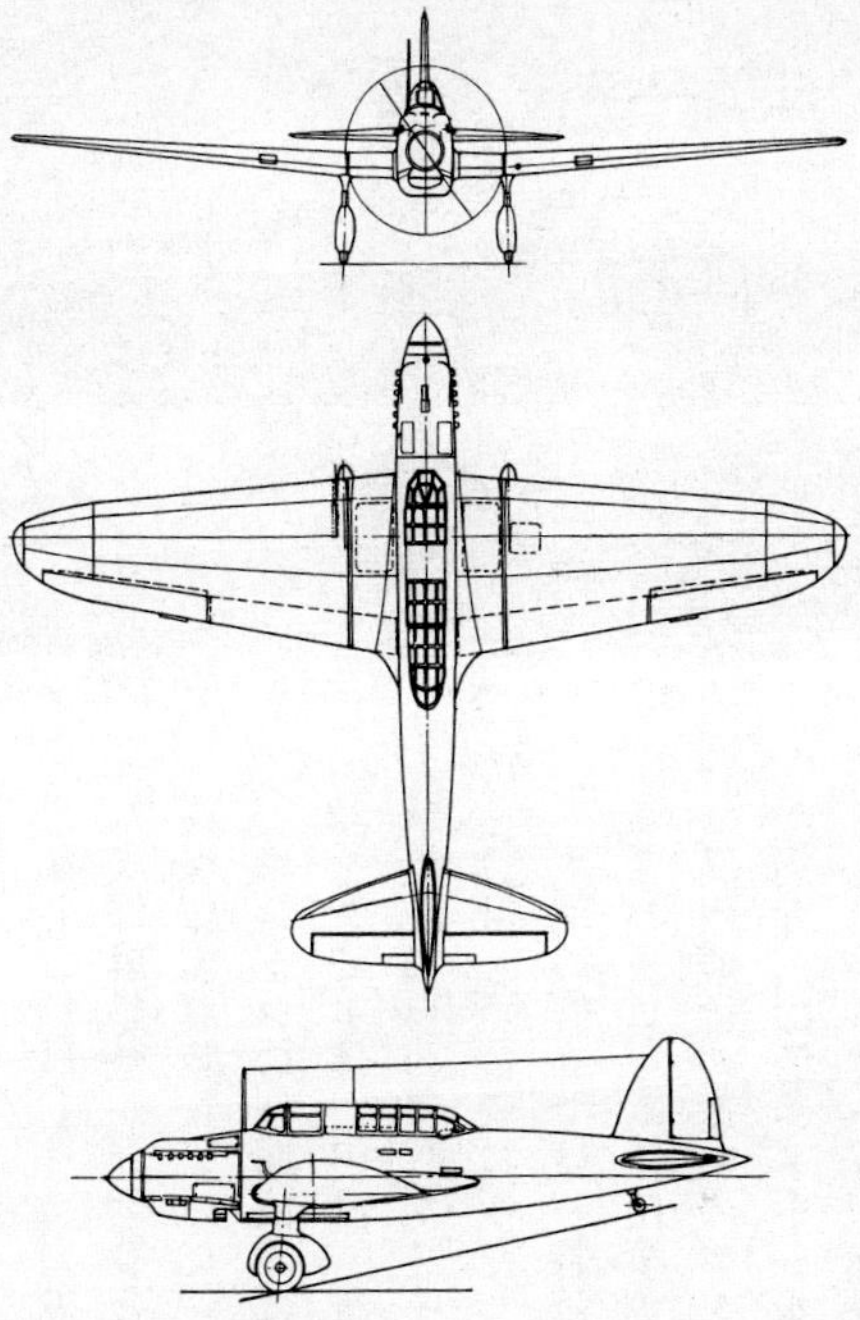

キ32 九八式軽爆撃機

故障は常に意外な状態で発生することと、咄嗟《とっさ》の適切な技術的判断が大事なことの一例だった。

独飛四七中

キ32九八式軽爆撃機。水冷V型800馬力ハ9Ⅱ型乙装備

隊員として南方戦線へ急ぐ筆者が広東飛行場に着陸した開戦日一二月八日の朝、この戦隊の九八式軽爆撃機が九七戦とともに慌《あわ》ただしく香港《ホンコン》攻撃に離着陸していた。

エンジンの初期故障に悩まされながらこのキ32を育て上げたのは、後に出てくるキ48双軽爆撃機や独自の優れたアイデアのキ93双発襲撃機を設計した富田技手だった。

キ30の審査では、特筆すべきエピソードがある。パイロット秋田少佐、同乗安井・金井雇員で満州飛行の途中のアクシデントだった。

高度三〇〇〇メートル、ちょうど朝鮮海峡にさしかかり、少佐が燃料コックを切り替えようとしたが、コックはがんとして動かない。前・後席は燃料タンクと爆弾倉で三メートルも離れており、そのうえアクリル板で隔てられて連絡の手段はない。伝声管でこの不具合を知った金井雇員は即座に決断した。そして、乗り降り用の足掛けを内側から押し出すと、プライヤーをポケットに後席から機外に這い出した。

燃料切れした機は、次第に高度が下がって行く。物凄い風圧に堪えつつ足掛けを手掛かりにして、必死の思いでヤット操縦席に辿りついた彼は、プライヤーでまずコックの頭を叩いてからコックの把手を挟みぐっと回した。

途端にエンジンは爆音をたて、空転していたプロペラは、生き物のように強く風を切り出した。高度は八〇〇メートルになっていた。

そこまでは良かったのだが、狭い操縦席に二人乗りはできぬ。またもや一苦労の末、後席に戻った彼は、急に全身の力が抜けてヘタリ込んだのだった。コックが固着したのは、高度による気温低下で収縮率の大きい弁の框体（ラウタール鋳物）が、燐青銅のV型弁体を締め付けたせいで、コック素材の組み合わせなど、設計への痛い警告となった。

これも迅速な判断と行動が危機を救う好例だが、表彰されて一躍その名をあげた金井氏は、その後、筆者とともにキ51を育て上げたのち、安井氏とコンビを組んでキ46司令部偵察機の審査に全精力を打ち込むのだが、生きざまのよい尊敬すべきベテラン中のベテランだった。

西立川のお宅に久し振りに氏を訪ねると、「イヤ、まったく無我夢中でしたヨ」と、当時の空中サーカスを述懐するのだったが、キ30にはそのあと前後席間で物品をやり取りする長い連絡棒が備え付けられた。

筆者は立川航空工廠飛行課兼務でキ30の竣工検査飛行にも従事したが、課目の上昇反転テストで舞い上がり落ちる軽金属の切り粉には閉口した。

補備テスト用となったキ30試作三〇〇一号では、ハ25エンジンに換装して三〇〇時間空中耐久テストが実施されていたが、このエンジンは同時進行で審査されていたキ43隼戦闘機用で、トラブルは全然なく、巡航燃料消費量も六八リットル／時と非常に少なかった。昭和一四年夏のことだ。

一方、西脇仁一東大教授（召集されて当時大尉）が「翼面蒸気冷却法」の研究に取り組んでおられた。キ32では、水冷エンジンの沸騰した蒸気を主翼表面の冷却器で復水し循環させる方式で、後述のキ64の予備テストのようだった。

また、キ32の後席がキ30よりもさらに離れているので、垂直旋回時のG（重力の加速度）のかかり方が激しく、グーと六Gは楽にかかって持続し、慣れない同乗者は直ぐベールアウトする。茶目っ気の多い飛行課のパイロットに振り回された研究者もいたようだった。

キ36　九八式直協偵察機　キ55　九九式高等練習機

キ15司偵とは対蹠《たいしょ》的で、地上軍直接協力機としてその名も新しく「直協」偵察機として誕生したのがキ36だった。ついでながら、このキ36へ副操縦装置を付けたのが、後述するキ55九九式高練である。

直協偵察機というのは、地上部隊の戦闘に直接協力し、地上軍指揮官の目となり手足となってその用兵を適切にするとともに、第一線部隊の長射程砲ともなって爆弾で進路を拓き、第一線部隊相互の横の連絡をとるなど、いわゆる〝口八丁手八丁〟なんでも屋〟の働きをしなければならないのが性格であり任務である。

このため写真撮影・射弾観測・戦場爆撃・通信筒の吊り上げ等の装備を備え、場合によっては第一線付近の荒れ地にでも離着陸できなければならない。

また、戦闘機の出現の焦点となる第一線だから、敵戦闘機からも身を守らなければならない。この役目は従来、九二式軽偵察機が受けもち、各務原の飛行第二連隊が担当していた。

キ36は日支事変の勃発に先立つ昭和一二年五月、立川飛行機に試作が提示された。立飛では前述したことがある航研長距離機を作られ、戦後に東京機械化工業で筆者が

「よみうりY1ヘリコプター」製作の御指導を受けた遠藤良吉技師の担任で、直協偵の諸条件を満足させる検討が重ねられた。

同氏の回想談をもとに話を進めよう。

「いやなに、視界を良くして頑丈に作ればいいのよ」と簡単に申される。

キ36の主翼の後退角は安定性の問題ももちろんだが、地上が良く見えるようにと一三度とり、同乗の偵察将校と耳打ちできるくらいに前後の座席を配置した。また、偵察・写真用に大きな窓を胴体下面のストリンガーごと切り開けた。

戦闘機と同じ強度を要求された応力外皮を切り取るなどは、設計屋の一番嫌がることで、当時の一般常識になかったが、「同じマージンに補強すればいいんだよ」と明快な答えが返ってきた。以後、これが先例になり、安心してこの仕様が利用されたという。

不整地着陸のための脚柱および軽合金鍛造品の取り付け金具も頑丈で、オレオ内部

キ36九八式直接協同偵察機。地上軍直接協力機として誕生した

も、板弁をやめてテーパーバルブへと簡単構造として信頼性を上げた。タイヤももちろん、バルーンタイヤだ。

大きな後方天蓋は胴体流線に沿って後方に一杯開き、引き上げ滑車と相俟《あいま》って通信筒吊り上げなどの機上作業を容易にしたり、その同体内に収容したテ4MGの射撃動作を便利にする等々、実用一点張りの遠藤色を遺憾なく盛りこんだのだった。

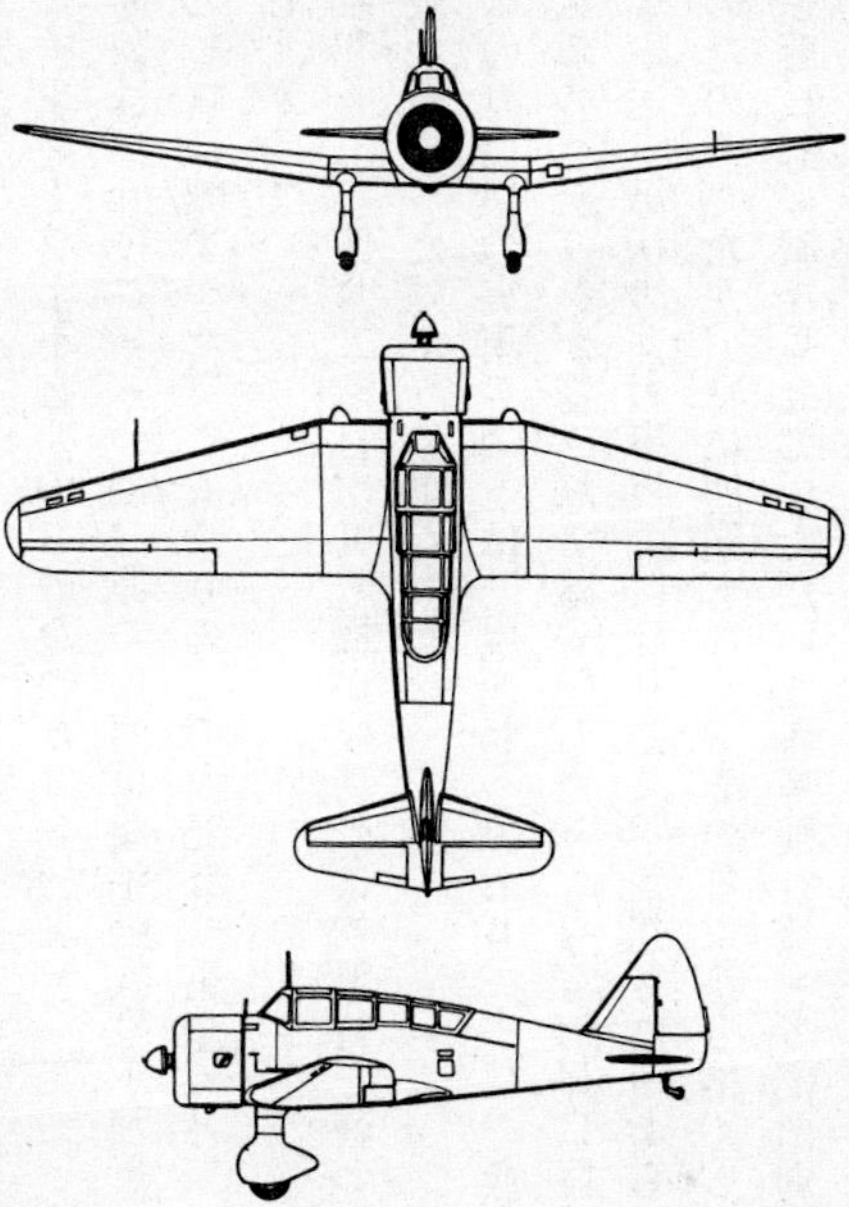

キ36 九八式直協偵察機

エンジンは瓦斯《ガス》電（日立）製のハ13甲四五〇馬力。このエンジンは非常に信頼性が高いうえ、取り扱いが簡単で、ストロンバーグ気化器で熱交換するだけでオイルクーラー不必要のものだった。

爆装は一五キロ×一〇で、非常に簡単な手動式投下装置によるなど、全備重量一六四九キロに纏《まと》まった。二人乗りのこのキ36は、重量で九二式戦闘機より五〇キロも軽く仕上がっている。

昭和一三年四月二〇日、初号機が成功裡に初飛行を終わったのは、中国大陸で徐州会戦が始まったばかりの頃だった。

この直協偵の実用テストは一風変わっており、主任の藤田少佐はじめ林、片岡、高橋氏らのベテランが霧ヶ峰で離着陸したり、平塚海岸に降りてみたり、播磨造船所で陸軍輸送空母秋津丸の甲板上に降りたり、予想されるあらゆる状態でその実用性を確かめたのだったが、特に問題もなく、その年末から早くも量産に移されたのだった。

遠藤技師に戦後見せていただいた各種飛行機・各部門別にわたり、しかも利用しやすいように分別整理された詳細豊富な資料から割り出された機体なのだから、まことに当然な結果といえよう。

昭和一四年初め、現地部隊から左右燃料タンクの片減り問題が出たので、技研でテストしたところ左右の傾斜五度で約五ガロンの差がでることが分かったのだが、あいにく、この実験中に事故が起きた。

担当高野雇員・操縦八木曹長で神奈川県淵野辺上空を飛行中、ショックとともに回転計が一杯振り切ったので咄嗟《とっさ》にスロットルを閉めたが、指針はなおも二八〇〇を指示している。見れば眼前に風を切っているはずのプロペラがない。

飛行機は空中滑走で多摩川原に無事不時着したが、調査の結果、二段可変プロペラ締め付けネジのロックピンの割りピンが切れたため、締め付けの緩んだプロペラは、竹トンボのようにエンジンからさよならしたのだった。止めピンを内方から外向けに挿入してあれば、たとえ割りピンが切れても、遠心力で大事なかったかも知れなかったが。

因みにプロペラには損傷もなく、無事淵野辺の桑畑に不時着？　していた。

これよりさき、翼端失速の問題解決策として翼端前縁にスロットを開口し、さらに二度の捩じり下げをつけた。その効果を調べるため、遠藤氏の考察による流糸試験を行なった。

流糸試験とは、長さ一五〇ミリの毛糸を翼上全面に二五〇ミリ間隔に貼り付けて、失速による気流の乱れを調べる方法をいう。このときは後席同乗の筆者が、風防越しに「アイモ」で右翼に狙いをつけて流糸の動きを撮影した。

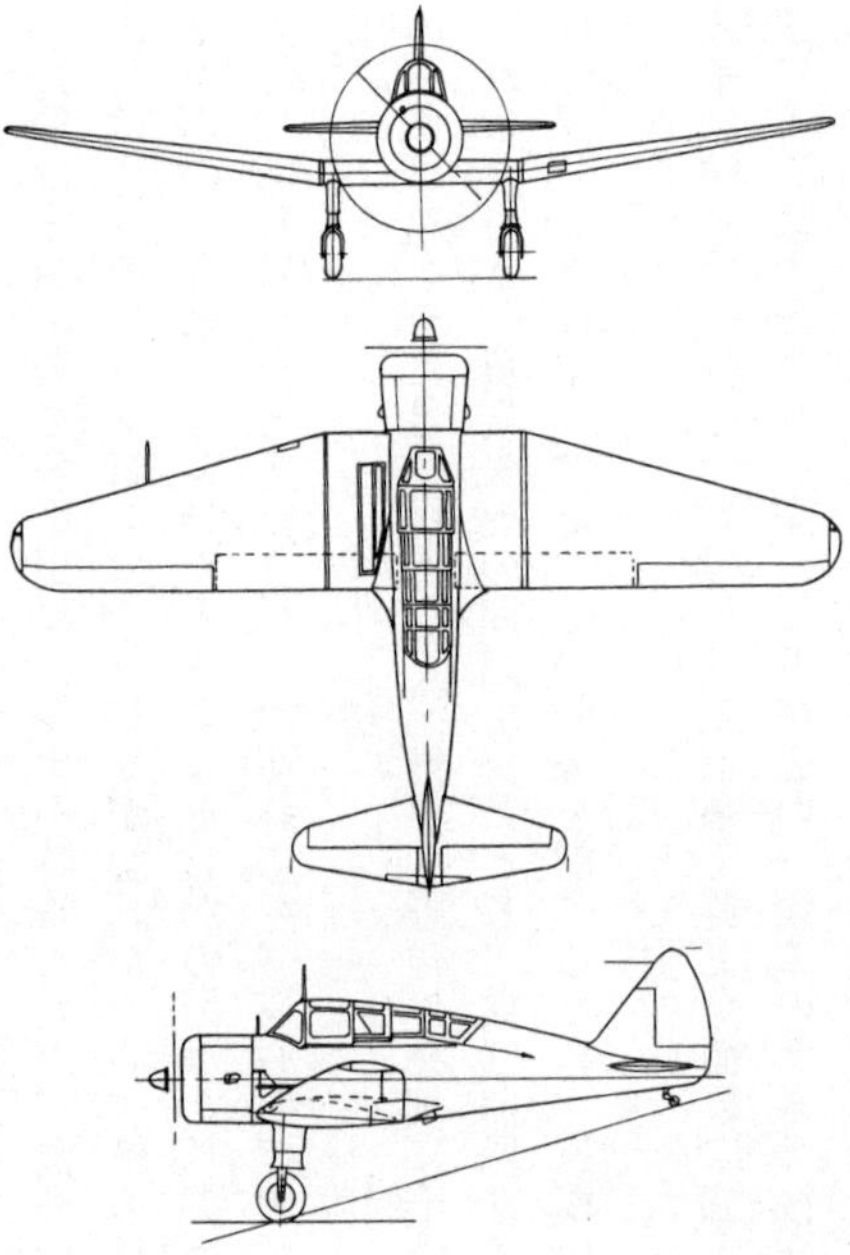

キ55 九九式高等練習機

まず高度二〇〇、速度三〇〇で左垂直旋回から始めた。最初ピタッと毛虫のように翼面に密着していた毛糸の尻が振れだしたな！ と見る間に、ソロリソロリと離れて立ち上がって行く。

胴体とのフィレット付近から始まった気流の剥離現象（ルートストール）は、次第に翼端に向かって波紋状に拡がって行く。

と見る間に、翼中心と翼端部でグワーと渦巻き始めた途端、バーンと嫌な音ととも

キ55九九式高等練習機。キ36に副操縦装置を付け、中間階梯機として使用

に機体は旋回方向と反対の右側へ跳ね返った。自転だ。

夢中でこの流糸の状態変化経過を撮影していた筆者は、イヤというほどアイモに頬ッぺたを叩かれたのだった。この自転現象は、戦闘機なら絶対許容できない現象である。

またこのキ36は、後に始まったガソリン節約試験の第一陣を受けて、アルコール燃料空中試験に使用されたのだが、この試験では空中停止の場合の再始動が困難だったので、飛行場周辺上空で実施しなければならなかった。

この気化器の改造を担当した第三部の同期生森田の苦心談は、またの機会に譲ろう。

キ55九九式高等練習機は、キ36から作戦装備を取り外して副操縦装置にしたもので、実用機への中間階梯機として使われた。また終戦直前には爆装特攻機として、悲劇の歴史の一端を担うことにもなった。

操縦での着陸操作は切線気味に入れないと、ガクンと左へストールする癖があり、素人の筆者もときどき、やられた経験がある。

フィアットBR20イ式重爆撃機

日本の試作機ではないが、日支事変初期の九三重爆の性能と戦力不足を補う意味で、イタリアからフィアットBR20を一〇〇機輸入した。

昭和一三年、大連港に陸揚げされたのは九八機といわれ、周水子飛行場で組み立てられたのだが、この爆撃機は大部分が羽布張りでフィアットA80RC41・一〇〇〇馬力の双発エンジン装備で、定速プロペラを持っており、後上方銃座は油圧駆動の一二・七ミリブレダ砲を装備しており、後発試作機の動力砲塔設計の参考となった。

居住性も良く、爆弾投下は電気式ではなくてエアーバルブの頭を叩いて投下するという方式だった。

燃料タンクの防弾も悪いうえ、性能もさほどには優秀でなかったため、蘭州飛行場攻撃の際に敵機の攻撃を受けると、火炎が主翼の羽布に燃え移って揚力がなくなり、九八戦隊の隊長機の機上機関係だった筆者の同期生田中君は、他の一機とともに自爆した。

また、後上方銃座鈴木君が鉄兜を貫通した敵弾に右眼をもって行かれて退役したし、公主嶺一二戦隊の同期生益子機は、七八発の銃弾を受けながらもかろうじて生還して、天覧に供せられた。

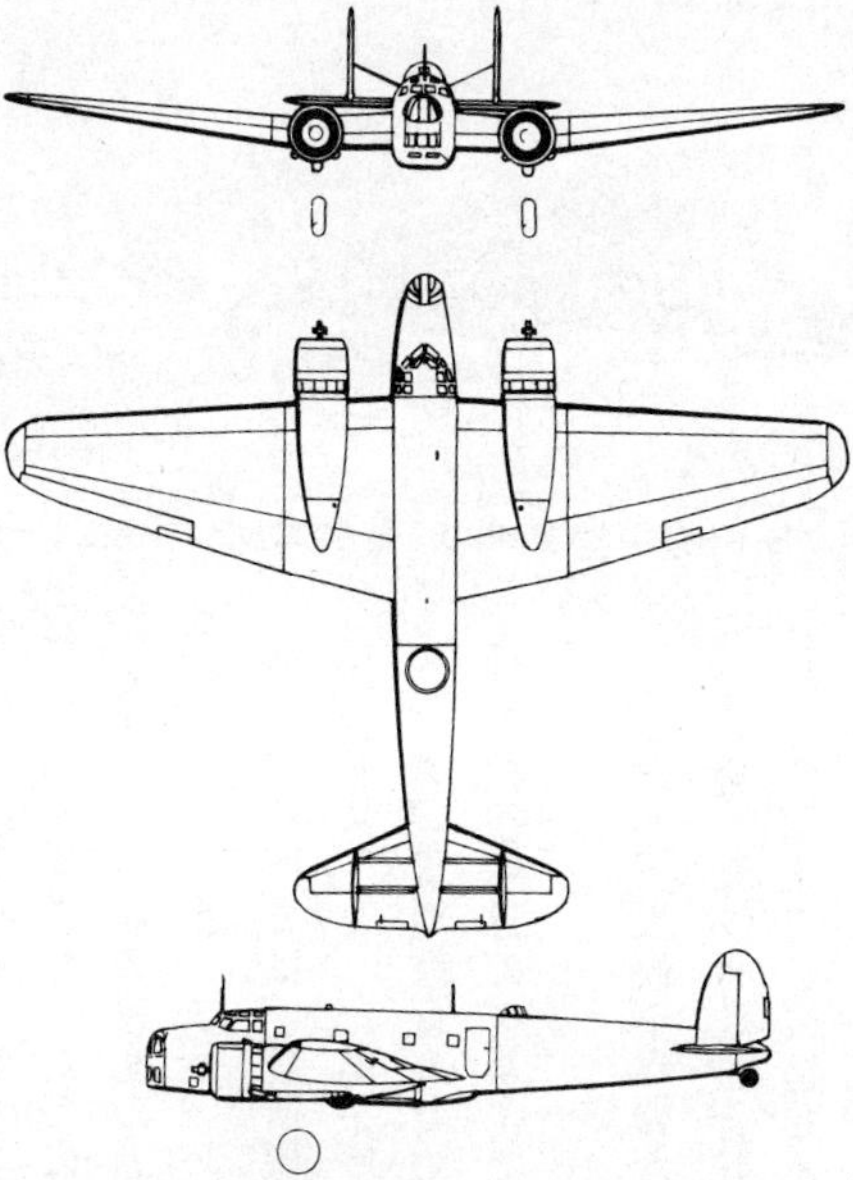

フィアットBR20イ式重爆撃機

後上方銃の射界は、双尾翼面に入ると自動停止するが、敵機はその死射界から攻撃してくるので、やむをえず停止を解除して射撃したこともあったという。

そのうえ、定速プロペラの取り扱いに慣れないため巡航回転数と与圧ブーストの選定要領がうまく摑めず、足が短いと不評だったの

フィアットBR20イ式重爆撃機。動力砲塔設計の参考となった

は、一般に外国機は公称の七五パーセントを巡航馬力と定めるのが通常だったのに対し、日本機の巡航速度はそれよりも低い経済速度の馬力によるものだったことにもよる。

そこで技研では、航研機の藤田雄蔵少佐が主任となって燃費テストをした結果、立川——台湾飛行も可能となったので、現地教育のため藤田・高橋の航研機コンビと整備の粕谷雇員のクルーで各務原——漢口《ハンカオ》コースを飛んだ。

ところが、天候不良のため雲下の漢口を通り過ぎ、さんざん迷ったあげく沙洋鎮に不時着して、惜しくも戦死されたのはまことに惜しんでもあまりあり、フィアットBR20の貴い犠牲者となられた。

のちに同地の警備についた筆者の近隣「魚又」主人足立武氏によれば、現地長江阜住民も、「大人《たいじん》の壮烈な戦死」を悼《いた》んで塩漬けして保存されていたとの話である。

筆者の昭和一五年六月一二日の日記には、「藤田中佐殿以下の英霊当駅（岐阜）通過を出迎え、夜一一時一〇分、岐阜駅にて焼香、空の巨人の霊を迎えて感新たなるものあり」とあるのは、ちょうどキ51の初飛行に各務原の三菱に出張していたからだった。因みに、キ51は「本日試飛行のところブレーキ破損のため延期」とある。

キ43一式戦闘機「隼」

一式戦闘機「隼」はあまりにも有名になった戦闘機だが、その盛名を得るまでには長い苦難の道を辿った。

「絶後の軽戦」九七戦の後釜として、より以上の性能、とくに空戦性能が同等または優れたものとの要求には、九七戦に精魂を打ち込んだ中島設計陣もさすがに参ったそうだ。

戦闘機設計には、相反する速度と旋回性能の調和をどうとるかが最大の問題点だが、これまでも述べたように、「軽戦万能」は陸軍海軍とも第一線部隊では絶対至上の戦法として、陸軍は九七戦、海軍は九六艦戦で、その軽快な特性を満喫していたためだった。

この時期、世界の趨勢《すうせい》はすでに巴戦《ともえせん》の軽戦戦法を卒業して、高速で大口径または多

開戦直後の所沢飛行場のキ43一式戦闘機「隼」

銃の重武装による一撃離脱の重戦闘機へと移行していた。速度の優越による敵機の捕捉は、戦闘機の第一条件である。当然、低下する空戦性能は戦法でおぎなうというのが大勢となっていた。

しかし、陸軍でも昭和一三年一月六日、参謀総長の「次期飛行機の性能等に関する要望」に基づき、七月一日に決定された「新研究方針」にしたがって、「特に速度に卓越する重単座戦闘機キ44」と「格闘戦闘性能に優れた軽単座戦闘機キ43」の試作を指示していたのだった。

そこで、まずは軽単座戦闘機として直径一一一五ミリと小さいながら出力九五〇馬力の発動機ハ25を装備、これに対応して座席幅も八〇〇ミリギリギリのキ43が中島で完成、技研に提出された。昭和一四年一月だった。

技研では英国から帰朝した小山少佐、土屋技手係、飛行試験は山本少佐、林准尉係、整備は坂下雇員と筆者（四月から）で試験が進行していった。

だが、その性能は期待に反して見るべきものがなく、特に操縦性能試験で旋回性能が要求に満たず、最大速度も五〇六キロ／時そこそこだったので、いろいろな対策がとられたものの飛躍的な改善は見られなかった。

副翼　その第一は副翼の取り付けだった。副翼というのは、補助翼内方のフラップ部分の主翼後縁全幅に、幅一二〇ミリくらいの強化木合板の小翼を後縁と間隔および角度を変更できるように取り付けた一種のスロットだ。

この副翼で大迎角時の気流を整流して新たなエネルギーをあたえ、全体としての揚力増加を期待したのだった。だが、このアイデアにも見るべき効果は上がらなかった。

プロペラ　中島の設計現場担当だった大島氏によれば、プロペラは最初の固定節から二段可変、定速へと変化していったとのことだが、筆者が赴任して担当した四月（四三〇三号）頃はこれが混在していたようだ。

一番印象に残っているのは団扇《うちわ》のような幅広い木製被包プロペラを装備した機体で、プロペラ効率とエンジンの冷却向上を狙ったかと思われたのだったが、同氏によれば、ちょうど夏期にかかった時期の連続上昇試験では、シリンダー温度が二五〇度を突破

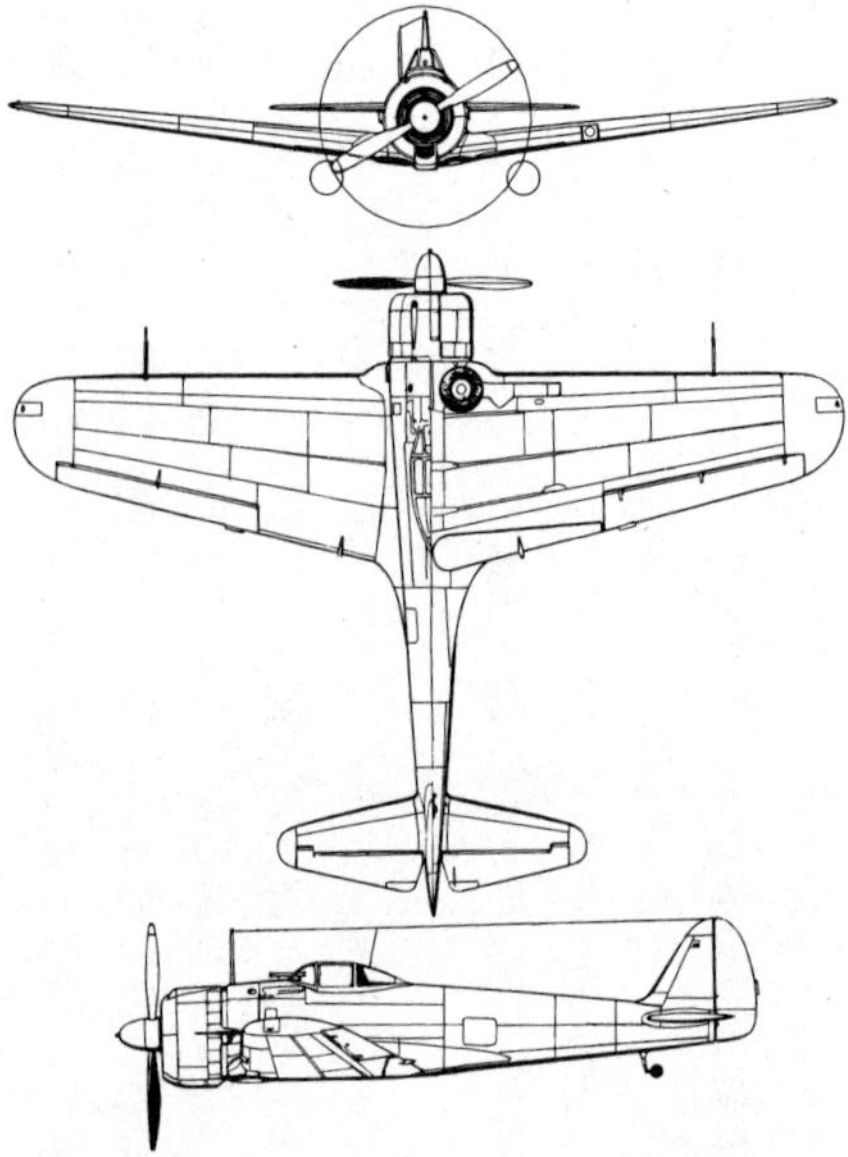
キ43 一式戦闘機「隼」

する、その主としてシリンダー温度過昇対策だったとのことだ。

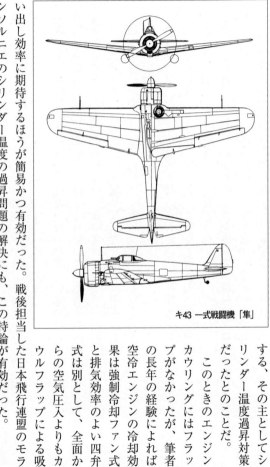

このときのエンジンカウリングにはフラップがなかったが、筆者の長年の経験によれば、空冷エンジンの冷却効果は強制冷却ファン式と排気効率のよい四弁式は別として、全面からの空気圧入よりもカウルフラップによる吸い出し効率に期待するほうが簡易かつ有効だった。戦後担当した日本飛行連盟のモランソルニエのシリンダー温度の過昇問題の解決にも、この持論が有効だった。

余談だが、後述するキ45の四弁式ハ20乙エンジン（三二〇〇rpm=毎分回転数）では、逆に過冷防止には、カウルの前部が排気管を形成していて、絞り込むのは無理のため、プロペラスピンナーの外径を次第に増し、ついにはカウルとの隙間が約三〇ミリ程度までになった。

エンジン　キ30の三〇〇三号に装備し、同時平行的に行なっていたキ43の装備エンジンのハ25三〇〇時間運航テストでは、特に問題となる点もなくて、巡航三〇〇キロ／時の燃料消費量は六八リットル／時と少なかったが、この少ない燃費が隼や同じエンジンの零式《れいしき》戦闘機（零戦《ゼロ》）と同様に驚くべき一二時間の長距離航行を可能にした秘密だった。

ついでに、ちょっと排気管の材料について述べておこう。

大島氏により量産機の集合マフラーは一ミリ極軟鋼板（ロ〇〇一）製のアルミニウム浸漬仕様だったと初めて知った。これで高温耐蝕性を上げたとある。資源不足の時代の窮余の名策だったのだろう。従来マフラーはステンレス製（インコネル）が常識で、戦後筆者が伊藤忠航空整備株式会社の下請け社経営時代に海幕発注のSNJ（ビーチクラフトC18）のマフラーを三〇発分製作したが、この材料もコロンビューム含有で加工性を向上した米軍規格の（JIS：SAS27）一・二ミリステンレスだった。

機体関係　機体関係では、脚引上装置が不調だった。脚柱の折損は審査全期間中なかったが、なかなか上がり切らない。担当テスパイの林さんは、離陸時に横滑りや速度を無理に殺したりして上げフックを掛けたり、着陸前には機体を横に振って下げフックを掛けるなど苦労していた。

元来、この機構は第四格納庫に分解して置かれていたチャンスボートV143をモディファイしたものと思っていたが、大島氏によれば、同じ機構のノースロップ5Dを手本にしたというのが正しいと述べられている。

脚の整備には中島出張員梅沢技手補、高橋技手補をはじめ、愛称金チャンこと飯島君などが、翼受台に支えられた機体の車輪にロープを縛り、両方から節づけも面白く「エーンヤコーラー」と、毎日のように脚主軸のメタル摺《す》り合わせと上げ下げテストを繰り返していた。気楽でのんびりしたこの風景ながら、彼らの心の焦りは如何ばかりだったのだろうと今でも思う。

こうした努力の甲斐もなく、キ43の審査は遅々として進まなかった。業《ごう》を煮やしたか軍は九七戦改三機の製作を命じた。完成した無塗装の機体は、全備重量一四六〇キロと制式機より五〇キロも軽く、キ27試作当時の値を切って、旋回性能ももちろん試作当時を再現したが、最大速度もやはり持ち前の四七〇キロ／時であり、試行錯誤上の単なる比較実験機に終わった。

蝶型フラップ　年改まり昭和一五年六月、キ44の進空が行なわれて、その糸川式の蝶型フラップが卓効を表わすや、キ43でも増加試作機四三一一号へ直ちに装備した。元来、中島はこうした手順は実に素早い。コックの電磁器による上下操作もキ44よりも一足早かった。

料理でも名コックのサジ加減一つで味に雲泥の差ありといわれるが、この結果、キ43はいたずらな暗中模索から抜け出して、一躍スターダムに伸《の》し上がった。

しかしその後の実戦では、対戦した敵機の性能にもよろうが、あまり効果的にこの装置を必要としたとの話は聞かない。

では試作段階での混迷は何だったのだろう？　一年近い空白はあまりにも勿体ない。問題点こそ違えキ44もやはり同じような空白期間を経た。

今は只惜しみても余りありと、約半年に余るキ44審査の空白当時の日記に記された下剋上の雑言を読みかえしている。過去にこだわっても詮無《せんな》いことだが、当時の日本陸軍には、余人を以て計り知れない禍根を包蔵していたというほかはない。果たしてそれは何だったのか？　おそらくは知恵の使い方が下手だったともいえようか。

空中分解事故　なにはともあれ、そうするとまた、新たな問題がキ43に生まれた。すなわち引き回しが利くとなると、勢い無理な操舵となりやすい。技研および審査部の試作機には全然その傾向はなかったが、部隊配備機の翼上面脚外方付近に大波の皺が出はじめた。

四号機以降の増加試作機は無塗装だが、筆者が見た皺の発生した機体は、暗緑色の迷彩塗装機だったので、部隊から回送された初期の量産機だろう。

昭和一六年四月から量産に入り、六月から飛行第五九戦隊をはじめに第六四戦隊にも装備されはじめたところ、まず機種改変中の五九戦隊の稲村軍曹機が能代での射撃訓練中に空中分解する事故が発生し、続いて漢口《ハンカオ》に帰って射撃訓練中に、老練の伊藤大尉も同じく空中分解で隼の歴史を鮮血に彩った。

八月に機種改変した六四戦隊でも、広東《カントン》基地での単機戦闘訓練で、操縦下士八二期の関幸三郎曹長機が空中分解した。

補強工作は六四、五九戦隊の順に行なわれたので、

「私の中隊はギリギリの一二月七日一九時に集結、基地コンポントラッシュに到着した。翌日の大東亜戦争の第一撃に出撃できたのは中隊では四機だった」

と難波少佐（五一期）は述べておられるが、緒戦のマレー戦でも、なお二機の空中分解があったやに囁《ささや》かれている。

これら一連の空中分解事故は、それぞれの状況に差こそあれ、全員殉職または戦死されている。おそらくは飛行状態が体力の限界を越し、脱出不可能の状態だったのではなかろうか。過速時に九七戦闘機ばりの舵を使えばたまったものではなかろう。

「急仰」は最大荷重のかかる操作である。

中島の大島氏によれば、量産の二一一号（部隊配備量産九六号までは臨時補強）以降では、この心配はまったくなくなったとのことである。

指揮官先頭　いずれにしても、このキ43の両戦隊は太平洋戦争初戦から参入して大戦果を挙げた。
わけても六四戦隊長加藤建夫中佐は、審査中もキ44との空戦訓練を行なうほか、帰任に当たっては広東までの二二〇〇キロを一躍進するなどの長距離運航を含む効果的な運用の研究を重ねておられたが、「部隊長先頭」の研究と実験より生まれた飛行機

昭和17年3月、ビルマの飛行第64戦隊所属の「隼」

への信頼および自信が、太平洋戦争緒戦の遠距離上陸掩護《えんご》を可能にした。

キ43一式戦闘機「隼」の名のもと、令名を内外に挙げることができたのは、これら名戦闘機部隊指揮官を得たことをまず第一に挙げなければならないだろう。その裏付けとなったのは、ハ25エンジンの約一二時間を越す戦闘機としては驚くべき航続力とハ25エンジンの信頼性による。

だが、この前段航空戦の戦訓により、水平旋回性能を戦闘機の絶対条件とした陸軍の従来の戦法は、のちに垂直面戦闘力と急降下追随速度および火力増大の要求へと、やっと変化する。

防弾装備で、かつ突っ込み速度の早い敵戦闘機への追随が困難で逃げられるのと、一三ミリ機関砲装備の火力しかなかったからだった。

このとき海軍はすでに二〇ミリ砲を採用しており、列国は銃口馬力の増大をはかって多銃装備へと進んでいたのだった。日本特有の「名人技の時代」はすでに過去のものになっていたのだ。

いずれにしろ、技研にゴロゴロしていたあのキ43が、難産ながらも「隼」として成長しようとは誰が考えることができただろうか。

「隼」は蝶型フラップで立ち上がり、太平洋戦争にやっと間に合って華やかな門出を飾った戦闘機だが、その後の戦局の推移とともに逐次、改造を加えられ、キ43Ⅲ型では最高速度も五六五キロ／時に達したが、キ84四式戦闘機「疾風」に主役を譲り、最後は二五〇キロ爆弾を抱いて悲劇の特攻機となったのは、海軍の零戦の辿った生涯とよく似ている。戦場によっては敵に零戦と間違えられたふしもある。

第七章――わが「鍾馗」はなぜ悲運だったのか

キ44二式戦闘機「鍾馗」

キ44二式戦闘機「鍾馗」は、筆者がその誕生から終焉まで、青春のすべてを投入して哀感を共にした終生忘れることのできない愛機なので、誰にも話したことのない秘話を含めて語るべき事柄があまりにも多いが、その生涯、特に試作段階を主に、できるだけ要領よく述べるよう心がけたい。

戦後、意外にも多くの「鍾馗」マニアがいて評判がよいのに驚く。おそらくはその名にふさわしい精悍で魅力的な姿が共感を呼ぶのだろう。

だがその一面、「鍾馗」は、ひと言《こと》に『用兵思想の貧困に災いされた悲劇の戦闘機だった』といっても間違いなかろう。

思えば、もう半年早くその本質「長槍」「一撃離脱」の特性を認識して制式化を早め、長所を延ばして使い込まれたなら、傑作戦闘機として主軸となり得る優れた素質をそなえた飛行機だったといえる。

事実、戦後でもベテランパイロットからも「鍾馗に乗っていれば絶対負けなかった」と愛惜の声は高いが、筆者としては「……絶対勝った」と言ってもらいたかった。つまり、どうしてその特性を十分に発揮する知恵を働かせてもらえなかっただろうか？　との疑念は払えない。

奇しくもドイツの主力戦闘機メッサーシュミット109E型戦闘機とともに来朝して、キ44と対戦したメッサーシュミット社テストパイロットのシュテアー氏が、「もし日本のパイロット全部が、このキ44を乗りこなせば、日本空軍は世界一になるだろう」と評したが、残念ながらその「もし」を問屋が卸《おろ》さなかったのが現実の姿だった。が、それは決して「鍾馗の罪ではなかった」とは、あながち筆者の「贔屓《ひいき》の引き倒し」とも言えなかろう。

重戦闘機キ44の計画

「鍾馗」と後に命名されたこのキ44は、日支事変勃発からちょうど一年後の昭和一三年七月一日に陸軍大臣の決裁を経て、陸軍初の重戦闘機として昭和一三年度の研究方針で計画された。

この計画では、従来の巴戦軽戦闘機と、局地戦闘機（インターセプター）として敵爆撃機を撃墜する高速度・急上昇性能と重武装を持つ戦闘機二種類を要求した。

前者はもちろんキ43（のちの一式戦闘機「隼」）だったが、後者は日本で初の機種キ44で、それも海軍の局地戦闘機「雷電」の内示に先だつ一四ヵ月前だった。

時代背景　この頃、世界の戦闘機の主流は六〇〇キロ／時以上の速度と銃口馬力の増大を狙った多銃装備の重戦闘機へと向かっており、中でも操縦性能では、水平旋回性能よりも高馬力による上昇力と突っ込みの垂直面戦闘性能に目を移し、高速にともなう旋回性能の不足は、僚機と二機一体単位（ロッテ）戦法や、四機編隊（シュワルム）のチームワークでカバーするものへと進歩していた。

しかし、わが日本陸軍航空一般の戦闘機用法は、相も変わらぬ三機編隊の「ヤアヤア遠からんものは……」式の軽業《かるわざ》戦法から抜け出せなくて、その流れから突出する新しい戦闘体形の知恵を出す着想がなかったのが惜しい。

その風潮にもかかわらず、陸軍航空上層部の欧州航空界の視察で、やっと重戦闘機に目を開いたが、それより前、すでにこの趨勢《すうせい》を見極めていた技研の当路者が、戦闘機王国を自認する中島技術陣と密かにその基礎計画を進めていたことはあまり知られていない。

速度一点ばりのキ15司偵用法を案出した前例もあり、技研当路者の柔軟な思考に改めて最敬礼しよう。だからこそ中島は、新研究方針が決済されるや「得たり応！」と素早く応《こた》えることができたのだった。

新機軸の重戦闘機

非公式に討議されていた重戦闘機の性能は、当時、比較的容易に入手できた欧米の資料で見られた米国のP43ランサークラスより一歩進んだものでなければならないので、この示唆《しさ》を受けた中島技術陣の意気込みのほどもわかる。

大馬力エンジンの選定はもちろんだが、空力関係も一段と知恵を巡らして最高を狙う必要があるのは当然だ。

期待性能に対する機体構造の強度を保証するのはもちろん、最高速度と安全な着陸速度との速度範囲が大きくなる点の解決策として、糸川技師が考案された「蝶型フラップ」と名づけられたファウラーフラップは、見渡したところ世界の戦闘機にはいまだその例を見ない優れた発想だった。

その「蝶型フラップ」は、キ44の離着陸や旋回性能の向上にその威力を十分発揮したが、それまで旋回性能に難のあったキ43の一一号に採用し、「隼」が生き返ったのは既述した。

また水平尾翼を基準位置とし、垂直尾翼をずっと後退させて方向安定を増した特異な形態は、錐もみ回復力や射撃時の据《す》わりをよくして命中率を向上させるなどの効果を生んだ。

胴体は、海軍の雷電のような紡錘型のいわゆる流線型ではなく、キ27九七戦闘機以来の頭デッカチのエンジンナセルの後方胴体を絞り込む小山技師案の形態で、意識の有り無しは別として、奇しくも後年発見された遷音速域エリアルールの先取りの形になっているのは、ルール適用速度範囲外の点を別としても面白い。

ただし、武装は胴体内に七・七×二と、陸軍初のプロペラ圏外の翼内に一三ミリ砲×二を装備したが、後に四〇ミリ翼砲や一三ミリ砲×四などと装備の変遷はあったものの、当時は銃口全勢力では米国機の一三ミリ砲の多銃装備よりは貧弱な武装だった。

この時期、海軍の零戦はすでに破壊力の大きい二〇ミリ砲を装備していたが、一味足らないキ44の砲装備は陸軍の指定だから、中島には関係ない。

では、時系列的にその生涯を辿ってみよう。

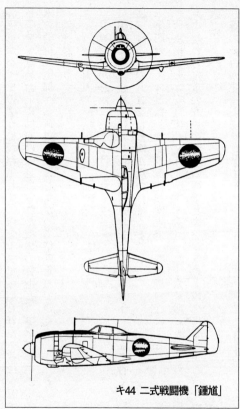

異端児キ44の誕生

試作機が誕生して、成長して行く一例として、まず昭和一五年五月二二日の群馬県太田市中島飛行機株式会社試作工場の全機破壊試験室での一情況から描写してみよう。

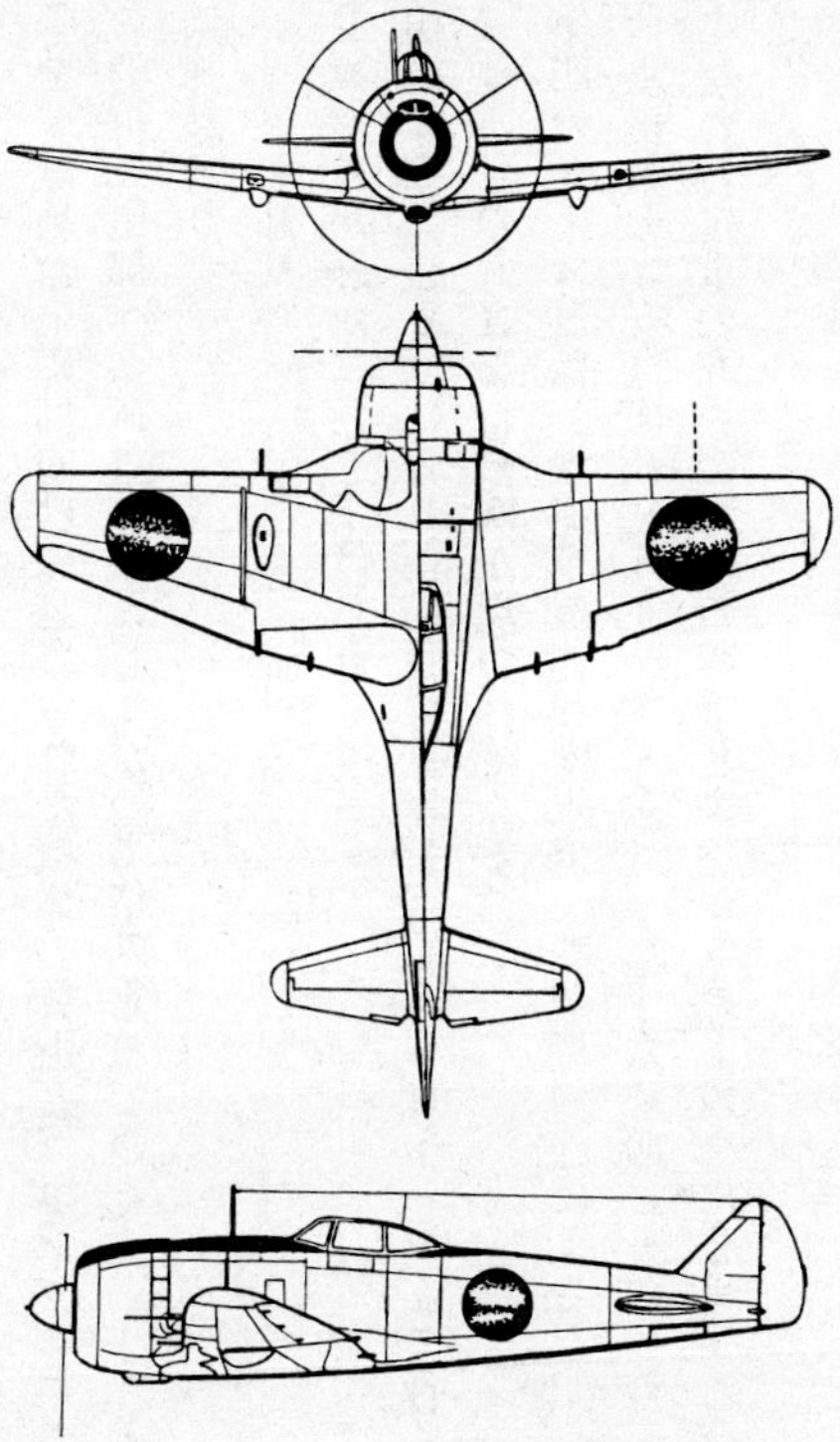

キ44 二式戦闘機「鍾馗」

「ジャッキ揚げ」「第四のケース用意。鉛弾積め」担当技師の号令が高々とスピーカーから流れると、各係員がバッタのように飛び出して、白テープで区切られた一枚二・五キロの鉛弾の布帯を、試験台上に仰向けに定置された機体の翼上と、エンジン架から張り出した腕木の釣板・尾部へと荷重分布にしたがって積み重ねてゆく。

「鉛弾終わり」

「ジャッキ卸せ」

ジャッキが静かに巻き下げられる。

山のように積み上げられた鉛弾の重みで、翼がジワーと撓《たわ》んで行く。座席横の外板に、幾筋もの大きな斜め皺《じわ》が現われてくる。

第四のケースとは、陸海軍機体強度規定・戦闘機の部によると、荷重倍数七×安全率一・八＝一二・六、一二・六×四／一〇＝五・〇四（G）すなわち自重の五・〇四倍の荷重とエンジンのトルクに相当する荷重が作用する状態だ。

翼の撓みが止まる。

「測定始め」

「R1、ストレス〇〇。ストレイン〇〇」

「L1、ストレス〇〇。ストレイン〇〇」

つぎつぎと計測員からの報告が記録されていく。各ポジションにピタッと取り付けられた細長い歪み計に見入る計測員の目も、真剣そのものだ。

約一三トンの荷重に押し潰されそうな感じのこの機体、目に入るのは山のような鉛弾と白い胴体。

現在なら測点に貼付したパットと油圧、それにコンピュータ方式で一〜二名で試験できるのだが、当時はまだそうはいかない。手間も仕掛けも大変だった。そしてなおも、

「ジャッキ揚げ——つぎ、第五のケース。鉛弾積め」と、次第に荷重を増やしていく。

運動重量二・二五〇キロ（I型）を例にとれば、破壊荷重は三二トンとなり、垂直旋回時の六・三G（テストケース五）でも一六トンの荷重を受け持つのだ。なんのことはない、仰向きの翼からそれぞれ八トンのダンプカーがぶら下がった状態をご想像願いたい。

八五〇キロ／時の急降下や、一番過酷な外力のかかる急仰運動にもビクともしなかった強さは、こうした厳しい破壊試験で設計構造が確かめられたのだったが、筆者は、巨大な鉛弾の山の下で堪え忍ぶ銀色の小さな試作機の姿に、ただただ驚嘆の息を呑むばかり。それは、まぎれもなく試作機陣痛の一情景だった。

試作開発に多大の費用がかさむのはいまも昔も同じと言えようが、このキ44の〇〇号を含めた試作四機の費用は四〇〇万円だと言われ、当時の量産戦闘機のちょうど一〇〇機分に当たる。

この時期、米国ではP47サンダーボルトがチラホラ噂にのぼる頃だった。

初飛行

その一方、利根川原の尾島飛行場では、強度試験の結果わかった、先端翼取り付け部の補強を終わった飛行試験用の一号機の整備が進んでいた。

エプロンに引き出されたキ四四〇一号は、パテ仕上げの灰藍色に塗装され、輝くように磨きあげられていた。

進空式の立ち会いには、技研から機体科木村・児玉・小山技師、発動機科武川中尉、飛行課森本大尉と田宮曹長・筆者（ともに少飛一期）で、中島側は首脳および小山技師、森下・太田技師らの担当者と、四宮操縦士亡き後の輿望を一身に担うテストパイロット林操縦士ほか現場関係者一同。

中島の梅沢技手補の暖気・試運転実施後、直ちに筆者が交替してレバーを握る。グーンと腹に応える爆音。浮き上がろうとする尾部に、「錘《おも》り役」の「金ちゃん」こと飯住君が、馬乗りで吹き飛ばされまいとしがみついている。

ブースト＋《プラス》一五〇ミリ、回転数二四〇〇、筒温二四〇度、排気温度六八〇度、振動なし。加速ＯＫ。回転を下げてフラップ四五度、ＯＫ。

いよいよ林操縦士が搭乗。慎重な試運転。林操縦士の両手がサッと横に開かれた。

「車輪止め外せ」の合図だ。

レバーが入れられて走り出すと、グッとブレーキが掛けられる。また走り出して、今度は左右ブレーキ数度とお決まりのテスト。

つぎはスロットル全開。機は悍馬《かんば》のごとく走り出し、尾部を上げて一直線に約一五〇メートル滑走。スロットルを閉じて余力前進。

これを二度三度と繰り返す。この間に舵の癖を調べるのだ。そして一度、準備線に戻っての所見は、「格別な癖なし」とのことだった。

進空　各部の点検を終えて、ふたたび機上の人となった林操縦士は、今度は飛行場西端まで機を進めた。尾島飛行場は利根川河川敷にあり、約一五〇〇メートルくらいか。
当日は東の風二メートル、ほとんど無風。フラップ二〇度下げ。いよいよ初進空だ。

轟々たる爆音、滑走約三〇〇メートルで機は、征矢の如く急上昇する。好調！　脚の引き込みもじつに早い。キ43で苦労した経験を生かして、メタルをニードルローラーベアリングに変更した効果が見事に出ている。

高度二四〇〇メートル。下から見るキ44はあたかも砲弾だ。九・四五メートル、一五平方メートルの翼は、まったくお情けにあるとしか見えない。右、左蛇行、旋回。相当な速度だ。

約三〇分の飛行後着陸姿勢に入る。進入速度は約三〇〇キロ／時もあろうか、大事をとってのことには違いない。大きく下がったフラップが印象的だ。ほとんど飛行場を一杯に使ったキ44は、クルリと向きを変えて青草の上をすべってくる。プロペラ回転面が太陽に照りかえる。大成功！　ホッとした空気が見まもる一同の面上を喜びの表情に変えた。

駆け寄って見れば、右翼に特設した「林案」による二メートル長の自記速度計用ピトー管が、無惨にも根元から曲がり、翼下にブラ下がっている。幸いにエルロンは壊していない。

細かいことは省《はぶ》くが、「空中での三舵の釣り合いよく、従舵性も素直で悪癖はない」と設計者随喜の所見。さすがに戦闘機王国中島だと感じ入った。

記録したエンジンの諸数値にも無理な点はない。もっとも、その後の飛行では筒温の上昇問題、水平尾翼桁の破損による支柱の仮取り付けなどはあったが、初飛行としては稀有の成功だったといえよう。

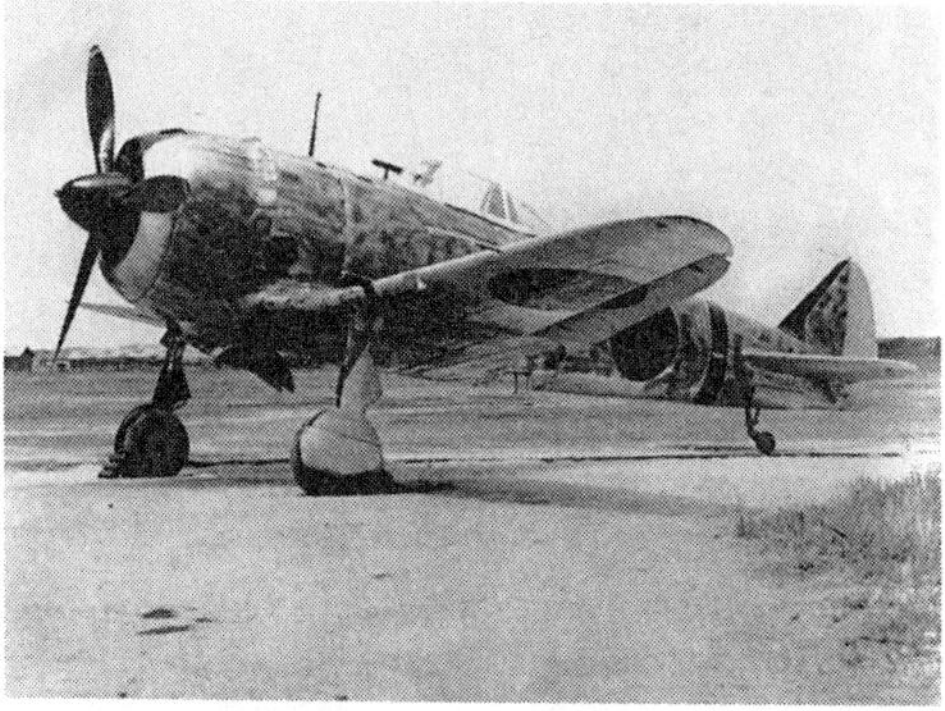
キ44二式戦闘機「鍾馗」。陸軍初の重戦闘機として誕生

だが、大きな障害がその前途に横たわっていようとは、このとき誰が予想し得ただろう？「パイオニアの辿る道は、常に茨《いばら》の路」だった。

審査開始　ともかく無事で初飛行に成功したキ44試作機の一号機は、補備整備ののち技研に空輸して操縦性テストに入った。

審査担当は機体科木村・小山技師と現場は児玉技師、飛行課では主任森本大尉・助手田宮、吉田曹長、整備は筆者と藤本雇員だった。

シリンダー温度過昇対策としてインナー・アウターに分けられていたカウルフラップを、コードの長い一列ものに改造して吸い出しを良くし、尾翼桁も補強したキ四四〇二号は性能試験、キ四四〇三号は射撃と無線その他の装備試験用としてスケジュールが組まれて、それぞれ審査に入った。

構造の概説

ここでキ44の試作当時の機体構造の特異点とその変遷について、触れておこう。

試作仕様は「最大速度六〇〇キロ／時以上、上昇力五〇〇〇メートルまで五分以内。武装は胴体内七・七×二、主翼に一二・七×二、防弾装備・酸素・無線装備を有し、巡航速度四〇〇キロ／時で二時間三〇分、うち三〇分の空戦時間を含む」で、キ43の侵攻戦闘機に対して、その性格は完全に局地戦闘機（インターセプター）としての要求だったのは前述した。

インターセプターは、要地に侵入する敵爆撃機を捕捉して撃墜するのが仕事なので、高速・急上昇力・重武装が必要だ。

そのためには高翼面荷重と大馬力エンジン採用による低馬力荷重・大口径砲・着陸用の特別な高揚力装置と三拍子が揃わなければならない。

次頁にキ27、キ43、キ44および当時の有名戦闘機の要目表を掲げたが、翼面荷重についてはキ27の二倍、キ43Ⅱの五〇パーセント増と断然大きいのに、上昇力を支配す

機　種	馬力	高度 (m)	全備重量 (kg)	翼面積 (m^2)	翼面荷重 (kg/m^2)	馬力荷重 (kg/HP)	速度 (km/h)	5000米上昇時間 (分–秒)	機　銃 (口径×装備数)
キ27改	800	2,400	1,490	18.5	80	1.85	470	5–40	7.7×2
キ43Ⅰ	1,000	4,100	1,950	22.0	90	1.95	495	5–30	12.7×2
キ43Ⅱ	980 1,100 1,130	6,000 2,850 0	2,642	21.4	123	2.34	515	—	12.7×2
キ44Ⅰ	1,260	3,700	2,550	15.0	170	2.02	565	6–30	7.7×2 12.7×2
キ44Ⅱ	1,220 1,440 1,500	5,200 2,100 0	2,764	15.0	184	1.84	605	4–15	7.7×2 12.7×2 又は12.7×4
零　戦	950	4,200	2,400	22.4	104	2.5	510	5–55	7.7×2 20×2
ハリケーン	1,185 1,050	5,000	2,996	23.9	125	2.9	535	7–20	7.7×8
スピットファイヤア	1,050	5,500	3,065	22.5	136	2.92	580	7–0	7.7×8 又は20×4

（備考）　Ⅱ型を除き、昭和16年1月頃の数値

る馬力荷重は、Ⅱ型では一・八四ともっとも小さい値を示している。これらの数値が本機の性格・性能を決定づける要素で、Ⅱ型で五〇〇〇メートルまでの上昇力が五分を大きく切った四分一五秒というのはキ44のほかにその例を見ない。

　これらの性能を十分発揮するには、これまでの戦闘機とは一味違う特別な仕様が要求され、既述のような過酷な強度試験をクリアしなければならないが、その全体像と構造の特異点について簡潔にのべておこう。

形の特徴　キ44の姿を特長づけるのは、まずお義理につけたようにMe109よ

り小さい全幅九・四五メートル、面積一五平方メートルの主翼とデッカイ頭。エンジンのすぐ後からグーと絞り込んでリファインされて伸びた胴体と方向舵、その前方につけられた水平安定板だ。

まずキ44の性能を左右する主翼面積は、小さければ小さいほど全空気抵抗が少なくて速度も出るし、縦軸まわりの運動も機敏になるが、小さくなる縦横比の不利をおぎないながらも、やはり全体の重さを支える揚力を出す必要から限度がある。

「Me109よりも小さい翼幅や面積一五平方メートルの数値決定には、一番苦慮した」と、糸川博士は述懐されているが、一号機製作後の翼面荷重は計画より一四キロもオーバーした。

また、当時採用できる実用大馬力エンジンがキ49（一〇〇式重爆撃機）と同じ直径一二六〇ミリで一二五〇馬力のハ41しかないからで、戦闘機としては頭デッカチにならざるをえない。

ちょっと面白いのは、このエンジン外径は九七式戦闘機のハ1乙より三五ミリ小さいことだ。一見理屈に合わないような感じだが、シリンダーの配列が二列だからといえば説明がつこう。

エンジンがファルマン減速機付きだったら、プロペラ位置がもう少し前に出て、イマイチ格好よくなったかも知れない。

前にも述べたが、全機のモーメントバランスを決める尾翼は、垂直尾翼が水平安定板より思いっきり後ろにある。

零戦二一型（写真）に対する局地戦闘機「雷電」に相当する役割がキ44に課せられた

この配置は、大迎角時に方向舵が水平安定板の干渉を受けにくいのでブリルなどからの回復も早く、また楕円縦長断面の長い胴体と相まって、射撃時の据わりが良くなり、弾丸の命中精度が増す。糸川博士はこれを「縦横の運動を切り離した」と表現されている。

翼の構造　八五〇キロ／時の急降下からの引き起しにもビクともしなかった強さの秘密は、「多格子型応力外皮構造」にある。中央翼前後桁の上面外皮は、一・二ミリの波型補強板で裏打ちされ、タンク室下面カバーのストリンガーの間隔もつめられて、取り外したときは結構手重りしたし、翼砲の弾倉カバーも厚板肉抜き裏打ちの強度メンバー作りだった。

中央翼と外翼とは従来の中島構造とは一味違って、上面は七本のヘックスボルト、下面は三七本のテンションボルトで結合され、空力性能重視はもちろんだが、従来の「軽く」というよりも「剛性」重視の構造といえる。

だが、高い迎角時の失速を防ぐのに、Me109の自動スラットなどの構造重量増加を避けて、「直線翼の取付角を翼端まで次第に二度捩《ねじ》り下げる」従来の方式を採った。

この特別な重量の増加もなく、大迎角時の失速特性とエルロンの利きをよくする優れた考案は、海軍九六艦戦以来の日本戦闘機の特色だった。

また単に強度関係だけでなく、舵面の軸まわりのゼロ平衡を保つため、フリーズ型エルロンや各舵面の釣合い張出し部のマスバランス処理がよくできた関係もあり、操舵力は軽すぎるくらいで良く効いた。

そこで木村技師は、一時密かに昇降舵系統にスプリングを挿入して、舵がジワーッと効くようにした。水平尾翼は固定部と舵面の比を変えて結局、第四案で落ち着いた。

この一連の構造で、キ44審査間および全運用期間、キ43の翼のような強度不足による空中分解事故や、海軍の零式戦闘機の試作期間に起きたようなエルロンフラッター事故などは起きなかった。

胴体　一八個の長楕円形框と二八本の縦通材の半張殻応力外皮の二分割製作された胴体は、第六円框部で前後を九六本のボルトで結合され、中央翼とはボルト結合なのが翼・胴体一体製作の九七戦やキ43と異なっている。

オイルクーラー　I型はエンジン前面の環状冷却器、ハ109エンジンのII型から製造容易な蜂の巣型で、エンジン下面に移った。

カウルフラップ　初飛行の頃のように一号機だけがアウター型＋インナー型で、その後はマイナス五度まで締まる（飛行中は吸い出されて少し開く）一列型に改修された。空冷エンジンの冷却は、放射型シリンダーの冷却鰭《ひれ》と邪魔板（バッフルプレート）との間を通過する空気量をなるべく多くするのが必要だが、それにはシリンダー前後面の圧力差を大きくした吸い出し型が、強制冷却式は別として、単なる圧入よりも冷却効果が大きい。

燃料タンク　二五五リットルの胴体タンクは、前後を防火壁に守られ、正座した人間が滑油タンクを抱いた形をしていて、左一〇五・右一二五リットルの翼内タンクともども三層のゴムと二枚の絹フェルトおよび銀色塗装の絹布で全面を包んだ防弾装置を持っている。

各タンクの空気抜きは座席のコックに集め、油分離器を経由した真空ポンプ排気圧を導入加圧してベーパーロック対策としている。

戦時中に胴体タンクがクシャッと縮まったことがあった。原因はタンク通気管が塞がったせいだが、それにもかかわらず燃料ポンプが一方的に燃料を吸い出してエンジンに送ったので、タンク内が負圧になったからだ。小さいペスコ式燃料ポンプの能力も馬鹿にならない。

落下タンク　汎用型と違って振れ止め金具がタンク側にある専用の落下タンクは、五号機までは胴体真下に取り付けられた容量一二五リットル一個、六号機以降は両翼下取り付けの一三〇リットル×二で、翼下に二〇〇リットル汎用型タンクおよび爆弾用装備の懸吊金具をつけたのはズーッと後からである。
ついでながら、英軍から「魔の黒江」と言われた撃墜王黒江保彦大尉の名著『空の男』で、「鹿屋から沖縄間、落下タンクがなかったので……」の記述は、文意を強める『言葉の綾《あや》』であろう。彼は生前、無理にはこれに触れなかったが、落下タンクは筆者が全機に装備した。

因みに彼の乗機八号機は、林操縦士による落下タンク投下試験機だった。この試験では、空中で落ちなかった左タンクが着陸の衝撃で落下し、水平安定板先端を損傷した。

余談だが、『かわせみ部隊』編成時には、パイロットに片翼内タンク一二五リットルを使いきる時間飛行を行なわせて、自機の燃料消費量からのギリギリの航続時間を確認してもらった。

もちろんミクスチャーコントロールで燃料を絞る基準は、「排気温度計の示す最高の山を越えて二〇度下がった温度」が最良の巡航消費量であることも十分教育した。

黒江保彦

蝶型フラップ　前にも述べたが、高翼面荷重とともに高くなる着陸速度を低くするには、性能のよいフラップが絶対必要だ。

当時、世界最高レベルの迎撃戦闘機「鍾馗」の提唱者（講談社『日本はこうなる』糸川英夫参照）で、初期計画立案から担当していたロケット博士の糸川さんの特有な観点からの発想による「蝶型」フラップが、「鍾馗」を生んで一応成功させたといえよう。

このファウラーフラップは、ちょうど蝶が羽を拡げるような動きで、主翼の後縁からせり出して次第に翼面積と角度を増しながら迎え角を大きくする。すると、揚力係数が増大して揚力を増し、ともに抗力係数も増加してエアーブレーキ効果を高め、同時に翼面荷重を下げて失速速度を下げ、安全な着陸速度とするのがその役目だ。

それでもこのキ44の着陸速度は、セスナ機クラスの巡航速度一六〇キロ／時に相当し、キ43「隼」より七〇キロ／時も速い。

このシステムはすでにロッキード高速輸送機が装備していたが、これを戦闘機に取り入れようとは、世界中の誰も考えなかった。いわば「ゼロからの発想」そのものだ。

基本が決まれば、後のシステム設計は楽だ。重量軽減が大きな課題の戦闘機に、輸送機クラスのシステムを取り入れるには問題もあろうが、わりに簡単なラック（歯棒）とピニオンギアー構造でクリアするのも中島は手慣れたもので、試作以来、フラップ関係の故障は全然ない。

フラップ開閉を操縦桿頭のスイッチで電磁器操作するのは、キ43グループの着想だった。

風防　三号機までは後半部が作り付けで、開閉スライド部はストンと胴体内に落ち込む方式だったが、四号機からパイプ力骨補強のキ43と同様な水滴型になった。手動開閉で、手放すと、両サイドのノックが嵌《はま》って止まる構造なのは、風圧力が常に締まる方向へ働いていたからだ。

この水滴型は、福生とサイゴンで黒江さん（八号機）が猛烈な急降下引き起こしで飛散させたことがある。ふっ飛んだ風防は、行方不明で回収されていない。

余談ながら風防飛散といえば、戦後、日本飛行連盟で仙台から竜ヶ崎基地への帰りにモランソルニエ機の大きなスライド風防が飛散し、稲田の中から回収したことがあるが、それは一枚の紙のようにヒラヒラと落ちるのか、少しも傷んでいなかった。

防弾鋼板　日本陸軍機で六ミリ防弾鋼板を装備したのはキ51襲撃機（昭和一五年制式・胴体下面と座席下面）で、超低空襲撃の際に地上からの応射弾を防ぐためだったが、一三ミリの頭当てと背当てあわせて六〇キロの防弾鋼板を戦闘機に装備したのはキ44が初めてだった。

従来は「防弾鋼板なぞ恥だ。それに重くなる」と、その装備を嫌っていた。国運を双肩に担う戦闘機パイロットの養成は一朝一夕にはできないのに、一グラムでも軽くと性能重視のあまりか、その「いさぎよい」言葉の裏には人命軽視の風潮がなかったとは言い切れない。

第二次ノモンハン事件で、ソ連И《イー》16が撃墜困難になったのは第一次の戦訓で防弾鋼板を装備したせいだったし、戦後聞くところでは、四式戦闘機の防弾鋼板のおかげで、米軍のF６Fに攻撃されながら無事だったと述懐した知人もいる。

「鍾馗」の防弾鋼板には今も忘れられない苦い思い出があるが、これは後に譲る。

脚　尾輪を含む降着装置のうちの脚はキ43と同じだが、回転部にニードルローラーベアリングを採用したので、非常にスムースで、離陸時に機体が地面を離れた瞬間に脚上げ操作した後に急上昇すれば、まるで脚のない飛行機のように見えるほどで、審査部へ転任する前の独立飛行第四七中隊長神保少佐の得意技《わざ》だった。

主脚柱は五号機の引き込み回転軸首部の破断故障が一度あった。工作不具合だった。

一般にキ44の脚は弱かったといわれたが、大概は着陸操作のまずさが原因だ。首輪式機での着陸時の偏向は自然に回復する性質があるが、尾輪式機では偏向すると重心位置との関係で、ますますこの傾向が大きくなる。だから舵を細かく使って、方向保持に神経を集中しないとグランドループを起こし、偏向外側の脚を捩じって危険断面の回転軸部から、いわゆる「脚が折れる」のだ。

折れないように補強する術《て》もあろうが、この考えは際限なく飛行機の重量増加をきたす。

昭和17年1月4日、サイゴンからコタパルへ出発する筆者

増加試作機までの車輪カバーの下部半分は、脚柱側にあり、脚収納の後で閉まるような構造だった。サイゴンでキ四四〇四号の離陸時人身事故で、笹原上等兵がこのカバーに足の一部を負傷しながらも、一命を取り止めたこともあった。「四四まるで死号」だと誰かがいったが、「帽振れ」との某新聞社の特派員の要請に応じて滑走路脇に並んだ兵の列に、右方に離陸偏向した編隊長機に従った三番機が突っ込んで七名の命を奪った。AT輸送機でマレーのコタパルへ先行した筆者は、もちろん知る由もなかった。

尾輪引き込み式も単座戦闘機としては初めて

採用されたが、方向ロックの連動ワイヤーの操作が不具合だと不良収納となり、内部に引っ掛かって降りず、滑走路で尾部と方向舵下部を削り取られる結果となる。

南方従軍では、同行の中島の工員の手ですぐ修理はしたが、広東とバンコックで各一回あった。


エンジン　五〇〇〇メートルまで四分一五秒の素晴らしい上昇性能を発揮したのは、Ⅱ型装備の一四五〇馬力ハ109エンジンによるのは前に述べたが、試作機・増加試作機と追加Ⅰ型機四〇機はハ41一二五〇馬力エンジンだった。このⅡ型になると、馬力荷重がⅠ型の二・〇二から一・八四と改善されたのでこの数値が出て、最大速度も六〇五キロ／時と初期計画に到達したのだった。

ハ5系列エンジンは、キ21九七式重爆撃機・キ30九七式軽爆撃機用として信頼性の高いエンジンだったが、離昇一五〇〇、高度二一〇〇で一四四〇、二速度与圧器を装備した第二与圧高度で一二二〇馬力とハ109で頂点に達し、キ44鍾馗Ⅱ型とキ49Ⅱ型呑竜のエンジンとなった。

試作機を含む運用全期の使用実績では、気筒の破断が一例あっただけだが、給気管と気筒の取り付け部がリングネジの三菱金星系と違ってバンド止めゴム管接手だったので、定時に増し締めの必要があったほかでは、気化器のエコノマイザー弁部の不具合で、離陸時の事故に繋《つな》がるデトネーション故障には手を焼いた。こんなときにはレバーを少し絞ってブースト圧を下げ、上昇をやめて水平直進飛行すれば収まるのだが、大概は飛行場に戻ろうとして旋回する。帰巣本能というべきだろうが、それがすぐ失速墜落に繋がる。

事実、ベテラン粟村准尉はこうしてこの故障をコントロールし、いったんは林の中に没したかに見えたが、暫時ののちには総員拍手に迎えられた着陸姿勢の彼の機があった。

多くの若人の命を奪った原因は、殉職者石原曹長の怨念というべきか、ついに判明した。彼の機体の焼け残った気化器を調べたら、なんとバルブガイド部に麻糸が絡まっていたのだった。

こうしたバルブの焼き付きなどの傾向は昭和一九年に入ってからだったが、製造検査の杜撰《ずさん》さによるものだ。品川気化器株式会社製だった。

運航上では、かわせみ部隊が空戦訓練中の明野、海軍との合同空戦で木更津でと各一回、エンジンが過回転で破損した。筆者は当時、審査中のキ56一式輸送機にエンジンを積みこんで木更津に急行し、エンジンを交換した。同機にはエンジン三台を搭載する設備があったが、海軍にはこの種の飛行機がなかったのか、「自転車まで載せてきたヨ」と呆れられた思い出がある。

お礼の挨拶に伺《うかが》った士官食堂の豪華なランチには驚いた。兵隊食とあまり変わらないドイツ式の陸軍の将校集会所とは雲泥の差があり、まったく予想もできないものだった。

話がそれたが、こうしたエンジンの過回転は、プロペラのピッチ変換範囲がこの頃二〇度だったので、パワーダイブすると高ピッチ固定状態になり、以後は高速増加にしたがってエンジン回転はオーバーする。

追いつ追われつの空戦になると、対戦相手の追撃と離脱のみを意識し、スロットルと舵の操作に気を取られて回転計なぞ見る暇もなかろう。八五〇キロ／時を突破するのはこんなときだ。

過回転は最大回転数の一〇五パーセントを越してはならないから、I型用のハ41エンジンでは超過最大回転数二六五〇以上ではエンジンが破損する心配が大きい。

ハ109エンジンの高空性能　防空戦闘機として開発されたキ44二式戦闘機「鍾馗」は、結論からいえば性能不足だったというほかない。Ｂ29が一万メートルの爆撃行動高度に対し、上昇限度一万二五〇〇メートルのカタログ性能とはいえ、このときの飛行姿勢は最大揚力係数の迎え角なので、まるで凧のようなアップアップ姿勢だから、まともに空戦できるものではない。

B29による本土空襲。東京空襲により震天制空隊が編成

　B29との差は明らかに排気ターボチャージャーと二速度与圧器との性能の差であり、技術開発思考がワンステップ遅れていた結果である。そこに砲や防弾鋼板などの重い装備約二五〇キロをはずし、肉弾による特攻攻撃戦法に踏み切らなければならなかった悲劇の源がある。

　昭和一九年末B29の一万メートルからの東京空襲にあたり我が飛行第四七戦隊は、第一〇飛行師団長命令により震天制空隊が編成されることになった。特攻隊パイロットは、肉弾となって敵機に激突するほかはない。

　四式戦闘機に機種改変を終えた残余の「鍾馗」は、重量軽減のためまず防弾鋼板・銃砲はもとより燃料タンクの防弾ゴムまで取りはずした。涙ながら死出装束に改装作業する整備兵の手も後《おく》れがちだったし、それを命ずる整備指揮官はなお辛《つら》い。

こうして、東京上空体当たり撃墜第一号を記録したのは少飛一二期の見田《みた》伍長だった。つづいて昭和二〇年一月九日、幸軍曹は戦隊全員いな東京都民環視の中、成増上空一万メートルの上空で「幸軍曹、只今より突撃」の放送を最後にB29に激突し、火玉となって散華した。

また同日、戦隊至宝の粟村准尉も銚子上空で敵機の尾部を吹っ飛ばして胴体に馬乗りとなり、敵の爆発煙とともに太平洋に没し、二月には鈴木曹長(東京)、吉沢中尉(太田)と続いた。別に坂本曹長は体当たり撃墜後、重傷ながら生還した。

当時を思うと、途端にツーと涙が走る。「特攻」の言葉がでると、もう駄目だ。

安藤技術大佐著「日本陸軍の計画物語」によると、ハ44二〇〇〇馬力で主翼面積一九平方メートルの二単Ⅲ型試作の記録もあるが、時すでに遅し。せめてスピットファイアの例もある先端翼交換で対応できなかったか、とは後知恵というべきか。

実用試験について

昭和一五年秋、明野飛行学校で射撃その他の実用試験が行なわれた。

ここは歴戦の中隊長以上の教官が、後輩の空中戦闘訓練をする戦闘機の牙城だったが、同時に当時は試作機のかならず通過しなければならない関所でもあった。キ44は、ここで散々な酷評を頂戴した。

「こんな暴れ馬に乗れるか！」

不良着陸の第一回搭乗者は、筆者に怒鳴った。

「殺人機だ。若い者にゃ乗せられん」

「こんな旋回半径では、実戦の役に立たん」

しかし、空中で操縦性は素晴らしいとの批評もあった。

その後昭和一九年に、わが飛行第四七戦隊の未習者教育で操縦歴一〇〇時間台の特操第一期生が無難に乗りこなした実績もあるのだが……。明野実用審査では、「いったいこの人たちはなにを考えているのだろうか？」というのが筆者のいつわらざる感想だった。

戦後、堀越二郎氏から伺ったところでは、海軍でも同様で、軽戦亡者には最後まで苦しめられたとのことだが、このほどさように陸軍のそれも病膏肓《こうこう》の域だった。

第一次ノモンハン空戦の勝利に酔い、その戦訓から第二次戦闘では、防弾装備のうえ、大部隊による徹底した一撃離脱の奇襲戦法へと戦術を変えた相手方ソ連軍の対応の素早さと思考の柔軟さを見習い、近未来の戦闘機戦法の在り方に目を開く知恵をどうして持てないだろうと筆者は考えていた。

だがさすがに、六四戦隊長加藤中佐は、広東《カントン》から帰られるたびに試乗されては有益な意見を述べられていた。

加藤建夫

以上の結果、キ44は性能の不足もあって、審査は約半年放置された形となった。しかしながら、技研と中島はこの間にも不備事項改善の努力は続けられていたが、奇しくも嬉しや、ここにキ44の救世主が現われたのだった。

メッサーシュミットとの対戦

救世主、それは意外にもはるばるドイツからやってきたMe109戦闘機だった。

昭和一六年当初、欧州戦線では令名隠れもないMe109戦闘機が輸入されて各種の確認試験が行なわれていたが、来朝のパイロットによる九七式戦闘機やキ43との対戦で、「日本機は回避はできるが攻撃がかけられない」との現実に直面して、軽戦闘機論者はたちまち冷汗三斗となった。そのMe109は徹底した一撃離脱の奇襲戦法だった。

「ソレ！　キ44とキ60を持ってこい」となる。戦闘機審査のベテランだった荒蒔少佐によれば、

「最初の打ち合わせなぞ全然無視してロージッヒカイト大尉は、雲のなかに隠れて突然奇襲してくるか、または遠くを迂回し太陽を背にして攻撃してきて後に回り込んでくるので、こちらも降下旋回ぎみに急旋回に移り、互角位置についた途端、彼は急降下して雲中に逃げ込む。まったく比較試験にならない。そこでMe109に岩橋譲三大尉が乗って空戦をやった結果、攻撃開始高・低位ともキ44が勝ち、旋回半径も小さいと分かった。またキ60を加えた同時スタート競争でも、キ44が素晴らしいダッシュを示した」

と述べられている。

さあそうなると、軽戦論者も否《いや》が応でも重戦の存在価値に目を開かざるをえない。従来、日本人はいずれの分野でも外圧に弱いといわれるが、ここでもその例に漏れなく、キ44も追試験、増加試作機の進捗をはかるなどと筆者の身辺も急に慌《あわ》ただしくなった。そして、ついにはそのキ44の全生涯にまでつきあうことになる。

ビルマ基地で整備中のキ44。「かわせみ部隊」が開戦直後にビルマに進駐

「かわせみ部隊」誕生

いったん緩んだかに見えた対米緊張は、またまた緊迫の度合いを増した。

昭和一六年七月一六日、「ここ一週間以来変な雲行きがある。臨時召集がある。内地防空飛行隊が編成される。また技研では特殊部隊を編成して出るという……」筆者の日記の一節である。

そしてその九月五日、坂川少佐（四三期）を隊長とする独立飛行第四七中隊が生まれた。集《つど》うもの、航士校から荒武者神保大尉（四八期）、のちに魔の黒江と英軍から恐れられた黒江大尉（五〇期）、杉山中尉（五一期）、明野校から岡田・高倉・三ツ本准尉、少飛三期伊藤曹長、同四期田中軍曹。整備班長は技研発動機部のベテラン武川中尉、それに零号以来の整備担当、少飛一期技術の筆者である。

訓練中は技研の老練雇員と中島飛行機の出張員も加わり、そこへ逐次、実施部隊から飛行実験部へ選抜派遣されていた下士官と兵が転属してきた。

そこでこれら新しい隊員への空地での取り扱い教育に、筆者は忙殺される毎日が続くのだったが、特にパイロットのためには青焼きでポケットマニュアルを作って指導した。航続力の短いキ44では、特に回転数とブースト圧の選定を誤るとたちまちガス欠となる。

そこで排気温度計を基準に、翼内タンクを指定してその消費時間を計る時間飛行を行なわせ、自分の飛行機の航続力を認識させたのもその一例だった。巡航速度四〇〇キロ／時では約一二〇リットル／時だが、戦闘空域に入り戦闘巡航五〇〇キロ／時にすると、約五四〇リットル／時になることも、このテストでわかった。

こうした訓練にもかかわらず、集中途中サイゴンの一歩前のナトランで、燃料コック切り替え不適切で着陸直前に七号機が失速事故で失われ、杉山中尉が負傷した。

南方戦域へ参加　三ヵ月間の訓練ののち、独立飛行第四七中隊は期待されて「空の新選組」、また「狙った魚ははずさぬ」とのかわせみ（別称ショウビン）の性から通称

「かわせみ部隊」との名前を頂戴した。

そして胴体座席横の赤穂四十七義士の古事にならった山鹿流陣太鼓のマークも鮮やかに、メッサーシュミットとほぼ同じ迷彩色に装ったキ44の九機は、昭和一六年一二月四日、福生飛行場（今の横田基地）を出発した。目的は南方戦線に出現が予想される英空軍スピットファイアに対抗するためだった。

出発式では「皇軍の興亡を賭するこの作戦、国軍の当中隊に望むところは大である。諸賢もとよりその責の重大なるを自覚しあると思惟するも、さらに一段の奮闘努力を祈る」との航空総監以下、軍首脳の見送りを受けた。一独立中隊の出陣式にしては、まことに稀有のことと言わなければならぬ。

サイゴンで待機中の黒江大尉機（キ四四〇八号）

筆者は「ド偉いこと始めるナー。マアこれが最後のご奉公になるだろう。頑張ろう」と覚悟を新たにして、九七重爆撃機Ⅱ型で追及した。愛機の状態には絶対の自信があった。

南方での戦闘経過については、伊沢保穂氏にお話しした「日本陸軍戦闘機隊」（酣燈社刊）の「飛行第四七戦隊」を参照されたい。マレーでは敵機と間違えたか、味方から攻撃されることもあったが、当時、胴体の日の丸標識がなかったせいでもあったのだろう。

南方熱地でのキ44の適応性では、ベーパーロック以外にはなく、これもあらかじめ用意していた九三式重爆撃機用のオイルクーラーを活用して切り抜けた。ビルマのレグ基地で、地上偽装用樹木の葉四枚が気化器の網を塞いで不調になったり、早朝まで前夜運転のシリンダー温度が残り、暖機運転が不要な状態だったり、スパナを翼上に置けば手で持てないくらい熱くなるなどの珍しい経験もした。

当時、中支那の漢口《ハンカオ》でも、「屋根にとまった雀が焼け焦げて落ちる」とよく言われたが、ビルマのレグやトングーの暑さも、それに負けないくらいだった。

おりしも昭和一七年四月、ドーリットル爆撃隊による内地攻撃があり、追撃できたのは、水戸で射撃審査中のキ61試作機のみだった。

ビルマトングー基地で作戦中の「かわせみ部隊」は急遽、内地帰還の命令を受けて、四月下旬、松戸飛行場に帰着し、その後、柏・調布を経て昭和一八年一二月、新設の成増基地に展開し、東京防空に従事した。

この間、東条首相から燃料の特配を受けた第一〇飛行師団の訓練は猛烈をきわめた。「訓練九九九」が発令されると夜間・悪天候を問わず部隊の全五四機は、待機空域の富士山上空九〇〇〇メートルへと急ぐのだった。

「九九九」というのは応急出動の略号だった。こうして「警急姿勢」で待機中の全機が三分一五秒で離陸完了するまでになったが、整備教育も新しい方式で寸暇を惜しんで行ない、その要求に支障のない一〇〇パーセント稼働を保持した。

昭和一九年一一月一日、ついに防空戦隊には本番の日が来た。東京上空一万メートルにB29一機が偵察に侵入した。

八王子上空で待機していた松崎中尉編隊が攻撃したが撃墜できず、逆にエンジンに被弾し、滑油にまみれて着陸し、「特攻攻撃のほかなし」と報告して、自らその隊長を志願した。当時、戦隊はキ84四式戦闘機に機種改変中だったので、残余の鍾馗により「震天制空隊」が誕生した。

「鍾馗」すでに老ゆ。老兵は消えて行くのみ。

戦後に米国で一〇〇／一三〇燃料でテストの結果、最大速度六一六キロ／時、「上昇力とダイブ速度は素晴らしい、育てようによっては優秀な戦闘機」といわれたが、茨の道を歩んだ重戦闘機のパイオニア、キ44二式戦闘機「鍾馗」は、生産一一七五機で、その悲劇の生涯を閉じた。

いずこに眠るや「鍾馗」！　不肖の子ほど可愛いというが、今や死児の齢《よわい》を算する愚ながらも、零号から終焉まで見まもった筆者のレクイエムとしてこの文を捧げよう。

キ45　二式複座戦闘機「屠竜」

昭和一四年三月、陸軍航空技術研究所に来た川崎航空機のキ45試作機は、ハ20乙エンジンを装備し、細長い胴体と楕円翼の華奢な飛行機で、ニューと突っ張った長い脚柱から、筆者らは「足長蜂」と呼んでいた。

第二部は木村昇技師、飛行課は秋田少佐主任、整備は高野雇員がそれぞれ担当した。会社側の川崎技師は、大きな身体に大きな目玉をギョロつかせて毎日、「おはようございます」と慇懃《いんぎん》に挨拶し、当日の入所人数を報告された。受けるは若年のハンガーチーフの筆者。役目ながら恐縮のみだった。

ハ20乙エンジンは頭上四弁式、最大回転数三四〇〇の発動機で、シャーンという軽い回転音は、快く大空に拡がった。九七式戦闘機に搭載して空中テスト中の同ハ20乙は、山田曹長が操縦し、離陸直後の故障で、立川飛行場南端場外に不時着し大破した。

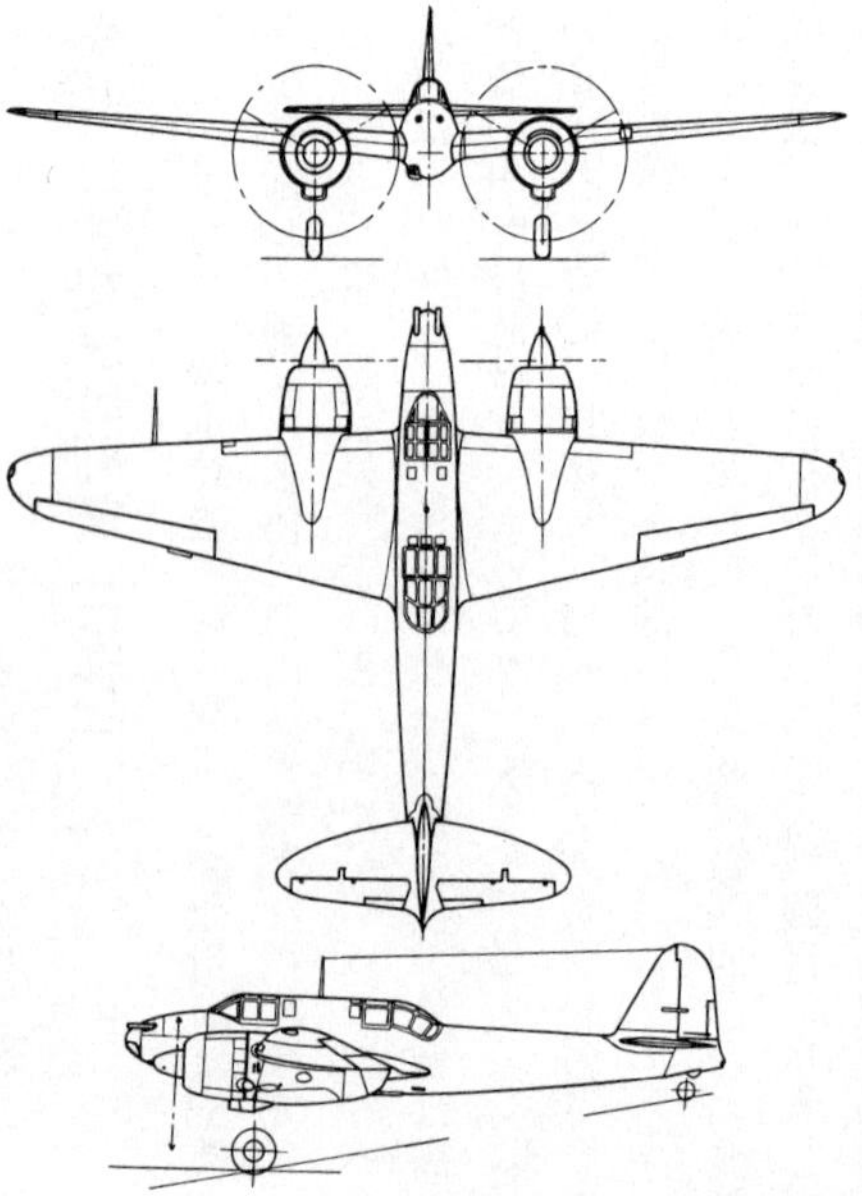

キ45 二式複座戦闘機「屠竜」

胴体は強い円框に比較的、薄い外板を張った川崎特有の工作で、あまり手際よくは見えなかったが、全体の形はスマートだった。

後席風防の切り欠きは、キ51と同じ考えに基づき戦闘状態に対応した後上方銃位置に対応したものだった。

高性能を思わせられたが、意外に性能は上がらず、四弁の特性上、排気効率が良いので、筒温過冷対策として次第に大きくなったスピナーが目立った。

これは集合排気管が前面にあってカウリングの一部を形作っていたせいで、冷却空気は約二〇ミリくらいの狭い隙間から入るのだった。ついにはまったく隙間なしで、スピナーの先端を切り取った孔だけの状態となった。

プロペラ選定に各種のものを交換装着していたが、キ43で試みた団扇型プロペラも、この機体でも一応、試験されていた。

筆者はなんでこんな馬力の小さいエンジンを使うのだろうとの疑問を持ったものの、キ21、キ43、キ51を担当していたので、このキ45の動きの細部は正確には記録していない。

一時飛行中の翼の撓《たわ》みについて測定していたが、その方法は翼付け根と翼端に植えたメッキ球の軌跡を二眼のカメラで追い、一本のロール感光紙上に記録するもので、翼付け根の球が基線となり、翼端球は飛行状態に応じて曲線を描く。この曲線から翼の撓みを算出するのだが、測定室で見た垂直旋回の場合の撓みは二五〇ミリもあった。

試作三号機までもナセルストールに悩まされて、発動機ナセルにスロットを開けたりしていたが、のちにハ25エンジンを付けたキ45性能向上機に田宮准尉と同乗し、クイックロール（急横転）をした途端、「バカーン！」と大きな音がした。「左発動機が停止した、サア大変」と思って見れば、エンジンは異常なく回っているじゃないか。あとから、あれが気流の剝離によるナセルストールだと知った。

試作機二号までの脚上げは、手動のチェーン巻き上げで、同乗者は「あごを出して」いた。三号は電動になったが、やはり色々のトラブルはあった。従来、日本は電気には弱かった。

キ45改は、全面改造で主翼も直線翼となり、すっかり面目一新した。キ48軽爆撃機を軌道に乗せた後に井町技師からこれを受けついだ土井技師の記述によれば、キ48の主翼の中央翼を短くしてそのまま流用し、エンジンナセルの取り付け位置を低くして、翼上面気流の乱れを防いだり、胴体の設計も全面的にやり直したとある。

当時から従来のものを利用して余計な手間を省く手法は川崎航空機特有な知恵で、他社に比べてオヤッというほど改造が早かった。後述するキ48試作軽爆撃機の審査が実にスムースに経過したのも、奇をてらわずに常識的堅牢第一主義で、多くの制式機を手掛けてきた積みあげの結果だと思う。

手直しのキ45改は、胴体のペコも姿を消し、もはや「足長蜂」の面影は微塵もなくなっていた。ついでだが、胴体右下銃用の凹みはキ45試作機からのもので、筆者はおそらく五四ミリ口径砲でも装備するのかな、などと想像していた。

話を戻すと、ハ25エンジン装備の性能向上七号機は五二〇キロ／時に達し、三菱製

キ45二式複座戦闘機「屠竜」。夜間防空戦闘機としてB29迎撃夜戦に活躍

ハ102装備のキ45改は最高速度が五四六キロ／時／六〇〇〇メートルと試作機より六四キロ／時も改善されて実用の域に達した。この速度はキ43隼Ⅲ型よりわずかに八キロ／時遅いだけで、同Ⅱ型よりは速い数値だ。

とはいうものの、複座戦闘機は本来爆撃機と同行して敵機の攻撃を防ぐが本来の姿だが、欧州ではドイツのMe110複座戦闘機にその例を見るだけで、わが日本ではその実施例がなく、太平洋戦争で昭和一九年五月二七日、米軍のビアク島上陸にあたって第五戦隊長高田少佐以下三機が米艦へ体当たりしたのは、攻撃機としての任務遂行上の出来事だった。

この壮烈な決死の突入は、指揮官先頭の陸軍航空の伝統であり、その後、特攻攻撃戦術への道を開く示唆となったとの意見もある。

話はちょっと脇に逸《そ》れるが、戦隊長高田少佐には筆者は特別な感懐がある。昭和一〇年夏、所沢飛行場の雄飛号気球大格納庫と道を隔てた天祖神社に、九二式偵察機が墜落した。

パイロットは五一期操縦学生高田少尉（四六期）だったが、逸早く落下傘で降下して受傷した。その彼を懇《ねんご》ろに介抱し、のち同氏夫人になられたのは、少尉が下宿していた駅前の千代田果物店の美貌の養女だった。このロマンスは、たちまち当時陸軍航空技術学校第一期技術生徒二年生の筆者らの耳にまで聞こえてきた。

少尉は筆者と同県人で、高知県室戸岬東の佐喜が浜（大関朝潮と同村）出身だったので、日曜日にはときどきお伺いし、いたずらに言挙《ことあ》げしない静かなその人柄に接していた。今に思えば、どこにあの烈々たる攻撃精神が潜んでいたのだろうか？　との感が深い。

ついでながら、奇しくもこの下宿を引き継いだ同県人渋谷少尉（四七期）も、日支事変当初、九三式重爆撃機で、北支郎坊爆撃で京津線の敵兵の列車に自爆した。合掌。

「屠竜」の奮戦　話をもどせば、戦後に南方勤務だった某パイロット（定期ラインパイロット）が味噌くそに「屠竜」をこきおろした記事に出会った。

「屠竜」が対戦闘機戦に弱いのは自明の理で、その場合の戦法にはまた一考案あってしかるべきだろうし、その反省なくしては単なる本人のエキスキューズに過ぎなかろう。だが、陸軍の複戦用法に確固たる定見が確立していなかったことが主因なのも間違いない。

それが俄然名を上げたのは、B29と対戦した小月基地の飛行第四戦隊と松戸の飛行第五三戦隊の働きだった。筆者と同期の樫出大尉は、北九州へのB29初空襲以来、大量二九機の撃墜王だった。これは主として三七ミリ砲の威力だったが、人機一体、彼の卓抜した空戦伎倆なくしてはこの成果はなかっただろう。

また関東の五三戦隊は昭和一九年四月編成以来の夜間戦闘専門「ふくろう戦隊」で、昼間はビタミンA剤を服用して寝ておき、もっぱら夜間飛行訓練に精出した。

夜間の視力は「周辺視」によることがわかっていたので、もっぱらこの訓練も怠らなかった。周辺視というのは、いわゆる眇《すがめ》のようなもので、夜は「注視視線」の周辺がよく見えるとの医学的研究の成果だと聞く。その成果の活躍ぶりを見よう。

昭和二〇年四、五月の夜間、B29は低空二〇〇〇メートルで東京へ侵入し、無差別爆撃を始めた（当時、筆者は九州へ移動した四七戦隊の後発隊指揮官として成増基地で通過特攻機の整備中）。

この空戦を双眼鏡で見ていると、B29の腹の下にはかならず「屠竜」が食い付いて射撃していた。火尖が走る。すると、たちまち発火したB29が左ブリルに入って墜落する。この情景が無数に展開されたのだった。筆者だけではない。全都民もこの大スペクタクルに見とれて、日頃の溜飲を下げたのに違いない。

記録によると、昭和二〇年四、五月の夜襲では、毎回三〇機以上最大七〇機を撃墜とあるが、上向き三〇度にセットした二門の二〇ミリ砲の大きな効果はただただ見事というほかなかった。

名古屋防空の五戦隊でも、同様な成果が挙がった記録がある。

古来「人とものは使いよう」というが、「無用の長物」とさげすまれながらも、太平洋戦争の掉尾《とうび》を飾る千秋楽舞台の花道に、「足長蜂」キ45試作機を母体とするこれら夜間戦闘機キ45改「ふくろう戦隊」勇戦の、華々しい栄光の姿があったのを忘れてはならない。

第八章――名誉を保持した傑作機を称える

キ46　一〇〇式司令部偵察機

一般　キ15で開拓された司令部偵察機の後継として、各務原で進空したキ46試作第一号機四六〇一が昭和一四年一一月に技研に飛来して、筆者管理の第二格納庫に収まった。

キ15と同じく技研の安藤技師（のちに技術大佐）の計画によるキ46試作機は、ともに計画した航研機藤田中佐の遺産でもあったが、残念にも中佐は、その第一号の完成を見ずに昭和一四年二月、中支の長沙鎮において名誉の戦死を遂げられていた（BR20イ式重爆撃機の項、一四九頁参照）。

米軍からダイナの渾名《あだな》を頂戴した制式機は、南方戦場で敵戦闘機を尻目に高々度一万メートルを六三〇キロ／時の高速で偵察することになる。

東大航研河田教授の高速風洞試験でリファインされた流線型の試作機は、均整のとれた美しい出来栄えで、見た目にも高性能が予想された。

流体力学の泰斗谷一郎博士の「流れ学」によれば、空気の剝離を遅らせる抵抗の小さい層流の条件の一つは、翼上面がピアノ線のようなすべすべした滑らかさが必要だと述べられているが、翼はもとより胴体全面パテ仕上げの塗装に輝いていた。

この塗装法は一般の方法と違い、金属仕上げ塗料の中にパテを溶解して吹き付けたもので、塗料の伸びが非常によくてワックス掛けも必要ないほどなのには感心した。ただし今のアクリル系塗料とも少し違っていた。

構造上でも、強度部材と外板厚みの配分などの関係がうまくて凹みなどは少しもない。他社のものと比較して製作技術上に格段の進歩が見られた。

座席内の整理もじつに良くて、余分なものは目にはいらなく、脚・フラップの操作把手も自動車のチェンジレバー式の一本で操作できて、さながら高級乗用車に乗った感じだった。また、オートパイロットはシーメンス方向舵自動操縦装置（富士航空計器製）だった。

後席の七・七テ4MG（機銃）の射撃の際は、ノブを回すと半円錐の後端風防がクルッと一八〇度開くのだったが、実際に使った例はあまり聞いていない。ついにはM

スピットファイア。オーストラリア偵察でキ46Ⅱ型が痛い目にあったことも

Gをはずして風防を固定した。速度こそ最良の防御力との自信だったのだろうが、一時Ⅱ型でのオーストラリア偵察にスピットファイアに痛い目にあった戦例もある。

審査　審査は飛行課では田中佑晴少佐主任、操縦竹下大尉、整備はベテランの安っさんこと安井雇員・金井雇員、二科機体係は名前がどうしても浮かばない若い技手だった。

測定班長平野技手の上に八木中尉が加わったのはこの頃だったが、テストは例によってハ26Ⅰ型発動機の好調でスムースに進行し、機体各部も別に問題もないようだった。

トップスピードは五四〇キロ／時と当時の他の試作機よりも速かったのは、あらゆるものを犠牲にして速度と航続力を重点に設計したものなので当然といえよう。だが、この速度では支那空軍相手には通用しても、すでに五八〇キロ／時に達していた欧米列強の戦闘機の速度に及ばなく、要求性能六〇〇キロ／時に満たないのは明らかだったので、とりあえず一〇〇式司令部偵察機Ⅰ型として二六機製作するとともに、馬力アップ、とくに与圧高度を上げる必要ありとして二速扇車付ハ102エンジン一〇五五馬力／二八〇〇メートル、九五〇馬力／五八〇〇メートルを装備したⅡ型を昭和一六年三月に製作した結果、やっと六〇四キロ／時／五八〇〇メートルに到達した。

高々度偵察には写真と酸素装備は欠かせない。このうち写真機のレンズは直径二〇〇ミリ、長さ約一メートルの鏡胴の上部にキャノンカメラが取り付けられるものもテストされていた。余談ながら、筆者はこの会社の方に頼んでＦ２セイキキャノンを価格五五〇円で入手して終戦後まで愛用した。

酸素装備には最初、液体酸素も考えられたようだが、野戦向きでないので、結局、従来の三・三リットル一五〇キロ／平方センチのものが一二本セットされていた。田中式の流量調整装置の信頼性が低く、昭和一五年頃に新型流量調整装置が制式になったものの、これとても絶対確実とはいえないので、実戦では酸素発生剤も併用された。

一般に、装備品が飛行機の進歩に追い付けなかった一例といえよう。

高々度飛行対策　昭和一五年頃からのII型でさらに高空性能および上昇力が良くなるとともに、燃料系統のベーパーロックとエンジンの点火系統のコロナ放電が問題になってきた。

ベーパーロックの原因は、燃料の性質、とくに製造時の一〇パーセント溜出点（エンジン始動性能に関連）の低蒸気圧成分が関係するとともに、燃料配管の曲げ方による屈曲部の流速変化による圧力低下泡の発生と、接続部の締め付け不十分による空気の吸い込みに

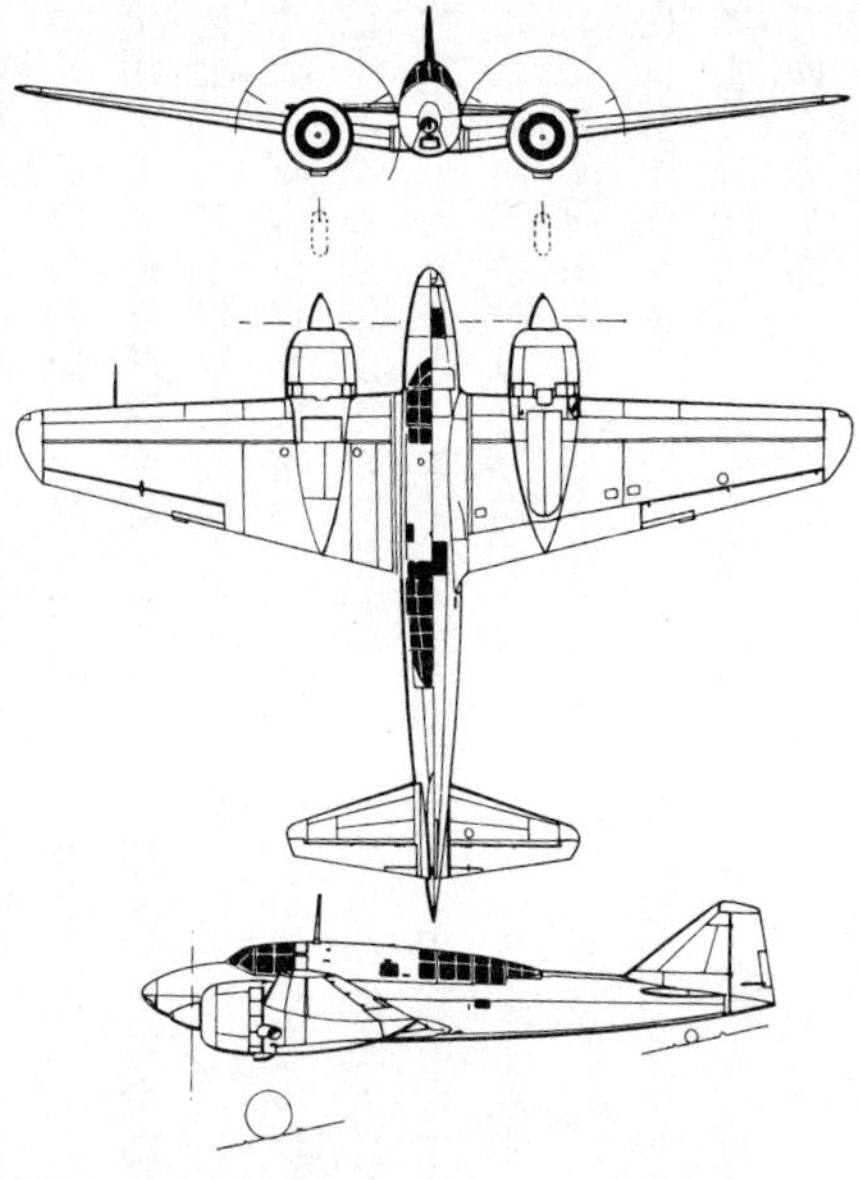

キ46 一〇〇式司令部偵察機

よるのだが、地上繫留時にタンク内の燃料温度が高くなるのも大きく関係する。したがって、これらの原因を除くのがその対策となる。

実用上では耐熱試験を経て燃料タンク加圧や燃料冷却器装備などで対応するのだが、整備上、エアーロックの傾向も多かった。

点火系統のコロナ放電は、高々度で気圧が低くなったとき、マグネトーの飛火配電部位をめぐる空気がイオン化して美しい紫色の放電虹に包まれる現象で、こうなると発生電圧二万ボルトのエネルギーは放散して正しい点火配電は不能となる。

これを防ぐ手段はとりあえずマグネトー全体を冷却するほかはない。これには普通、エンジン前面からの冷却空気を導くのだが、配電器をエンジンの前蓋部へ分離したり、後には低圧マグネトーで発電し、プラグ付近のシリンダーヘッド部へセットした二次コイルで昇圧する方式へと進歩していくのが大馬力・高々度飛行エンジンの常識となってゆくのである。

この問題に米軍がどう対処しているかと、撃墜したB29のエンジンを調査していた木原武正中佐（空将補）に戦後、お聞きしたところ、

「いろいろあったが、結局、点火プラグの碍管（ケーブル接続部内部の陶磁器ジンターコルンド製絶縁管）の長さを約一〇ミリ長くしているだけだった」とのことで、案外

『コロンブスの卵』だったが、いずれも同じ悩みをどう解決するかに苦心していたのだった。

排気タービン　高々度性能の優越さは、B29の例に見られたように、一つの防御力であるとともに一種の攻撃力を形づくるともいえようか。

司令部偵察機がこの性能の向上に努力したのは当然だが、Ⅲ型では燃料噴射のハ112Ⅱ、Ⅳ型ではハ112Ⅱルとついにその原動力となる排気タービンに辿り着くのだが、昭和一四年頃、当時技研ピストで高々度研究室の森寛一技師に伺ったところ、なかなか問題が多いようだった。

昭和一九年の全世界の航空技術情報を載《の》せた海軍航空本部「航空参考資料」などで明らかなB29やP47サンダーボルトの装備方法や、戦後に筆者が取り扱った小型機ロッキードやセスナの二六〇馬力級エンジンにも、ターボチャージャーが軽易に採り入れられている状況から、その時代時代の技術上の特徴や構成材質を別にしても、新しく各種の逃げの手を考案しているのがよく分かる。

技術上の格差を別にしても、この「逃げ」の考案のうまさは、日本は原理原則にこだわって迷路から抜け出せない妙な技術、気風が災いしていたのではなかったのだろうか？

排気の漏洩問題にしても、米国ではステンレス蛇腹排気導管が転動溶接製法で気密を保っていたし、「インタークーラーでは意外にも新しい空気を送り込む方式だった」との中島社小山主任技師のお話もある。タービン軸の潤滑にも同じような考案も見られるが、正攻法とは別に「逆転の発想」の必要なのがよくわかる例だろう。

ただし、窮余の一策の水メタノール噴射のパワーアップ法は日本の先行技術だった。

成功の真因 Ⅳ型二機で、北京――福生間を平均時速七〇〇キロ／時の記録を樹立した片倉少佐グループは、朝日新聞社との連絡で出発から着陸までが記録映画に収められており、同乗した機関士金井雇員（Ⅳ型伝習教育教官）は、「高度一万メートルで一時間以上も七〇〇キロ／時で在空したのは、私たちグループだけだろう」と得意の鼻を蠢《うごめ》かすのだった。

防空戦闘機として三七ミリ砲や二〇ミリ上向砲を装備したのは、苦しまぎれの場あたり手段で、司偵としては邪道。本筋の改良に忙しいメーカー当路者をまごつかせる必要はさらさらなかったはずである。対応する戦闘機がなかったわけじゃないのに……。負け戦《いくさ》はいつも混乱を呼ぶ。

キ46一〇〇式司令部偵察機Ⅱ型。戦略偵察機として活躍

いずれにしても、戦略偵察機として新分野を開いたキ15九七式司令部偵察機を引き継いだキ46一〇〇式司令部偵察機は、敵戦闘機を尻目に最後まで日本最高の名誉を保持した傑作機であり、その残した功績を称《たた》えるに吝《やぶさ》かではないが、終戦近くにはその成果を活用する余力がすでになかったのは悲劇的である。

「二〇〇〇馬力級のタービン付きエンジンにしていたら」などとは愚者のあと智慧だ。

何はともあれ高々度・高速度を唯一の武器として、その任務を単一に絞って育成したことがキ46一〇〇式司令部偵察機を成功させた真の原因であり、筆者はここに改めてその発案者藤田雄蔵中佐に、尊敬と哀悼の誠を捧げる。

キ48　九九式双軽爆撃機

一般　昭和一四年七月に完成し、各務原で成功裡に初飛行を終えて技研に飛来したのは、キ2九三式双軽以来、久し振りの双発軽爆撃機キ48だった。

このキ48は昭和一二年一二月にキ45複座戦闘機と概《おおむ》ね同時期に計画され、軍の指定発注により川崎航空機が試作した。

その発注は日支事変勃発五ヵ月後で、当時陸軍軽爆隊は、制式軽爆三菱のキ2九三式双軽が長機、川崎のキ3九三式単軽が僚機の混成（三機×三編隊で一中隊）で中国と戦っており、昭和一三年初めには九年度計画による空冷エンジン付きキ30九七式の単発軽爆（三菱）と、九七軽との競争試作に負けながらも事変の要求から追加された水冷エンジン付きのキ32九八式単発軽（川崎）が登場するという状況だったので、川崎航空機にとっては双発爆撃機には初の挑戦だった。

少し横道に逸《そ》れるが、軍用機の使われ方をかえり見ると、上海事変時代の戦場爆撃には、一部で乙式一型偵察機（サルムソン）も使っており、日支事変初期の第一線直接協力には、九四式偵察機、砲兵隊の射弾観測や空地連絡は八八式偵察機や九二式偵察機がやっていたが、急速に拡大する戦場の状況から用兵思想も空軍的用法に変わってゆき、任務分担が軽爆撃機・襲撃機・軍偵察機・直協偵察機へと明らかに専門化されていった。

軽爆撃隊も、戦場爆撃から中距離地区の敵基地や要地爆撃戦術をとることになり、航続距離の延長と、ソ連・米国・英国の援助で強化した敵戦闘機から防御する火力の強化が必要となったので、これに対応する機種として、キ48が生まれたのだった。

また空中戦闘の戦訓から、例えば同時期の昭和一二年計画からキ51襲撃機の後上方銃操作用の切り欠き風防・胴体後上部のフラットや、キ49重爆撃機に尾部銃座を設けるなど、設計上でも戦闘時に十分な性能を発揮できるようにと要求されて、このキ48では爆弾倉の後端に後下銃座を設けたので金魚腹胴体が生まれ、これで方向舵の射死界に隠れたり、後下方から攻撃してくる敵機に対応した。もちろん、射撃に邪魔になる尾輪は引き込み式となる。

同様に前方銃座も広い射界と軽く操作できるように考案された。

これらの実戦対応策は、飛行性能を多少犠牲にはするが、機体構造や空力学の進歩と定速プロペラの採用で、飛行状態の如何にかかわらず、装備エンジンの全馬力が利用できるようになったのと、それにもまして空冷エンジンの馬力と信頼性の向上の裏付けがあってはじめて可能になったのだった。

ついでながら川崎航空機では、この時点でBMW系列の水冷ハ9エンジンを手放し、空冷のハ25九五〇馬力エンジン装備に切り替えたのだが、戦闘機用としてはなおもドイツ製の液冷DB601aに執着した。

また、それまでの軽爆撃機の部隊配備の歴史は、八八軽爆――九三単・双爆――九七軽――九九双軽グループ（16F・6F→90F）と、八八偵――九八軽――九九双軽（3F）および八七軽爆――八八軽爆――九三単・双軽――九七軽――九九双軽（31F）の三系列とがあったが、最終的に全軽爆隊はこのキ48九九双軽に統合されてゆくのだった。

審査の状況

技研での審査主任は八木少佐・操縦助手は北村曹長（第二期操縦生徒出身）・八木曹長、機体係は富田技手、整備は坂井曹長（第一期技術生徒出身）・坂下雇員で、ただちに基本審査が始められた。

ハ25（栄）エンジンの好調で審査は意外に進捗し、一一月には早くも実用試験にこぎつけたのだが、トラブルがなかったわけではない。担当の坂井君に語ってもらおう。

『操縦学生卒業直後の八木君の審査飛行訓練で、この日は水平全速飛行だった。三五〇〇メートルまで一気に連続上昇し、水平飛行に移ろうとして左旋回した途端、「方向舵が引っ掛かったらしい」と彼が叫んだ。踏棒が左一杯にとられて戻せない。

後席の坂下雇員に点検を指令するとともに右踏棒に全力で加勢するが、びくともしないのだ。

機体は左傾しながら、今にも空中分解しそうな激しい振動を起こしつつ徐々に頭を上げ、三回くらい旋回すると、失速して急降下、ふたたび水平に機首を上げると大振動とともに旋回しはじめる。これが水平錐もみというう現象か。このサイクルを三回ぐらい反復した。高度は一二〇〇メートルくらいだった。

身体は外側へ押しつけられ、もはやこれまでと思ったとき、「方

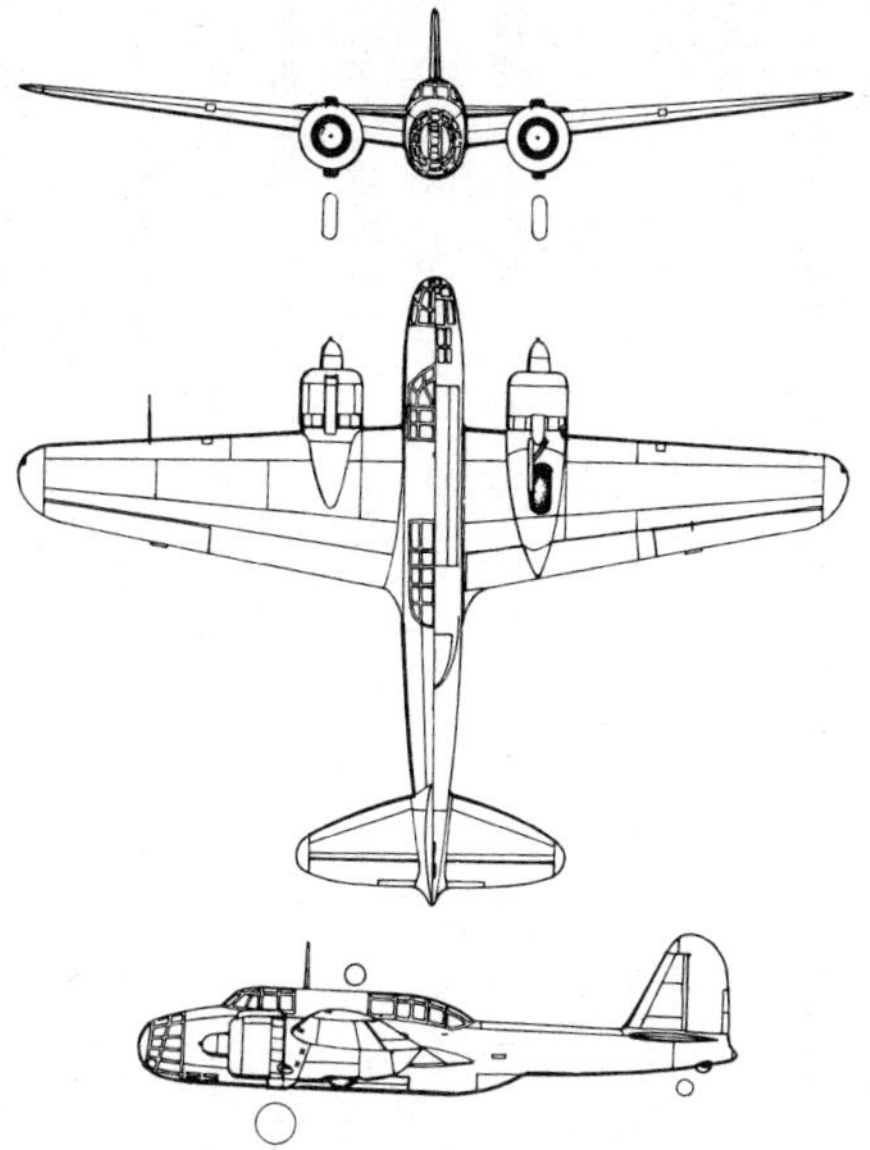

キ48 九九式双軽爆撃機

向舵のタブは三種作られ、一番大きいのがこの機体に装着されている」と、富田技手からその作用とともに説明を受けたことが頭に閃《ひらめ》いた。

そこで私の指示で、トリムタブ転把を逆に一杯に操作し終わった瞬間、踏棒はフーと元へ戻り、機体は水平に回復し、振動も消えて平常に戻った。

ああ原因は分かったと安心してトリムタブを中立に戻し、大舵を使わぬように指示して予定訓練を終え、着陸して主任に委細を報告したら、「そんなときは直ちに着陸して、原因を究明すべきである」と、無謀さをきつく注意された。

熟練パイロットによるトリムタブの選定試験前だったことや、飛行前チェックの確認などの問題は残るものの、未熟者ゆえに発生した「怪我の功名」、試作機ならではの恐ろしい経験だが、舵のバランスの重要性を肝に銘じさせられたのだった』

大方の試作機では、こんなことは一、二度はかならずといっていいほどある。しかし、このときの処理が適切でないと大きな事故となり、審査ははなはだしく足踏みする。

このアクシデントを始めとし、操縦性テストの結果を検討して、方向舵の釣合い面積を小さくするとともに、フラッターの原因と考えられるエンジンナセルと翼の後流の影響を避けるため、水平尾翼の取り付け位置を四〇〇ミリ上方に移して対応することに決定。とりあえずは水平・垂直尾翼間に支柱を取り付けて審査は続行された。

性能測定

審査飛行での性能測定は、まずピトー管（速度計受圧管）の取り付け位置誤差（ピトーエラー）の計測から始まる。これを「速度計検定試験」と呼び、技研では青梅線の羽村――福生間の直線部に設置した三キロ基線で、気流の静かな早朝に超低空五〇メートル飛行で行なうのが普通だったが、キ48は中央線国立――中野間の直線部で行なった。

その後、各高度での最大速度の計測へと進むのだが、それまでにはパイロットの慣熟飛行やエンジンの慣らしをかねた操縦性試験を終わらせている。

前節で述べたような小当たりの予圧高度計測は、装備エンジンが規定高度で公称馬力を出しているかを確かめる飛行である。

普通には絶対ミリ目盛の精密ブースト計を使用して、予定高度より高い高度からスロットル全開・最大回転数の全速で緩降下し、例えば公称ブースト＋《プラス》三〇〇ミリ規定の場合には九六〇ミリ＋三〇〇ミリ＝一二六〇ミリ指示になると水平飛行に移る。

ラム圧のためブーストが増すので高度を微調整し、五分間飛行したときの高度がスーパーチャージャーの能力限界の与圧高度である。もちろん、この高度は標準の密度高度に修正される。

その密度高度は実測高度の温度修正の計算値だが、はたしてその理論値が同高度を飛行する機体のものと整合するかの課題で、標高三七七六メートルの富士山頂上に測定班が測定器材を担ぎ上げ、起点を設けて実験されたことがある。北村パイロット・坂井機関係のコンビでキ48が参加し、富士山の南側を飛行した。

『山頂付近の乱気流は激しく、機体をぐんぐん持ち上げられたり、つき落とされたり、頭を風防に打ち付けられたことも数回で、機体が分解しないかと心配だった。後年BOACの晴天乱流遭難事故や自衛隊セイバージェット機編隊の事例もあり、無理な条件の場所だ』と、坂井は述べている。

ついでながらこのとき、筆者も、測定器の補用部品の投下に同期荒谷曹長操縦のキ51二号機で参加した。

まず剣が峰上空から火口に向かって急降下して身を乗り出し「用ー意……テ！」で投下した。ところが、長いテープの目印をつけた部品は、サッと後ろへ飛んで行く。シマッタ！　と思う間もなくテープは機体を追っかけてくるのだった。

後から知ったのだが、これが機上から見える『対機弾道』で、爆撃隊の者なら誰でも知っていること。戦闘機隊出身の筆者には初めての経験だったが、部品は正確に浅間神社の鳥居付近に落ちていた。

乱気流は話には聞いていたが、風向きのせいか、あるいは戦闘機ばりに操縦性のよいキ51だったのか分からないが、何事もなくそのまま山肌に沿って東に降下飛行して立川に帰ったのだが、若さというのは、無謀をも可能にする力を秘めているのだろうか。

なにはともあれ、こうしてまずエアーインテークの位置や形の適否を判定するが、ラム圧の影響で普通は規定公称高度よりは高くなる。だが、適当でない場合はこの高度が確保できなくて低くなる。これらの条件を整えた後、いよいよ性能測定のクライマックス最大水平速度のテストに入るのだった。

因みに二号機による水平最大飛行速度は四八〇キロ／時／三五〇〇メートルで、九七式戦闘機と同じで少し物足りなく、当然、性能向上が計画されることになる。

実用審査

爆撃機の実用審査は爆撃学校の浜松飛行学校で行なわれるが、このとき学校の教官の慣熟飛行で一エポック的なトラブルがあった。

浜校の黒田少佐操縦・坂井機関係で離陸し、着陸の第三旋回直前に油料計の赤灯が点灯した。

赤灯は使用中の燃料タンク残量があと五分間だとの警報なのでコック切り替えを指示したが、不慣れのパイロットがまごついているので、右席の坂井は操縦席左に身を乗り出してコックを切り替えた。

その途端エンジンが空転し、ガスレバーを押しても出力が出ない。計器には異常がない、高度は次第に下がるだけ。

不時着だと判断してまず脚上げ操作。つぎはSWオフと手を伸ばせば、すでにオフになっている。「これだ！」と咄嗟《とっさ》にそのSWを引いた瞬間、ドスンと接地してわずかの滑走後、乾田の畦道に激突した大衝撃で、彼は二メートル前方に飛ばされ、機体は両エンジンが脱落して大破した。

これは、燃料コック切り替えに左に体を曲げた際、風防中央上部に設けられた総合点火開閉器のSWボタンに頭が当たったのが原因だった。

この貴い体験から、双発機の危急停止用の総合点火開閉器のSWは、これまでの「引き点火」から「押し点火」へと改正された。

また、キ48の脚上げ作動器のパッキングは、当時ブナゴムがないので絹製を使用し

キ 48 九九式双軽爆撃機Ⅰ型。Ⅱ型と合わせて約 2000 機が生産

たと、土井設計主任の回想にあるが、その作動はじつに見事で、サッと澱みなく引き上がるのだった。それに纏《まつ》わる話も欠かせない。

事故前の三号機による慣熟飛行の機関係を横井雇員が担当したときだった。彼は離陸時のバウンドで浮き上がった途端、離陸だと思って脚上げハンドルを引いた。

脚は例によってサッと上がったが、機体はまたもや沈んだのだった。驚いたパイロットが無理に引き上げて無事離陸できたのだったが、横井君は八木少佐から大目玉を食わされたものだ。これらも脚上がりのあまりの見事さに、機関係がよいところを見せようとしたからにほかならない。

余談はさておき、爆撃試験も編隊・急降下とも九〇パーセント以上の良い成績を示して合格。その後の運航試験も無事終了して、昭和一五年七月には整備第一号完成へと順調な滑り出しだった。

しかし、前述のように最大速度は四八〇キロ／時と比較的低かったので、昭和一五年度に実用となったハ115（2速与圧器付きハ25）にエンジン換装して、五〇五キロ／時／五六〇〇メートルと向上するとともに、上昇性能も八分三〇秒／五〇〇〇メートルと約三〇秒くらい短縮し、爆弾搭載能力も一〇〇キロ増えたキ48Ⅱ型が完成した。

またまた余談になるが、その一〇〇キロの搭載余力で、武装をホ103砲に取り替えていたならばどうだったのだろうか？

なお、ハ115の気化器は降流型なので、エアーインテークはエンジン上部に移動した。

その後の変遷

急降下爆撃　水平爆撃は弾種によって固有弾道があり、機速と風速・風向に影響される。もちろん、高度が高いほど命中精度への影響は大きい。

爆弾を抱いて突入する特攻は論外だが、今一つの六〇度付近以上の突っ込み角で投弾する急降下爆撃法では、機体を離れる瞬間の弾体は、機体の速度と同じで、その後は放物線をえがいて目標に向かうものの、その弾道はほとんど直線に近い。したがって命中率は一〇〇パーセントに近い。

だが、この方法は低空まで降下するので、地上砲火の被害を受けやすいし、場合により過速に陥ると、安全な引き起こしができずに自爆しかねない。というのは、引き起こして機が上昇姿勢になっても、惰性でそのまま行き足の止まるまで沈下した後に上昇するものだ。

　従来にも単軽による降下爆撃法の訓練で、数えきれないほどの殉職者が出ている。単軽より重量も速度も大きい双軽ではなおさらだ。


スツーカユンカース87　技研に繋留されていたドイツのスツーカ（降下爆撃機）ユンカース87の座席に座ると、前面風防に九〇度までの横線の目盛りが記入されていた。この横線を水平線に合わせて降下角を決めるのだ。

　急降下に入るには、普通は上昇反転して捻り込むのだが、ドイツでは水平飛行から、真っ直ぐガクンと操縦桿を押して急降下に入るほうが多かったといわれる。

　Ju87が九〇度の垂直降下爆撃も可能なのは、過速を押さえる簾《す》の子エアーブレーキを両翼下面に装備していたからだった。

　そのエアーブレーキは、翼下面の前縁近くに突出した頑丈な二点（のちに三点）の支持腕に取り付けられた幅約一〇〇ミリ足らず長さ八〇〇ミリくらいの二枚の翼型簾の子板で、四〇〇〇メートルから急降下に入り、一〇〇〇メートルで投弾する途中で、

スツーカユンカース87。垂直降下爆撃も可能

飛行方向に直角に立てる手順の方式だった。

スツーカが欧州戦場で第一線を急襲攻撃するときには『ジエリコのラッパ』（旧約聖書によると、予言者ヨシュアが人々に命じて一斉に吹かせたラッパ。この響きでジエリコの城壁が崩れたといわれている）と称したカン高い絶叫音のサイレンをつけていた。

シュタッフェルはケッテ（三機）の三編隊で構成される攻撃隊形だが、猛鷲にも似たガルタイプのスツーカのシュタッフェル九機が、四〇〇〇メートルの大空からけたたましい絶叫とともに真っ逆様に襲ってきたとき、はたして恐怖心に打ちひしがれない勇者がいただろうか。四〇ミリポムポム対空砲が装備されるまでは、なすすべもなかったという。

なお、同機の胴体下には、爆弾をプロペラ圏外に送り出す二本のパイプアームも見られた。

キ48の簾の子エアーブレーキ　後述するキ66は、急降下爆撃機として試作されたものだが、キ48Ⅱ型はそのテスト成果を取り入れ、長さと断面を縮める代わりにその数を増して、平常飛行の場合は翼下面にピタッと密接した簾の子エアーブレーキをつけて試験を続け、降下角五〇～六〇度で降下速度を四七〇キロ／時に制限できた。これを九九式双軽Ⅱ型乙として、五五〇機製作されている。

軽爆撃機の爆弾搭載量

軽爆の使われ方　日本陸軍の爆撃機は重爆撃機といえども、爆弾搭載量から見れば、諸外国の軽爆撃機程度しかない。ましてや軽爆撃機はさらなり。

これは『軍の主兵は歩兵なり』と建軍以来の確固たる方針のもと、航空はその「お庭番」としての偵察機からの出発だったのは既述のとおりで、次第に要求されていく戦闘機・爆撃機も、戦場掃討役として第一線推進の「お先棒」にすぎなかった。

その戦場とは、仮想敵国だったソ連から守る満州の国境線であり、基本的には専守防衛なので、せいぜい前線から三〇〇キロの行動半径で、十分その目的をカバーできるとの考えが基礎だった。だが、歴史の展開はそう甘いものではなく、日支事変へと意想外な展開となって戦線が拡大した。

所沢技術学校時代の筆者

用兵思想の遅れ　その後も意外な方面へと泥沼に引きずり込まれて、ついにはアジア全域の海洋戦域にまで引きずり出される結果を招いたものの、先進技術に裏付けされた航空機による戦術・戦略に明るい人材の養成は、やっと緒についたばかりで、昭和一〇年頃から泥縄的に陸軍大学校に専科学生課程が設けられたようだった。

統帥部の考えにも戦争遂行上に欠かせない技術要素への理解は少なく、いたずらに国家危殆に際しては、かならず「神風」によって救われるという夢のような期待感からか、「必勝の精神」という「精神要素」の高揚にのみ教育の重点が置かれていた。この状態は現今の自衛隊とはまったく一八〇度逆の有様と言えようか。

エンジン開発の遅れ　顧みると、戦後の航空機の飛躍的発展は、ジェットエンジンによるのは明らかだが、当時、試作機用エンジンの開発は、少なくとも三年は先行していなくてはならないという定説だった。

筆者らが技術学校で八〇〇馬力エンジンを学んで卒業した昭和一一年当時の米国のライト社では、B29搭載エンジンとなる二二〇〇馬力、のちに二八〇〇馬力となるR三三五〇プロットタイプの航空エンジンがすでに試運転台上に乗せられていた歴史を見ると、日本とはすでに約一一年以上の格差があったというほかはない。

その現実を知っていたメーカーの技術者は、懸命に追い付け追い越せと努力していたのだが、我々を含めた誰もがこの米国と戦争しようなんて考えてもいなかった。

実用一〇〇〇馬力級のエンジンしか手元にはいらなかったのでは、やはり軽爆撃機の搭載爆弾量も三〇〇〜四〇〇キロが精一杯だったのも無理はなかろう。

ちなみに開戦翌年の四月一七日、航空母艦ホーネットから発進して帝都を爆撃したノースアメリカンB25ミッチェルの後期型のJ型は、一七〇〇馬力のライト社R二六〇〇で、日本のいわゆる重爆撃機の二倍の爆弾一三六〇キロの搭載能力を持ち、一二・七ミリ砲×一二の重防御装備機だった。

キ49一〇〇式重爆撃機

王者の登場

昭和一四年八月、呑竜様で有名な中島飛行機太田工場で産声を挙げたキ49試作重爆が技研に飛来した。

キ44に付けるとビア樽のように見えるハ41一二五〇馬力も、この爆撃機に装備すればあまり目立たない。九七重爆の代機となるべく計画されて新たに尾部銃座を設けていたが、全般の姿は海軍の一式陸攻型というよりも、イギリスのアブロ・ランカスターかウエリントン爆撃機に似た重厚な中に、どこかフヤケタような感じだった。

主翼の平面型もちょっと特異で、エンジンナセルまでの中央翼がグッと前に張り出し、大きなファウラーフラップを開き下げて離陸する姿は、王者の貫禄十分だったが、素直に言って、「大した性能じゃねェナ……」というのが第一印象だった。

審査の状況

審査主任は宇野十郎少佐、操縦助手は片岡載三郎准尉、八木曹長、機体係橋本技手、整備は森田雇員、新保雇員で審査が始められたが、操縦・整備とも大した問題はなかったと思う。ただし馬力不足は明らかで、離陸試験も幾段階にも分けて慎重に行なわれていた。

例によって慣熟飛行が終わると、ピトーエラーの測定（速度計検定）にはいる。

速度計検定　やり方はキ48の項でのべた青梅線・中央線のほかにも、相模線の橋本付近にも設けられていた。

その基線上の低空五〇メートルを各速度で計測往復する終わりには、上昇旋回し、つぎの速度に機速を整えて再進入。これを繰り返す。

機上には、自記速度計・自記高度計などの計器やロボットカメラを装備して、計測とともに飛行中の高度と速度の変化を監視するのだが、その結果は自記計器の記録用紙に正直にペン書きされる。高度・速度が安定しておれば、描かれる高度線は大体、同じレベルの直線となり、速度線は速度を上げるごとに階段状に記入されていく。

地上では二地点に設けられた塔上に測点間を通過する時間が計測して記録される。そのわずか三キロの基線距離ながら、一定の高度で水平定速飛行するのは難しく、線の乱れ具合でパイロットの腕前の相違がわかる。

そこでベテランといえども真剣・慎重に全力を注ぎ、飛行後には測定室に持ち込まれた記録用カーボン紙上の針跡を急いで確かめるのだった。

見事な直線の階段線が記入されているのは、ベテラン小田万チャンこと小田万之助雇員だったが、快男児片岡載三郎准尉（のちに川崎航空機のテスパイに転出）といえど

キ49一〇〇式重爆撃機「呑竜」。九七重爆の代機となるべく尾部銃座を設けた

も、この直線度に一喜一憂しては悔やしがっていた。

さて、八月日曜早朝、キ49の速度検定飛行が行なわれた。青梅線中神駅近くに下宿していた筆者は、「やってるナ」と下から眺めていたが、何だかいつもより早く終わったなと不思議に思って出勤した。

朝露に濡れた芝生の飛行場を背にして、ランプにキ49の一号機が置かれていた。見ると、右発動機の一部黒焦げになったカウリングが持ち上がって、油が漏れているのだった。

新保雇員がカウリングを取り外すと、シリンダー胴が真っ二つに切れて大きく口を開けていた。

測定飛行中ガクン！　と衝撃とともに真っ赤な火がカウリングから吹き出したのを見た片岡パイロットは、すぐ片発にするや急いで飛行場に滑り込んだのだった。五〇メートルや一〇〇メートルで故障を起こされてはひとたまりもない。

余談だが、片岡氏は無類の競馬好きで、当日も試験終了後に府中行きのはずだった。重要なテストでどうしても行けないと見るや、出発前に筆者に向かって親指を立てて合図する。それは九五式三型練習機（キ17）の飛行準備頼むとの意味だ。さて、試験終了するや否や、「オー刈谷、行こう！」と急き立《せ》てて府中競馬空中観戦ときめこむのだった。

迷惑なのは競馬場。レース途中に二〇～五〇メートルの低空を小型機にバンバン掻き回されては、馬も驚いて思わぬ大穴で喜んだ競馬ファンもいたに違いない。この豪快なベテランパイロットも、低空の突発事故にはいささか辟易《へきえき》しただろうが、さすがベテラン、その機敏適切な処置がキ49一号機を救ったのだった。

尾部銃座　そこには四科（装備）の大崎技手があの大きな体で乗り込むのだったが、だいぶ窮屈そうだったし、飛行中の揺れには相当参るとのことだった。彼が無事？乗れるなら、たいがいの射手だって乗れるだろうと、とんだ試験台にされたものだ。

筆者も一度は尾部銃座に乗って飛んでみたいと思っていたが、ついに乗る機会がなかった。その代わりともいえないが、前方銃座に乗ったことがある。

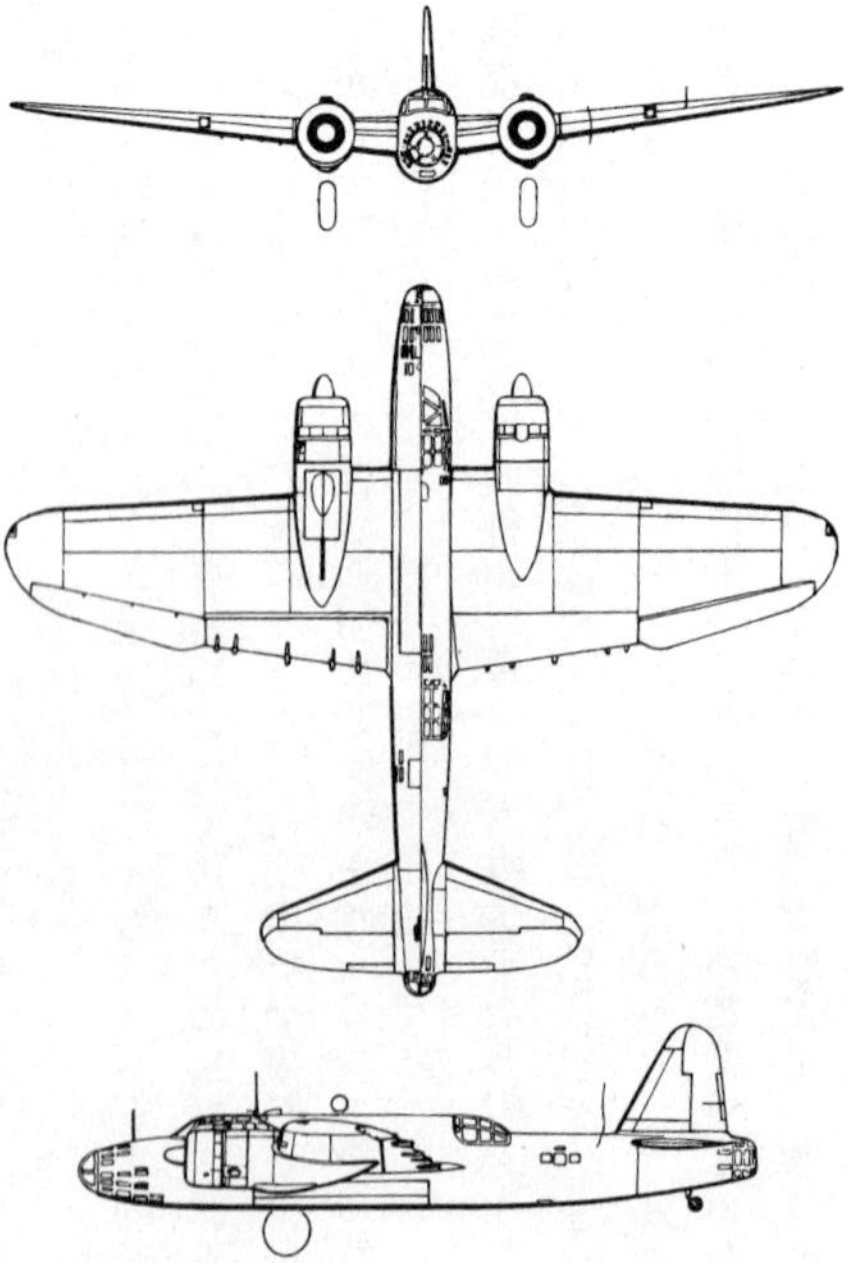

キ49　一〇〇式重爆撃機

離陸試験　正式の離陸試験にはゼニットカメラを併用するが、予備試験は機上計測が多い。このときは装備重量九七〇〇キロ、重心位置二九・七パーセントの離陸試験で、筆者はバラストとして前方銃座に同乗した。

この重量は全備重量に近くて相当長い滑走が必要なので、早く速度をつけるため尾部を高く上げる。したがって、機首は地面スレスレの感じで下の窓を草が飛ぶ。立川飛行場で北向き離陸で、もうすぐ飛行場が切れる。砂川の拡張張り出し部にかかる。

場周フェンスがグングン近寄って来る。もしこのまま浮かなければ真っ先に参るのはこの俺だ。

とんだ試験のバラストになったものだと覚悟した瞬間、フワーと地面を離れてヤレヤレと冷や汗を拭ったものだった。わずか十数秒の間だが、いろいろな考えが頭をよぎる。飛躍する人間の想念は、時間を超越するらしい。

重心位置のこと　前項の重心位置二九・七パーセントの数値には大きな意味があるのは、読者はすでにご存じとは思うが、航空関係以外の方のためにちょっと付け加えよう。

地球上のすべての物は、重心位置のバランスによって存在するといっても過言ではない。ましてや空中を飛行する物がその条件を失うと、たちまち母なる大地に落下して、やっと安定姿勢となろう。

飛行機の場合は、実用上翼弦の二五パーセント〜三〇パーセントを縦安定範囲とするので、二九・七パーセントというのは、ギリギリの後方限界に近い状態だった。というのは、後ろに重い物を積んでいるということで、不安定に陥りやすい状態だったのだ。

現在は所定基準線からの距離で飛行重量に対する前方・後方限界の範囲を示す方式だが、当時でも胴体の短いロ式輸送機では一四の座席に座る人の体重を計り、計算機でその搭乗位置を決めるほどだったのは、前述したキ49の機種改変の場合にこの考慮を欠いたばかりに、連続二機の事故が起きた。

駐屯地満州に帰るため一機の一〇〇式重爆撃機が立川飛行場を南に向かって離陸した。機体が浮かんだその直後、機首をあげて失速して中央線変電所に墜落した。さらに続いて離陸した僚機も同じ運命を辿った珍しい事故だった。

調査の結果、搭乗ドア付近にエンジン加熱用の火炉を積み込んでいたので、上昇姿勢となったとき、それがコロコロと尾部へ転び、テールヘビーとなって失速したのだった。基本を忠実に守らないと、手痛いシッペ返しにあう。空中では手直しは叶わないのだ。

防弾タンク　爆撃機では後上銃座に初めて二〇ミリ砲を装備したキ49は、燃料タンクもゴム袋式の防弾タンクとなっていた。

これは硬質アルミ製のタンクの外側全体を生ゴムで包み、さらにその外側を加硫度の低いゴム、最後に普通加硫度のゴムシートで包んだうえに、さらに銀色絹布で被包してある。

敵弾が飛び込むと、流出するガソリンはまず生ゴムを溶かし、それと中ゴムでその穴を塞ぐもので、自動漏洩防止タンクとも呼ばれていた。

この方式のタンクは絶対安全とは言い切れないが、これ以後の軍用機には大概装備されたものの、キ44鍾馗の震天制空隊機などでは、重量軽減のためわざわざ剥がしたものもあった。全タンクで約一〇〇キロ近くはあった。

当時の日本では、B29のような燃料タンク全体がブナゴム製のは、素材の量産技術がまだ確立していなかった。

通信装備　爆撃機の無線機は一号無線機を通常とするが、機内通話機および編隊内極超短波無線機のテストも盛んに行なわれていたが、概して問題なく良好のようだった。

性能その他の概観

キ49がキ21九七式重爆撃機に比べても飛躍的な性能の進歩が見られなかったのは、明らかにエンジン馬力の不足が原因であり、引き続いて本来のハ109・一四五〇馬力に換装され、やっと期待性能に達したが、実質は若干の航続力の伸びと武装強化機の位置にとどまった。

キ51 九九式襲撃機・九九式軍偵察機

キ51試作の背景

日支事変が始まった昭和一二年七月頃はちょうど機種更新の端境期で、第一線指揮連絡・砲兵射弾観測には九二式偵察機と八八式偵察機が、またキ4九四式偵察機が爆撃とともに第一線後方の写真捜索・地図の作成などに便利に使われ、それなりに活躍していた。

事変発生前の昭和一〇年頃から陸軍航空は航空撃滅戦重視の方針に変わり、偵察機は遠距離偵察機・地上軍に協力する直協偵察機などと機種をわけて任務の単純化が計られ、昭和一二年度の研究方針にも、それぞれの機種が要求されていた。

これらは一連の九七式として制式化され、前者の地上軍への直接協力にはキ36九八式直協偵察機が生まれた。

後者の九四偵の代機には、昭和一三年一二月になって、新たにキ51襲撃機の軍偵仕様型があてられるのだが、その配備が直協偵よりも約一年遅れて昭和一五年に入ったので、複葉機の九四偵は昭和一四年に始まったノモンハン戦でも使われ、その一七機が失われた。

襲撃機の性格　キ51は超低空攻撃を主任務に、対地防弾装備して軽快な行動ができる単発爆撃機として計画された。

昭和一二年末の三菱航空機への内示は、速度四五〇キロ／時以上・巡航三〇〇キロ／時、行動三時間半の要目で、ついで翌一三年二月に試作三機が指示された。

襲撃機というのは、地上五メートルくらいの超低空で戦場に進入、敵の虚を突いて急襲攻撃する新しい戦法をとり、敵基地の飛行機・第一線後方の砲兵陣地・戦車群などを攻撃目標とする日本機では初めての機種で、ソ連機Il《イーエリ》2がヒントだといわれるが、ドイツのJu87スツーカのような二五〇〜五〇〇キロ爆弾を垂直急降下で投下するのとはちょっと違い、いわば戦場で敵を見付けては暴れ回るのが仕事だというのがピッタリする。

例により藤田少佐・安藤技師コンビの斬新な計画だが、直節担当の大森健夫大尉が細部仕様を担当し、前出のように昭和一三年一二月には襲撃機よりも行動高度の高い軍偵仕様も追加された。

三菱航空機では　河野文彦課長（のち三菱重工社長）による計画指導のもと、キ15九七司偵、キ30九七軽爆の技術蓄積をフルに活用して、新しいこの機種に要求された防弾・操縦性・取り扱い整備性などや、モックアップ審査の要求のパイロットと同乗者との接近配置などを重点に、主任大木喬之助技師（のち名城大教授）、水野正吉技師や吉川技師の各担当で設計製作を始めた。

曽根嘉年

曽根嘉年技師（のち三菱重工社長）も、一号機に装備したハ26Ⅱ型エンジンの組み立てトラブルの際に来所されたことがあった。

そのハ26Ⅱ型エンジンは、低空馬力を増すためにⅠ型より与圧器の扇車径を三〇ミリ縮め、ベンチテストでは離昇九四〇馬力・与圧高度二一〇〇メートルの低空行動機用の仕様だった。公称高度が二三〇〇メートルと二〇〇〇メートルの利得があったのは、水平全速飛行によるエアーインテークのラム圧効果である。

ついでながら軍偵のエンジンは、その運用高度から与圧高度三六〇〇メートルのⅠ

型を装備した。いずれもキ43用のハ25（海軍名「栄」）と同じく直径の小さいエンジン（瑞星）である。

こうして昭和一四年六月、試作第一号機No.五一〇一が三菱各務原格納庫で組み立てられた。

初飛行　当初の予定は六月一二日だったが、地上滑走試験で油圧ブレーキ不具合のため一日延期されたが、奇しき因縁というか、その夜このキ51を企画された藤田中佐と部下二名の英霊が岐阜駅を通過された。漢口付近で（イ式重爆の項、二九八頁参照）で戦死された中佐の無言の凱旋だった。私どもは午後一一時一〇分、駅頭にお迎えして焼香、謹んで空の巨人のご冥福をお祈りした。

あけて翌一三日、無事キ51の初飛行を終えて地上に降り立った同社井上金吾テストパイロットは、開口一番「まるで戦闘機ですよ」とその操縦性を称《たた》えた。彼は大刀洗飛行第四連隊出身の元戦闘機パイロットだった。

そして油圧ブレーキや陸軍機に初めて装備した定速プロペラの最低ピッチその他の手直しののち、一八日、技研側として広田大尉と筆者が搭乗した。高度二〇〇〇メートルで左右切り替え旋回。

「こ奴、大変な飛行機だワイ」

と、筆者は次第に霞んでゆく視力で加速度計の指針を見ながら、体に受ける遠心力の大きさにやっと耐えた。

ついで急降下爆撃姿勢で木曽川に向かってダイブし、グーンと引き上げた途端、ドスンと後ろで音がした。Gに耐えながら首を捩じ曲げてみると、これは大変！　胴体内一杯に純白の絹の花が開いているではないか。

それは、キ51の特徴の同乗席後、胴体平面部裏に、ゴムバンドで十字に固定されていた同乗者用二号落下傘が落ちたのだった。

もしも操縦索に引っ掛かったり、解放天蓋の空き間から傘と一緒に吸い出されたら大変だ。落下傘が犯人の墜落ではまさに羽を毟《も》がれた鳥だ。空中では下手《へた》に触るわけにもいかず、急いで着陸してもらったが、以後この傘体位置は座席左側面に変えられた。

審査　技研の二科（機体）ではキ51主任大森大尉（のち技術中佐・戦後、東京機械化工業社長）、雨宮技手係、五科（飛行）は主任田中祐晴少佐、担当広田大尉、係はベテランの吉田十二雄チョビ髭曹長、警備担当は碧眼の南川准尉、係は四月に着任早々へナチョコ二〇歳のかく申す刈谷曹長、配するにベテラン金井雇員、物理学校夜学中の渡辺三郎少年工のメンバーと決まった。

操縦性能試験　七月一日、技研に空輸された一号機でまず慣熟飛行と操縦性のテストが始まった。

着陸接地時の失速速度を調べる普通の安定試験、すなわち水平飛行からスロットルを次第に絞って速度を殺し、迎角を上げてバランスをとってゆくと、ついに翼の揚力で支えきれなくなって機は失速し、頭を下げて降下するのだが、その失速特性もセスナ機のようにスーと素直に頭を下げるものと、大きな後退角を持つキ55九九式高練のように翼根ストールでガクンと左へ自転状態の失速となるものなど種々の形がある。

キ51では、中央翼に取り付けた外翼後縁から絞りこむテーパー翼のせいか翼根ストールもなく、わりと素直な形の失速だった。

どんな飛行機でも操縦性と安定性のバランスが適正でないといけないが、特に超低空機動の襲撃機には、舵の従舵性（レスポンスビリティ）が鋭く、しかも素直でなくてはならない。つまり、戦闘機のような性格が要求される。

キ51の一号機は、テストパイロット井上金吾氏がいみじくも喝破したように、戦闘

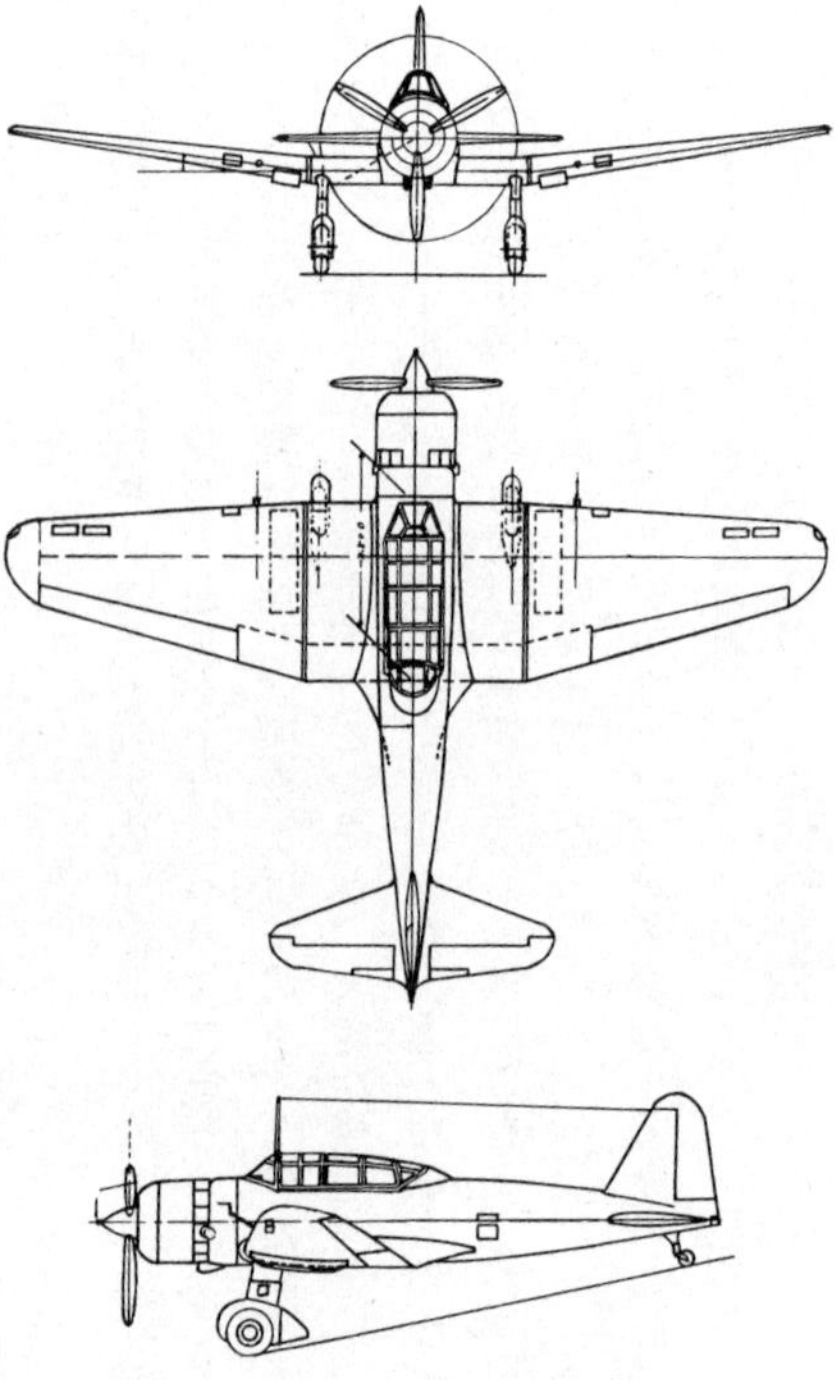

キ51 九九式襲撃機・九九式軍偵察機

機さながらの操縦性を示したが、それも程度問題だ。

技研のベテランパイロット連中による慣熟飛行の結論は、「これでは部隊配備した場合に、慣れないパイロットがよく効くに任せて思いっきり舵を使うと、すぐブリルに入って危ない」となった。

もともと安定性と操縦性とは相反する因子なのだが、襲撃機は低空飛行の任務上、そのバランスを操縦性側にとる必要がある。だが、低空で悪質なブリルを起こせば、まさに一巻の終わりだ。

そこで安定板面積を増して昇降舵との面積比率を変えた第四案にしたが、なお不十分なので、昇降舵の運動比を変えたところ、空中ではよいが地上運転で尾部がトントンと浮き上がるので、こんどは空中での作動角を少なくする工夫をしたりして、『舵の効きが鋭くて、悪質なブリルには入らない』を目途《めど》に、試行錯誤が繰り返された。

問題は先細翼のこのキ51の失速特性を、どう改善するかだが、三菱では対策としてあらかじめ翼の取り付け角の捩《ねじ》り下げを施してあった。また第二の対策として、前縁固定スロットの取り付けも考えられていた。

翼端失速の発生状況は、翼上全面に短い毛糸を張りつけた流糸試験で調べる。まず計器速度三〇〇〜三五〇キロ／時で垂直旋回に入り、次第に速度が下がると、それまでジーと翼面に張りついていた糸の尻が振れて立ち上がりはじめ、一六〇キロ／時になると突然、翼端付近で渦巻き状態になり、ガクンとブリルに入るのだった。

だが、それに至るまでのテストの苦心を述べなくては、審査飛行担当者は浮かばれない。

以下、筆者の日記により当時の審査状況の一部をかいつまんで述べてみよう（一）

は解説）。

七月一日（土）晴　今日いよいよキ51一号機飛来。これよりは次第に多忙となる。

七月三日（月）曇　本日キ51夜間運転。なかなかに良きエンジンの調子の排気ガスの色だ。

［気化器の高空装置は燃料を絞る中島ハ25と異なり、浮き子室減圧式のストロンバーグ型。空燃混合比計（ガスアナライザー）を初めて装備。

審査の初めには、どんな機種でも各部の機能を疑い、規正し、最良の状態でテストする心構えが技研の伝統］

七月五日（水）晴　今日はキ51に搭乗。三〇〇キロ／時より旋回に入る。物凄きばかりの急旋回。全身の血が足の方へ集中。頭は貧血をおこして目が見えなくなる。キ51同乗者は要注意。切実に強い体力の必要を感ず。

七月七日（金）晴　督促を受けて各種の改善意見をまとめた報告書を作成。夜一二時までかかる。

［特に燃料系統で官制器〜気化器間配管が不適切で、ベーパーロックを起こす可能性があったので、この点の改善も指摘した］

七月八日（土）　広田大尉と同乗。空中操作。右垂直旋回中ブリルに入りかかりハッと息をのむ。

七月一〇日（月）曇、ガスあり　井上操縦士と乗る。生まれて初めてのスローロール。まったくオッタマゲたり。キ51に同乗する者は皆血の気の失せた蒼《あお》き顔して降りてくる。同乗者泣かせの飛行機なり。

七月一一日（火）　曇雷雨あり　操縦性試験。宇山技師（三科発動機担当）同乗。夕方まで顔色悪し。南川准尉は乗るを避けたるか、重爆に乗りし如し。

七月一二日（水）晴　広田大尉と同乗、特殊飛行。スローロール・急横転など、キ51にもだいぶん慣れて安心に似たる感あり。本日はブリル3／4旋転。今まで四回初動に入るも脱出。ブリルにも比較的安心を得るにいたる。

七月一三日（木）晴夕方より雨　本日は誰も同乗希望者なきため同乗。よしや事ありともキ51は自分の子、職に殉ずるといえども本望。事もなし本日も。広田大尉も、次第に本機手にいりたるものの如し。

「パイロット席は風圧中心付近に乗っているから、Gの影響はさほどでもないが、同乗者はそこから約一メートル以上離れているので、ちょうど糸の先に錘をつけて振り回すときのように強い遠心力を受けるのだから、たまったものではない。

キ51九九式軍偵察機。運用高度からハ26Ⅰ型エンジン装備

毎日繰り返された垂直旋回の場合、同乗席前計器板の加速時計の置き針は、六〜最大七を指示した。このとき、その計器板よりも後方の同乗者の状態、いわゆるベイルアウトを再現するとこうだ。

まず眼前に霞みがかかってボー……となり、計器の目盛りが薄れたと思うと、その霞が黄色くなり、紫色から暗黒に変わると、眼底にパチパチと火花が散るのだ。まさに鉢合わせして「目から火が出た星が出た！」のあれだ。八科の軍医は、網膜の血流が急に減った瞬間に現われる現象だと解説する。

そこでウン！　と下腹に力をいれて、いわゆる『無声呼気』して血流の降下を止めると、やっと黄色のベールくらいまで回復するのだが、計器はまったく読みとれない。上体を傾けると、コリオリの加速度でドタン！　と床に叩きつけられることうけあいだ」

旋回半径の測定　高度一〇〇メートルで進入し、地上で待機するゼニットカメラを中心に、最小半径で一旋回半してもと来た方向へ脱出するのだが、キ51に限って、二二〇キロ／時の垂直定常速度になったら、機上から手旗をだして、さらに一旋回する測定方法が加えられた。

手旗役の筆者は、「よけいなことを」と、測定班長平野技手に噛みつきながらも、歯を食いしばりながらウン！　と下腹に力を入れてこの苦行に耐えた。薄荷《はっか》菓子「カルミン」を、気付け薬として口に含みながら。

浜松飛行学校で実用試験　九七戦との空戦に後上銃の射手として同乗した柿村大尉は、射撃姿勢の三段目の足掛けに両足を踏んばり、同乗座席を前に倒した背当てにもたれた射撃姿勢のまま、空戦が終わるまでついに身動きできなかったなど、Gの物凄さのエピソードは多い。

ついでながらこの試験では、低空に誘いこめば、九七戦ではキ51を捕らえるのが難しいとの結果だったが、事実P40と対戦してこれを撃墜したことがあったとも聞く。

審査中のエピソード

エンジントラブル　汽車輸送で到着した二号機の組み立て時の第一回試運転で、制作時弁動桿（衝き棒）の挿入間違いからピストン頭を叩いて破損した他は、審査中に起きたエンジンのトラブルは、つぎの一件だけだった。

七月一九日（水）晴　エンジン点検にて瀍網にロッカーアーム油溝の塞栓を発見、直ちに発動機を取り卸す。

［循環油量が多くなって油温上昇が発見の端緒。スムースに審査が進行し、約半年で制式となったのは、ハ26エンジンの高い信頼性の賜物であったが、パワーを絞った際の冷え方が早すぎる傾向があったので、のちにプロペラスピナーの形を変えて空気採入面積を狭め、カウルフラップを（二）五度まで締まるように改修された］

脚振動　この頃、離陸直後から出てくる振動の原因追及に苦心した。エンジンやプロペラからの振動とはまったく違う性質なので、固定脚カバー切り欠き部の気流の乱れかと、ゴム製円盤型車輪カバーを取り付けた。あわせてドイツ製「ロボットカメラ」を翼下面にとりつけて撮影してみると、何と風圧で吸い出されて前がめくれており、逆効果。そこでまた基本にかえり、離陸後にブレーキを使ってみた。

ところが、それまでの振動がなんとピタリと止まった。発振源はなんと車輪の泥などによるアンバランス回転。当時、立川飛行場は舗装してなく、芝生に裸土が露出している状態だった。まさに「幽霊の正体見たり枯れ尾花」、偉い技術屋の先生たちは、とかく物事を難しく解釈しがちで、ときとしてこんな思いこみ過ぎの失敗もあった。

あわや不時着

八月一六日（水）晴　昨日は荻窪上空で危うく不時着の憂き目に遭うところだった。コックの閉止が原因だ。

「八月八日から始まった燃料消費測定で、当日の科目は二号機による五〇〇〇メートルまでの上昇燃費測定。コック類・計測装置はみな後席に装備して筆者が操作するが、上昇率がよいので一〇〇〇メートルごとに計測タンク内の消費時間と各計器示度を右膝に縛着した記録版に記載するのは忙しい」

科目終了。二〇〇〇メートルまで降下したとき、前席のチョビ髭氏がヒョイと操縦桿を引いた。緊張した定速上昇あとの息抜きに、彼はよく茶目気をだす。後席のヘナチョコ曹長は跳ね上げられて、ゴツンと天蓋で頭を打つ、この野郎！　と立ち上がっ

昭和18年10月、調布飛行場で待機中の第47戦隊のキ44二式戦闘機「鍾馗」

て手を上げた瞬間、エンジンが空転しだした。サア大変。下は市街地。不時着地は？　と見る調布飛行場は造成中で、トロッコレールが縦横に交差しているのだ。二号機もついに足を払われて座り込みか。また審査が遅れるワイ。

なにはともあれ、燃料中断だからコックだ。前席の犯人は主コックを盛んにいじっているが、ドッコイ、コックはみな後席配管に変わっているのだ。

よく見ると、右サイドの水平であるべきコック把手が垂直の止め位置だ。こ奴メ！　と切り直した途端、アラ嬉しや爆音蘇《よみがえ》る。高度八〇〇メートル。危ない、危ない。

「飛行におけるお茶らけは絶対禁物なのは今も昔も変わらないが、空の仲間は大体に楽天的で茶目けが多い。着陸後、コッテリと罰金を絞りあげたのはもちろんだ。

非常のとき、冷静になるのがとくに必要だがむつかしいことだ。それが案外たやすくできた無神経ぶり。なぜだったか今でも分からない。
罰金といえば、小生も昨日の測定時間記入を一分間違えて、コーヒーシロップ一本をとられた。
いろいろなルールを作って、息抜きの楽しみがピスト仲間の気持ちを一つにした」

上昇限度試験　襲撃機の行動高度は超低空、軍偵機はせいぜい三〇〇〇～四〇〇〇メートルで行動するのだが、一応性能計測として上昇限度も調べる。実用上昇限度というのは、上昇率が毎分〇・五メートルになる高度と定義されている。絶対上昇限度は、もちろんそれが〇となる高度だ。

キ51の上昇限度試験は五〇キロ爆弾（試験では塡砂弾使用）四発計二〇〇キロを装着した標準装備で行なった。この際に絶対必要な酸素装置の吸入部は、従来のマスクではなく、実用試験をかねた曲がった先に鍔の着いたパイプ式だった。

パイロットは、もちろんチョビ髭の十二《とに》さん。各高度一〇〇〇メートルごとのデータ記録の筆者には、のんびり外を見渡す余裕なぞはない。

エンジンは離陸は、最大ブースト最大回転の離昇馬力、以後は公称馬力を使うので与圧高度までは馬力が増えてゆくが、それ以後は高度とともに気圧低減率カーブに沿って馬力は落ちてゆく。

この点から見れば、三〇〇〇メートルまで公称馬力を保つ軍偵の方が有利だ。それでも二〇分くらい過ぎると、関東平野は次第に小さくなって、ついには二〇畳敷くらいの感じに見える。

これ以上の高度になると、浮力を保つのに迎え角度を次第に大きくとるので、操縦席の計器を読むのには立ち上がった姿勢になる。酸素流量も多くなるので、あまった酸素を出すのに口をパクパクしてまるで金魚のようだ。

一般には一六～二〇度近くの迎え角が最大揚力係数の限度だが、取り付け角が二度なので、飛行姿勢は約一五度くらいだろうが、体には四五度くらいに感じる。そして到達した計器高度は九七〇〇メートルだった（デンシティ修正正式発表は八二七〇メートル）。

着陸後に見ると、爆弾はもちろん燃料タンク収納部の翼下面はクッキリと区分された範囲に水滴がつき、冷え冷えとしている。

「ビール瓶をぶら下げておけばよかったなアー」と冗談が飛ぶ。

この九七〇〇メートルは、筆者の戦中航空での上昇限度記録である。

垣根飛び　翼端失速対策の終わった後は、昔だれかがやったような多摩川橋くぐりなどの無茶はしなかったが、桑の木の葉を散らし、茶畑の黒土を巻き上げながらお百姓を驚かし、江ノ島沖では小舟の船頭さんにあんぐり大きな口を開けさせたりして、襲撃機本来の超低空飛行実験が随時行なわれたが、ベテランパイロットの腕は信じているものの、筆者にはこれまたお尻のあたりがもぞもぞする付き合いの連日だった。

ストップウオッチ　四号機の軍偵型はエンジンが前出のようにハ26Ⅰ型であり、機体構造では後席前方の外板を切り欠いて補強し、摺動扉付の地図作成用の自動航空写真機孔と、両側の引き戸撮影小窓のほかは、襲撃機と同じである。

四科（装備）の吉田技手と後席に同乗して、小金井ゴルフコースの連続写真撮影に行ったときのことだった。

撮影が終わっての帰途、「スローロールをまだ経験したことがないので、お願いしますと、彼は吉田パイロットに注文したもんだ。OKとばかりにヒゲ氏は、しなやかに操舵した。

機体はまず裏返しになりつつ前進軸を中心に大きく螺旋状に弧を描くのだが、そのとき筆者の目の前に突然、紐の付いたストップウォッチが浮かんできた。慌てて掴まえたのだが、技手が飛行姿勢の急変に慌てて、手にした時計を手放して取っ手にしがみついたからだった。機体がちょうどゼロGの無重力状態になったときの現象だ。宇宙飛行お馴染《なじ》みの今では、チットモ珍しくはないが。

無重力といえば急降下試験で（一）Gになると、重心調整のために置いてあった二・五キロの鉛弾（鉛玉を縫い込んだ布）が何枚もフワフワ舞い上がって、摑まえるのに困ったこともあった。

また、製作直後の領収試験飛行科目の上昇反転では、リベット切り屑の舞い上がりが多かった。

「回転数は出ているじゃないか！」

その軍偵型四号機の実用審査は、昭和一五年一一月に下志津飛行学校（偵察）で行なわれた。

三菱からは現場担当の吉川技師はもちろん、大木技師、水野技師、伊藤技師、エンジンの西沢技師が参加された。

このとき、材料廠長の某中佐の慣熟飛行では胆を冷やされた。着陸操作のときだった。

進入高度は良かったのだが、次第に高度が下がり、滑走路手前の墓石がせりあがって近づいてくる。「レバー！　レバー！」と怒鳴ると、老中佐は平然とおごそかに、しかも毅然たる態度で、「回転数はチャンと出ているではないか」とばかり、二六〇〇を示す回転計を指さして髭《ひげ》をしごくのだった。

咄嗟に身を乗り出した筆者が腕を延ばし、ガスレバーを押し、ピンチを脱した。まさに前後席の接近設計には感謝感激だったが、中佐は定速プロペラ装備機の操縦は初めてだったのだ。

また下志津校は海岸が近いせいか、混合比計受感部のニッケル濾過網に毎度、水が溜まったことが思い出される。

副操縦装置のテスト　秋田課長と同乗した。課長は富士山に機首を向けたのち、両手を挙げて顎をしゃくった。飛行機操縦で一番難しいのは保針である。筆者はあまり得意ではないが、「門前の小僧」で一応操縦はできる。この際は目標を機首に地平線との関係を一定に保ち、余計な舵を使わないのがコツだ。

続いて左旋回。旋回計は後席にはないが、スロットルを押してパワーを上げ、三〇度くらい傾けて操縦桿で支え舵を使いながら、方向舵で機首を地平線に合わせてなぞってゆけばよい。

右旋回は、左旋回ほどスムースにはゆかないのは素人のまずさだろう。

特殊飛行は舵の使い方は知っていても、とてもじゃないが無理だ。偵察者としては水平飛行ができれば、まずは十分としなければならないだろう。このときの科目はこれで終わったが、操縦桿は着脱可能で、普通ははずして側壁にはめてあった。

雪橇試験 ベニヤ板と金属製二種類の雪橇《ゆきぞり》試験は、昭和一六年二月中旬に札幌の丘珠飛行場で行なわれた。ベニヤ製は車輪止めで傷めたので、金属製で試験した。

雪橇での離陸は、橇が雪面に吸い付き、なかなか離れなくて離陸距離は長くなる。滑走路北端に二、三本ある古木が気になったが、無事に浮き上がったときはホッとした。水上機の水切りを早めるフロートような後部のステップはなかったので、面圧は低くなるが、その分だけ雪面からは離れにくくなるのだろう。

着陸は離陸とは逆にブレーキがかかって、わずかの距離で行き足が止まるのだった。

その他のテスト なにしろキ51は稼働率は高いし、手軽で使いやすい飛行機だったので、軽易に各種の補備試験や連絡に使われた。

キ57一〇〇式輸送機「妙高号」の満席振動試験時の空中分解事故捜索飛行で、姉が崎沖の墜落場所を発見したのも、二号機の吉田、刈谷のコンビだった。

札幌での雪上テストを行なうキ51九九式軍偵

空中射撃目標の曳行吹き流しは、通常、離陸地点で投げ上げて地上を掠《かす》めるのを防ぐ方式が一般だが、キ51では折り畳んで翼下面にピタッと爆弾懸吊架に吊るし、射撃空域で投下するような方法のテストもした。

要求装備にあるカ装置（ガス雨下）テストでは、左右各一コあて爆弾懸吊架に取り付けた水約一〇〇リットル入りの爆弾型の容器の後ろ蓋を空中で開いて、内容の水を放出するのだが、着色散布テストなどはしなかった。

風防の変更　操縦席風防は、三号機まではMe109式の横開きだったが、広田大尉の戦場経験による

キ51特攻隊機　充当表　「続・航空の鎮魂」

No.	隊号	機数	場所	日時
1	八紘5	11	スルアン	19・12・1
			ミンドロ	12・16〜
			ルソン	20・1・16
2	八紘6	17	スリガオ	19・12・5
			オルモック	12・8
			バイバイ	12・12
			サンホセ	12・12
			ルソン	20・1・5〜8
			サンフェルナンド	1・6
3	八紘12	9	ミンドロ	19・12・30
			ルソン	20・1・4〜
4	誠17飛行隊	9	沖縄南西	20・3・26
			奥武島付近	3・29
			沖縄西	4・1〜22
5	誠32飛行隊	15	慶良間北東	3・27
			沖縄南西	4・3
6	赤心46	7	那覇西	3・27
			慶良間西	3・28
7	62振武	8	沖縄西	4・3〜12
8	72振武	12	沖縄西	4・16
9	73振武	12	沖縄西	4・6
		12	沖縄西	4・16
10	74振武	12	沖縄中城	4・7
11	75振武	10	中城湾	4・7
12	102振武	12	沖縄西	4・12、28
13	104振武	11	沖縄西	4・12、13
14	103振武	3	沖縄西	4・12、23
15	誠31飛行隊	6	沖縄西	5・13、17
16	72振武	9	沖縄西	5・27
17	63振武	6	沖縄西	6・7
18	64振武	9	沖縄西	6・11
19	七生昭道隊	3	プケット沖	7・26

計三一九機。待機第二三三〜二四八六×一五＝九〇、計四〇九機

主張によって前後スライド式に改められたので、天蓋の中央にあったアンテナポールは、必然的に前風防の上に移された。

また六号機だけは、気温の低い満州ハルピン支所用として後方可動風防後端が密閉できるように改造された。この機は筆者と広田大尉が昭和一五年六月に、立川から大刀洗・平壌を経てハルピン郊外の孫呉飛行場の陸軍航空技術研究所ハルピン支所へ空輸した。

ここにはチョビ髭吉田パイロットと、発動機耐寒対策のベテラン研究員宇山技師がすでに転任されていた。吉田氏はのちに亡命してきたソ連戦闘機ラグ3を、立川まで空輸することになる。

制式化の最短記録　こうして、もたついているキ43やキ45などを尻目に、初飛行以来約半年の後には

記録的な早さでサッサと九九式襲撃機として制式化されたのだった。

その最大の原因は、まさに狙い通りの性能を発揮できる良い設計だったことに加えて、ハ26エンジンの信頼性が高かったことによる。

こうして昭和一四年度に試作機と増加試作機で一三機、昭和一五年八八機、昭和一六年二七七機、それ以後も急速に三菱と航空工廠で製作されたキ51は、逐次、九四式偵察機および九八式軽爆撃機部隊に装備された。


戦場での働き　キ51を装備した飛行第二七戦隊のマレー・ジャワ作戦の追撃戦での活躍は目覚ましく、自機の投下した爆弾の爆風ものともせずに超低空攻撃に挺身したパイロットの敢闘で、襲撃機の本領を遺憾なく発揮した。

装備もその後、現地部隊の要求で、航続力を延ばすために前縁に増加タンクの増設、翼砲を一三ミリホ103に武装強化された。

制式化以来六年、戦局が海洋作戦へと進展するにともなって船団護衛が主務となり、ついにその役目をキ102乙に譲ったのちは、各部隊の連絡機としても便利に愛用されたが、戦局利あらず、ついに製作数合計約二〇〇〇機の一六パーセントにあたる三一九機が二五〇キロ爆弾を装備し、特攻機として散華し、なお九〇機の航空教育師団所属機が待機特攻隊として終戦を迎えた記録を知った。

ここに改めてフィリピンや沖縄で敵艦と刺し違えて国に殉じた若き戦士に、謹んで感謝と哀悼の意を捧げる。

筆者にとってこのキ51は、試作機審査業務を最初に勉強させてもらった機体であり、猛烈なGによる航空耐性の訓練機だったなあとの感が強く、またこの間にご指導頂いた方々には、今もなお敬慕と感謝の念を禁じ得ない、思い出の多い飛行機である。

キ60

昭和一四年四月、技研梶原大尉はドイツからダイムラーベンツＤＢ601ａの発動機を購入してきた。陸軍ではその製造権を得て、川崎に実施させた。

このＤＢ601ａは、有名なメッサーシュミットMe109に装備されていた発動機であり、与圧器に流体フルカン接手を使った、燃料噴射式発動機であった。

この液冷発動機を使用して、試作戦闘機が川崎で三機製作され、昭和一五年夏、技研に到着し、キ48審査の終了した坂井氏が整備を担当し、操縦は岩橋少佐、片岡准尉

川崎キ60試作戦闘機。左から試作3号機、1号機、2号機。昭和16年8月5日撮影

が担当した。

　これは最初から試作のみとの運命であり、続いて設計中のキ61（のちの三式戦、飛燕）の各種資料提供のためのものであった。

　主翼面積一六・二平方メートル、全長八・四メートル、全幅九・七八メートル、全備重量二七五〇キロ、翼面荷重一六九キロ／平方メートル、馬力荷重二・三五キロ／馬力、発動機DB601a倒立V型一二気筒一一七五馬力、武装二〇ミリ×二（翼）一二・七×二ミリで、重戦クラスであった。最大速度五六〇キロ／時／四五〇〇メートルで、同時期のキ44より若干遅かったが、武装の狙いは一応、正しかった。

　構造は、キ61とほとんど同様で、脚引き込みの際、オレオを縮めて短くして引き込む点など面白かった。

ただ冷却器の取り付け位置が不良であった様子で、地上試運転の場合、地上最大ブーストを引くときは水道ホース（それも消火栓の）を用意して置き、前方からジャージャー冷やしてやる必要があった。

冷却器は胴体下主翼の後縁より前方に装備してあり、カバーがズーッと後の方までのびていたが、このカバーをいろいろ変化して研究をした。

そのあるものは前後に伸ばしたため、腹の下に長いトンネルをブラ下げたような格好になって笑わせられたものだった。

もっと速度の出てよい飛行機なのだが、結局、この冷却器の位置の研究が不十分で、風洞実験で一番空力的によい点を求めたのだろうが、冷却効率が悪いため、全力を発揮できない点もあったろう。

いつもそれが癖で、黒い煙を吐いて離陸していたが、燃料噴射も適正であったかどうか疑わしい。燃料圧力三～五キロ／平方センチメートルという高い圧力にも驚かされた。スターターは、翼の上にのぼって回すので、ちょっと危険であった。

昭和一六年一〇月、かわせみ隊編成のとき、その二機が配属された。キ44が不足（未定）のためこれで訓練し、場合によっては南方へ持って行くつもりであったが、急降下引き起こしの際、風圧のため風防を飛散させ、また脚カバーをもぎとられたりしながらも好調であったが、高倉准尉が着陸時、引っ掛けられ、脚引き上げリンクを破損して脚を折り、主翼に皺を寄らせて、遂に二機とも駄目にしてしまったのは惜しかった。

世上、キ61三式戦はMe109を模倣したという声があるが、キ60試作機により一応研究し尽くされ、この尊いデータの上に立って設計された独得の飛行機であることに間違いない。

同じ発動機を使用すれば、大体似たり寄ったりの形になることはやむを得ないとして、その構造はすっかり違うのである。Me109は、厚板構造の最中《もなか》式の製造方式であったが、キ60〜キ61は川崎式の構造であった。

いずれがよいかは一概にはいえないが、量産型で手軽に作ったようなMe109に、構造的には一日の長があるように見うけられたが、性能にいたっては甲乙はない。ただキ60はDB601aを使用したため、万事好調に行ったし、技研の連中が整備したので問題はなかったが、日本製のDB601ハ40装備のキ61では結局、このエンジンが命取りとなったのである。

キ44も同様であったように、この時代の要求に対し、使用し得るエンジンの馬力が不足していたことは事実であったといわなければならず、前面面積の小さい利得も、冷却器の失敗で差し引きマイナスになったようなものである。

昔から水冷に執着し続けて来た川崎が、ＤＢ601で一挙に名誉を挽回して星型の塁を抜こうとした野望も、その出鼻を挫かれた格好となった。

しかし、キ61およびその後、一連の同型戦闘機の基本型として、あえて実験機の地位に甘んじて消えていったこのキ60のはたした役割は大きいといわなければならない。

キ54 一式双発高等練習機

昭和一五年頃までの機上作業訓練は、各部隊および各学校で、現用機または旧式の第二線機を使用して実施してきたが、少年飛行兵の戦技員などの大量養成のため、航空通信学校などが新設されるにおよび、専門の戦技訓練機の必要に迫られてきた。

すなわち、通信、射撃、爆撃、写真等の実地訓練は、一般の軍用機ではどうしても非能率である。また、新試作機群（九九式、一〇〇式、一式、二式）および近い将来、出現を予想される機種は、その取り扱いが複雑になり、それらで教育することは不経済なので、その目的にかなった高等練習機の必要に迫られて来たのであった。

そこで昭和一四年、キ54高等練習機が計画されて、立川飛行機に試作が命じられたのである。

立川飛行機では、遠藤良吉技師が主任となり、ただちに細部計画に入ったが、機上作業訓練のためには、一回の飛行に、教育のほか約五名程度の練習生が搭乗し、各種器材の操作訓練を同時または交代で実施できることが要求された。

また操縦訓練のためには、脚上げ操作、プロペラ、フラップ、タブなどの操作が、実用機（第一線機）と同じ要領に装備され、爆弾倉の開閉把手（実際に爆弾倉はついていない）まで設置する必要があった。

計器装備も混合比計、ジャイロコンパス、人工水準器などの計器配置、スイッチの位置まで、一般双発方式に似せる必要があった。

計器飛行訓練は、重要な課目の一つであり、このためには、操縦訓練席前方および側方に、ブラインドを掛ける必要があった。もちろん、実際の夜間飛行訓練装備も必要であったが、オートパイロット装備はなかった。

このほかに、兵員輸送用としての任務を遂行できることも要求されたのであり、この多用途機の形態の主体を何に置くかということは、なかなか重要なことであった。

設計主任者は、旅客機の形式を基本型にとった。そうして各種用途には、それぞれ転換装備することによって目的を達成しようとしたが、結果的にいって、非常に時宜を得た決定といえる。

キ54一式双発高等練習機。練習機や部隊の輸送機としても歓迎された

すなわち、戦技訓練および操縦訓練にはもちろん、学校および各部隊で有効に使われたが、太平洋戦争に入って、各部隊の連絡および軽易な兵員輸送に、その威力を発揮したのであった。軽易に操縦できるこの双発機は、単座戦闘部隊の誰からも愛用されたのであった。

さて、話は戻って、こうした思想に基づく設計は、必然的に大きな胴体となり、当然、双発機となって来る。名は一介の練習機ではあるが、単に操縦訓練の上からいっても、装備は優秀でなければならず、片舷飛行訓練も可能でなければならない。

そのうえ、練習機としての性能、すなわち離着陸の容易、操舵力の適当、強度などと、多用途機ならではの色々の設計上の考慮が加えられたのであった。

射撃訓練のため、胴体上部前後に二座の旋回銃座その中間に教官用の窓、側面窓からは側方射撃ができるようにし、胴体下面には桁は別とし、ストリンガーをまたいで大きな窓をとって偵察、爆撃訓練用に供するなど、大胆ともいえる工法が採用された。

これと大体同じ目的に使用され、日航などで訓練用に使っているアメリカのビーチクラフトＣ18Ｓ（筆者は現に、この軍用型を民間用に改造修理に従事した）にも、こうした徹底した工法は見当たらない。

この胴体の最大径部と、主翼の最高部とが一致したことは、本機唯一の失敗であったと設計者は認めているが、このために翼根ストール（√ストール）、別名、胴体ストールの発生を見て、舵を大きく引いたとき、頭下げのモーメントが生じたが、もちろん切線気味の着陸では何ら支障はなかったわけである。

発動機はハ13甲四五〇馬力（最大五一五馬力）が装備され、プロペラはハミルトン式二段可変型で、定回転式ではなかった。戦後の記録に三翅となったものもあるが、もちろん二翅の誤りである。

脚柱は、当時流行のロッキード式片持ち単脚柱で、脚に固定された脚柱覆いは、引き込み時、ナセル下面と一致するようになっている。車輪覆いはなく、わずかにナセル下面に出た車輪は、胴体着陸の際に直接ナセルを潰さないなどと、思わぬ効果を発揮（？）している。全般的に軽易で手固い設計であった。

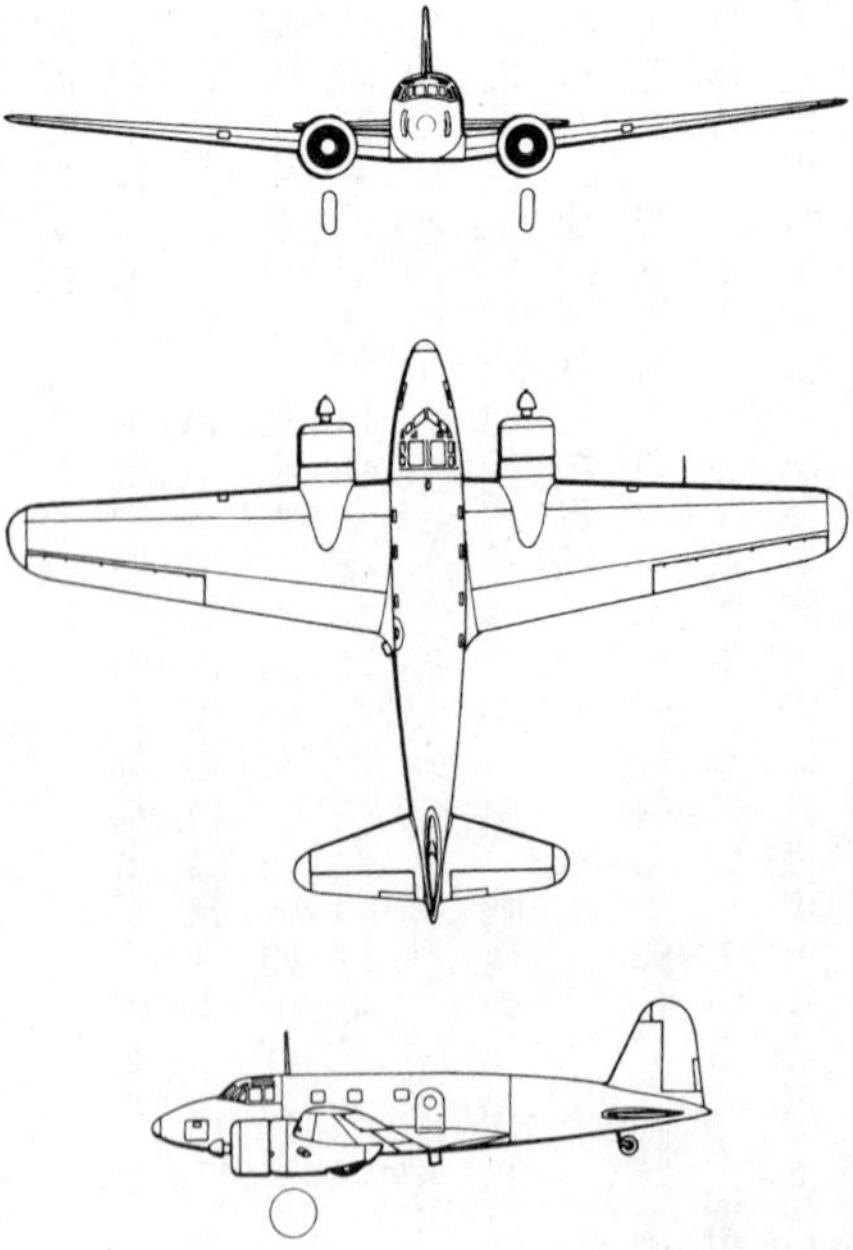

キ54 一式双発高等練習機

さて、昭和一五年七月、技研に持ち込まれた機体は基本型の輸送機型であった。他社から技研への持ち込みは、大概空輸で、一部貨車（例、日本国際航空工業など）であったが、立川飛行機の場合は地の利を得ていて、飛行場の向こう側から地上滑走してくればよいのである。

技研での整備は、海軍出身の佐々木雇員、同じく新井雇員係で、主任パイロット及び機体係は誰であったか記憶にない。

テストは順調に進んで、前記ルートストール以外ほとんど問題はなかった。続いて搬入された二号、三号機は、射撃装備型であった。空中試験の結果、銃座ドーム一個装備の場合は全然問題はなかったが、前後に二個装備した場合に振動が出て来たが、これは渦流の発生によるものとの見解の下に、ドーム間を連結するアクリル板張りの覆い（銃座間に教官の監督孔あり）が取り付けられて、振動の問題は解決した。

こうして、一流の試作機群に混じって例の銃座間を連結する不格好なカバーが生まれたのであった。

航空医学研究のため、軍医で操縦者となっていた岡田大尉が操縦、佐々木、吉沢雇員ほか三名同乗で、太平洋戦争が決定的となった昭和一六年一一月末、キ54は僚機とともに南方技研へ転属のため立川を出発したが、九州から沖縄へ飛ぶ途中、海上に不時着するという事故が発生した。これは第一号機であったと思う。

空中でエンジンがストップしたキ54は、海上に不時着を余儀なくされた。海上胴着では、例のちょっと出た車輪も意味をなさない。

しばらく浮かんでいて、機の翼上に立って僚機に別れを告げていた乗員の姿は、やがて飛行機とともに濃紺色の波間に没したのであった。

全員カポックは着用していたが、ライフボートの装備はなく、絶海の冬の海、低空旋回する僚機の人々の間には、あの辺りに多い鱶《ふか》に追われる乗員の悲痛な姿が映ったけれども、何ら施す術もなかったという胸痛む報告であった。

原因はまったく不明であるが、こうしてキ54を育てあげた人たちは、南海に没し、その愛機と運命を共にしたけれども、キ54のその果たした役割を、遠く冥府から満足の目をもって見まもられたことであろう。

筆者はその直後の昭和一六年一二月六日、戦場へ急ぐ九七重二型で、悪天候に難航しながら、このコースを南へ飛んだ。ドス黒いまでの藍色の海は、白波をかんで立ち騒いでいるのみ。時には九州へ反航したりする難航に、今日はわれらの運命かと、唸るプロペラを拝みながら、彼らの冥福を祈りつつ通過したのであった。

いずれにしてもキ54は、第一線戦闘用機種でなかったが、練習機としてはもちろん、それにもまして、軽易で比較的収容力が大きく、部隊の輸送機として（練習機名目で補給を受けられる）大いに歓迎された幸運な機種であった。

〔要目〕　全幅一七・九メートル、全長一一・九メートル、翼面積四〇平方メートル、全備四〇八〇キロ、乗員五〜九名、最大速度三六七キロ／時／二〇〇〇メートル。

必然的にキ59一式輸送機を押さえ、民間の近距離輸送機としても大いに活躍し、その生産も約一三〇〇余機と多きを数えている。

キ79　二式戦闘練習機

現今レシプロ機より、ジェット機への中間階梯機としてジェット練習機が採用され、T33やまた新たに富士重工のT1F2などの国産ジェット練習機が華々しくデビューして来た。

これとまったく同じ思想で試作されたのがキ79戦闘練習機であった。もちろん、第二線機として予備役に入るキ27九七戦の再利用を考えてのことであった点は否めない。

昭和一五年、キ44のお蔵入りにくさっていた筆者は、機体係雨宮技手とともにこの係を命じられた。

このキ79は、九七戦のタンクを左右一個ずつ、取りはずし、発動機をハ13甲に換装するとともに、天蓋を取り去り、重心位置を合わすため、エンジン架を約二〇〇ミリくらい延長したものであった。

最新鋭機を受け持つことは、気苦労だが、張りのある仕事である。だが、こうした改造機を受け持つことも、また別の楽しみのある仕事であった。

改造設計は、技研の西隣り、陸軍航空工廠内満州飛行機設計部の手によって行なわれ、工作は航空工廠第三機体工場（工場長熊倉大尉、日大出身、元防衛庁）で実施されたのであった。

こうして約一ヵ月で完成した機体は、まことにスマートな感じで、わずかに二〇〇ミリくらいの延長だが機首の延びたキ79は、九七戦のあの猪首から受ける感じとはまったく違うもので、エンジン径がわずか八五ミリ縮小したこともちょうどバランスがとれ、頭デッカチから救われたのである。

こうした気分をさらに盛り立てて、とにかく皆に愛される戦闘練習機にしようと、雨宮氏と相談した。そして練習機の塗装法にしたがって、オレンジ色機体にしたが、エンジンカウルから座席頭当てにかけて、ハレーション防止の名目で、ネービーブルーで流線に塗装しようと決定し、工場長熊倉大尉も快く引き受けられた。

こうして、ささやかな夢を盛ったキ79がピスト（空中勤務者控所）前に姿を現わすや、たちまち搭乗者が出る好評であった。

この色彩は、単に試作機のみで、制式機までもとは筆者も欲張ってはいなかった。しかし、雨宮氏は制式の中にこの塗装法を記載したそうである。このキ79は満州飛行機で生産もしくは改造され、学校、教育隊などへ回ったのだが、これを見るたび雨宮氏は、後々まで試作当時を楽しく回想したとのお話であった。

何はともあれ、ちょっと気になるのは、気化器空気取入口が、不格好に下に出っ張ることであったが、これは工作費その他で致し方ないこととして、今度は一キロ／時でも多く出そうとするのが人情、そこで一番効果的にラム圧のかかる空気取入口の形状および大きさの決定で、四種類の各種エアーインテークを製作して試験したが、あまり大きな取入口は、ラム圧は上がるが反対に最大速度は低下して来ることを発見した。

これは抵抗増大のみならず、圧力上昇が過ぎると、気化器のベンチュリー部の圧力まで影響して燃料の気化が悪くなることが大きな原因のようで、結局エンジン回転数、したがってベンチュリー部の空気速度が、気化に十分な圧力低下を得るためには、気化器空気取入口取付部の面積と、機体外の開口部の面積に或る比率があることを、今さらながらに確認したのであった。

これは機速とも関連し、防塵装備の有無も影響する。このキ79は、空中で防塵網を切り換える当時の一般方式であった。

ここでまた一つの楽しみを見出した。すなわち最大速度は幾らか、また離陸時間および距離は幾らかということについて、機付きおよび雨宮氏らとささやかな賭《かけ》がなされ、敗者はカルピスを誤差キロ数に応じて皆に提供するのである。

一応計算はするが、どうしてもそれより優秀な性能を期待するのが係たる者の人情

キ79二式戦闘練習機がグラマン（写真）を撃墜

というもので、実測最大速度三七二キロ／時／二〇〇〇メートルを上回る三九〇キロ／時予想の筆者は、カルピス一ダース以上も買わされて、暑気払いの『初恋の味』の水腹に、むかっ腹を立てる羽目とは相成った次第であった。

　このキ79も、意外の働きをしたことがある。昭和二〇年二月二六日、米機動部隊の関東地区来襲時のことであった。明野飛行学校常陸分校で訓練中のキ79の一機は、来襲したグラマンと空戦を演じ、わずか一梃の七・七ミリのMGでその一機を撃墜したのである。

　グラマンにしては、まことに意外のご難には違いないが、もとをただせば血統正しい巴戦《ともえせん》の雄、御本家たる九七戦の変身である。蛮勇を振い起こせば、こうしたこともあり得るのであった。まったく空戦の実相ともいうべきか。

キ76 三式指揮連絡機

昭和一五年、メッサーシュミット109E戦闘機などとともに、フィゼラーシュトルヒが技研に到着した。

当時、北伊の山塞《さんさい》からムッソリーニ救出に主役を演じて一躍有名になった本機は、前縁スロットと、後縁スロッテッドフラップを持った大主翼と、平面ガラスを組み合わせた広い視界を持つ上面岩石色、下面薄水色に塗られた特色のある機体であった。ちょうど自動車のハンドブレーキのような把手《とって》を引くと、ガタン！ とフラップが降りる簡便な構造で、機体は鋼管骨組羽布張りであった。

平面風防ガラスの側面は、外方に突き出していて、そのまま直下方が偵察できるという使用目的に徹底した構造になっており、その最大特徴である離着陸距離は離陸三五メートル、ブレーキを使用した着陸で四〇メートルという卓抜したもので、離陸後、急角上昇は見ている方でヒヤヒヤさせられるほどであった。

当時アメリカでもライアンなどの同種のものも見られ、いずれも第一線指揮連絡、砲兵射弾観測が主任務であった。当時オートジャイロのケレットなどより、離着陸距離は短く、かつ安定した操縦性を持っていたもので、駿足を競う試作機群の中で、逆

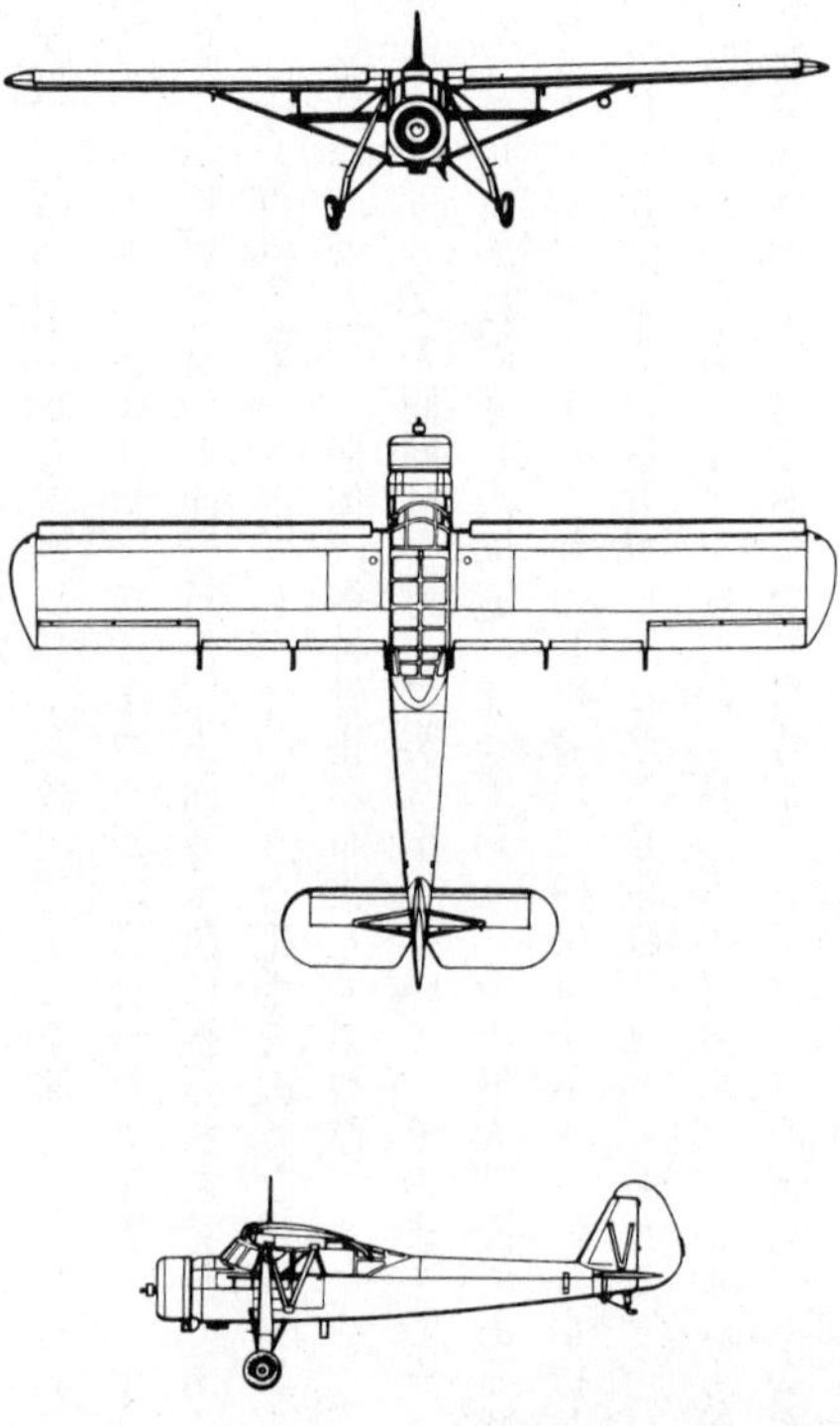

キ76 三式指揮連絡機

に最低速を狙うこの機体は、今さらながら、飛行機学教程の高揚力装置の項を思い出させられるに十分であった。

間もなく昭和一六年、キ59一式輸送機の試作の終わった日本国際航空工業から、ク7などのグライダーと前後して、一機技研に到着したキ76は、上面が緑色に近い下面水色のきれいな羽布張りの機体であった。

キ76三式指揮連絡機。不整地からの短距離離着陸を主眼とした

これはシュトルヒと異なり、星型のハ42発動機を装備したため、首が少なく短いが、全般の形はやはりシュトルヒの臭いがしたが、風防はアクリルの曲面プレッキガラスで、一見これはいけるぞ！　という感じであった。

組み立て後、チェン駆動の大きなファウラーフラップをガラガラさせながら、終日、機能試験をしたことを今も思い出す。七〇度くらい下がる大ファウラーフラップは、主翼面積がほとんど倍になるのではないかと思わせるものであった。

技研では、ちょっと飛んだきりで、後は当時編成改正で飛行審査業務が陸軍航空審査部に移り、筆者も審査部に移籍して、七月から太平洋戦争に備えて再開したキ44の追試験、実験部隊訓練と追われ、キ76の状況はよく知らなかったが、係の航士校同期会田大尉（元航空自衛隊）に聞くと、フラップ最大下げ時の舵の動きに苦労したとのことで、このため安定板を工作したり、主翼の角度を変更したり、苦労は多かったようである。

最低速度四〇キロ／時というから、そこら辺りの自動車に翼をつけて飛んでいる状態を想像していただければ、本機の特性がよく呑み込めることと、思う。

〔要目〕全幅一五メートル、全長九・五六メートル、主翼面積二九・四メートル、自重一一一〇キロ、全備一五三〇キロ、翼面荷重は五二キロ／平方メートルで、これは前述キ54の約二分の一に当たる。ハ42発動機二八〇馬力／三一〇馬力装備（重量二四〇キロ）で最大速度一七八キロ／時、巡航九〇キロ／時、最低速度四〇キロ／時、離着陸距離は正確な数字は覚えてないが、フィゼラーシュトルヒと大差ないか、これ以下であろう。（五八〇頁、注7）

第九章——液冷戦闘機「飛燕」はスターダムにのしあがった

太平洋戦争開戦の前後

昭和一六年七月上旬、対米関係は第一次のデッドロックに乗り上げた。一方、ドイツは突如として反転、ソ連に殺到していた。世界状勢は混乱し、第二次近衛内閣は総辞職してしまった。

大陸戦線をもてあまし気味の日本陸軍も、対ソ戦備を急遽、南方作戦配置に切り換えなければならなかったのである。

予想されないことではなかったが、われわれの実感として、対米戦争ということは、どうしてもピッタリ来ない。

もちろん、試作機、例えば戦闘機は、当時優秀な性能を喧伝《けんでん》されていた英国のスピットファイア、米国のP39エアラコブラ、P38ライトニング、P47サンダーボルトなどをライバルとして、研鑽を続けていたが、これが現実に真正面からぶつかって来ようなどとは夢にも考えていなかった。

だが、その可能性が現実問題化しそうな情勢に、われわれの顔には、それらのライバルの姿がおおいかぶさって来て、キューンと身の引き締まるのを覚えたものであった。

したがって、審査中の各機種は、急に繁忙を加え、対熱実用試験、特にベーパーロック対策に専念したのである。

ベーパーロックとは、燃料導管中に気泡が混じって燃料の導通を阻止し、エンジン・ストップをきたす現象の総称であり、外部から空気を吸入して同様の現象を呈する現象、正しくはエアーロックをも併せていうこともあった。

正確には、燃料内の低蒸溜分が、外気圧の低下、すなわち高空へ昇ったとき、または燃料管屈曲部の流速が増大し、液内圧力の低下する部分で気泡（ベーパー）を発生し、その流れを阻止することを指すものであり、軽質分を多く含む燃料ほど、この現象を起こしやすく、また気温の高いほど、この傾向に激しくなるものである。

また同一燃料でも、機種によってそれぞれその状況は異なるが、一般には燃料タンクに加圧して気泡をおさえ、または燃料を冷却してベーパー発生を困難にする方法をとるか、この両者を併用するなどの手段がとられた。亜成層圏以上を常用高度とする司偵、急速上昇する戦闘機などには、特にこの対策を必要としたわけである。

地上休止間の太陽の直射は、場合により燃料を沸騰させることもあって、離陸不可能の場合さえあった。

実験の結果、タンク部の翼上面に、隙間を作って、天幕シートを張るなどは有効な方法であった。

急場しのぎの日本の方式に比べ、撃墜した米国機では、各タンクまたはパイプラインの途中に、ブースターポンプを設けて、エンジン・ポンプまで圧送する方法が採用されていた。

だが、日本では当時燃料タンク内で、ポンプを回すようなモーターはとても考えられないことであって、これはシール方式がそこまで到達していなかったことによるわけで、機能部品その他の装備品において、はなはだ立ち遅れていた好例といえよう。

何はともあれ、熱地作戦対策は駆け足で施されるとともに第一部隊、特に戦闘機の性能上の不足を補うため、キ44、キ60試作機をかき集めて独立中隊を編成し、九月から戦闘訓練に入ったのであった。

これと同時に、南方航空技術研究所が編成され、熱地対策、現地指導、敵資料収集、部隊の現地技術指導などを任務とし、それぞれのエキスパートを配した。はと部隊（服部部隊）と呼ばれたのがこれであった。

余談だが、防暑航空服のテストも同時に行なわれた。薄手の白っぽい綿ギャバ生地仕立で、腕の部分は肩までめくってボタン止めにできたのである。

航空靴は、薄手の豚皮製の毛穴だらけのもので、風通しがよく、その胴は極端に短くて、いわゆる半々長靴とでもいいたいところ。防暑服とともに、われわれはこれを鎌足靴《かまたりぐつ》と呼んだが、これはかの中大兄皇子《なかのおおえのおうじ》と蹴毬《けまり》をしている藤原鎌足の図の靴とよく似ていたからである。

開戦時、戦闘機は九七戦、キ43、キ44、偵察隊装備機はキ15Ⅱ、キ46、キ51、キ36、軽爆キ30、キ32、キ48、重爆キ21Ⅰ、Ⅱ型、一部キ49に改編中（内地）という陣立てで、西南太平洋向き総数陸海軍合わせて約一一五〇機であった。

これに対し、敵方の装備は、戦闘機は、猪首のブリュースター・バッファロー、軽爆のような厚翼で多銃装備のホーカー・ハリケーン、アリソン液冷エンジン装備のP40および少数のスピットファイア。爆撃機では、複葉のソードフィッシュ雷撃機、ブリストル・ブレニムⅣ、ロッキードハドソン、マーチンB12、ボーイングB17など、哨戒機コンソリデーテッドOA10カタリーナなど、いわゆる植民地軍用機の一群で、西南太平洋総数約八五〇機であった。

分散した守勢の敵に対し、重点的に攻撃方面、時機を選定し得た日本軍の作戦上の有利さはもちろんあったが、その飛行機の性能上の優位は、敵を圧倒し、あらゆる場合に絶対的有利な戦闘を指導して行なった。しかし、性能、特に防御火力の劣る九七重一型は、第一次ラングーン攻撃において、中隊全機が敵戦闘機に喰われているという戦況も出た。

空中戦の勝敗は、ほとんど一瞬にして決する。作戦の巧拙にもよるが、性能上の差異は、顕著にこんなときに現われるものである。

防御、特に防弾を無視（？）していた陸空軍の欠陥を、はしなくても痛いほど思い知らされた戦闘であり、尊い教訓となって、爾後の試作機には防弾タンク、防弾ガラス、防弾鋼板の装備、防御火力の増大、特に射死界たる尾部砲の装備が重視されるようになったのである。

戦闘機の航続力、特にキ43の足長は、敵の意表に出て随所にその爆発的攻撃力を発揮したが、これはその装備発動機ハ25の信頼性に負うところが大きかった。

火力装備は一三ミリと増大したものの、海軍零戦のように二〇ミリ装備であったなら、さらに効果的に戦果を上げ得たものと惜しまれる。二〇ミリ砲装備が一般装備となるまでは、さらに日時を要したところに、用兵思想上の欠陥があったのであろう。

キ61 三式戦闘機「飛燕」

昭和一六年一二月、太平洋戦争開始直後に完成したキ61は、昭和一五年二月、指示によりキ60と同時に計画されたものであった。

最初キ60は重戦、キ61は軽戦として発足したが、実質的にはキ60はキ61の露払い役として実験機の役目に変更され、三機の試作のみで消え去り、この資料を採り入れてキ61が生まれ出たのであった。

キ44の苦心した重戦の道は、メッサーシュミット109Eとの対戦によって、軍の軽戦亡者の眼が開かれたため、キ61は、俄然スターダムにのし上がった。

とはいうものの、水の流れるように事はスムースに行くものではない。やはり幾多苦難の道程を歩まなければならなかったのは、他の試作機と同様であった。戦局の要請は、キ61に大いに幸いしたといい得よう。

軽戦として出発したこのキ61は、翼面積はキ60の一六・二平方メートルに比べ二〇平方メートルと増大しているが、全備重量もキ60の二七五〇キロが、三四七〇キロと増して、翼面荷重はキ60の一六九キロ／平方メートルに比し、一七三・五キロ／平方メートルと増え、馬力荷重はキ44Ⅱの一・八四キロ／馬力に比べ三・一五キロ／馬力を示している。

メッサーシュミットとの対戦は重戦闘機の道を開いた

これらの数値がキ61の性格を決定づけるもので、星型エンジンにくらべ、水冷エンジン装備の利点である前面面積の小さいことで、馬力に比べて速度は出るが、上昇力の劣るのはやむえない。

翼面積の増大とともに、全長が約五四〇〇ミリ伸びて八九四〇ミリとなっているが、冷却器の取り付け位置がズッと後退していることが大きな特徴といえる。これはキ60でさんざん苦労した点でもあるが、従来、空力的には後退した方が空気抵抗の少ないことは、風洞実験で知れていたものの、あまり後方になることは装備上および冷却効率の

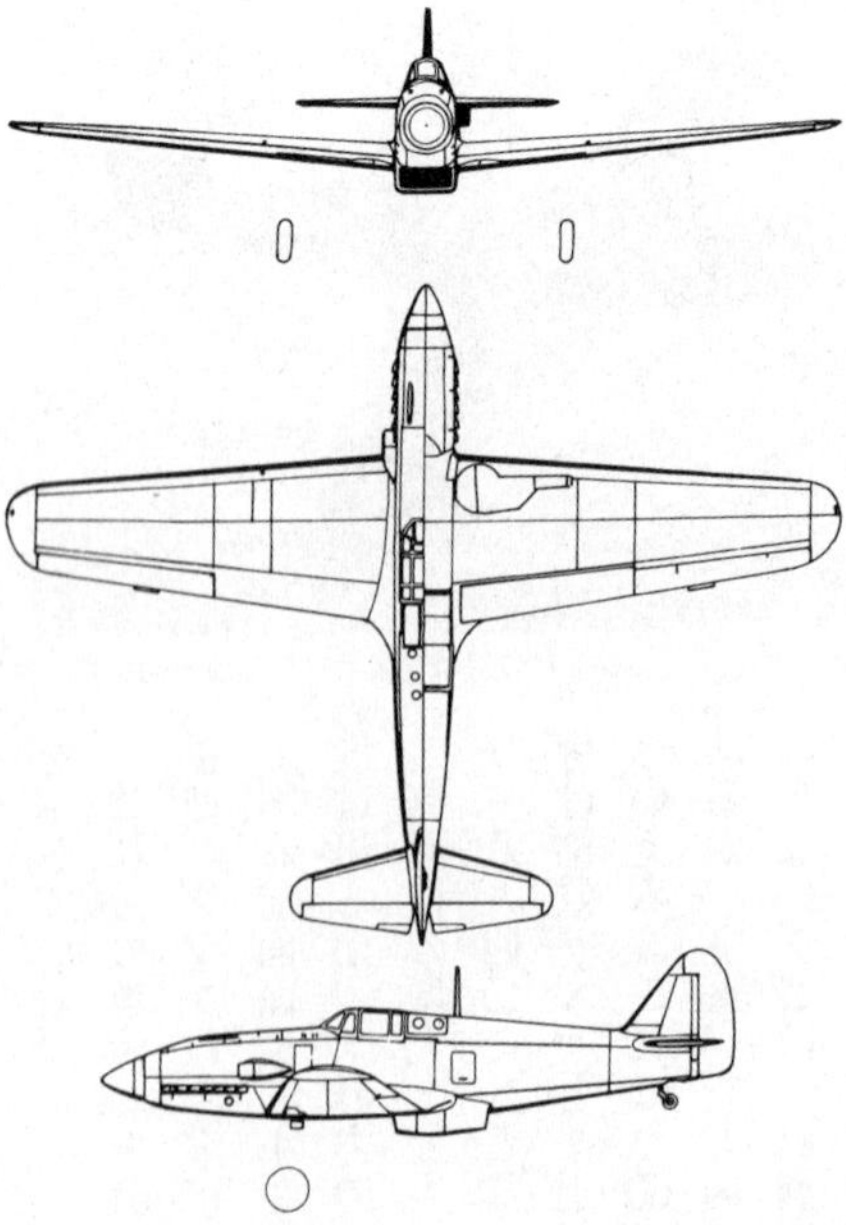

キ61 三式戦闘機「飛燕」

点で疑問であったのである。

しかし、キ60の場合、吸出口をグッと後まで延長し、やっと実用上支障ないようになったことに鑑《かんが》み、冷却器自体を後退させて目的を達しのであった。

冷却器といえば、P40、P51、ハリケーン、スピットファイアなどの冷却器の位置の移り変わり、およびラグ3のものなどを、年次とともに研究せられたい。

こうした変化も、最初はエンジンの前面につけていたものが、エンジンの真下、脚柱の間（この頃は固定脚）、翼下面、後縁付近、後縁より張り出した位置と、次第に後退していっているのはおもしろい。

速度向上と冷却問題との兼ね合い、それの解決方法が案外、こんなところにあったといえまいか。蒸気冷却法なら、また何をかいわんや、翼面が冷却器（コンデンサー）となるのだから。

さて、キ61では最初、滑油温度の上昇に悩んだ。当時整備担当の坂井雅夫氏（筆者の同期生）によれば、ラジエーターのエリアを増大しても、どうしても逆に温度が上昇するので、いろいろと調査したところ、冷え過ぎのためババリペスバルブが「通」となり、ラジエーターに油が通じない結果とわかったのである。

水冷の宿命ともいうべきラジエーターの漏れは、油冷却器の同問題とともに避けられなく、特に水は常にプラス一気圧の加圧の下に循環する高温高圧冷却法のため、この傾向は助長された。もちろん半田鑞《ろう》もカドミユウム半田が使用されたのだが、漏洩問題は避けられなかった。

いま一つの特徴であり、かつ命取りとなるくらいの問題を生じたのが、スーパーチャージャーのフルカン接手《つぎて》であった。

当時の与圧器駆動装置は、緩衝装置を持つ遠心力伝導による歯車伝導方式が一般に

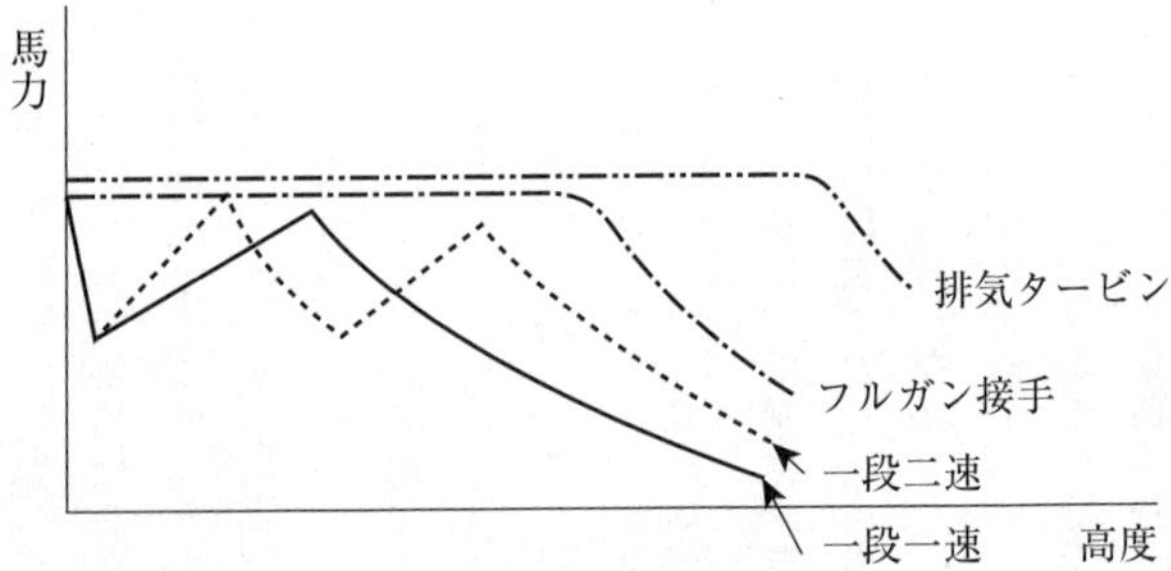

採用され、この駆動のため喰われる馬力を少なくし、かつ与圧高度を上げるため一段二速、または二段三速などにしたのだが、キ61Ⅰのハ40、すなわち国産ダイムラベンツDB601では、フルカン接手と呼ばれる流体接手を介して伝導されていたのである。

このフルカン接手とは、羽根車側とエンジン側を流体、すなわち油により動力を伝達するもので、高度変化を敏感に感知するベローズに連結する弁によって、高度とともに、すなわち気圧低下に反比例してロードを上げ、伝達力を増加していき、所要駆動馬力を最小限に少なくし、それが目的の馬力カーブの包む面積を大きくするのである。

ある一定与圧高度までは、早くいえば一定馬力を維持することができるのがこの接手の特徴で、歯車駆動のように直線的に与圧高度まで馬力が増大していき、その点からあとは気圧逓減率に従って馬力が減少するのと異な

キ61三式戦闘機「飛燕」Ⅰ型。昭和17年4月18日、東京を襲ったB25を追撃

り、その利用範囲が非常に広く、与圧高度以下の戦闘、特に上昇馬力では絶対有利なのである。

しかし、この装置を持つ与圧器がクランク軸、すなわち飛行方向と直角方向にエンジンの左側面に取り付けられていたため、約二万回転の羽根車は回転角速度の自乗で効いてくる猛烈なジャイロモーメントのため、そのケースの取り付けにガタがきて、接手に無理なロードが多くかかってすべり、その機能を害する結果を生じた。が、ケースの取り付けねじを常に増締するほかに手がなく、与圧高度は乱れて、その性能を発揮できず、エンジンの不調をきたして、部隊における稼動率を低下させる原因となった。

燃料噴射ポンプおよび同噴射弁は、初期に問題はあったが、これは解決してその後はあまり問題はなかったとの坂井氏の話であるが、調布の二四四戦隊では、やはりこの点で苦労していたようである。

機体関係では、川崎のテストパイロット片岡載三郎操縦士が、フラッターのためエルロンの半分を空中で飛散させたが、無事着陸したことがあった。剛性とマスバランスを増加して解決したが、引き起こしの際に天蓋風防のガラスを飛散させたこともあった。

これは、キ60でも黒江保彦氏のすでに経験されたことでもあったが、窓ガラスが大きいのと突き出しているため、吸出力がこの部分で非常に大きくなることにもよるが、風防枠の剛性不足が原因であった。

実用審査で、横開き天蓋のもので、これが空中でつぶされ、九死に一生を得た飛行実験部荒蒔少佐も、このキ61でのことであった。

キ15に始まったこの横開き天蓋風防も、遂にキ61で終止符が打たれたのである。キ60では、脚オレオ支柱が引き込みのとき、約一〇〇ミリくらい縮められる構造であったが、機首が長くなり、翼が大きくなって余裕のできたキ61では、この方式はとり止められたように思う。

このキ61では、試験中ちょっと面白い話がある。昭和一七年四月、水戸射場で本機の射撃試験があった。当日は空襲警報が発せられていたが、人々はまさかという考えに支配されて、呑気に試験を続けていた。フト見ると、見慣れない双発機が海上から超低空で進入して来るのだ。

「回せ！」北支で勇名を馳せた寺西部隊加藤建夫中隊出身の猛者梅川少尉は、二〇ミリ砲の威力を示すのはこのときとばかり、地軸を蹴って離陸、この敵を追撃したが、ついに見失って捕捉できなかったが、惜しいことをしたものである。昭和一七年四月一八日、ドーリットル東京空襲時の一幕であった。

とにかく、昭和一八年四月、三式戦闘機飛燕として戦線に出動するまでに漕ぎつけたのは、戦時中とはいえ早い方である。これは陸軍飛行実験部から、陸軍航空審査部へと官制の改革があり、有能な第一戦勤務を終えた部隊長クラスの多くのスタッフにより、性能および実用審査が行なわれた影響も見逃せない。

この審査主任であった木村少佐は、自ら戦隊長となってニューギニアに進出、幾多の空戦の末に散華されたが、紙上をかりて謹んで哀悼の意を表する次第である。

両翼のマウザー二〇ミリ砲でサンダーボルトを一撃のもとに撃墜したのも、この部隊のキ61であったといわれている。

さて、性能向上のⅡ型は、翼面積を二二平方メートルとしてハ140発動機を装備し、その後また翼面積を二〇平方メートルに戻したりして、もたついたため生産が遅れたが、ハ140の不具合が重大問題となってきた。このハ140はハ40の圧縮比六・九を七・三

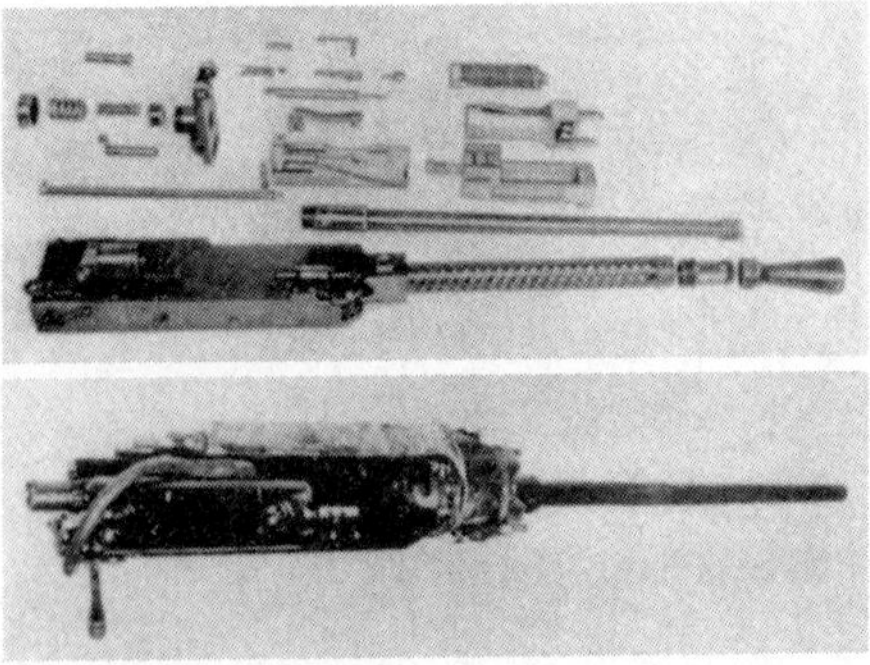
ホ5・20ミリ機関砲（上写真）とマウザー20ミリMG151

に上げ、ブースト圧力を五〇ミリ／Hg柱高くしてプラス三八〇ミリ／Hg柱回転数を二五〇増加して毎分二七五〇回転とし、与圧高度を五七〇〇メートルと飛躍的に高くして、離昇出力を一五〇〇馬力としたものであったが、最初五〇時間、耐久運転にどうしても合格しなかった。

　このため、臨時に急派された宇山技師（元太田計器専務）の話によれば、弁機構が熔解してしまったとのことであった。そこで氏の指示により、弁座をスチール製にして運転した。

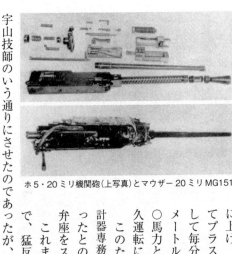

　これまで一般には弁座はブロンズ製であったので、猛反対があったが、万策つきた前任者も一応、宇山技師のいう通りにさせたのであったが、このエンジンは何の故障もなく五〇時間を軽く回ったのであった。

　ちょうどその翌日が軍需省におけるハ140の生産会議であったので、川崎の幹部は半ばあきらめながら心を残して出発したが、その夜、東京の宿舎に耐久運転パスの電報が飛んだことは、いうまでもなく、関係者一同、愁眉を開いたのであった。

しかし、種々の原因による技術水準及び材質の低下などのため、この無理したエンジンは故障続出し、遂に三〇〇機近くの首なし飛燕の機体が各務原の岐阜工場に立ち並ぶ状況となったのである。

英国のピンチを救ったホーカー・ハリケーン、スーパーマリーン・スピットファイアの働きは、一にロールスロイス・マリーンエンジンの性能と信頼性の賜物であったが、キ61の場合はあまりにこれと対蹠的で、ここらあたりに日本の技術の歴史の浅さが証明されていると見られるのである。

状況こそ違え、現今の国産ジェット・エンジン生産の様子に比べると、何か考えさせられるものがあるようだ。

しかし、こうした状況が、最後の傑作といわれるキ100、五式戦闘機誕生の端緒となったのだから、まことに運命は皮肉といわなければならない。

とはいうものの、キ61Ⅱ型改と呼ばれたハ140装備のものは、高度六〇〇〇メートルにおいて最大速度六一〇キロ／時を記録し、高度一万メートルにおける編隊飛行も容易であったという高空性能を発揮し得たのである。

今改めてここにキ61を概観すれば、ＢＭＷ系統の自家製発動機しか持たなかった川

川崎ハ140(写真)装備のキ61Ⅱ型改は高空性能を発揮

崎航空機は、その開発の限度に見切りをつけたものの、水冷機体の空力的特性を捨て切れなかったが、当時協力関係にあったドイツで縦横の活躍をして令名高きＤＢ601に、我が意を得たりとばかり、技術導入をして、これを製作したのであった。また、これには国際政治的な含みもあったとの話もある。

由来、空中において激しい行動をする飛行機は、このような長いクランクを持つエンジンには、どうしても悪影響も及ぼすものである。また、多くのメタルに支えられたこのクランクの振動は、耐久力に影響をあたえずにおかないものであり、冷却器の必要とともに取り扱い整備上、不便をきたすことは明らかである。

また、パワーアップのためには、Ｈ型かＸ型配置または串型配置しか方法がなく、これではますます取り扱いを困難にして行くばかりで、その割に馬力は上がらないきらいがあるのである。

星型空冷万能の観があった当時の世界航空界、特に日本にあって、敢然とこれを取り入れた川崎航空機の反骨ぶりは壮とするも、整備に苦労させられた第一線部隊のことを今に思えば、涙無きを禁じ得ないくらいである。

外国のことは別として、五式戦で現わした空力的の特性から見て、じっくり腰を落ちつけて本質的に信頼性の多い取り扱い容易な星型空冷エンジンを装備した単座戦闘機を、早くから川崎にやらせていたなら、どういう結果が出たであろうかと、ちょっと惜しいような気持がするのは、あながち筆者だけではあるまい。

何はともあれ、数少ない世界の水冷戦闘機群の中にあって、問題はあったが約三二〇〇機の生産機数をかぞえ、二〇ミリ砲の威力を発揮し、各戦場において着実に戦果を上げていったキ61三式戦飛燕は、第一線整備兵の苦労とともに忘れることのできない存在である。

数々の論議を醸したこの機体も、それぞれの人の愛着の度合いを示すものといい得るし、またわれわれ、大きくは国運に直接つながる辛い位置におかれた戦闘機として、当然受けなければならない批判であると考えられないこともない。

キ64試作戦闘機

昭和一四～一五年、東大助教授であった西脇仁一先生が召集され、中尉の階級章をつけて、キ32で機上試験をしておられたものに、翼面冷却器があった。

翼の上下面に翼型の真鍮製冷却器を取り付けて、沢山の測定装置をつけ、また毛糸で気流の変化などを調べていられたのである。

当時までに海軍で輸入した世界最速といわれたハインケルHe100は、宣伝ほど性能はよくなかったそうであるが、初めて採用された翼表面冷却器は大いに注目を浴びていて、陸軍でもこれの基礎研究を手がけていた。

キ61で前述のように、水冷発動機の前面面積が小さいことは、空力的には設計者の大いに魅力とするところであったが、冷却器が色々の意味で目障りだったのである。

しかし、蒸気冷却法（バイーパークーリング）、すなわちエンジンジャケット内をプラス三気圧くらいで冷却水を回し、出口で急にその圧力を下げると、蒸気の発生を見る。

翼表面をそのまま用いた翼型のコンデンサー（復水器）に、この膨張した蒸気を導き、ここで冷却し、水に還元してふたたび水ポンプ入口に導くという方式は、普通冷却器の有害抵抗分がゼロとなり、被弾時の水損失も少ないという利点があり、いわゆる夢の戦闘機（ドリームファイター）の根拠をなしていたのである。

キ61改造の実験機でバイパークーリングの空中試験に成功した川崎航空機は、画期的次期戦闘機を完成すべく、真剣にこのドリームファイターに取り組んだのであった。

翼面積二八平方メートル、全幅一三・五メートル、全長一一・〇三メートル、全備重量五一〇〇キロ、翼面荷重一八二・二キロ／平方メートルのこの重戦を引っ張るために、エンジンにはハ201二三五〇馬力を装備して馬力荷重を二・三一キロ／馬力におさめた。

このハ201は、ハ40を操縦席の前後に串型に配置し、後の発動機の延長軸を前の発動機のプロペラシャフトに連結し、三翅一組の二重反転プロペラを装備したもので、表面冷却方式を採用したのはもちろんである。

川崎キ64試作戦闘機。翼表面冷却器を採用

この一風変わった発動機の配列方法は、古くはイタリアのマッキー競争機に採用され、また延長軸方式はアメリカのP39ベルエアコブラなどに見られた。並列装備はHe119が採用しており、このタンデム、あるいはパラレル装備は水冷V型エンジン馬力の限界脱出の一方法だが、延長軸の振動や装備などで、相当問題を含んでいるものと思われる。

昭和一八年一二月に完成した第一号機は、第五回飛行時、後方発動機より発火し、急いで飛行場に不時着したが、昇降舵連結桿（ジュラルミン管）が焼損して危ないところであったといわれる。片岡さんは、空中火災によくよく縁の深い人であったらしい。

高度五〇〇〇まで五分三〇秒、六九〇キロ／時／五〇〇〇メートルの計算速度も夢ではなく、さらにパワーアップして八〇〇キロ／時を出そうとした野心的なこのドリームファイターも、戦況におされて、十分開発の機会があたえられなかったのは惜しいが、プロペラ機の可能性の限界追求の努力が、たゆみなく続けられた点は心強かった。

キ100　五式戦闘機

前述のように、キ61の最後は哀れを留めたが、戦局の要求上から急いで星型エンジン装備を、この首なし機体に施すことに決定した。これは海軍の彗星艦爆の辿った運命とよく似ている。いずれも最初はＤＢ601系エンジンを装備していたものであった。

直径一二一八ミリのハ112を使用したが、このエンジンはキ46一〇〇式司偵装備のものと同じで、キ43一式戦隼装備のハ115より直径が一〇三ミリ大きく、八四〇ミリの角胴体に、この星型エンジンを装備するには苦労したとの話であるが、当時流行のロケット効果を狙った単排気管を胴体左右の空隙部分に集めて、意外に手際よく纏め上げることに成功した。

離昇一三〇〇馬力、公称一二〇〇馬力／三〇〇〇メートル、一一〇〇馬力／六二〇〇メートルの性能を持ち、司偵で経験済みの高信頼度を持つ三菱製のエンジンは、この機体とよくマッチして速度はキ61Ⅱ改より少し落ちて五八〇キロ／時／六〇〇〇メートルとなったが、重量が二三〇キロも軽くなり、馬力荷重も三・〇六キロ／馬力から二・四九キロ／馬力と急落したため、上昇力はすばらしい向上を示し、旋回性能も意外によく、関係者を驚喜させたものであった。

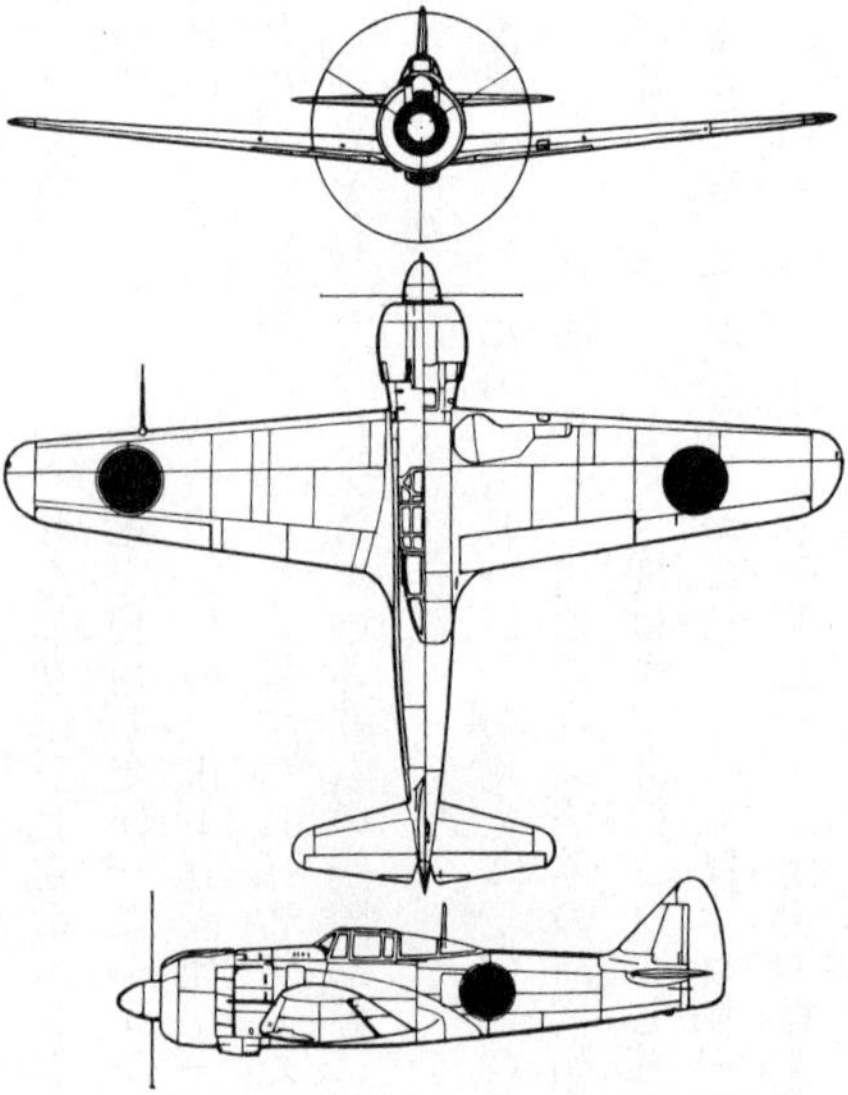

キ100 五式戦闘機

昭和三二年六月、浜松飛行場でT33ジェット練習機で殉職された小林照彦少佐を部隊長とする二四四戦隊は、昭和二〇年、八日市飛行場を基地としていたとき、来襲して来たグラマンF6F十余機を撃墜して偉功を樹て、また六月、南九州万世飛行場にあった同隊は、来襲したグラマンに低位から戦闘を強要し、その全八機を撃墜するという目覚ましい働きを見せて、一躍令名を馳せたのである。

グラマンF6Fは零戦に対して優位を獲得すべく製作されたもので、その旋回性能もなかなかあなどり難く、キ84四式戦でもちょっと手を焼く場合さえあった。

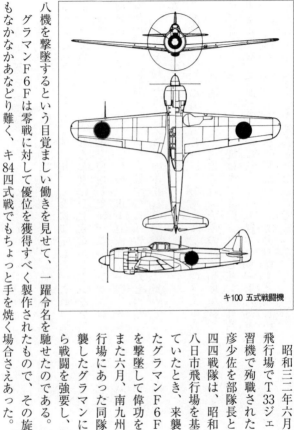

しかし、すでに戦局は絶望的状態となり、工場を爆撃された川崎では後が続かず、息切れとなったため、この傑作戦闘機も終戦の渦中に自らの命を断つ結果とはなったが、群雄手を焼く戦況の中に、突然、躍り出た小男が俊敏抜く手も見せずに、バッタバッタと強敵をなぎ倒していく小気味よさを、戦火にあえぐ国民に味わわせてくれたのがこのキ100五式戦闘機であった。

そのⅡ型は、排気タービンを装備して、優秀な高空性能を出した。すなわち、ハ112Ⅱル（ルは排気タービン付きの略号）を装備したが、タービンは胴体下の空薬莢収容箱部にうまくはまり込んだとのことである。

司偵四型と同じインタークーラーなしのため、これに代わってメタノール噴射で約三〇度Cくらい吸入し、空気温度を下げる方法がとられ、メタノールの気化潜熱として多量の熱を温度上昇した圧縮空気から奪い、吸入空気の密度を高くしたわけであるが、メタノール約一〇〇リットルの収容タンクがずいぶん重量および場所をとったわけである。

装備スペースの限られた単座戦闘機に、こうしたタービン装備をするのはずいぶんと難しいことに違いないが、キ100ではうまくやっている。これも水冷用胴体の余得の一つに数えられてよいと思う。

キ100五式戦闘機。川崎岐阜製作所が爆撃され生産停止

その結果、高度一万メートルまで一八分、同高度の全速五九〇キロ／時という優秀な性能を発揮したが、これはキ102双発高々度戦闘機と同じ上昇力で、当時の二速与圧器付きの戦闘機が一万メートルの高度をとるのに三〇分以上もかかり、アップアップしながらやっと辿りつくのと比べると、まさに雲泥の相違である。

キ100Ⅱは三機製作され、工場爆撃にもひるまず、九月から量産に入る姿勢を整えていたが、すでにすべては余りにも手遅れであった。

昭和一四年頃、技研に航二研究室というのがあって、十森寛一技師がコンクリート建ての建物の中で、コツコツと排気タービンの研究をしておられたが、タービンの材質がうまく行かなくて、熔解するとの話であり、またあまり熱が入っていないようでもあった。すでにこの頃、機上試験くらいにまで漕ぎつけて置くべきであったと考えられるが、スタッフも強力でなかったように思う。

B29の第一回来襲時、このタービン付き戦闘機があったなら、あれほど易々とその跳梁にまかせなかっただろうにと悔やまれる。技術首脳陣の戦術的情勢判断と、指導の重点が適切でなかったといわれても仕方あるまい。

キ66　急降下爆撃機

「なに！　北村が殉職したって？　それに坂下さんまで……」

昭和一八年七月一七日、九九高練を操縦して福生飛行場に着陸前、射撃爆撃場付近の飛行場の火災跡を見て、何かあるとピンときた筆者は、着陸するや、同期の坂井氏から北村君（第二期操縦生徒出身）などの事故を知ったのだった。

海軍出身の老練エンジニア坂下雇員は、キ43育ての親で、筆者とともに苦労もしたし、北村氏もまたキ48の実質的審査主任の役を果たしたベテランで、ハ25栄発動機（隼に装備）の三〇〇時間空中試験に、よく一緒に飛んだものだった。

その二人の生命を奪ったのは、その年の二月、川崎から到着した試作急降下爆撃機キ66である。

海軍は、早くからハインケル社と連絡をとり、急降下爆撃機を製作していたが、陸軍は制式の専門機は持たなかった。しかし、第二次大戦緒戦の花形Ju87スツーカなどを早くから購入して、一応の研究はしていたのである。

しかし、一般にその威力を認識させたのは、何と言ってもマジノライン突破に示したヘルダイバーJu87スツーカであった。

このガルタイプ固定脚の頑丈な機体には乗る安心感があったが、さて急降下のためエアーブレーキをガタンと下げ、そのまま捻り込みもせず、真っ直ぐに操縦桿を前へグンとおすと、地平線がビュッと眼前を通り過ぎたと思う間もあらばこそ、同乗者は座席からツンノメリそうになる。

風防に標示された降下角度は、九〇度まであった。まったくの垂直降下が可能なのだ。これもエアーブレーキのおかげで、極限速度を五〇〇キロ／時範囲におさえることができた結果である。

何でこんな危ない急降下をやるのか。それはもちろん、命中精度を上げるためである。そして射出瞬間に、機速だけの初速を爆弾にあたえるとともに、敵にあたえる精神的脅威もまた見逃すことのできない要素となり、投下後の超低空離脱と相まって、自機の被害を少なくし、その反面、大きな効果を挙げることができるからである。

実際、真っ逆様に自分に向かい、砲火を噴きながら、五〇〇キロ爆弾を抱いたこのスツーカが襲いかかることを考えるなら、直接照準で命中疑いないとはいいながら、最後まで撃ち合える勇気は、ちょっと覚つかないように思える。

爆弾はそのまま投下すると、プロペラに当たることもあるので、前方から出された二本の腕で、プロペラ圏外へ送り出す構造になっていた。

キ66は、この専門機だった。開戦の年の九月に試作命令の出された本機は、もちろんエアーブレーキを装備していたが、これは簾《す》の子式のものでキ48Ⅱ型の方式だった。

事故を起こしたキ66は、高度二〇〇〇メートルから急降下を開始したが、エアーブレーキが開かなかったらしく、水平全速五三五キロ／時も出すキ66の全馬力パワーダイブだからたまらない。たちまち八〇〇キロ／時くらいの速度になり、あわてて引き起こしたらしいがもう遅い。「頭をもたげた。しめた、もう少し……アッ」。地上で見ていた人たちは一瞬、顔をおおった。

キ66は沈みが上がらず、お尻から接地すると折れ、つぎの瞬間、グワンと胴体主部は地面に叩きつけられて、一瞬、火焔に包まれたのである。

キ48九九式双軽よりわずかに小さく、翼面積は六平方メートル少ない三四平方メートル、五三五キロ／時／五六〇〇メートル、七分三〇秒／五〇〇〇メートル、キ45二式複戦より少し大きく、性能もしたがって少しこれより悪く、筆者には新婚の親友を喰った忘れることのできない機体だった。

キ67 四式重爆撃機「飛竜」

昭和一五年、九七重Ⅲ型（試験機）三〇〇三号の横腹に、金属製雨滴型覆いが取り付けられた。スポンソンというそうである。課目は、高速重爆スポンソン基礎試験だった。引き続いて後上方に半球型風防が取り付けられて、同様に試験されていた。すわなち、いろいろの型のスポンソンを取り付けて、最大速度の変化を測定するのである。これは、前年八月に完成したキ49呑竜が、一応テストの結果、〝鈍竜〟であったのに失望した軍が、新たな構想の下に、速度を重視して戦術爆撃機の研究を三菱に内示し、その資料を集めるために、三菱の研究の一翼を担って、軍が実施した一連の基礎試験の一部だった。

試作指示のあった昭和一六年二月以降も続けられた各種試験資料に基づいて、昭和一七年一二月に第一号機が完成したのである。

海軍の葉巻型にくらべて胴体直径が小さくなったため、非常にスマートな感じを受けるが、中へ入ると相当大きい。

翼面積は一三平方メートルも小さいが、翼幅では、翼面積の大きいキ49よりも二メートル余大きく、したがって縦横比（アスペクトレシオ）は大きいわけで、速度および航続力には有利だが、全備重量はそのいずれよりも大きく一万三七六五キロのため、翼面荷重二〇九キロ／平方メートルとなっている。

したがって一九〇〇馬力のハ104を装備しながら、四・二八キロ／馬力と一番大きく、上昇力は一四分三〇秒／六〇〇〇メートルと大きい値を示している。

全般的に直線部分が多く、量産を大いに考慮したとの話もうなずける。

キ67四式重爆撃機「飛竜」。昭和20年、雷撃機として活躍

このキ67も、テスト間に犠牲を要求した。すなわち、整備担任の竹内技手の殉職である。南向きに福生飛行場を離陸したキ67四号機は、離陸直後、燃料圧力が低くなって場外にとび出したが、両操縦者間後方の機関士席に座って操作していた同技手は、その衝撃で計器板間の通路を跳び抜けて爆撃席に転落し、機体と地面間に圧しひしがれたのだった。

どうも、燃料コックの切り違いとの説があるが、筆者はこの点つまびらかでない。一緒に席を並べて任務についていたことがある筆者は、真面目な海軍出身の同氏の、冥福を祈りつつ筆を進めている。

酒本少佐、北村准尉、竹内技手の担任トリオは、こうして有能なその人を欠いたわけだった。

以下、筆者に当時の担任者で、自動車の権威隈部博士のクマベ研究所工場長窪田義次元技術少佐を訪ね、当時のエピソードを探った。

量産機になったとき、主翼の取り付けボルトが合わないものが出て、はなはだしいのは取り付け角二度くらいの相違のものが出て来た。

これは、前後桁にそれぞれ直角に取り付いていた取り付けボルトの合わせが相当困難だったことにもよるとの話だったが、筆者はむしろ治具検査に手ぬかりがあったのではないかと考える。大量生産方式の不慣れのせいもあったのだろう。

整備機には、また飛行中に頭上げ傾向が出るという問題が出てきた。大浦少佐（五〇期）の担任で飛行試験が行なわれたが、結局、タブ角度調整の問題だったらしい。

何しろ緩降下で、計器速度ですぐ五六〇キロ／時にもなる高速重爆撃機のことだ。色々の点の不備が、結果的に大きく現われたことだろう。

浜松部隊で、エンジンが落ちたことがあった。エンジン架の上方取付部ブラケットに、亀裂が入ったことによる。陸軍の注意に対し、三菱の設計担任で時の宰相東条大将の息、東条輝男技師は、「これは偶発的事故だ」として補強しない、満々たる自信だ。しかし、同様な事故が報じられたのだ。館林の部隊だった。

窪田氏は、ジャンクに入れられたその部品を丹念に探し出し、これを提示した。続発したこの故障は、リベット孔から亀裂が生じていたのだった。アルコール燃料実用試験も、彼の苦労した仕事の一つである。

爆撃下の三菱工場へ行き、無理に工員二名を引っ張ってきて工事を実施させたが、宿舎手配そのほか、天手古舞《てんてこまい》のこんな雑務に、技術少佐が走り回らなければならなかったところに、すでに末期的症状が現われている。

アルコール燃料実用について、海軍では排気を吸気管に入れて成功したとのことで、彼もこれを実施し、地上運転に成功したそうだが、気化潜熱の多く必要なこの燃料とはいえ、はなはだ乱暴な話のように思う。

おそらく排気暖房管からではないかと思うが、荒療治が案外、行なわれていたかも知れない。もちろん、セパレーターは上手に設けらたことだろう。

彼にとっても忘れられない思い出の仕事は、桜弾の装備だろう。

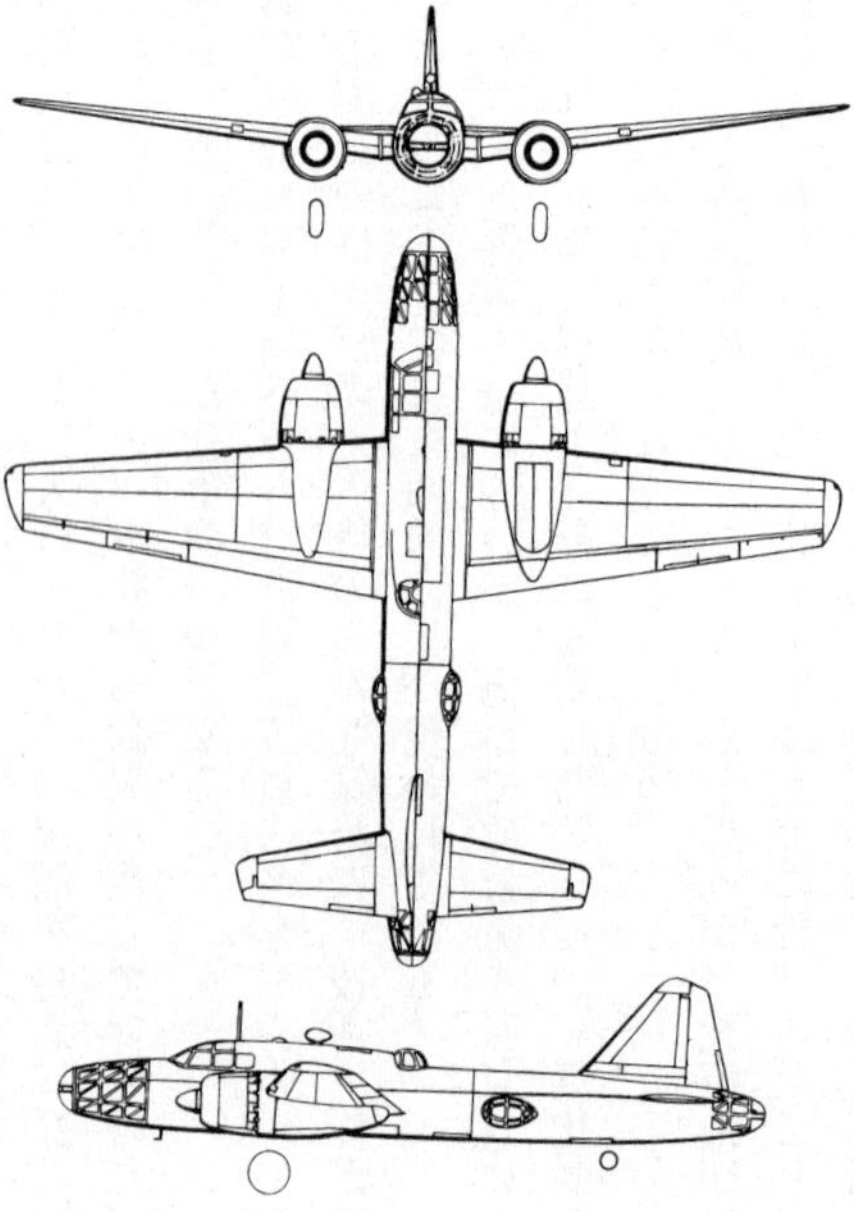

キ67 四式重爆撃機「飛竜」

桜弾とは、直径約一メートルのお椀型の爆弾で、断面は三日月型だった。これを、最初、爆弾倉に装備しようとしたが、外に出て都合が悪い。そこで、通信手席を除き、そこへ装備した。したがって操縦者は、この爆弾を背負った格好になる。信管は機首に長く棒を出して、これを整備したのだった。

これはもちろん特攻機装備だった。体当たりすると、一トンのこの高性能爆薬は、その全エネルギーが前方に向かい、強大な貫徹破壊力を生ずるわけである。

さて、各務原で試験飛行中、この一機が不時着したが、桜弾はそのままコロコロ独走して転がっていった。もちろん、パイロットを圧しつぶして……。

終戦前、犬山付近に全体を赤く塗られたこの桜弾が、約三〇〇個くらい野外に放置されていたとの話だが、もしこの本質を知っていたら、付近の人たちはそれこそ安眠できなかっただろう。起爆装置を一緒に置くわけはないが、直撃弾を受ければ、もちろん大きな誘爆をするのだから……。

キ67「飛竜」に装備されたイ号一型甲無線誘導弾

この桜弾ト号機が、戦艦を一撃で轟沈したという噂を、筆者は耳にしたことがある。しかし真相は知らない。
このキ67に、八〇〇キロ魚雷を装備したことがある。海軍航空艦隊の指導下に猛訓練を受けたこの部隊は、台湾沖および九州近海の戦闘で、敵艦に相当な打撃をあたえたのであるが、計器速度六〇〇キロ／時の急降下で、海面スレスレに突っ走るキ67飛竜の雷撃には、敵も驚いたことだろう。相当な評価をあたえている。

何しろ一式ライターといわれた海軍の一式陸攻に似たこのキ67が、まさか陸軍の雷撃隊だとは敵も気がつかなかったに違いない。

航続距離は比較的、短いようだったが、防弾も速度も、特に運動性の優れていたこの優秀な爆撃機が、もっと早く大量にできていたならと悔やまれる。終戦時の制式および試作機群が、開戦時に完成していたなら、戦争の様相は相当変わっていたろうし、最初の航空優勢から敗戦を迎えるまでの彼我の態勢逆転が、そのまま国力（技術力）の差だといえないこともないだろう。

キーンとクーリングファンの金属音を残しながら、軽快に飛んでいたかっての飛竜の姿を懐かしく思い出しながらの繰りごとである。

キ109

飛竜の卓越した操縦性を利し、当時その射程その他から、Ｂ29の高々度爆撃に手を出せなかった七五ミリ高射砲を積んで、Ｂ29迎撃および艦船攻撃機を製作したことがある。

機首から約一メートルくらいニュッと出た砲身、一五発の装弾は、後方席で砲兵隊

三菱キ109試作特殊防空戦闘機。B29迎撃のため75ミリ高射砲を搭載

下士官が搭乗していった。

福生飛行場で、射撃試験中のこのキ109の砲撃ほど見ものはちょっとなかった。グーと六〇度くらい突っ込んだと思うと、機首にパッと赤い閃光が燦《きらめ》くと、シューダーンと地上の目標を吹き飛ばすのだ。正確無比だ。

坂本少佐がこれを操縦して、Ｂ29迎撃に当たったことがある。第一弾を送り、第二弾を発射しようとしたが、弾丸が出ない。伝声管で呼んでも返事がないのだ。驚いて着陸してみると、砲手は、酸素ホースを体に巻きつけて失神しているのではないか。

蘇生した彼の話によると、あまり沢山のＢ29に、あちらこちらとグルグル回りながら夢中で索敵しているうち、酸素ホースを巻いてしまい、酸素切れのために失神したわけだったが、惜しい実戦記録となった。これは装備掛大崎技手の談話である。

船舶攻撃試験には相当な威力を発揮したそうだが、本土決戦に予定したこのキ109が、実際に本土周辺で使用されずに済んだことは、幸運というべきだろうが、何とか実戦の用に使ってみたかったと、技術的興味から筆者はそう思うのである。

キ70 試作司令部偵察機

昭和一四年頃からテストを開始した試作機群が、いまだ海のものとも山のものとも分からない頃、軍では次期の各機種の計画を始めていた。

キ46司偵の後継者として計画されたこのキ70試作司偵は、立川飛行機で昭和一四年三月頃から設計が始められたものである。最大速度六五〇キロ/時~七〇〇キロ/時を狙ったキ70には、日本最初の層流翼断面が使用された。層流翼はご承知の通り、翼断面の最高欠高が、普通のもので弦長の二五~三〇パーセントくらいのところだが、これは空気の圧縮性を計算に入れた結果、五〇パーセント近くまで後退しており、抵抗係数がはなはだ少ないが、揚力係数も少なく、高速機には適当な翼断面である。

外国機では有名なP51も、やはり層流翼断面を使っており、真横から見ると、その断面ははっきりと層流翼だなと判るくらい、普通のものと変わって見える。

さて、この画期的な断面を使うと、低速時すなわち離着陸速度も大きくなって不具合なので、立川飛行機では、当時量産していたロッキード14Ｙに使用していたファウラー型フラップの使用を計画し、ガイドレールなどの邪魔物がまったく外に出ない構造の完成に成功した。

キ44、キ43、キ49のフラップ部分にわずかに出張ったものは、このガイドレールの端末の整形覆いである。

遠藤技師の話によれば、翼面荷重を二〇〇キロ／平方メートルに抑えよとの軍の要求だったが、計画ではどうしても二二〇キロ／平方メートルくらいにしかできないので軍と張り合ったそうだが、その後、重量増加などのため、結局二五〇キロ／平方メートルに出来上がり、最終は二七二・六キロ／平方メートルとなった。一年後に出て来て当時、殺人機などと悪評を受けたキ44が、一八四キロ／平方メートルだったことを考えると、まさに戦闘機以上といえる。

高速を出すため、層流翼、高翼面荷重のこの飛行機を、強馬力エンジンで引

のだ。

後方射界を得るために双尾翼としたが、この型もロッキード14Ｙ旅客機その

ある。鳥籠のように、広いガラス窓にした機首の偵察席も、使用目的に徹した思い切った設計である。

さて、いろいろと迂余曲折を経て完成した機体は、重心位置がだいぶ予定より後退していたが、もちろん安全範囲内にはあった。

どんな飛行機でも乗りこなすのがテストパイロットである。また新しい試作機に真っ先に乗ることこそ、テストパイロットの生き甲斐でもある。しかし、やはり気の乗らない飛行機もある。

高翼面荷重で発動機ばかり太い双発のこの機体が、第一回の離陸をした途端、グーと左に傾き出したから、パイロットは驚いた。

高翼面荷重二七〇キロ／平方メートルの数値は、パイロット竹下少佐の頭を支配していた。それは、大きな発動機のトルクの影響である。すなわち、右回りエンジンだから、トルクは回転方向と逆に左へ、機体全体を回転させる力となって作用するのだ。

この影響をなくするため、単発機ではコントラペラ（二重反転ペラ）にしたり、双発機ならP38ライトニングのように、左右逆方向回転にしたものもあり、無用の長物、しかも目に見えないこのトルクという怪物には、同じくジャイロモーメントとともに手をやくものだ。かりに、トルクが存在しなければ、現今のヘリコプターなども大い

立川キ70試作司令部偵察機。日本最初の層流翼断面が使用された高速機

に変わったものとなろう。テールローターなど、全然不必要なわけだから。

「トルクなんて、誰が発明しやがったんだ！」あるヘリコプター設計者が怒鳴って大笑いになったことがある。

　余談はさておき、離陸直後グーッと回転し出したこのキ70の後席で、金井雇員も思わずハッとした。飛行場端を走る青梅線が、急にかしいで目の前にせり上がって来たからだ。

　しかし、速度増加と手当で直り、事もなく試験飛行は終わったが、任務とはいえ、やはりあまり乗りたくない厄介な飛行機の部類に入れられた不運な試作機の一つが、キ70であった。テストパイロットに嫌われると、妙に発展しないものだ。

「プロペラ」効率も悪く、装備した試作発動機ハ104も所望の性能を発揮しなかったキ70は、エンジン装備を変えてみたり、術《て》を尽くしてみたものの、キ46司偵の好性能のかげにかくれて、遂に制式への道が開かれなかった。

機体としては優秀性を備えていながら、発動機、プロペラなどがうまくマッチしなかったためもあろうが、嫌われ者になったことが、案外、原因だったかも知れない。

全備重量九八一五キロ、九七重爆Ⅱ型と同じ重量を持ち、キ46一〇〇式司偵の二倍くらいの全備重量と、約三倍近くの装備重量を欲張ったところに無理があったのだろう。二七二・六キロ／平方メートルの翼面荷重は、ロケットまたはジェット機を除き、陸海軍中で一番大きな数値を示していたのである。パテ仕上げのきれいな胴体の飛行機だったが……。

キ71

キ51完成後、その性能向上が計画され、二〇番上がったキ71の試作番号があたえられた。その異なる点は、エンジンのパワーアップと、引込脚にあった。

昭和一五年、名古屋工廠より分離し、技研の西隣地区に建設した航空工廠は、引き続いてキ30の製造を続行していたが、逐次キ51にと切り換えられていた。

そのほかキ79二式戦闘練習機の試作を手始めに、このキ71、キ93などの試作と、技研の試作工場の役目を受け持った航空工廠では、第三工場（工場長熊倉少佐、日大、元防衛庁）がその任務を果たしていた。

大戦開始まで、同廠検査課飛行係兼務だった筆者は、キ30、キ51などの整備および性能検査を指導していたが、筆者が担任したキ51で機体係だった雨宮技手が、キ71初期計画を担任した。

これらの設計変更は、同廠瀬川技師の指導の下、その指揮下にあった満州飛行機の設計陣によって行なわれたが、引込脚の構造はチャンスボート式のダブルアクションタイプ（キ43、キ44型）で、尾輪も引込式である。

二速過給器のハ112（金星）は、ハ26（瑞星）に比べ外径が約一〇〇ミリ大きく、全長も二五〇ミリ長く、重量が約九八キロ重いため、エンジン架が少し短い。馬力は離昇一三〇〇馬力と三五〇馬力のパワーアップである。

機体のそのほか各部に大きな変化はなく、わずかに脚収容部の翼付け根が大きくなり、舵面に変化があるほか、機能的に大変化はない。両翼の備砲が、七・七ミリから一二・七ミリと変わったが、これらも重量増加は三〇キロ以内である。さらに、口径の大きなものを装備することも研究されたとの大崎技手（装備係）の話だが、大して積極的でなかったようだ。

重量の配分が適当であったため、キ51と寸法的にはほとんど同一である。

元来、キ51は巡航三〇〇キロ／時、航続三時間の要求で作られたもので、燃料タンク増加収容の余席が外翼以外にはない。したがって、馬力向上のこのキ51では、燃料不足になることは自明の理で、不採用の理由の一つとなった足の短いことも当然である。

三乗で効いてくる所要馬力に対し、そのくらいの設計で、脚を引きこめたとはいいながら、あまり大した性能は期待できない。

測定掛平野氏も資料を焼き、あまり彼の記憶にも残っていないので、その実測性能は不明であるが、すでに大戦は起こり、量産に入っているキ51の生産を乱し、脚機構の取り扱い複雑化を忍んでまで量産に移すほどの好性能であったとは思えない。そこら辺りが、三機生産不採用の原因だろう。

性能向上機の育たない日本の国柄は、九七重および一〇〇式司偵などのほかはあまり例がなかった。この点よいものは徹底的に性能向上を狙うアメリカとは、相当その思想上の差があるようだ。

キ77 長距離機

技師嘱託だった立川飛行機の遠藤技師は、ある日、第一部長（飛行機部
（のちの少将）に呼ばれた。
「どうだい遠藤、長距離爆撃機をやってみんか?」
「ようがす。面白そうですな。やりましょう」
データは揃っている。社長と相談の末、その案を持って駒村大佐を訪ね
の顔は、年来の夢を実現できる喜びに輝いていた。しかし、彼の案を見た駒
これに強い興味を示さなかったのだ。
「とにかく、君ちょっと一緒に乗れよ」
不満顔の彼を乗せた車は、日野橋を渡り、多摩丘陵を越えて八王子の「若
べり込んだ。
すでに設けられた席には、朝日新聞河内航空部長も航研小川教授も見えて
見知りの仲の挨拶が交わされた後、駒村大佐が口を開いた。
「遠藤君、長距離爆撃機の下準備として、データを取る意味で、長距離機を
みたらどうかね。ちょうど朝日で、紀元二六〇〇年記念事業として、長距離

案があるんだが、これで太平洋横断でアメリカ訪問をしようというわけだよ」

彼は、突然のこの話に、さてこそと先ほどの駒村大佐の態度が解けたのである。何だ、人をペテンにかけたなと思うと、一本気の彼は腹が立って来た。

「駒村さん、話が違うじゃありませんか。長距離爆撃機のデータは揃っています。何もそんな回り道する必要はありません。わが社には、現在とてもそこまでは手が回りかねます」

「まあそういわんで、社長ともよく相談してみてくれよ」

後は酒になったが、酒豪の彼も、その日ばかりは酒がうまくなかったのだ。

航本の辻川少佐は、彼の親友だったが、

「何だ遠藤、あんなものやるのか。あれは各社で断わられ、遂に日本飛行機に持ち込んだが、これまた断わられた代物なんだぜ」

「いや、とてもやる気になれん」と、先日の件を話に出すのだった。

しかし、軍の試作番号をもって示されたのでは致し方ない。これがキ77の発端である。

さて、計画に取り掛かると、航研から小川教授、木村教授とお偉方が続々と見えられて、論議百出、どうなるか分からない。ここでキ77（A26）委員会が陸軍、航研、

キ77試作長距離機。胴体は対圧上円形断面で半気密液体酸素放流装備

朝日、立川、中島のスタッ
れた。中島は、発動機部門
ある。
　長距離機は、要するに長く
とが必要だ。しかし航研機の
空に長く浮かんでいるだけで
で、今回の場合、二点間を無
ぶという目的を持つ以上、相
性を備えなければならない。
　要は燃料をあまり食わない
付け、燃料をたくさん積む。
抗の少ない翼をつけ、燃料重
に応じて高度を上げ、最後は
を飛ぶというのが長距離機一
方である。
　その高空飛行に備えて、気密

った。

胴体モックアップ審査のとき、筆者も同行して見学したが、外見は非常に小さく、スマートに見えた。しかし内部へ入って見て、その広いのに驚いた。こういうところに、人間の目の錯覚があるのだろう。

燃料は、アスペクトレシオ11の長い翼の七五パーセントまでをいわゆるインテグラルタンクとしてこれに収容し、その容量は約一二キロだから、ドラム罐にして六〇本分で、その重量は約九トンにもなるのだ。

ロッキードでインテグラルタンクは経験済であるが、この長い翼は相当の撓《たわ》みを考えなければならぬが、燃料入りの際は、これがある程度抑止される。問題はその撓み時に順応するシール剤だ。幸いその手持ちもある。これらがうまくいかなければ、他の例のように漏れは必至だ。この漏れほど始末におえないものはないのだ。

幾部屋にも区切ったこのタンクは、送油管が各タンク隔壁を貫いている。したがって翼根部のタンクには、全部の給油パイプが集中して横断していることになる。これも漏洩部分をなるべく少なくする術《て》の一つである。もちろん、各部屋ごとに仕切るのは、傾斜時の燃料の移動を防ぐ方法である。

さてこの主翼と、胴体との結合部だが、この部……抗を最少にす……体最大断面部分に主翼後縁を持って来た。しか……功だったかど……視されている。

いずれにしても、親爺が粒々辛苦して貯めた財……息子が二人で蕩……一たまりもない。これと同様、発動機の燃料消費……、先の航研……な研討が加えられ、一般的には二四〇グラム／馬……ものが、一……／馬力／時まで切りつめられたのである。

混合気分配の平均、冷却、弁材料及び構造、潤……問題がこれに……てくる。元来、隼に積まれた戦闘機用ハ25発動機……ップしたのが……これを二速扇車にしたのが……

このエンジンは、非常に……と信頼性があ……エンジンで、隼の長足も……下げたわけだ。

エンジンで稼いでもまた、プロペラ……回転して……空気を掻き回すだけでは意……パーセントぐらい……

トくらい出るものもあり、このくらいが最高だろう。

エンジンは回転が多い方がよい。しかし、プロペラはあまり速く回らない方が一般によい。陸軍機のプロペラ軸減速比は、一般に〇・六八七五という数値だったが、キ77の場合は〇・五に下げて三・八メートルの大径プロペラを使用した。

余談だが、やはり長距離爆撃機の例のB29が減速比〇・五で、プロペラ径は五メートルである。減速比をあまり下げると、今度は機械効率が低くなって、ここで無駄をするので、〇・五くらいが実用上の限度とされているわけだ。

第二号機で樹立された新京―白城子―ハルピン三角コースでの記録から逆算すると、一時間九四リットルの消費量になっているが、発生馬力は三六〇馬力、すなわち両発動機で七二〇馬力の巡航馬力だ。今ここにハ115の馬力カーブがあれば、さらに面白いことが分かるのだが惜しい。

三角コースをとるのは風の影響をなくするためで、大概の試作機は平塚―銚子―宇都宮の三角コースで、燃料消費テストを受けている。

余談になるが、燃料試験で見落としがちなのはタンク残量である。容量一〇〇としても、〇までは使い切れなく、タンクの形、吸出位置、飛行姿勢その他の理由で、集油置があっても、なお何リットルも残るもので、片べりで燃料があるのに不時着するようなことも稀にはあった。

キ77では、翼に上反角があり、この点よかったし、もしこの点がうまくなければ、タンク室が多いだけに、重大問題になっただろう。

蒙古の包頭経由でドイツから飛来したユンカース52輸送機の答礼を兼ねて、そのころ不便になった日独連絡飛行にシンガポールから飛び立った「セ」号飛行キ77第二号機は、インド洋で永久にその消息を断ったが、その機長長友操縦士は、日支事変に召集されて、キ15司令部偵察機により縦横の活躍をした人である。

キ77完成に先立ち、中止となった訪独飛行用のキ21で訓練していたのも、このキ77（A26）搭乗のためだったが、そのときの彼らの姿が、なぜだか昨日のことだったように筆者の眼底から去らない。

キ74長距離爆撃機

キ74の製作を急がれて、後の烏が先になったいきさつは、前に述べた通りだが、一応見送りの形になっていたキ74長距離爆撃機が、その本来の使命のアメリカ爆撃の切なる希望を全身に担って、最終案が決定したのは昭和一七年も秋に入ってからであっ

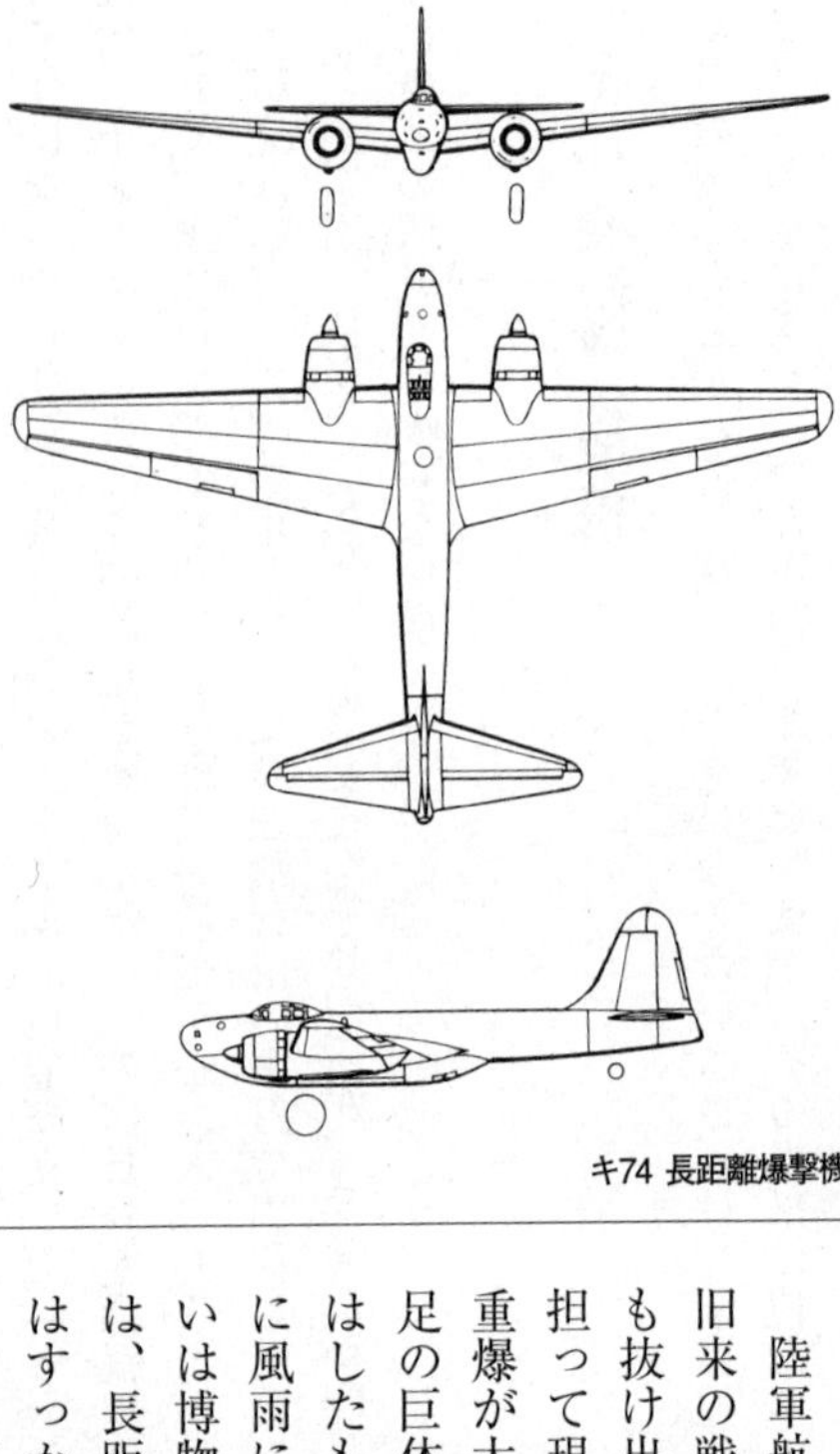

キ74 長距離爆撃機

た。

陸軍航空の用兵思想が、旧来の戦術爆撃から一歩も抜け出し得ず、輿望を担って現出した九二式超重爆が大時代がかった鈍足の巨体を空に浮かばせはしたものの、いたずらに風雨にさらされ、あるいは博物館入りをした後は、長距離爆撃機の思想はすっかり鳴りをひそめて、ただ海軍のみダグラスDC4をモディファイした深山の開発などに努力をはらっていただけで、陸軍ではその気運がもり上がらなかった。

一方、大型万能の観さえ呈したアメリカでは、ボーイングB17、B19などの戦略爆撃機が着々と成果を収め、「空の要塞」の宣伝映画も輸入公開されていた。

こうした情勢の中に、ただ陸軍のみが取り残されて、結局、終戦まで四発機の開発は、陸軍に関する限り実行されなかった。長距離機は四発、こうした定説（？）に挑戦したキ77での自信は、設計の大きなバックボーンになったことは否めない。

もっともキ74は対ソ戦を想定した陸軍が、バイカル湖以西の作戦目的のため計画したもので、陸軍としては、海軍の仮想敵国アメリカと戦争しなければならないなどとは、夢にも考えていなかった証左の一つともいえるだろう。初期計画は昭和一四年、ちょうどノモンハン事件の最中だった。

迂余曲折を経た後、キ74の使命は、アメリカ本土爆撃、それも片道爆撃の悲愴な特攻機的性格となっていた。この目的のため、北海道に大飛行場を建設中であるなどと噂が飛んだし、臆病な筆者らは、爆撃機専攻でなくてよかったなどと、真剣に首をなぜたものだった。

キ77の項で述べたように、長距離機の秘訣（？）は高々度飛行にある。しかも長時間飛ぶのだから、乗組員の居住性をよくしなければならない。

今でこそ、国際線級の航空機はいわゆるプレッシャーキャビンが常識で、乗客は高度二五五〇メートル～三〇〇〇メートルくらいの気圧清浄空気と室温を保つオートマチック・エアーコンディショニングされた部屋のソファーで、快適な空の旅を続けることができるのだが、当時はその研究過程にあり、このためロッキード改造機体のＳ１研究機で、昭和一五年頃からプレッシャーキャビンの研究が行なわれていた。

この機体は、外板合わせ目などにはシール剤を使用し、その塗料が外まではみ出して、ちょっとみっともないように見えた。ルーツブロワーによる与圧には、コンプレッサーオイルの臭気と煙が室内に侵入して、これを分離するのに、だいぶ苦労したとの話だが、筆者は乗ってみたことはない。小堀、新井両雇員の担任だった。

このルーツブロワーの地上試験は、これよりだいぶ前、航二研究室で十森寛一技師が長く続けておられたものであった。

Ｂ29などのプレッシャーキャビンは、非常に余裕のある考え方で、多少の漏れなどは気にかけず、能力の大きなコンプレッサーを使用していたという融通性のある実際的な方法だったとは、戦後聞いた話だが、排気タービン装備法とともに、日本ではあまり厳密に理想的に仕上げようとした点に、苦労と時間の浪費があったように思われる。

実際にキ74に装備したときにも相当苦労しており、漏洩部検知のため、場所によっては石鹼液などを塗ってみたりしたそうだ。

キ74試作長距離爆撃機。対ソ戦を想定しバイカル湖以西の作戦目的のため計画

飛行中に、どうしてもファッファッ、という音が邪魔になってしようがないが、どうしても分からなかった。この音は、地上で筆者がキャビンに入ったときもしていたが、外部と隔絶されると、風の音がこんなものかなあぐらいに思ったものだ。

しかし、それは昇降口から、尾輪収容部の空気袋部の共鳴音だったことが、途中に仕切りを取り付けてみてはじめて判ったのである。また、調圧弁の作動が不具合で、飛行中、突然パーンと音がして気密室に変調をきたすこともあったとは、パイロット大浦少佐とともに係の森田雇員の話である。

気密室は、前部乗員室のみとし、五名の乗員は全部胴体前方に収容されていた。したがって、後から追加装備せられた一二・七ミリ砲は、遠隔操作方式だったわけである。

胴体は円形断面で、その下に爆弾倉を別に取り付けた型式である。これは、初期遠距離偵察機として設計されたことにも原因するだろうが、気密室の関係もある。すなわち外気圧と室内の圧力差に耐えるには、円形断面が最適だからである。爆弾の最大積載量は二〇〇〇キロであったとのことだ。

操縦席は、縦型のダブル操縦式で、ちょうど九三双軽式だが、これは胴体左寄りである。このため、風防が左に片寄るという一見妙な格好に出来上がったのである。

主翼は、キ77の翼端をつめ、中央翼のコードを伸ばし、翼を厚くして防弾タンクを収容した。外翼のインテグラルタンクは、多くの中には漏るものも出てきて、手を焼いたようだ。燃料の収容量は二万五〇〇〇リットルという数字も耳にするが、正しくは一万リットルである。

主翼面積はキ77と同じ八〇平方メートルだから、アスペクト比は小さくなっている。発動機はハ214ル（ルは排気タービン付き）だったが、これがあまり具合よくなかった。というのは、煙を引くからである。高々度隠密偵察には具合が悪い。こんなこともあってハ211ル（一部ハ104ル）噴射弁式に換装されたのである。

装備の無線機飛一号は、ちょうどロッカーケースより少し低目の、無線機としては大きなもので、ちょっと驚かされた。実際は対空無線機だったらしい。アメリカまで行くのには、こんなものも必要だろう、などと考えさせられたものであった。

試験飛行に第二号がサイパンへ高度一万四〇〇〇メートルで侵入して写真をとってきたが、敵はなす術がなかったと当時、機付きに聞いたが、どうも担がれたようだ。記録の実用上昇限度は、一万二〇〇〇メートルとなっているが、この数字は与圧高度から考えると、軽い場合、すなわち敵地上空では一万四〇〇〇メートルも無意味ではなく、ある程度、真実性を持って来る。

高度九二〇〇メートルにおける巡航真速度は四五〇キロ／時だった。一万五〇〇〇メートルにおける最大速度は、計算上五八〇キロ／時になっているが、記録はなく当時の係も忘れているが、相当なものだったことはわかる。

三・八メートルのＶＤＭ（ハウデーエム）プロペラは、こんなときに威力を発揮するのである。八〇〇〇メートルまでの上昇時間一七分というのも素晴らしい。これは排気タービンの賜物である。

問題の航続距離は、七〇〇〇キロ＋二時間の余裕との数字が残っているが、これはサイパン飛びで余裕綽々《しゃくしゃく》というところ。まあ、アメリカへ大圏コースを飛んで、単機でうまくいって、やったというところであろうか。

終戦前にはサイパン爆撃が、最大の目的となってしまった。すなわち、昭和二〇年二月、甲府飛行場に集中して整備を行ない、同六月には八日市飛行場に機が勢揃いを終わって、いよいよ最後の訓練に入ったのであった。

練成目標は、「九月一日を期してサイパン強襲を敢行する」ということで、一挙に本土空襲の本拠を衝き、形勢逆転とまではいかなくても、一泡ふかせようとの心算だったわけである。

事実、これが敢行されていたなら、島全体を埋めつくして、所狭しと置かれたむき出しのB29群（写真偵察による）に、甚大な被害をあたえたであろうことは疑いない。

兵力の逐次投入の不可はわかっている。しかし、実際にこの爆撃が超高空から行なわれていたならば、どんな結果になっていただろうかと、筆者の野次馬根性がまた顔を出してくるのである。時期的にも遅れたし、それに銃撃を受けたり、故障でなかなか思うようにはいかなかった点もあろう。

計画は遠藤良吉技師、主任小口技師担当だが、一度は戦闘に参加させて、その真価を知りたかった惜しい機体である。最後の機体番号は一七号機だった。

米軍は甲府爆撃に被害をまぬがれたものを整備して、米国へ持ち帰ったのだが、あちらでの性能検査の結果を知りたいものである。なお、サイパン斬込隊に二機参加したという話もある。真偽は保し難い。

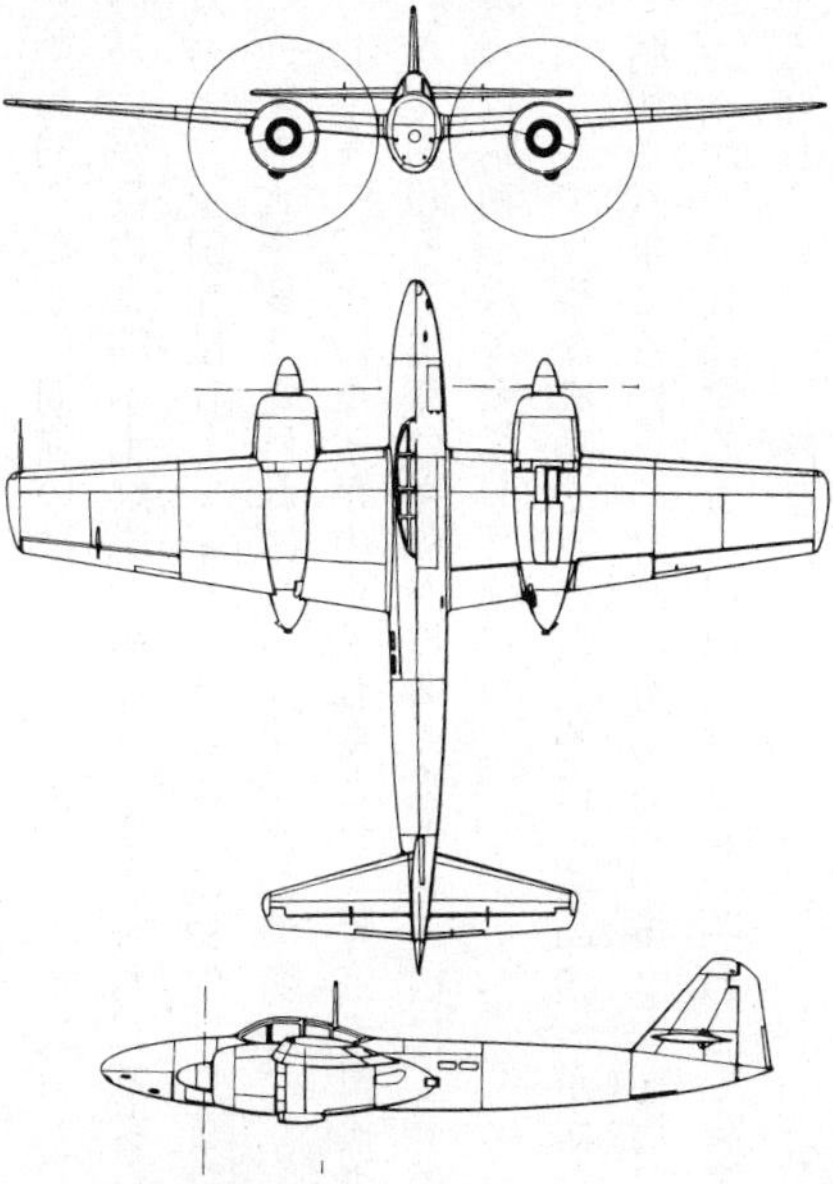
キ83 試作遠距離戦闘機

キ83試作遠距離戦闘機

キ80多座戦（キ49多銃装備）、キ81多座戦（キ48多銃装備）などが、昭和一五年ごろ、キ45複戦が難航している時代に計画されたことがある。

これは、日支事変の奥地爆撃に犠牲が多くなってきた戦訓の賜物である。これらは指揮官機キ58（キ49改一機試作）とともに、編隊の外翼いわゆるカモ番機の位置にあって、編隊を掩護するのだが、はなはだ不経済な用兵思想であり、掩護にはやはり足の長い戦闘機が効果的なことに間違いはない。

その好例が後のB29本土爆撃であろう。すなわち、筆者ら防空戦闘隊には、B29のみの場合と、P51を随伴して来たときとは、精神的にもまた実質的にも大きな相違があり、迎撃方式を変えなければならなかったのである。

こうしてキ81、キ72などが中止されたとき、キ83が計画されたのも、情勢上自然の成り行きであろう。実際にキ83が技研の人たちの口に上り始めたのは、日米情勢が怪しくなった昭和一六年六〜七月頃だった。

すでにキ46で見事な成功を収めた三菱に、その指示があたえられるのである。一説には、昭和一八年ごろからの計画ともあるが、筆者の記憶に間違いなければ、前述の通りであるが、遠戦にするか、司偵にするか、その点で論議に日が暮れたというのが本筋かも知れない。

しかし、飛行機は大体において、初期計画では甲論乙駁、その上で大体の形が決定するものだから、そのいずれかも真実ともいえよう。

なにはともあれ、司偵のスタッフで着手されたキ83は、その第一号機は昭和一九年一〇月に完成している。

試運転時、火災を出したなどとの噂も飛んでいたが、生まれ出る前後から、色々と噂が出るのは皆、期待していた証拠だろう。

司偵のデータを基礎にし、燃料を多量（三五〇〇リットル）に積み、武装も二〇ミリ×二、三〇ミリ×二と強化し、太平洋戦の戦訓を皆、採り入れた機体といえる。

したがって、機体重量もキ46の約六〇〇〇キロ（4型）より相当重く八七九六キロとなり、翼面積はキ46の三二平方メートルに比べ、約一・五平方メートル増加にかかわらず、翼面荷重が二六〇キロ／平方メートルになったのも致し方あるまい。

高翼面荷重、強馬力は、高速機の原則的ファクターである、ハ43－11ル発動機を装備したときは、実に離昇二二〇〇馬力で、司偵型の装備のものの一五〇〇馬力に比べ、左右で約一〇〇〇馬力も大きい出力なのである。

発動機でもたついたり、東海大地震で工場に大打撃を受けたり、工場分散の飛ばっ散りを受けたりして、量産の手配が遅れて、わずか四機の試作で終戦を迎える悲運にあったが、その性能は刮目《かつもく》に価する。

すなわち、正規の試験ではないが、各務原飛行場における三菱の社内試験で六八六・二キロ／時／八〇〇〇メートル、六五〇キロ／時／五〇〇〇メートルの性能を発揮しており、与圧高度がさらに上がれば、最初の計画の七〇〇キロ／時は出たものと予想される。

昭和二〇年三月、思わぬ事故がキ83を見舞った。すなわち三菱林操縦士が、キ八三〇二号を操縦して五〇メートル超低空高速飛行を実施したとき、風防が飛散したのである。

風防のロックが不十分のときは、よくある事故で、横開きの天蓋は、猛烈な負圧のため吸い出される。ガイドレールに添って開いてくれればよいが、大抵こんな場合にはレールからはずれ、おまけにパイロットの頭を引っぱたいていくのだからたまらない。

パイロットは失神した。しかも五〇メートルの超低空だ。飛行機はスーと斜めに傾いたと思うと、そのまま航空廠寄りの準備線に置かれたキ57MC20輸送機の左翼を右翼で切り取り、地面に激突、大破した。

切り取られたキ57の左翼は、ちょうど剣道の達人がエイッとばかり、抜く手も見せずに切り落としたような切れ口で、切られた翼は、そのまま直下にソッと置かれたように落下していたのである。ちょうどキ67桜弾関係で出張していた窪田少佐の目撃談である。

一五度下がるエルロンフラップなどの新機軸を盛り込んだ七〇〇キロ／時の遠戦も、

制式機として日の日を見ずに終戦を迎える結果となったわけである。

しかし、P38やモスキートの向こうを張って、世界水準を凌ぐ本機を縦横に活躍させてみたかったと願うのは、関係者はもとより、筆者もその例外ではない。

なお、本機をキ95試作司偵として三〇ミリ×二の砲を卸し、写真機を積んで、増槽を装備する計画もできていたが、実現はみなかった。

キ84、キ106、キ113

キ84四式戦「疾風」は、中島戦闘機設計陣の心血を注いだ苦心の作で、図面から第一号機まで約一年間で完成した陸軍制式戦闘機の最後を飾った傑作機である。

基準孔集成法といわれるドイツの多量生産方式をとり入れ、割合、短期間に三五〇〇余機も製作されたことは、その優秀性と陸軍の期待の大きさを証明している。

前述のキ83と異なり、短期間にスムースに秀才コースを通って制式になったのは、初期のハ45誉発動機の好調の賜物であった。しかし、量産された発動機各部に欠陥が生じて、実動率の低下をきたした。

これは、発動機自体の問題もあったが、結果的に見て燃料および潤滑油にその罪の大部分を負わせなければならないだろう。

相当な無理をした設計だが、世界最優秀のこの発動機には、日本の地層が肌に合わなかったようだ。戦時中の食料不足に、人間はよく堪えて頑張ったが、機械ばかりはそうはいかない。

戦後アメリカでテストされたとき、キ84の最大速度六八九キロ／時という計算通りの性能を出している点でも、如実にこの間の消息を物語っている。インターバーグリーンバンドあるいはテキサコエアープレーン＃一二〇など以上の良質の潤滑油および一〇〇オクタン燃料が、ふんだんに使えるアメリカの土地が、性に合った結果にほかならない。

また、熟練工を戦線に送って消耗させ、徴用あるいは動員学徒で製作したなどの行政上の不備がどんな飛行機を作ってきたか、直接キ84の整備を担当してきた筆者が一番よく知っている。

しかし、今は言及する紙面を持たないのでやめるが、何はともあれ、動く機体は、他の休止機の分までよく働いた機体であったことは間違いない。

キ106——キ84の試作第一号機が空に浮かんだ昭和一八年四月、それより五ヵ月後には、キ84木製化のキ106が計画指示されている。下命先は、キ9などの、いわゆる木製翼の赤トンボ練習機の本家、立川飛行機であった。

原料を南方ピンタン島のボーキサイトに依存する日本のアルミニウム工業の底の浅さがそうさせたものであろう。

しかし、木製戦闘機にその例がないではない。過去の戦闘機甲式四型、九一戦の翼など、その頃は逆にジュラルミン製が珍しいくらいだった。遂行計画のその頃、外国ではソビエトのI16、ラグ3、英国のモスキートなどが実用に供されていたのである。

さて、キ106では、強度部分も全部木製にするわけで、この点が大変であった。結局、実際的に融通を持たせて、強度部分は軽合金でもよろしいとなると（外国機の木製機は一般にそうであった）、話がだいぶ違ってくる。

木材だけで金属と同じ強度を持たすには、相当な寸法をあたえるか、強化木にするか、さらに剛性を持たすため、サンドイッチ構造にするかであるが、強化木が一応、実際的である。

強化木というのは、木材にフォルマリン系などのいわゆるベークライトを含浸させたり、色々の方法があるが、強度比、すなわち比重で強度を割った値がはなはだ小さい。いいかえれば、同一強度を得るためには重量が重くなるのである。

また、結合部分の方式もボルト強度と、木材強度をうまくマッチさせるために苦労

キ106試作木製戦闘機。キ84四式戦闘機「疾風」を木製化した

する。これは、木材の均質性が強化木にしても信用が置けず、したがって、安全率を大きくとらなければならない点にあり、遠藤技師の話だと、とにかくこの点に苦労したとのことだ。

結局、苦心惨澹の末、何とか第一号機を飛ばせたのは、昭和一九年八月のことである。

木材の強度は、遂に金属の八五パーセントまで漕ぎつけ、荷重倍数を規定の八から六まで下げてもらって、その実現を見たわけである。

性能試験の結果はキ84と大差なく、重量も約三〇〇キロ程度の増加ですんでいる。これは技術的に見て、見事な成果といえると思う。

公式記録によると六一八キロ／時／七三〇〇メートル、六分五四秒／五〇〇〇メートルと、キ84よりも与圧高度は上がり、速度は大差ないが、上昇および機動性が悪くなっているのは当たり前だ。

表面仕上げは、金属製よりはきれいなわけで、強度以外はキ84と大体比肩し得たわけだ。

木工技術では、昔から自信のある日本である。全国の紡績工場、製紙（バルブ）工場で、このキ106の製作を準備した。日本の工場のおよそ能力のあるところは、すべて飛行機工場にする意気込みだったわけだ。

北海道江別王子製紙の王子航空機で、三機のキ106が見事に完成したが、急降下急迎動作で翼下面のベニヤ外板が剥離した事故が、テストパイロット黒江少佐の手記にある。一般に木製機外板は、カゼイン（当時）で接着した上を、さらに小さな釘で適当に釘付けするのだが、この際の手際が悪かったのだろう。

この機体も、実戦すなわち実用試験となるわけだったが、遂に、一弾をも敵に加えることなく、終戦を迎えたのだった。女子挺身隊員の乙女たちの祈りをこめて作られた猛鷲も、遂に花は咲かず、その甲斐もなかったのだった。

キ113はキ106、キ84と軌を一にし、材料を鋼に依存しようとする思想から中島で検討試作されたもので、キ113の名称があたえられた。

これはキ106と逆に、いかにして重量を軽くするかが問題となるわけだ。重量軽減には、キ27時代からいやというほど頭を痛めてきた中島のことである。しかし、トタン張りの飛行機など、今考えるとナンセンスだが、当時は真剣そのものだった。

特攻機キ115も、大部分トタン張りだったから、結局、日本で二機種のトタン張り飛行機ができたわけである。

以上のほか、ハ112を装備したキ116（満飛一機）やハ44－13装備のキ117（未完）などもあったようだが、筆者は実見していない。いずれにしても、最後のあがきに似て、大して実効はなかったようだ。

第十章――戦争は科学技術の進歩発達を早めた

試作機の転換期

戦争ほど、科学技術の進歩発達の速度を早めるものはちょっとない。

第一次大戦で戦車が突然あらわれて、それまでの戦術戦法は大転換を余儀なくさせられたが、同時に、飛行機も、偵察専用から、純然たる戦闘用兵器となったのである。そしてその性能も急速にあがり、より高速、より高空へとのびて行った。

こうしたギリギリの切迫した情勢の中では、国家の総力をあげ、人知の限りをつくして、研究開発が行なわれる結果にほかならない。

第二次大戦におけるこの例は、攻撃用として、V1、V2などのロケット爆弾の実用、ジェット機の出現などで、このため作戦用兵のやり方が大変化しだしたが、その最大のものは、究極兵器といわれる第一次大戦当時の毒ガス戦法にも比すべき原子爆弾の出現であろう。

比較的単純な毒ガス戦法とは異なり、最高の技術、理論から作り出された原爆および後に続いた水爆は、その無差別かつ壊滅的威力から国際間の攻略用にまで発展していったが、今はこれに触れる紙面を持たない。

ジェット機問題は別項に述べることとし、飛行機だけに限定してながめると、その大きな特徴は、やはりより速く、より高くに加え、より遠く、より多く積んでという原則的なものに落ちつくようだ。しかし、その実質的性能は第一次大戦とは雲泥の差がある。

例えば戦闘機の速度は約三倍となり、その常用高度も亜成層圏から成層圏へと突入した。その絶えぬ進歩は、機体、特に翼型研究の成果によるものといえる。流体力学の解明には、ついに空気の圧縮性を考慮しなければならない点までになり、層流翼の研究実用となったが、これとともに発動機およびプロペラの進歩の果たした役割は大きい。

すなわち、飛行機を空中に浮かせるものは空気だが、その速度を阻むものも空気なのである。したがって、速度を出すためには、空気密度の低い高空が有利だ。しかし、空気中の酸素を利用してガソリンを燃やし、これで馬力を得る方式の内燃機関に頼る飛行機は、何らかの術《すべ》をうたなければ、馬力は低下する一方だ。この対策として空気をあらかじめ圧縮する方法が使われだして、その目的を達したのである。

その与圧方式は、一般に機械的駆動タービン式が採用されていた。燃料の発生カロリーの約五六パーセントくらいは、排気としていたずらに空中に放散していた。そのうえ、与圧器は直接、軸馬力を消費する。

この無駄をなくすため、排気流中の熱をふたたび利用し、いわゆる排気タービンを圧縮器の駆動原動力とする研究が、各国で早くから行なわれていた。

流体接手などの考案実用はあっても、所詮、排気タービン駆動にはかなわない。一方は直接親のすね噛《かじ》り、一部には若干アルバイトをやる者もあるが、一方は家庭の物を再生して金に代え、勉強する学生の例として考えてみれば、すぐわかることと思う。ただし、その再生装置にやや難点があったのである。

すなわち排気流は、常時シリンダー出口で六八〇度C付近の高温で、しかもこれを必要とする高度の外気温はマイナス六五度C付近なのだ。その上このタービンは、約二万回転を必要とするのである。

問題は材料冶金の部門に逆もどりしたわけである。日本は、この部門でも後手に回った。タービンの研究はなされていたが、装備および空中試験関係が遅れ、実用になったのは一〇〇式司偵四型頃からで、これがタービンそのものの空中試験にもなったわけだった。

排気タービンの威力を、マザマザと見せつけられたのは、B29の東京空襲だった。一万メートル以上を、悠々と大編隊で白昼堂々と攻撃して来るこの巨鯨に、高射砲はもちろん、二速与圧器を持つ戦闘機でも、ちょうど水中酸素の少なくなった鉢の金魚よろしくの格好の邀撃となり、やむなく武装をはずした軽装備で、体当たり専門の特攻機、震天制空隊の出現となり、いたずらに若い命を空中に散華させる結果となった。

こう見て来ると、技術行政者の罪まさに万死に価するといわなければならない。「〇年〇月以降の戦闘機は、すべて排気タービン装置とする」などの一片の通達だけで御茶を濁しても、ときすでにおそく、単なる責任逃れといわれても致し方あるまい。

こうした結果から見ると、軽戦万能思想に傾倒させた九七戦の、ノモンハン事件の空戦の勝利は、かえって深い禍根を残したものとも言える。そのため、重戦開発の道は阻まれ、したがって排気タービン装備の実現も、はなはだしく遅れをとったわけである。

重戦への道

前に述べたように、戦局の進展にともなって、試作機は高々度戦闘向きとしなければならないとの指令が出て、今までの中高度の作戦行動範囲を、成層圏まであげられることとなったが、もう一時期早く、成層圏戦闘機の構想が練られて、これが完成していたらと悔やまれる。

飛行機自体の真の転換期は、それぞれ以前にあり、ちょうどキ44出現の頃、すなわち昭和一五～一六年頃にあったといえるだろう。

九七式の一連の飛行機が、いわゆる近代構造の金属製単葉機の時代に突入した時代と考えれば、そのつぎは中高度重戦クラスの時代となろうが、この時代に作られたP38、P47などが高々度戦闘機として戦線に出た点を考えれば、日本の試作機も五〇〇〇～六〇〇〇メートルを最良高度と抑えずに、少なくも一部は八〇〇〇～一万メートルを与圧高度の目標にすることが正しかったようだ。

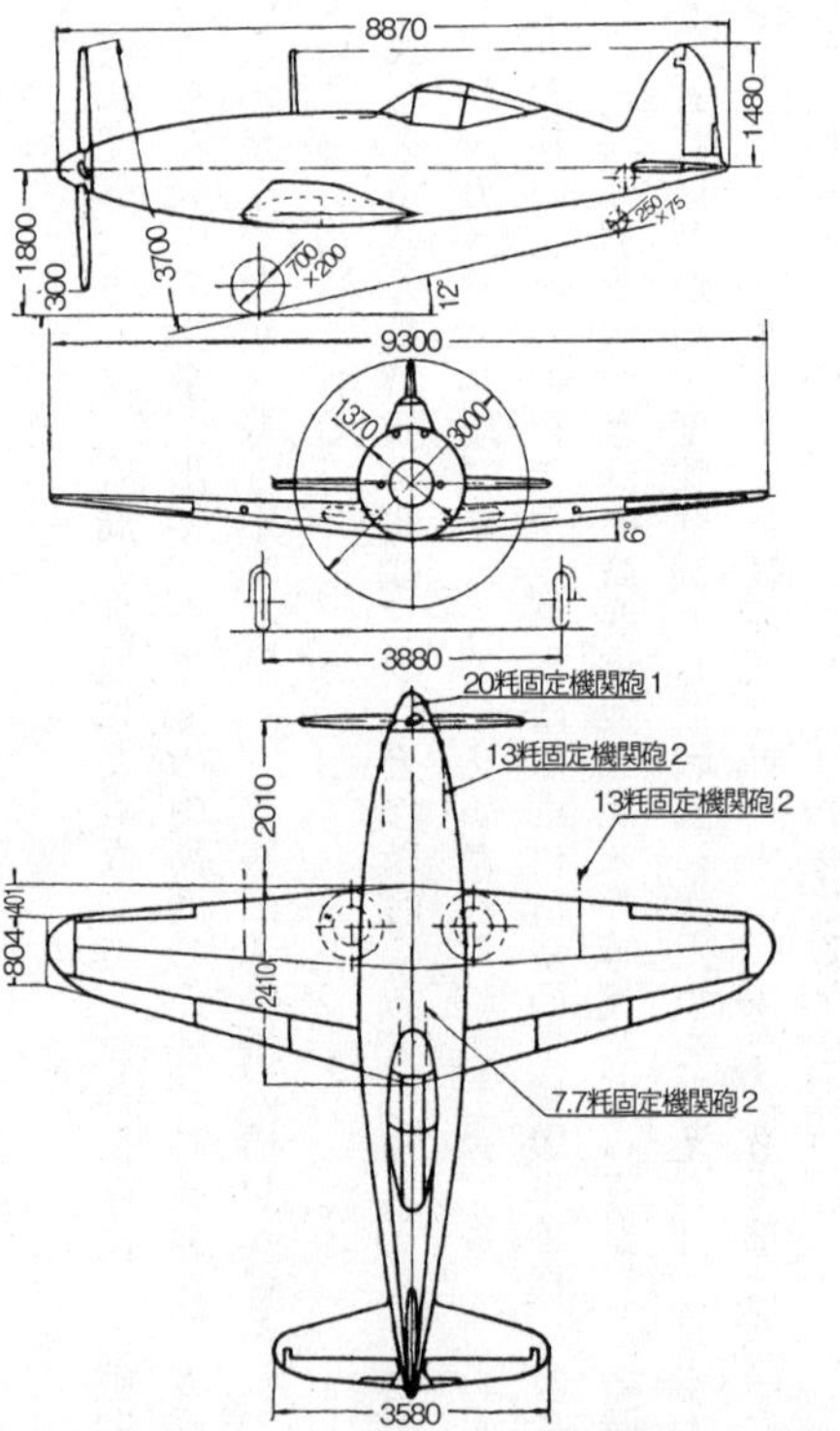

試作戦闘機計画三面図

進歩の段階がアメリカに対し、一ピッチ遅れていたわけである。ただし、排気タービンについての飛行実験が、全然行なわれていなかったかというと、そうではない。

昭和二～三年ころ輸入したスパッド戦闘機（注8）に、この排気タービン装備がしてあったのである。高度七〇〇〇メートルまで急上昇した某曹長は、天候不良もあっただろうが、ついに飛行場に帰れずに河原に下着して破損したのだった。『某曹長は七〇〇〇メートルまで上がって、とうとう所沢をなくしてしまった』と、口さがない所沢在の噂にまでなったとは、当時の機体係根本技手の話である。当時七〇〇〇メートルといえば、大変な高空だったわけである。

どうした理由か、その後は排気タービン飛行実験の話を聞かないが、その理由の一つに、「あまり高いところでの戦闘は、パイロットがいやがったからだ」との卓説？を唱えられる方もあるが、案外うがった見方かも知れない。

航空士官学校の航空戦術教室でも、この成層圏攻撃および防御戦術の講義はなかったのである。太平洋戦争開戦時にも、敵の慣用戦法としての超高空攻撃の戦術判断はなく、むしろ超低空攻撃の論議が強かった。これは飛行機の性能もさることながら、当時の航空用兵が地上戦術に密接し、いわゆる戦略攻撃の空軍的用兵まで情勢が熟していなかったせいもあろう。

こうした背景にあっても、技術的にはコツコツ研究が続けられ、気密室および排気タービンの実験は進められていたのだ。

一方、昭和一五年、キ44が生まれ出て、巴戦《ともえせん》万能の軽戦主義者の迷夢を打ち破ろうとしたが、すでに述べように、あまりにも懸隔した性能と、見た目にもそう見える

「重戦」の重圧に反発した軽戦主義者によって、ついに技術者の戦術眼までを疑われ、一時的に葬り去られたのだった。

このキ44の出現を見た頃が、技術的に試作機転換の曲がり角だったわけである。

世界的には、戦闘機は重戦への道を進んでおり、ドイツのMe109、アメリカのP47などはその代表的なものだった。

そのMe109Eとの各務原における試験的対戦で、キ44の示した空戦および飛行性能の優秀さに驚いたのが、ほかならぬ日本人戦闘機乗りだったからおかしな話だ。

しかしキ44にしても、重戦とはいえ、装備兵器は一三ミリ（一二・七ミリ）×二、七・七ミリ×二程度のものだったから徹底した重火力とはいい切れない。この点二〇ミリ×二を装備した海軍の零戦計画者に、一日の長があると思う。

以上はその一例を戦闘機にとったが、この当時、ハ45、誉発動機の試作が進歩しており、その発揮した優秀な性能は、機体設計者を雀躍《こおど》りさせた。

「さてこそ待望のエンジン現わる！」

直径一一八〇ミリ、重量八三〇キロで二〇〇〇馬力級は、当時世界にその例を見ないものであった。離昇二〇〇〇馬力、第二与圧高度五七〇〇メートルで一四六〇馬力を出すもので、これを専門的に見れば、馬力当重量〇・四一五、正味平均有効圧力一六・七リットル当馬力五五・九と、世界的水準を抜くものだったから無理もない。あくことを知らない〝技術の鬼〟たちは、さらにこれに延長軸を装備して、完全流線型にし、最大速度の増大と、装備上の余席を得て、火力増大を計ろうと計画したのである。

筆者は幸いにして、陸軍航空技術研究所嘱託として将来の試作機の研究作業に従事された技師から、当時検討された一群の試作機の資料をお借りしたので、その一端を紹介したい。

昭和一六年研究機の全貌

昭和一六年六月、キ44対Me109の対戦直後ころ練られたこの研究機は、第一案から第八案まであり、第一案A戦闘機（A、B型）、第二案、第三案軽爆、第三案改軽爆、第四案司偵、第四案改司偵、第五案軽爆、第五案改軽爆、第六案重爆、第七案重爆、第八案高速偵となっており、その要目は表および三面図の通りである。

この間、いずれが試作指令され、陽の目を見たかはおくとして、その共通の特色は、

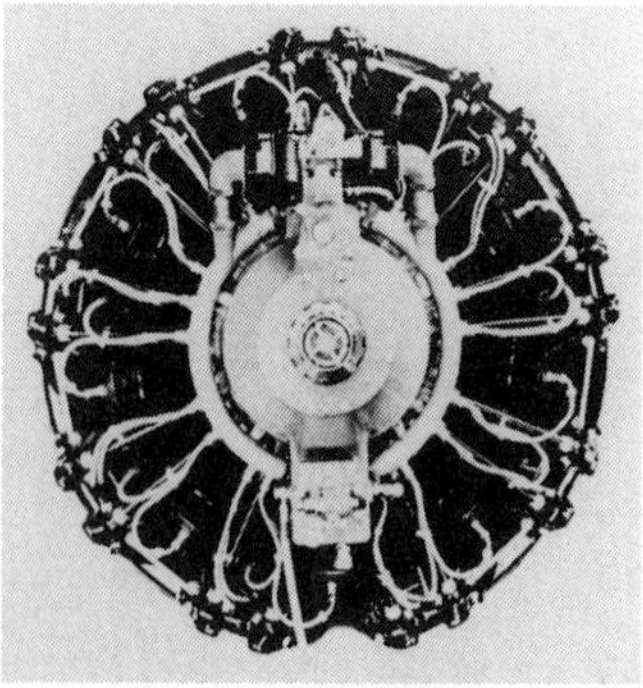
ハ45誉二一型発動機

ほとんどの機体が、ハ45装備を基調としていることである。ちょうどその昔BMW四五〇馬力が、戦闘機から重爆に至るまで採用された状況とよく似ていて、あたかも、ほかにエンジンがないかのような感じさえ受ける。

しかし実質的には、将来を嘱望された神童ハ45も、世の荒波にもまれては、神経的な身体各部の弱さをさらして、とても強行軍にはたえ得なかった状態になったのだから、世の中はまことに分からないものである。

どうも日本には、やはりハ1乙（九七戦装備）、ハ25（キ43装備）、ハ5（九七重、軽装備）のような〝百姓エンジン〟の方が肌に合っていたようだ。

余談はおき、本研究機のその他の大きな特徴は、双胴方式の採用と、串型四発装備と首輪装備であろう。

そのうち双胴方式は、二本の胴体間に大きなファウラーフラップを採用できることが大事な利点で、最大速度七〇〇キロ／時の計算速度を持つこれら研究機の高揚力装置としては、その前縁自動スロット翼とともに、なくてはならないものの一つであろう。

双胴のビームは、このフラップ用のガイドレールを装備するに格好な位置にあり、中翼構造にしたのもこのためと見える。この点が計画者の一番大きな魅力だったようだ。

双胴といっても、P38やP61のように、中央に別に座席房を持つ方式と異なり、ちょうど二機の胴体を片翼ずつ取りはずし、中央翼でその二機を結合したような面白い構造で、独自のアイデアであるが、戦後、立川飛行場に飛来したP51ムスタングを二機結合した長距離戦闘機を見て、某氏は、いずれの国でも考えは同じだなあと、感心したとのことである。

エンジン装備方式も、中串型装備の四発でちょっと面白い。この装備方式はかつて八七重爆で実用されたことがあり、日本では実験済みである。ドイツのドルニエ一二発飛行艇がその初めのように記憶しているが、この方式は抵抗はなるほど少ないが、一×四＝四と計算通りはいかない。

すなわち、後方のプッシャータイプのプロペラは、前方の牽引式プロペラ後流の影響で効率が落ちるのと、空冷エンジンの冷却の問題が、かならず大きなデッドロック

項目 ＼ 計画別	第1案 B	第1案 A	第2案	第3案	第3案 改	第4案	第4案 改	第5案	第5案 改	第6案	第7案	第8案
用途	重単戦	重単戦	軽爆	軽爆	軽爆	司偵	同左	軽爆	同左	重爆	同左	高速偵
乗員	1	1	3	3（左胴2 右胴1）	3（左胴2 右胴1）	2	2	3	2	4	4	2
寸度 全幅	9,350	9,350	14,600	14,150	14,150	14,500	14,500	14,150	14,250	22,100		17,700
寸度 全長	8,870	8,740	10,720	10,880	9,980	10,280	10,700	10,500	10,650	17,120		13,150
寸度 全高	3,700	3,300	3,800	3,850	3,850	3,500	3,780	3,800	3,730	5,150		4,100
翼面積	14.6	14.6	32.0	26.6	26.6	28.0	28.0	26.6	26.6	61.00	77.00	39.00
発動機 名称	ハ45	ハ45	ハ39	ハ45	ハ45	ハ45	ハ45	ハ45	ハ45	ハ45	ハ45	ハ45
発動機	1.45m 延長軸	25mm 延長軸		850m 延長軸								
発動機 公称IP	1460	1460	2×1750	2×1460	2×1460	2×1460	2×1460	2×1460	2×1460	4×1460	4×1460	4×1460
発動機 与圧高度	5,800	5,800	3,000	5,800	5,800	5,800	5,700	5,800	5,800	5,800	5,800	5,800
重量 自重	2,159	2,165	4,919	4,225	4,095	4,315	4,155	4,070	6,339	8,500		7,127
重量 空虚	2,295	2,289	5303.45	4,610	4,480	4,591	4,426	4,438	4,416	9,058	9,533	7,420
重量 搭載量	910	849.3	2205.94	2,000	2,000	2,776	2,776	2,007	1,923	6,145	6,144	2,490
重量 全備	3,205	3,139	7509.4	6,610	6,480	7.367	7,202	6,445	6,339	15,198	15,678	9,910
主翼 アスペクト比	6	6	6.65	7.5	7.5	7.5	7.5	7.5	7.5	8.0	8.0	8.0
主翼 テーパー比	3：1	3：1	3：1	3：1	3：1	3：1	3：1	3：1	3：1	3：1	3：1	3：1
主翼 翼厚（基準）	16%	16%	16%	16%	16%	16%	16%	16%	16%	16%	16%	16%
主翼 上反角	6°	6°	6°	6°	6°	6°	6°	6°	6°	6°	6°	6°
翼面荷重	219	215	234.5	248.5	237.4	262.8	257.4	242	238	249	203.5	254
馬力荷重	2,193	2,150	2,130	2,262	2,222	2,525	2,465	2,205	2,168	2,595	2,685	1,695
翼面馬力	100	100	100	109.5	109.5	104.2	104.2	109.5	109.5	95.8	75.8	148.8
重心位置	31	28.6	27.5	20	33	32.5	29.5	27.5	32.0	38.8		
性能 最大水平速度	700	700	650	710	710	705	716	710	721	693	652	750
性能 巡航速度	525	525	487	533	533	530	537	533	540	520	488	563
性能 行動半径	600 +1hr	600 +1hr	700 +1.5hr	700 +1hr	700 +1.5hr	1500 +2hr	1500 +2hr	700 +1.5hr	700 +1.5hr	1500 +2hr	1500 +2hr	700 +1hr
武装 爆弾			300–400	300–400	300–400			300	300	800		
武装 MG. MA	20×1 13×4 7.7×2	20×1 13×4	7.7×2	7.7×2	7.7×2	7.7×1	7.7×1	7.7×1	7.7×2	7.7×3 13×1		
備考	尾輪式 （引込）	首輪式	表面冷 却双胴	双胴引 込尾輪	同左	双胴 尾輪	双発首 輪式	双胴引 込尾輪	双発引 込尾輪	串型四 発首輪 式		串型四 発
備考 燃料リットル	820	820	1860	1620	1620	3040	3040	防弾燃 料タン ク	1620	5700	5800	2860
備考 メタノール	10	10	40	40	40		40		40	100		
備考 オイル	40	40	120	115	115	180	180		130	378	378	189

になる可能性を含んでいるのである。

プロペラピッチの選定も確かに難しい。うしろすぼみに絞られる前エンジンの後流に対し、後のプロペラ直径をどう選ぶかも問題になろう。同直径では後流と、自然流に回転面がまたがって、振動の原因となるとともに、その境界面で、プロペラに大きな応力がかかることも予想されるのだ。

ただし、前方プロペラの効率は少し上がるかも知れない。しかし、研究計画機で一応よいと思うことはやってみる必要はある。

色々のトラブルも、やりようによっては切り抜けられないことはないのだから。それに諸外国でも、この方式を実用化していたむきもあったのである。

首輪（鼻輪ともいう）方式は、今でこそ一般化されており、特にジェット機などの速度の大きなものは、着陸時にタイヤおよびブレーキから煙が出るほど、ブレーキをかけて着陸しなければならないようだが、逆にもしこれが尾輪式だったらどうだろう。

大きな速度範囲を得るため、高揚の装置は大きく重くなり、あるいはさらに長い滑走路を必要として、日本国内至るところ問題を引き起こし、あるいは着陸のたびに、ジェット機の団子《だんご》ができる次第と相成るわけだ。

しかし当時のしきたりとして、次第に切線着陸が多くはなったものの、三点姿勢にストンと入れるのが上手なパイロットとされ、特に戦闘機の首輪などは、シミングを起こしたら一たまりもないと、感情的にきらわれていたのである。

これはちょうど前述の高々度飛行をきらった感情とよく似ており、これを打ち破るほどの自信が、設計者になかったわけである。というのは、当時、設計者でテストパイロットをかねる人が全然といってよいほどいなかったせいもあり、とにかく、パイロットの意見は万能だったことにもよる点が大きい。

全機とも、翼型は層流翼型を使用しており、順当な行き方である。

爆撃機の乗員集中も、当時からの世界的傾向で、乗員も四名と従来の約半数である。これは乗員の連絡に便利なのと、各種の遠隔操作が進歩した結果で、高々度飛行の際の酸素吸入および気密室装備の場合も便利だ。

第一案の戦闘機は武装が強化されホ5二〇ミリ×一、ホ103一二・七×四、八九式七・七×二と多銃装備だが、延長軸のプロペラシャフトに二〇ミリ装備をすることは、この延長軸構造ではちょっと難しいように思う。このクラスだと二〇ミリ×四くらい欲しいところだし、その余席は十分とれるはずである。二〇ミリのプロペラ連動だって、やればやれないことはないはずだった。

それができないにしても、プロペラ軸の周りは一三×四、両翼に各々二〇×一とするのが適当ではなかろうか。いずれにしても、戦闘機の火力増大には、だいぶ気を使っている。

これとは逆に、軽爆その他の火力ははなはだ少ない。これは、いずれも七〇〇キロ/時の俊足を予想されるため、速度で逃げ切ろうとする将来のキ46司偵の思想で、実績から見ても正しい行き方といえる。第五案改双発軽爆には胴体前方に一二・七×二~四の固定砲をつけた方がよいと思う。

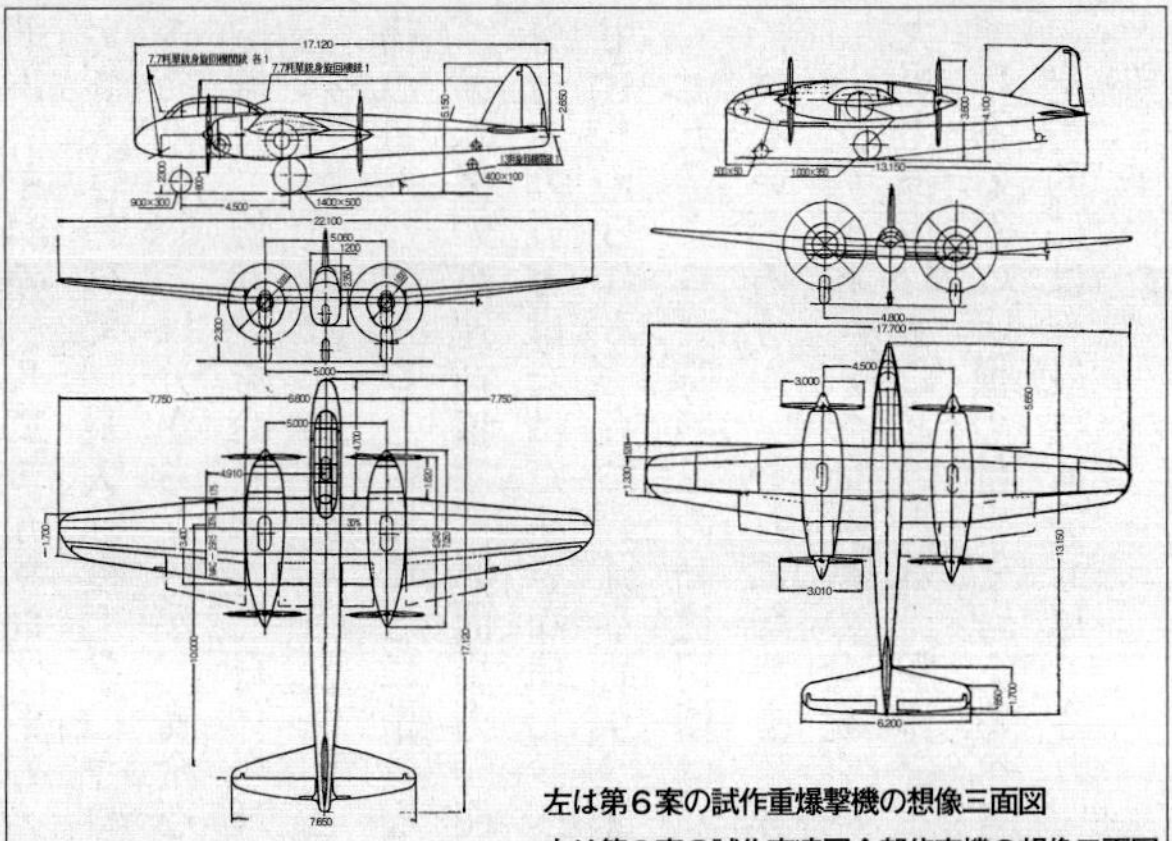

左は第６案の試作重爆撃機の想像三面図
右は第８案の試作高速司令部偵察機の想像三面図

この一連の研究機中の白眉は、第一案Bの戦闘機と、第六案重爆および第八案の高速司偵の三種である。

戦闘機については少し前述したが、概括的にいって一四・六平方メートルの翼面積は世界にその例を見ないもので、キ44の一五平方メートルよりも小さく、翼幅は少し短いうえ、アスペクト比は大体六と同じ数くらいのためコード（翼弦＝前縁と後縁を結ぶ線）は短い。胴体が非常に細く、延長軸なので抵抗も少なく姿もよい。

馬力荷重はキ44の一・九より大きく、キ84の二・三四より少ないので、上昇力はだいたい五〇〇〇メートル／五分の標準状態だろう。

翼面荷重はキ44の一六七キロ／平方メー

トル、キ84の一八二・五キロ／平方メートルに比べ、二一九キロ／平方メートルとだいぶ大きいので、最大速度七〇〇キロ／時は大丈夫だろう。これらを綜合すれば、できてみなくては分からないが、安全な一撃離脱戦法用の重戦といえる。この第一案戦闘機に、旋回戦を命じること自体無理である。

第六案重爆は、馬力荷重二五九五と非常に小さい。この重爆という飛行機の、爆弾搭載量八〇〇キロとはまことに情けない。さらに増量すべく考えるの本当だろう。

第八案の高速司偵は、翼面馬力一四八・八馬力／平方メートルと物凄い。馬力荷重も一六九五とはなはだ小さな値だ。四発のため燃料消費量は大きい。落下タンクの使用も考えられる。表にも見る通り、行動半径七〇〇キロ（＋一時間）なのだから。七五〇キロ／時のこの高速司偵は、むしろ大口径砲を積んで迎撃用にしたらよいのではないだろうか。それにしても、非常に興味深い飛行機である。

以上の昭和一六年研究機の全貌を見ると、その主流をなすものは、高翼面荷重と、大馬力採用にあるといえる。胴体を二本にしたり、串型発装備とするなどはユニークではあるが、一種の付帯と考えるべきであろう。

空力的には一般に研究し尽くされ、設計者は利用し得る馬力の少しでも多くものをと望んでいた。

装備品の変遷について

新時代を迎える次の試作機の種々相に移る前に、これらの内蔵機関となる装備品の歴史を開いてみるのも、あながち無意味ではあるまい。

機体の進歩はその用兵思想まで変化させ、それに従って装備品も変わっていく。現代のジェット機時代にあっても、すでに速度の増大は、旧来の火力装備さえ無力になりつつある。極端な場合だと、自分の発射した弾丸で自分が被害を受けるというF11F－1の事件も起きてくる。照準装置も目視式はすでに用をなさず、武装はMG装置となり、近い将来には本尊の飛行機さえ無用になる時代さえ来ないとも限らない状況である。しかし、こうした輝かしい時代を迎えるまでに、先人がいかに苦心惨憺したかを知るのも無駄ではなかろう。

火力装備の変遷

英国のビッカース七・七ミリ航空用固定MGを改造した八九式固定MGは、永らく陸軍戦闘機偵察機用として主用され、キ43隼のできるまでは八九式の全盛時代であった。

機銃重量わずかに一二キロのこのMGは、発射速度九〇〇発／分、初速八一〇メートル／秒と優秀な性能で、構造がちょっと違うが、八九式双連旋回MGとともに、軽戦万能思想の中では白眉的な存在だった。

当時世界各国では、多銃主義と、大口径砲主義の論戦が盛んで、英国のハリケーンの一二銃装備は前者、フランスのイスパノ・スイザのモーターカノンは後者の雄だった。しかし、そのいずれもが一長一短で、それぞれ国情および国民性により、そのいずれかが採用されていたようだ。

空戦中、射撃の好機を捉えるのはまったく瞬間で、その好機に命中弾を敵にあたえることこそ、勝利の直接手段である。しかし、この決定的瞬間には自分が命中弾を受けるかもしれない。こうした考えが、日本陸軍航空で使い慣れ、八九式に執着させたのかも知れない。

その八九式にしたところで、空中戦中の故障に悩まされたものだ。すなわち、日支事変中、九五戦などは胴体内に銅ハンマーを紐でブラ下げてあって、故障を起こして閉鎖不良の場合は、MGレバーをこれで叩くのだ。滑走板の中途に引っかかった遊底は、一度完全閉鎖させなければ、再装塡もできなかったのである。

それが九七戦になると、このハンマーはMG用機体装備品の一部となった。レバーを引けば、コツンコツンとMGのレバーを叩くわけだ。

この頃になると、テ4が旋回銃として登場してきた。このテ4は双連でなく、遊底部の構造も割合に簡素化され、空中でも分解手入れできるくらいだった。

この特長は、優秀な発射速度に加え重量が軽いため、使いやすいことで、重爆の側方、下方などに装備されていたが、キ15神風号型司偵にも後上方に装備できるようになっていた。

もっとも、荒蒔さんの全日本号部隊は、これを装備しておらず、もっぱら敵と遭ったときは、その駿足を利してサーッと引き離していたようである。

日支事変初期、イタリアから買ったフィアットBR20イ式重爆は、動力式銃座のブ

八九式7.7ミリ旋回機関銃の単装型(上)と連装型

レダー一三ミリを装備していたが、陸軍では実戦に一三ミリを使用したのは、これが最初である。一口に一三ミリと呼ぶが、実際は1／2インチすなわち一二・七ミリのことである。ここで、ちょっと七・七ミリと、一三ミリの相異について述べて見よう。

　弾量は、七・七ミリが一一・二グラム、一三ミリが四八・二グラムで、約四・三倍の威力を持つが、V^2で効いてくる初速を考えると、約四倍と見てよいだろう。

　だが、一三ミリの大きな特長は、弾丸に加工して炸裂弾とすることができる最小限寸法にあることで、そのうえ発射速度は七・七ミリに比肩し得るのである。

こう考えてくると、少し口径が大きくなっても、その破壊威力は数段上がり、貫徹力もグッと増すものだ。

ただし、装備重量が約二倍になるため、大馬力装備機体でないと、具合悪いことがある。キ43隼では、最初、片側のみ一三ミリで、一方は依然として七・七ミリだった。しかし、これだけでも大進歩といわなければならないが、同時期に試作中の零戦がエリコン二〇ミリ装備だったことは、陸海軍当事者の空戦思想の差といいながら、海軍側に、一日も二日も長があったことを認めないわけにはゆかない。

果たせるかな、その後の隼と零戦の歩んだ道を見るとき、その思想の差がいかに大きかったかが分かる。隼に二〇ミリ砲装備の気運がすでにあったなら、隼の声名は零戦に優るとも劣らぬものがあったに違いない。

しかし、当時重戦として生まれ出たキ44鍾馗さえ、両翼一三ミリ、胴体七・七×二の火力だったことを考えれば、この辺りの空気も知れよう。ようやく四式戦キ84で、初めて単座戦闘機に二〇ミリ装備の気運が生まれたのである。これは尊い隼など、先人の戦訓がやっと生きてきたのである。

一方、複座戦闘機では、昭和一三年頃から計画試作されたキ45の前身にホ3（二〇ミリ）が装備されていたが、これはとても単戦に装備できるような代物《しろもの》ではなかったのである。なお、ラインメタル単銃がこの頃から研究され、まもなく九九式旋回銃としてキ48九九双軽やキ51から装備されだした。

太平洋戦後期に入って、内地ではB29の来襲が始まり、外地でB24などの空襲激化にともない、その撃墜が隼などでは至難になってきた。すなわち、敵の防御火力よりも、その装甲ならびに防弾タンク、消火設備が優秀になってきたためである。

このため、砲弾に考案が加えられ、今までの着発（瞬発）式から、短延期式砲弾、すなわち敵機の外板で炸裂することなく、内部に入ったところで炸裂する「マ」弾が製造されて威力を発揮し出したことを知っている人はあまりないのではなかろうか。

このマ弾のため、B17、B24などが撃墜可能になったのである。しかし、これとても決定打ではない。一撃でその構造部分を吹き飛ばす最低の口径は、やはり二〇ミリだった。

南方作戦のこの戦訓を生かし、B29邀撃用二式複戦キ45に三七ミリ砲が装備された。これは応急装備で、ほとんど対戦車砲そのままだったが、ホ203へと進歩した。東南太平洋で、現地改修されて、キ46の機首にこれが取り付けられたことがあった。

これで相当戦果を上げることができたそうだが、その機体はガタガタになった。むろん、司偵用に作られたものだから仕方がない。

そこでいわゆる武装司偵として、胴体前に二〇×二、後上斜三七×一、タ弾六〇キロ×二の装備を持つキ46Ⅲ改が作られたわけである。昭和一九年一〇月のことだった。

ついでに、「タ」弾について少し述べてみよう。昭和一三年頃から、戦闘機の翼下にケースを取り付け、これに小型爆弾を挿入しておき、敵の戦車群を撃滅しようと、ある戦法が研究されていた。

37ミリ・ホ203機関砲。キ46に取り付けられたことも

これはト1、ト2などと呼ばれていたが、爆弾は円筒型だった。これが進歩して、ドイツ軍が使用していた対戦車砲弾に範をとり、尖頭のものが使用された。弾量は一キロである。

このタ弾は、頭部が紡錘型で空間部があり（空間部を減圧してあったとのこと）、後部に詰められた炸薬は、その破壊力が前方に向かって作用し、戦車の厚い装甲を貫徹するわけである。これを六〇コ収容したケースを落下タンク装着部に吊るし、落下と同時に爆管でバンドを切り、敵の空にバラまくのである。

攻撃法の訓練方式に、高速度写真機を持った先行爆撃機の影に向かって戦闘機がタ弾攻撃をかけ、写真判定で命中度を調べるという石川少佐方式が満州の白城子で行なわれた（黒江保彦著「隼戦闘機隊」）とのことであるが、筆者は水戸爆撃場における夕弾攻撃講習会に参加して、その威力を知った。

すなわち、重爆の主翼を爆撃場に置き、これに向かって夕弾を散布したが、命中弾はその主桁をも寸断し、直径一メートルの大穴をあけるという物凄い威力で、なるほどこれなら一発必墜だとの感を深くしたものだ。

夕弾攻撃では、南方でも相当戦果をあげ、比島、沖縄およびキ67によるサイパン攻撃に甚大な痛手を敵にあたえた記録がある。ロケット弾（ロ三弾）もあったが、実戦記録は寡聞にして知らない。これは逆に敵のコルセアに痛い目にあわされたことがあった。

この頃から、陸軍も大口径主義をとり出し、複戦で五七ミリ砲、特殊な例として、前述したキ109（キ67改）の七五ミリ高射砲装備で、B29および艦船攻撃用としたものもある。

すでにこの頃は、攻撃目標は強武装大型機および本土上陸用舟艇と変わっていたのである。MG（機銃）またはMA（ロケット砲）の発射装置も、これら砲の進歩にともなって変わってきた。

すなわち発射撃動機について述べれば、最初は油圧式を使用していた。つまり九一戦闘機までは座席内に油圧発生機という手動ポンプがあって、その把手《とって》を引ば、エンジンに装備され、プロペラに同調したカムおよびピストンによっミリくらいの銅パイプ中の油は、ＭＧ引鉄《ひきがね》部にピストンの動きを伝える。

操縦桿頭の引鉄を引けば、撃鉄部が連結されて、弾丸が射出されるので弾丸が銃口からプロペラに達する時間に、プロペラは回り、弾はプロペラ間を通過するわけだ。

九五戦闘機からはこの伝導がパイプに入ったピアノ線式に改められた。圧だと大体三／一〇〇〇秒くらいの伝導の遅れがあるとともに、油圧発生縮まるのを戦闘中に気づかず、弾の出ない状態になることがあるからだ。

ピアノ線式は、伝導時間がほとんどゼロに近く、構造も簡単で軽いせいその後ずっと使用されたものである。

いずれの方式にしても、機種により、各々装備寸法が変わっているので板試験をする必要がある。

円板試験とは、プロペラの部分に円板を取り付け、調整〇点と、実際にる点との角度および弾の散り具合を調べて、調整角度の基準を出すやり方冷却空気が流れないので、実機でやるときは短い時間しかできないわけでこうして精密に調整していても、まれにはプロペラの翼体を貫通することがあった。金属ペラならよいが、木製の被包しないものなどでは、まさに命とりである。

これは、主に弾丸の不良が原因だったが、角度点検は日常および攻撃前の点検の中に含まれていて、やかましかったものの一つだった。

調整の話が出たので、ちょっとこれに触れると、照準線上のある距離（二〇〇、四〇〇メートルなど）で、目標に弾丸が命中するように弾道を考慮して、あらかじめ銃身方向を調整することで、胴体のMG・MAは平行調整、翼砲は三〇〇～四〇〇メートル一点の混合調整だった。

したがって胴体または翼照準線に対し、上方または上方内方向に取り付いているわけで、これらの調整は射撃場で、機体の尾部を上げて目標に対し、単発発射して調整するわけだ。

発射引鉄装置も、昔はボーデン索で引鉄を引いたが、キ43以後は電磁ソレノイドで作動させた。したがって、遠隔の翼内取りつけも可能で、作用も確実となった。この頃は、機上電気装備は、固定の必需装備となったわけである。

B29攻撃用に、キ44にホ301固定MA40ミリ砲を翼内に取りつけたことがあった。昭和一九年頃のことである。重量各一三二キロもある重い短い砲身を、翼面積一五平方

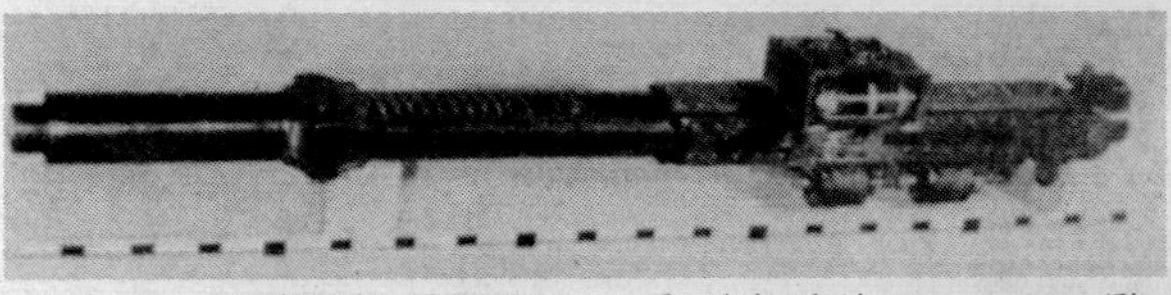

40ミリ・ホ301機関砲。重量132キロの重い砲身で初速240メートル／秒

メートルの戦闘機に取りつけたのだ。短いズングリした
薬莢がなく、弾丸自体に射出薬が入っていたように思う。
空中擲弾筒である。

したがって、短い砲身のせいもあって初速はわずかに
トル／秒で、弾道は彎曲し、命中制度が悪い。何のため
ートルまでこんな重いものを運搬するんだとなって、逆
に逆戻りしたというエピソードを持つ哀れなホ301だった。
ば相当効果もあり、事実これで撃墜した例もあったが、
らなければ実効はないため、パイロットにきらわれたの
キ44にしてみれば、すでに末期的状態だったわけで、
○ミリを積まなかったのかと問われても、ホ5がまだ量
なかったというほかない。この直後ホ5は続々と、キ84
て登場してきた。

照準器と無線

照準具

火砲および機速の増大とともに、照準具もともに発達してきたが、この方はあまり数多い変化は見られない。すなわち固定MGでも、初期は所詮、環型照準具であった。これは旋回銃のものと同様な三重のリングからなるもので、敵機との相対位置および速度で照準点を決定していた。この後には照準眼鏡となり、照準時の接眼位置が定まるため、精度は向上した。

パイロットは、通常右眼で照準し、左眼はやはり開いて射距離を判定するもので、したがって、倍率は一だった。この後には光像式（一〇〇式）となった。この光像式を採用するようになったのは、確かフィアット イBR20（イ式重）の後上方ブレダ一三ミリ砲座用からではなかったろうか。

風防内にあるこの照準器は、スイッチを入れると、暗色のガラス面に橙色の鮮やかなリング（照準環）が現われる。昼夜によって輝度が調整できたが、昼間はフィルターを使用していた。しかし、油圧式のプロペラ油筩《ゆとう》などから漏油すると、風防が真っ黒になって困ったこともあった。

この点では、風防から前方へ突き出し、不用時はカバーしておき、空戦になるとはずして使用する眼鏡式に分《ぶ》があったわけで、日本向きであったかも知れないが、これは論外だ。しかし、実際には一時大問題となったこともある。

終戦頃、メ10と呼ばれる照準器が考案試作された。そもそも戦闘機用照準器には、一〇〇〜四〇〇キロ／時環といわれる環状線があり、前述のように敵機との関係位置、速度などによって何キロ環で敵の機首を捉えるなどと、なかなか難しい経験技術が必要で、これで空中射撃の上手下手が分かれたのである。

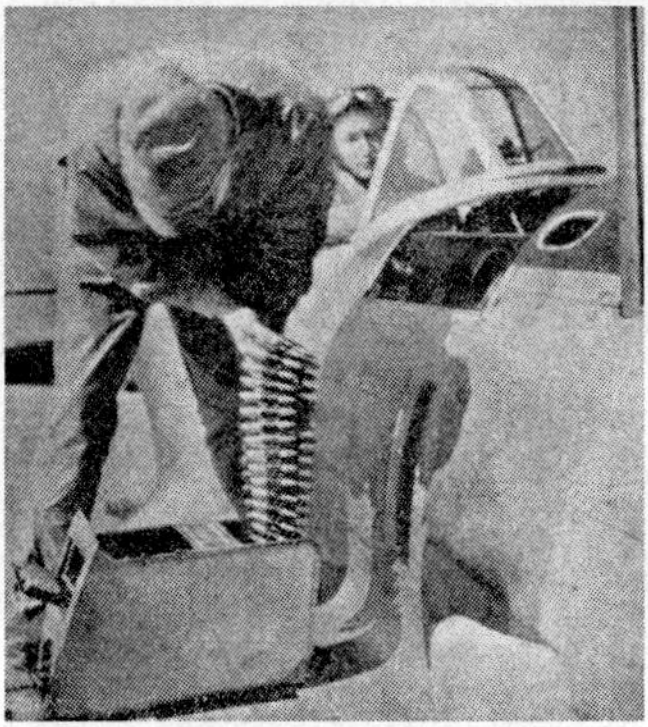
12.7ミリの機関銃弾を装填する整備兵

ところが、こうした名人芸を必要としない照準器、すなわち直接照準で確実に命中する照準器の必要が叫ばれていたのだが、なかなか完成しなかったのだった。

メ10は、この点を解決すべく、敵機との相対角速度を基礎とし、この検出にジャイロを使用したものである。したがって、パイロットは、照準器のマークを、敵機の所要照準部位、たとえば敵のパイロットなどに保持しながら引鉄を引けば、自動的に、砲すなわち機首は弾丸の到着未来位置に向いているというわけで、目標修正も、射手修正も何もいらないわけだった。

このメ10は実戦に使われることなく終わったが、逆に敵機のグラマンF6Fなどに使用されていて、威力を発揮されたわけで、こうした装備技術上の差も敗因の一つと数えられよう。

射撃効果の判定および訓練用には、古くから写真鏡が使用されていた。古い飛行機の写真で、上翼中央上面または低単機の翼上に、よく見られる流線型の約三〇センチくらいのものがこれである。ブローニーフィルム一二枚撮りであった。

無線装備

航空機の無線装備は、最初、偵察機の戦場偵察報告用を第一義の目的として発達して来た。

空地連絡（地上軍との）は、直協偵こそもっとも必要なわけであるが、対空無線を持っていたのは、日本では大隊まで及ばない状態で、この点、第一線小隊長が使うV

ＨＦ無線機に波長を合わせる米軍方式と相当な隔たりがあったわけだ。

飛一号は爆撃機、飛二偵察、飛三戦闘機用に、無線機の体系ができたのは、八八式頃からで、特に飛三号戦闘機用はキ10九五戦が最初のように思う。キ10の無線電源は、右下翼下面の三〇〇ワット風車発動機で得ており、エンジン直結発電機が常装備になったのは、キ27九七戦からであった。

とにかく、電機装備はピラミッドの頂点にあった航空機にあってさえ、はなはだしい立ち遅れを示していた。

それが、昭和一五年頃になると、爆撃機では編隊内に極超短波（ＶＨＦ）を使用する無線機を使用するまでになり、無線ではないが、機内にインターホンを装備するまでに気運が進み、方探も長距離機種（除戦闘機）の必須装備品となった。

これら大型機は、無線手が乗り組んでおり、大して問題はなかったが、戦闘機では相当トラブルがあったことは、単座だけに無理もなかろうが、現今パイロットは無線通信手のライセンス無しで搭乗できないことと考えあわせれば、まことに隔世の感がする。

キ10およびキ27に積んだ九六式飛三号無線機は、はなはだ小型で、戦闘機用としてふさわしいものだったが、その無理が性能を害し、特に周波数および同調のズレがはなはだしく、常時調整の煩雑さのため、日支事変などでは有効に使用されなかった。しかし、空中線を適当にし、上手に使えば東京から明野まで、約三〇〇キロくらいの通信は可能だった。実際には一〇キロはおろか、編隊内でも有効に使い切れなかった人たちもある。

これが、つぎの九九式飛三号になると、形も大きくなり、真空管も進歩したため、非常に実用性が向上して実戦にも有効に使用されたが、いまだ十分とはいえなかった。しかし、これにはホーミング用として、電鍵が装備されたため、夜間その他通話用以外に航法用としての利用価値が出てきた。これは、地上設備として方探が各飛行場に設置されたことにもよるのである。

航空無線通信は、電話および電信を併用したが、全般的にいえば、一種の緊急通信であるため、電信では乱数表などあまり使わず、月、日により自然的に変更される暗号表が使われた。これは三数字のもののため、強度は弱く、敵に探知されることも多かった。

電話でも隠語を使用していたが、これを系統的に分析すれば、機数、指揮官、編成なども分かったであろうし、ビルマ戦線などでも、敵についてこれと同様なことがいえる状態だったものがある。

電探（レーダー）を無線装備として考えてよいならば、これについてちょっと述べよう。

昭和一五年、筆者は築城本部委託試験のためキ21に同乗した。多摩丘陵添いに羽田の方へ指定コースを飛ぶのである。警戒機甲、乙すなわちレーダーの試験だったわけで、われわれの飛行機がブラウン管上にスポットとして出るわけである。「写りますか」「いや見えません」「只今、上空二〇〇〇メートルですよ」「いや出ません」

笑い話のようなこんな試験を、毎日真剣に繰り返していたものだった。これらレーダー研究のため、多摩研究所が発足して、機上用として機首や翼前縁から、刺叉《さすまた》のような棒をニューと突き出し、タキ-〇号と呼んでいた。

レーダーの原理は、早くから日本の八木博士が発明したことは周知の事実だが、実用されたのは外国が先だから馬鹿げている。

第二次大戦で英国を救ったのは、スピットファイアだったとよくいわれてるが、その有効な活動の源は、完備した空戦指揮用のレーダーだったといっても過言ではあるまい。海戦においても、米艦から暗夜に鉄砲を食ってあわてた話は有名である。

当時、電波高度計も盛んに研究されていた。これは機首下面に小さな発信アンテナがあり、これから極超音波を発信して、地面からの反射電波を胴体中部下面のアンテナで受け、その時間差を指示器に表わすというもので、四式重飛竜などの夜間超低空雷撃などに実用されるようになったが、気圧式高度計と異なり、対地の実際高度が読めたわけである。

いずれもこれらは、真空管の働きによるものだが、進歩したものでミニチュア管程度だったが、現今はサブミニチュア管あるいはトランジスターなどが実用され、このため、全体の大きさもきわめて小さくなった。ミッサイクル時代の急速な進歩は、真空管の、あるいはミニチュアトランスフォーマーの進歩によるというも愚かであろう。

しかし、これに到達するまでの苦労は並み大抵ではなかったことを知るのである。

第十一章――本土決戦機「疾風」は泣いている

キ84の誕生

白銀に輝くスマートな戦闘機が、若葉の雑木林をかすめて、着陸姿勢に入る。真剣な面持の一団の人々が、身じろぎもせず見まもっている。

エプロンに機体を止めた岩橋少佐の落ち着いた動作、だが顔は興奮の色。素早く測定員が、胴体横の扉を開けてもぐり込むや、時計装置を止めて自記高度計と、自記速度計を取りおろす。記録用紙は、ただちに測定室に運ばれ、カーボン紙に記された各高度の速度を測定するのである。

段階的に記された見事なカーブは、直ちに当日の気圧、その高度の温度の更生が施される。これにはデンシティの方式が用いられ、真高度が算定されるのである。

速度は、基線によった計測飛行の結果得たピトー管エラーの修正が行なわれ、真速度が算出されるのだ。

出た！　六二四キロ／時、かくして第二予定高度において樹立した水平全速飛行速度は、日本最速の戦闘機として戦い終わるまで破られることはなかったのである。今までにない十文字プロペラをつけたこの戦闘機の記録こそ、大東亜戦決戦機の呼び名が高かった四式戦闘機「疾風」の誕生の雄叫びであった。昭和一八年四月、福生飛行場陸軍航空審査部でのことであった。

欧州戦で名をはせたP47Nサンダーボルト

太平洋戦争は開戦劈頭《へきとう》、航空撃滅戦により完全に征空権はわが手に帰し、これを主軸として日本軍は破竹の進撃をなし、有利に展開した。しかし隼を主力に、鍾馗、九七戦闘機を配して戦闘機部隊に立ち向かった敵機は、バッファロー、ハリケーン、P

40などの比較的旧式な、いわゆる植民地空軍であり、その数も限られたものであった。

制空権を握ったものが、戦局を左右する近代戦の様相に、敵機はかならずや、欧州戦で令名高きスピットファイア、P51、P47などの優秀機をもって反撃に出ることは疑いもない。こうした状勢に対処し得る戦闘機はない。

直ちにキ84は計画が実行に移された。予想される敵は、六〇〇キロ／時、重武装防弾完備はもちろんお家芸である。これらを捕捉し、かつ確実に撃墜するためには、一段と敵に立ち勝るものでなければならない。さらに空中戦は人機材とも大なる消耗を強いられるものであり、いわゆる誰でも乗り得る飛行機でなければならない。

陸軍から発註を受けた中島飛行機株式会社では、昭和一七年四月、折しも病癒えた小山悌技師をキャップに、西村、飯野、近藤技師を配し、この難問と取り組んだのである。

昭和一六年完成した世界に冠たるハ45発動機は、大いなる希望となって採用された。胴体の大きさは、これによって決定される。運動性の問題は、九一戦以来データが揃っているし、九七戦、隼、鍾馗で十分実証済みである。中島お家芸の戦闘機のことである。設計は急速に進み、別表の要目で、昭和一八年三月、計画開始以来ちょうど一年、歓呼の下、第一号八四〇一の進空式が成功裡に終わったのである。

疾風のアウトライン

キ84は、当時の各国戦闘機を凌駕すべく最高を狙ったもので、零戦を目標として作られたグラマンF8Fなどのように、仮想敵を設定しての設計ではない。各性能の調和を第一としたため、旋回性能の九七戦、一撃離脱の鍾馗のように、明確な性格を持っていない。

武装は仕様書であたえられるもので、設計者の関与しないところであるが、隼あたりから二〇ミリ砲を零戦のように搭載していたなら、もっと違った様相が、戦局並びに後続機種に現われていたのではあるまいか、と小山技師は述懐した。

ともかく、翼面荷重は一五〇キロ/平方メートルが選ばれ、隼よりはずっと重戦に近寄った性格を持っている。翼面積二一平方メートルも隼とほぼ同じで、この重量三七五〇キロでは致し方あるまい。

舵の効きは、従来の戦闘機に比べ、操舵反動が大きく、急降下時の操縦桿の抑え、高速時の引き回しに大きな力を要することとなった。

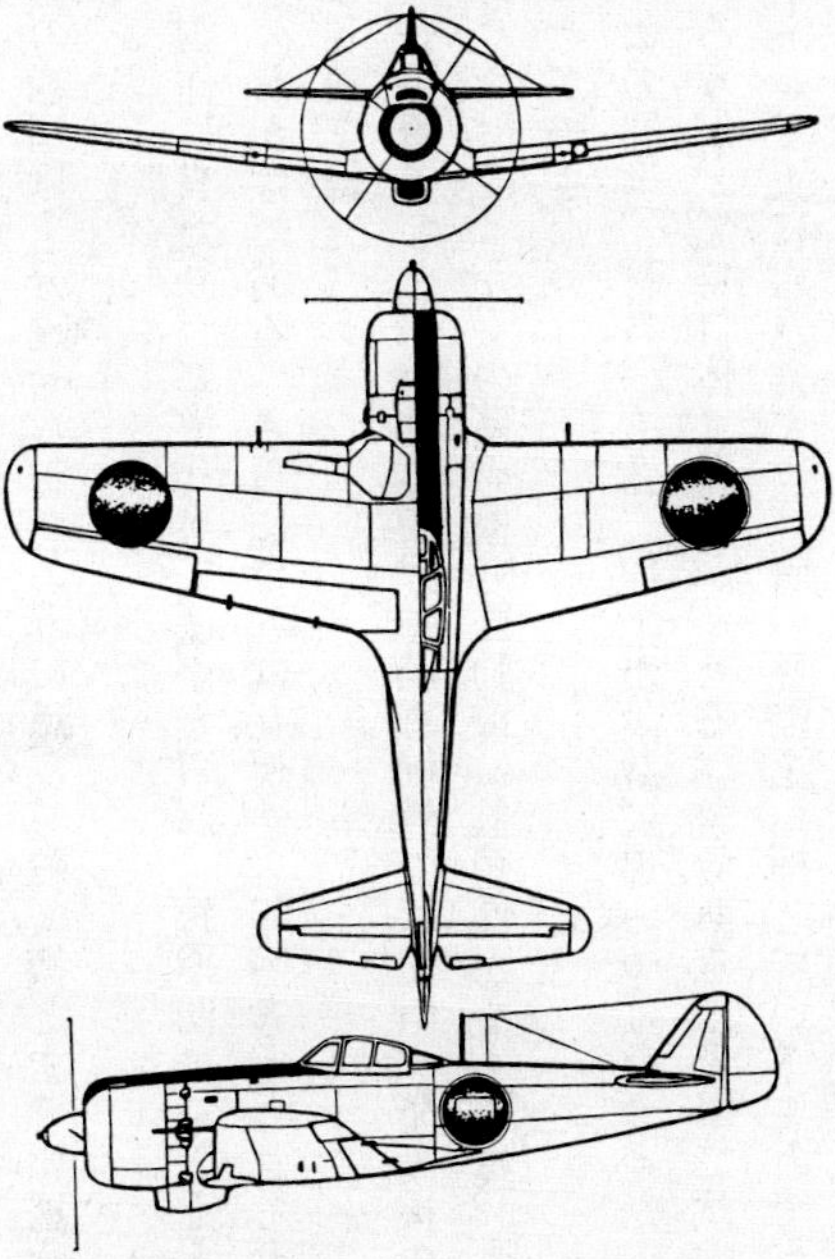

キ84 四式戦闘機「疾風」

これは大体、外国機に似通った傾向であり、未熟者が舵の使い過ぎによってストールに入れたり、荷重倍数を越えるGを掛けることのないように考慮されたものであるが、もちろん三舵の釣り合いはよく研究されていた。捻り込みが難しいのは、戦闘時の無意識的な過速の結果であろうと考えられる。

航続力は隼には及ばないが、六時間、約一〇〇〇キロの最大行動半径を持っていたが、実際にこの威力を発揮する機会は少なかったようである。

離着陸は比較的

容易で、八〇時間の操縦時間を持つ若い人でさえ搭乗した記録がある。この点で設計者の意図は十分達せられたように思う。殺人機とまで悪罵せられた鍾馗とは雲泥の差である。

製作に当たり、基準孔集成法がとられ、短期間に三五七七機作られたのは、この方式のおかげである。さらにこれは互換性も相当考えられており、部隊においてかなりな利便を得た。

好事魔多しといわれるが、キ84も例外ではない。発動機の不調、これが最大の癌であった。せっかくの優秀機も発動機に信頼性がなくては、十分にその偉力を発揮することができない。

この罪は、材料、冶金、加工が設計に追いつけなかった、いわゆる技術の跛行にもあろうが、燃料自体に罪をかぶせるべきである。米軍で試験された結果、六一〇〇メートルで実に六八九キロ／時の性能を発揮していることでも分かる。

これは実に一四〇オクタンの燃料を使用しているのであり、日本においては九二オクタン燃料を最低として要求するのに、実際は九一オクタンを常用しなければならず、これ自身も果たして充分にその性能を具備していたか疑わしい。

部隊の整備力も、これについていけず、空しく地上に風雨に曝《さら》さらされる結果となり、実働率も平均四〇パーセントであったことは、発動機の罪とされ、非運を招く結果となったのである。

各部の構造

機体

機体各部分は中島の伝統を受け継いで、キ43、キ44と構造的に大差はない。ただ使用板厚は世界的傾向を反映して厚くなり、二次的に表面のきれいな機体となった。従来は鋲打ち作業のため、加工変形がその周辺に出たものである。ただし、これによって飛躍的に強度が向上したということはなく、陸海軍飛行機造修規定の範囲内にある。

胴体は前後部二つに分かれ、要所に肉抜円框を持ち、これを縦通材で連ね、表面にESDを張った応力外皮、いわゆるモノコック構造胴体であった。防火壁前に、五〇リットル入りの自動温度調節器付きの滑油タンクがあり、防火壁を隔てて胴体内防弾燃料タンクがあり、その上方に二〇リットル（？）入りのメタノールタンクが収容されていた。

タンク上面両側には、ホ103（一二・七ミリ）二門が装備されていた。これが後でホ5（二〇ミリ）装備に変えられたのは、三〇〇〇番代からであった。弾数は各三五〇発。

これらは鋼線式発射連動機で、プロペラ回転圏を通して発射された。引鉄は操縦桿にあり、ソレノイド電磁器により操作され、装填は、油圧作動筒によったのである。

タンク室後部防火壁後に、下部に九九式無線機操作盤を収容した計器板があり、人工水準器を真ん中に、中央部に航法計器、左右に発動機管制計器がついていた。計器板は紫外線燈により左右から照射され、夜間飛行時の計器の夜光塗料の輝度を増した。

計器板の上面には、一〇〇式照射眼鏡が取り付けられてあった。これは光像式であり、スイッチを入れると、輝樺色の照門環が現われた。昼間は場合によりフィルターを使用し得るよう設備され、輝度はスライダックにより調整可能であったが、ジャイロ式の修正装置はない。

座席左には、爆弾または落下タンク投下押し釦《ボタン》を頭部に持つガスレバーがあり、その内方にはピッチレバーと混合比調整レバーがあり、「常時」「停止」などの註記がなされてあった。

常時位置では、自動高空調整装置が作動し、目盛りにしたがって手動で操作することも可能である。長距離飛行の際、燃料を絞るには手動で、排気温度計、筒温計《とうおんけい》を基準として操作するのである。

その後には脚上下レバーがあり、燃料切り換えコックもこの近所にある。フラップの上下は、操縦桿頭部の押し釦により、電磁器で油圧コックを操作した。

六五ミリ厚硬化防弾ガラスを前面固定部に持つ風防は、中部はガイドレールにしたがって索車により開閉される。飛行中開いていて、ノックが不良の場合には、風圧により勢いよく閉まり、うっかりすると手を挟まれることがあった。

頭当ての後には防弾鋼板があり、その下方にも背当ての後に特殊鋼一二ミリの防弾板があった。座席の下面もそうであったかは覚えていない。

無線機の発信部と増幅部は、防弾板直後左にゴム紐で懸吊され、その下にコンバーターが取付台にボルト止めされていた。直流二四ボルトを交流一〇〇ボルトに変流昇圧するのである。

アンテナは風防後部に直立した支柱から垂直尾翼上端まで伸び、使用周波数帯は超短波帯であったが、部隊によっては有効に駆使できなかったところもあるらしい。

酸素瓶は、やはりこの付近に縛着されていたが、酸素発生剤も、二〜四本併用された。

作業用孔は胴体接続部直後の左側にあり、それより後方には操縦索以外、全然何もない。操縦装置は補助翼以外は軟式であり、昇降舵には可動式のタブを用いていた。このタブは操舵反動の特性上、絶対に不可欠であった。

主翼

主翼は文句なく直線翼が採用された。これは従来の実験および実機により試験し尽くされ、失速性の点から一番有利とされており、しかも製作の容易な点、まさに一石二鳥である。

空力的に二度三〇分の捩じり下げと、六度の上反角を持つ主翼は、面積二一・〇平方メートル、翼根翼弦二・四六メートル、翼端一・三五メートル、アスペクトレシオ六・〇八、フリーズタイプ〇・一三一平方メートル×二の補助翼を持ち、〇・七三〇平方メートル×二の蝶型フラップをそなえたこの主翼は、波板裏張りの主要部箱型構造を持つ張殻構造で、胴体に作付けである。付け根付近前部には、轍間距離三・四五〇メートル、車輪径六〇〇ミリの脚収容部を持ち、左右翼内に各二〇〇リットル収容の防弾タンクを収容していた。

車輪外方にホ5、二〇ミリ砲（弾数各一五〇発）が装備された。

翼下面には落下タンクおよび二五〇キロ爆弾の懸吊電磁器並びに取り付け弾抑えが装備されていた。落下タンクは試作初期は、零戦のように胴体下面に取り付けていた。落下タンクは全戦闘機共用で、容量は正規二〇〇リットル、ちょうどドラム罐を一本ずつ、両翼にブラ下げていたわけである。

この落下タンクは日本の考案にかかり、九五戦の時代から戦闘機の足を延ばすために用いられたが、当時は卵半切の形状を持ち、空になった場合、胴体に吸い付いて、なかなか落下し難い欠点があって、爆弾型に改められた。

キ44鍾馗では弾抑えはタンク側にあり、投下後は電磁器口も閉鎖されるようにカバーが付いていて、空気抵抗を減少するようになっていたが、後に爆弾装備、その他全機共用の関係もあって固定弾抑え装備と発展した。

米軍が落下タンク装備となったのは、明らかに日本のアイデアによったものである。落下タンクは、後に木製に改められた。

最近のジェット機では、翼端に取り付けられるのが常識的になったが、これはまことに合理的で、翼端における誘導抵抗を減少するとともに翼付け根における曲げモーメントを減殺する効果を持つグッドアイデアである。

脚の引き上げ機構は、キ43、キ44と同様であるが、脚柱の振り止めフォークが飛行方向に直角に取り付けられたことは進歩であり、この方式は海軍の紫電などにも採用されており、当を得たアイデアである。脚は部隊において相当問題になったようであるが、私に言わせれば、よほどの技術未熟と慨嘆せずにはいられない。

尾翼

尾翼は、水平安定板二・〇五平方メートル、昇降舵〇・五九平方メートル、垂直安定板〇・五〇三平方メートル、方向舵〇・五九平方メートルで、モーメントレンジの割には舵面が大きい。これは前述の操舵反動をあたえるための諸元であり、今から考えればこれを強調しすぎたきらいはある。

昇降舵は可動式の調整タブを持ち、これの昇降舵軸に対するモーメントにより大いに操舵を助けられた。この思想は中型機以上の常用手段であり、これを採用した、あるいは採用せざるを得なかったことは、キ84の性格を物語る一面である。

性能試験中、昇降舵の一部がフラッターにより飛散したことがある。主任パイロット岩橋少佐、愛称ガンちゃんは、よくこれを操縦し、福生飛行場一杯に使うという物凄い着陸でことなきを得て、陸軍大臣の感状を授与された。

昭和19年、初めて公開されたときのキ84四式戦闘機「疾風」

このほか二二戦隊実験部隊が編成され、二式戦部隊より引き抜かれた第三期操縦少年飛行兵出身伊藤高雄大尉（当時少尉）は、試作四号機で、着陸降下時フラップがストン！　と引き込み、失速墜落したことがある。頭部の皮膚をベロッと剥がれ、おかげで私と同様、長髪の大尉として陸軍航空に特異な存在となった。

余談ではあるが、この伊藤大尉はよほど四号という数字に縁が深い。

キ44実験部隊「かわせみ隊」で彼の搭乗機は四四〇四号であり、マレー前進のため神保少佐（当時大尉、四八期）の僚機として離陸の際、長機が滑走路より少し右に偏したため、右に流れる離陸となった。

精鋭キ44の出撃を見送ろうと兵はもちろん、報道部員も絶好のチャンスと滑走路間近までワッとおし寄せた。

アッと言う間もない、長機に注意を集中していた伊藤機は、これら見送り陣を右翼に引っ掛け、七名の即死者を出した。

落下タンクは一〇〇メートルも彼方に燃料の白煙を曳きながら転々し、伊藤機は、一式陸攻用に作られた滑走路の彼方でやっと停止したのである。

西貢《サイゴン》飛行場南北滑走路の出来事であり、主翼前縁からニュッと右手が出ているという凄惨な状景が現出した。飛行場大隊栗原部隊の兵曰く『なるほど、番号も死、死、まるで死だ』。

おかげで虎の子キ44は、ナトランにおける杉山中尉の失速事故と加え、二機を失う結果となった。

余談はさておき、このフラップの故障も根本的に直され、以後はなかった。これに関連し、試作時にはあらゆる苛酷なテストを実施し、用兵上、技術上の不備を出し切って、これの対策を講ずることが必要である。

昭和一九年七月、早くも中支上空に姿を現わしたキ84実験戦隊二二戦隊は、全陸軍戦闘隊注目の的であったが、整備技術上のデータがどの程度、報告活用されたか疑わしい。あるいはうまく使い過ぎたのかも知れない。

が、部隊に支給されてからの稼動状況より見て、この期間こそ一番その[illegible]要ではなかったのかと思われる。

二二戦隊は一九年八月、大本営命令により、急[illegible]帰還したが、[illegible]文米空軍P51を抑えて、制空権を確保し、地上軍[illegible]戦機現わると[illegible]を鼓舞されたことはいうまでもない。

この間、十分故障を出し[illegible]努力が欲[illegible]思うのは、ひとり私のみではあるまい。

ハ45発動機について

キ84用として、文句なく採用されたハ45発動機[illegible]五年春から設[illegible]一五ヵ月の短期間に耐久運転を終わるという順[illegible]中島の技術陣[illegible]機、住友金属などの協力会社の精魂を傾けた野[illegible]当時としては[illegible]準を抜いた傑作発動機であった。

その特性は、つぎの三点に集約できる。

イ、小直径で大馬力を出すこと。

ロ、馬力当重量がはなはだ小さい。

ハ45誉二一型2000馬力。世界水準を抜いた傑作発動機

ハ、燃料消費量が少ない。
これは戦闘機用発動機としての適応性を意味する。ここでこの点について、ちょっと比較検討してみよう。左表は陸軍戦闘機に用いられた発動機および終戦当時の米英軍発動機との比較表である（表参照）。

表の数字より、いかに小型軽量で大馬力であったかが分かる。しかし、これを裏返せば相当な無理をした発動機ともいえよう。果たせるかな、実戦部隊において発動機の問題から実働率の低下をきたし、十分な実力発揮ができなかったのである。性能のみ欲張り、信頼性に対する考慮が不足であったといわれても、致し方ない。

しかし、当時としてはこれを採用するのが当然であり、むしろ後日の罪は燃料に帰すべきか。

発動機の軸馬力はBHP＝CPmeV・nで表わされる。ここにCは比例常数、Pmeは正味平均有効圧力、Vは全行程容積、nはクランク回転数を示す。すなわち軸馬力を

組み立てられた発動機を試運転する整備員

ハ45では、直径三二〇ミリの扇車を、第一速五・八一、第二速七・九五と、増速比を変えて、第一速、離昇ブースト+五〇〇ミリ／水銀柱、与圧高度一八〇〇メートル、ブースト+三五〇ミリ／Hg柱、第二速与圧高度六四〇〇メートル、ブースト+三五〇ミリ／Hg柱という値を採用している。

さらに、公称二五〇リットル／時、離昇時三〇〇リットル／時の割合に、比重〇・九二五の変性メタノールを〇・八キロ／平方センチメートルの圧力で扇車に噴射し、混合気温度を下げるとともに密度を増して、デトネーションを防止し、馬力を増大させるのである。

この大馬力に堪えるため、シリンダー頭部はY合金鋳造品に多数の冷却鰭を植え込み（Ⅱ型は鋳造）、胴は窒化鋼で、頭部に焼嵌螺入《しょうかんらにゅう》してある。排気弁には、もちろん金属ナトリウムを封入し、弁棒端には超硬質合金コバルト・クローム鋼、弁座に当たる

速ペ32（ピッチ三〇度～六〇度）、重量一八五キロであったが、ハミルトンのように油圧筒から油を吹き、風防を汚すことがなかった代わりに電気の故障も稀にあったが、概して無難であった。

実戦部隊における状況

概況

優秀な性能を持っている飛行機でも、地上にあってはいわゆる陸《おか》に上がった河童も同然であり、さらにこれよりも厄介な存在となり、戦力としてはむしろマイナスとなるのである。

当然な事柄ではあるが、飛ぶこと、飛べる状態にあることこそ、その実力を発揮し得る第一条件である。その第一条件をも満足させ得なかった実例の如何に多かったことか。

これでは全力を挙げて生産に従事し、その成果は上がったとしても、宝の持ち腐れであり、大いなる浪費である。そのよってきたる原因は、広くかつ深い。

大にしては、日本の技術力の低さであり、[illegible]て熟練工を一
集し、製造には学徒、あるいは徴用工が主力とな[illegible]ならない[illegible]
手際、小にしては、部隊における整備力の不十分なことであるが、根本的原
性能を第一義とし、信頼性、取扱性を第二義とした当時の技術行政および
の罪に帰せなければならない。

実際問題としては、発動機の高度にともなう油圧低下および脚の問題に
われている。しかし、筆者が各部隊指導の際に見聞したことは、これ以外
障によるものも多かったように思う。

現地部隊における状況

太平洋戦争の天目山といわれた比島防衛作戦に、四式戦は決戦戦闘機として、[illegible]の
○○機を注入するのだ、と呼号されていたが、生産は当時もちろん、そこまでいって
はいなかったが、急ピッチの米軍の進撃の前に、空輪による補給戦において無理があ
り、急仕立ての多数の空輪部隊も練度その他から、現地に到着し、完全に戦闘の用に
立った比率は非常に少なかったようである。

一方、現地にあっては、何よりも飛行機を！　飛行機を！　であるので、十分な整

備の暇なく実戦に供用しなければならない無理がたたったようである。

このような本質的な性能以外のことで（この思想がいけない）、その実力を発揮できなかったことは、まことに残念なことである。

比島戦、沖縄戦、対機動部隊戦においては大して問題とならず、内地防空の対B29戦の高々度戦闘において現われて来たものに、高度にともなう油圧低下の問題がある。

これは連続上昇による油温上昇にも関係はあるが、根本的な問題は吸入抵抗が大きかったこと、したがって二次的にきわめてわずかな吸入側における空気吸い込みにも、いわゆるエアーロック的現象を呈し、高度による気圧低下曲線と相似曲線を描いて、滑油圧力が八キロ／平方センチから二キロ／平方センチまで低下するのである。最低油圧は六キロ／平方センチに抑えられていたのであるから、もちろんこれでは不合格である。

滑油タンクの自動油温調整装置、滑油濾過器《ろか》、発動機側のキューノ自動清浄結油濾過器などのキャパシティは充分のようであったから、案外、給油ポンプの不足であったかも分からないが、ハ45装備の他機種にはなかったところをみると、やはり装備上の不備であったと思われる。

何はともあれ、パイプラインの縮小と整備により一万メートルで、六キロ／平方センチの滑油圧力を保ち、実戦に支障なくなった。これは四七戦隊のことで、他部隊においては終戦まで、この問題に悩み、いわゆる飛ばない飛行機の一因をなしていた。

飛行第四七戦隊での稼働状況

四七戦隊の八七パーセントコンスタントの稼働率（航空廠修理機を含むパーセント）は事実であり、私としては米国の九九～一〇〇パーセントを目標とした。整備における日米戦とでもいおうか。もちろん在隊機のみでは一〇〇パーセントであった。

当時、一般部隊において良好なところで四〇パーセント、悪いところで二〇パーセント～〇パーセントとなっていて、実に憂慮すべき状態となっていた。

戦闘学校明野《あけの》部隊で四〇パーセントであった。戦闘戦隊の定数は五四機で、実際はこれより若干多く五七機程度であったが、四〇パーセントでは二三機である。四七戦隊では、全操縦者が完全なる搭乗機を持っていたのである。

この数字は航空軍では、実に不思議な数字であったらしい。兵器部の中村大尉を常駐させて実状を調査させた。私は、彼のいう全軍の状態に、こちらこそ驚いたものだ。

しかし機動部隊邀撃《ようげき》のため、三〇機編成で大阪の南佐野飛行場に一六飛行団と共同作戦として出張した際、目の辺りにその実状を見せつけられた。

昭和19年4月29日、新春を迎え、天長の佳節を祝う飛行第47戦隊成増将校団

毎日の飛行に、わが隊は全機出動で一機も欠かさない。これは当然である。三コ戦隊編成の飛行団では、わずか一六機〜二六機の情けない状態には哀れを覚えるものだ。一戦隊三〇機としても二九パーセントである。一方、四七戦隊では一ヵ月間無事故で、三〇機揃って成増基地に引き揚げたのである。

この成果を見て、航空軍では昭和二〇年四月二六日、全国の四式戦闘機部隊の整備隊長教育を、成増四七戦隊において実施することにした。

私は当時、中尉の階級であった。整備隊長は皆、大尉および少佐級である。私は、まず、

「飛行機は飛ぶように出来ている。飛ば

せなければならぬ」と、馬鹿げたことを開口一番、力説しなければならなかった。それほど、「キ84は飛ばない」と、定説のように宣伝されていたものだ。私に言わせれば、それは整備隊長の怠慢であり、責任逃れの言に過ぎないのだ。完全無欠な飛行機が欲しい。しかし、それは果たさるべくもない。そうであるなら、整備技術でその欠点をカバーしなければならない。

三日後、彼らは自信満々と帰隊していったが、私は実のところ、その成果にあまり期待が持てなかった。しかし実状を見学し、大いなる刺激になったことは間違いないことであろう。一朝一夕で、この練度に部隊全般を到達させることの至難なことは、私が一番知っているからである。

考えるに、キ43隼や九七式戦闘機からの機種改変では、操縦者はまだしも、整備の面では、今までのようなわけには参らないのである。これらはいわゆる〝百姓エンジン〟で、九七戦においては、燃料とオイルを入れてやれば整備完了である。けだし、これが本然の姿でなければならないが、そうは参らないのが実状である。

隼においては長い試作期間をもち、一方ではハ25をキ30に搭載、二期少年航空兵出身北村准尉（故）の操縦で、武川中尉、航研機の関根機関士、私らが長期間の空中試験を、立川陸軍航空技術研究所において実施済みである。

ハ45は前述の国際級の優秀性を持っていたが、信頼性においては、相当の無理が表面に出がちである。前二者のようにはいかない。しかし、やはり機械であることに間違いはない。適当な取り扱い、整備により、十分その性能を発揮して、戦闘の要求に応え得るのである。

四七戦隊は、出発において他部隊と異なり、二二戦隊同様、二式単戦の実験部隊からの発展であり、比較的優秀な幹部を持っていたことは幸運といわなければならないが、日進月歩の航空界の趨勢に遅れをとらないためには、猛烈な勉強を要するものである。

整備の難しい手のかかるキ44からキ84に機種改変した四七戦隊整備兵は、むしろ「手のかからぬキ84」としてこれを迎えたのである。

こうした前歴もあるが好実働率の秘密は、キ44実験部隊の頃からの系統的な空中勤務者、将校、下士官、兵に対する厳格な教育の賜物と、第四小隊および指揮小隊の創設およびこれらの有機活動にあるのである。

第四小隊および指揮小隊は官制にはないが、特に作戦のための直接整備にわずらわされず、ちょっと手のかかる仕事はこちらに回し、職人的手慣れさで急速に整備を完了するものであり、一例を示せば発動機、プロペラとも、換装は僅々二時間以内だっ

昭和19年1月元旦の飛行第47戦隊第2中隊。前列左から3人目が整備指揮隊長の筆者

た。独立整備隊は当てにならなかったのである。

「指揮小隊」は、全般の技術的指導監督、各小隊間のコントロール、教育実施の監督指導、対外連絡、資料作成、収集など、いわゆる整備全般の「トップマネージメント」であり、これは全飛行隊どこにもなかった「システム」であった。

整備実施上、特記すべきことは、徹底せる時間点検で、現在の米国システムと同一であったのは面白い。

航空廠からの受領機は、全部分規正し、いわゆるゼロアワーにする。この点検でずいぶんと不具合な点を発見し、兵ですら製作会社、航空廠の整備を信用しなくなった。

三〇時間まで、可能な限り時間飛行も実

施し、しかるのち、戦闘に使用した。以後二〇時間ごとにチェックし、点火栓は八〇時間で交換した。定期手入れは四〇〇時間であった。

キ84は相当互換性があったので、場合により発動機架より前方をそっくり交換したこともあり、破損機体の首はこのため整備しておき、すげかえられたものである。もちろん、芯出し点検は実施したが、プロペラ軸心において二ミリと狂いはなかった。この方式は、稼働率向上にはずいぶんと有効であった。

一度、都城飛行場に前進し、沖縄作戦特攻機の掩護《えんご》作戦に従事したことがある。飛行場では、機付兵は翼の下で昼寝であり、まれに一機くらい時間点検を実施していたものもあった。飛行場大隊の補給車係が不思議そうに話しかけた。

「あなたの隊では整備しないんですか？」

これには私も驚いた。

「なぜって、この前の飛行団は、終日ブンブン地上で回して整備しているけれど、出動したら途中から続々と引き返してくるのに、整備しないあなたの隊は引き返す飛行機が全然ないんですネー」と、さも感に堪えぬよう。

私は噴き出しそうになったが、ハッとこの兵の言葉の物語る裏を感じ、考えさせられた。

ちょうど前日、大本営の極秘情報「戦局の状勢分析」を読んでいたからである。これではいけない。私は改めて、せめて私の隊だけでも完全稼働の記録を守ろうと決心した。

都城では、補給機を受領に航空廠へ行く必要がなかった。というのは、そこらの林や掩体の中に、故障機がたくさん置き去られていたからである。それらは私どもの手で改めて戦列に加えられたのである。しかも容易に。

一度、大失敗をやらかしたことがある。松崎大尉（五五期）が離陸、第一旋回でプロペラがピンと止まった。滑空着陸した機のプロペラにブラ下がっても、ビクともしない。焼き付きだ。クーラーのシャッターを閉めてはいない。離陸直後、油温が一二〇度に急昇したとのことである。

続いて離陸したのも同様となった。そしてまたまた、計五機。私はただちに第一飛行隊旭隊の油庫を調べた。全機、飛行停止は発令済みである。「航空鉱油一二〇番」――見たこともないが、一二〇番なら大丈夫で、粘度も色相も変わったところはない。これまではスタナボ、またはインターバーグリンバンド一二〇番を使用していたのである。

ただちに飛行機で航空審査部へ飛んだ。調査の結果、これは再生油で粘度は十分であるが、高温における安定性が悪いと亘理少佐の言。

これだ！　私は心に叫んだ。

残念ながら、輸入滑油を使用するほかない。

了解もなく小隊にこれを支給した兵器委員、倉田少尉に、さっそく大目玉を喰わせ、航空軍兵器部に報告、キ84用として航空一二〇番は禁止とした。

第四、第一小隊では、おかげで仕事にありつきテンヤワンヤ。が、夕刻までには元の稼働率を取り戻して、ホッと安堵の胸をなでおろしたのであった。

また、荒川少尉（特操出身）が宇都宮航空廠より補充機を受領し、成増飛行場に着陸降下中、エンジンが停止して失速墜落し殉職された。場所も荒川田畝。

これはわれわれのミスではないが、燃料濾過網に新聞紙の切れが巻きついていた。製作上の不注意である。悲しい新聞紙殺人事件の一幕であった。

空戦での活躍

対Ｂ29戦闘には、キ44時代、引き続いて短い期間であったが参加した。

偏西風に乗ってくるＢ29に対しては、富士山上空から四撃はかけられた。滑油圧低下の問題を解決したため、一万メートルの戦闘に支障はなかった。整然たる編隊の連続攻撃がかけられると、飛行隊長連は大喜びであった。

このキ84で銚子沖三〇キロで、防空戦隊の至宝、栗村准尉がB29の尾部に体当たりして撃墜し、自らは落下傘で海中に降下、救助不能で戦死されたことは今も胸に痛々しい。

キ44震天制空隊員幸軍曹がキ44で、一一機編隊の最左翼機の外側エンジンに体当たりし、速度低下したものを千葉県神代村に撃墜したのは、当時少数支給されていたキ84で、富士飛行隊長真崎大尉（五四期）の一小隊である。

昭和二〇年二月半ば、部隊任務変更で、B29邀撃は中止され、対機動部隊戦闘に転向した。昭和二〇年二月一六日、第一回関東地方、艦上機の強襲に立ち向かったキ84は、対戦闘機戦闘練度順により二六機であった。

終日、各地の上空に転戦、当日の戦果はグラマンF6F一六機撃墜、SB2C艦爆二機撃墜、当方の損害四機であった。どう考えたかグラマンは、落下タンクを装備したまま戦闘したものが多かったとの報告であった。

しかし、七月二八日に見事この仇《かたき》を討たれた。というのは、都城より後退、山口県小月基地でのことである。

国東《くにざき》半島、敵艦上機北進の情報で、直ちに部隊は離陸、この間約三分間、第三旋回

＊キ84　要目＊

〔名　　称〕四式戦闘機“疾風”
〔型　　式〕低翼単葉引込脚
〔用　　途〕重戦闘機
〔乗　　員〕1名
〔発 動 機〕名称　「ハ45」
　型式　空冷星型18気筒
　基数　1
　離昇　1800HP（2000HP）
　公称1圧　1650HP/2000米
　（1860HP/1750米）
　〃　2圧　1460HP/5700米
　（1620HP/6100米）
　（内は制限解除の数字）
〔プロペラ〕名称　ペ-3-2（V. D. M《ハー・デー・エム》）
　型式　4翅定回転
　直径　3.05米
　重量　185瓩
〔主要寸度〕全幅　11.30米
　……（上反角に沿って）
　11.238米
　全長　9.92米（水平）
　9.74米（三点）
　全高　3.385米
　主要面積　21.0米^2
〔重　　量〕全　備　3,750瓩
　過荷重　4,405瓩
　自　重　2,698瓩
〔主　　翼〕上反角　6°
　付根弦長　2.46米
　翼端　〃　1.35米
　アスペクレトシオ　6.08
〔各翼面積〕補　助　翼　1.313米^2×2
　フラップ　0.73米^2×2
　水平安定板　2.05米^2
　昇　降　舵　0.59米^2
　垂直安定板　0.503米^2
　方　向　舵　0.59米^2
〔翼面荷重〕178.5瓩/米^2
〔馬力荷重〕2.09瓩/米^2（1.88瓩/米^2）
〔性　　能〕最大速度　624粁/時
　着陸速度　142～138粁/時
　上 昇 力　5′-54″/5000米
　実用上昇限度　11,000米
　航　　続　2500粁
　（増槽　200l×2付）
　1745粁（正規）
〔武　　装〕照準器　100式光像型
　翼　内　ホ5　20粍砲×2
　（各　150発）
　胴　体　ホ130　12.7粍砲×2
　（各　350発）
　（ホ5　20粍砲×2—）
　＃3000代より
〔無　　線〕九九式飛3号（超短波帯）電鍵あり
〔燃　　料〕737l（+200l×2）
〔滑　　油〕50l
〔轍間距離〕3.450米
〔算定静置角〕12°35′
〔車 輪 径〕0.600米
〔酸素装備〕酸素ボンベ×2及び発生剤
〔爆　　弾〕250瓩×2（特別装備）

点付近中国山脈との高度差約五〇〇メートル、突如として起こる砲声、発火、真っ白な落下傘、グラマンF6Fは、すでに日本海側で待機していたのである。

情報の遅さをいかに恨んだことか。明白な大編隊の奇襲に、離脱がやっとで、波多野大尉（五四期）、松崎大尉（五五期）、大森大尉（五四期）、前原少尉（特操一期）、蛭川、三瓶両曹長の計六名を一瞬にして失い、大石中尉（五七期）、吉村少尉（特操一期）、山家曹長は、落下傘により降下するも、火傷を負うの犠牲を強いられた。

中でも、波多野第三飛行隊長は、辛くも日本海側に離脱したが、帰投する敵七機を発見、単機これに突入し、その一機を屠《ほふ》るも、包囲攻撃を受けて壮烈な戦死を遂げられた。

越えて八月一四日、北九州上空七〇〇〇メートルで、本土としては最初のP38四機を撃墜し、この仇を返した。が、何とその翌一五日が終戦となったのである。わが方では三機の未帰還を出したが、これらは燃料切れで九州各地の基地に着陸していたもので、こちらの心配をよそにケロリとして翌日帰って来た。

P38は後から見ると、まるで一枚の板のような感じで、実に狙い難いとの話であった。

戦局の推移に伴う整備の実相

大本営は本土決戦を決意した。

昭和二〇年七月、航空機温存の命令で、飛行機は飛行場外遠く分散秘匿することとなった。

燃料も残り少ないとのことで、出撃は極度に制限され、全員、特攻の精神教育が多くなった。しかし、機動部隊の跳梁を見かねてか、邀撃態勢準備が夜中にたびたび発令されたり、中止されたりした。五〇機の飛行機を、少数人数で飛行場に出す苦労は、並み大抵ではない。

「明日第二態勢、ふたたび飛行機を滑走により出さんとせしも、師団長の制止あり、やむなく手押しにて出す。またもや夜〇時三〇分までかかる。しかるになんぞや、〇時五〇分、第三態勢の命令あり、せっかく準備せしを、またもや分散地に収容す。それらの労苦、まったく目にあまるあり。かくては将兵疲れ果てて役に立つあたわざるに至らん。ただ気力にてこれを補わんのみ。機動空襲の算大なりとか。分散地に収容終りしは〇七〇〇（午前七時）なり」

八月五日の私の日記の一節である。

ほとんど毎日のように繰り返される出し入れには、まったく閉口させられた。こう

後ろから見ると一枚板のようで狙い難かったP38ライトニング

してジリ貧になるより、華々しく毎日空戦に出ればよい。空中勤務者も整備兵も、憤《ふん》懣《まん》やるかたなかったのである。われわれにはわからなかったが、飛行機に喰わす飯が、もう非常食しかなかったわけである。

しかし将校も兵も、士気は旺盛で、後一〇日に迫った敗戦の日も知るわけがなく、ただ敵を撃墜しようの意気のみに燃えていたのだ。

こういう情勢ではキ84も何もあったものではない。あたら俊英地に伏して、破損機と何ら選ぶところがなかったのである。

だが時を得て、終戦前日、前述のP38撃墜に全員が湧き立ったのも無理ではない。

涙ながらにプロペラをおろす

最後は遂に来た。

P38撃墜の手柄話に華が咲くピストには、新聞記者が盛んに鉛筆を走らせていた。昭和二〇年八月一五日、陛下の放送。

われわれには「忍び難きを忍び……堪え難きを堪え……」のみ聞こえた。

「勇戦奮闘、以て皇国悠久の礎石たるべし」と解釈したが、どうも語呂の合わない後味の悪さは争えなかった。後から出た師団命令も終始一貫せず、目茶苦茶であった。

ついに終戦は明白となり、「プロペラ、発動機および無線機をおろせ」と最後的命令が出た。航空一二年、ああついにわがこと終わりぬ。

列線に並べられた、五〇余機のわれらが四式戦闘機「疾風」のプロペラが、つぎつぎとおろされて行く。心なしか整備兵の手ののろさよ。

兵も泣いている。「疾風」も泣いている。皆、泣いている。プロペラを失った「疾風」の座席で、レバーと操縦桿を握りしめて、私は叫んでいた。

「われわれは戦争に敗けた。だが、戦闘には敗けていないんだ!」

〈解説〉刈谷さんと『陸軍試作機物語』

秋本　実

「整備の神様、刈谷大尉」

昭和一九年の秋、レイテで決戦がはじまると、疾風戦闘隊は、レイテに飛んだ。そして、二〇年に入ると、防空戦闘機隊の疾風が、日本の空でB29を相手に、そのものすごいパンチを爆発させていた。

だが、この名機にも、おもわぬ欠点がでてきた。エンジンの故障が多いのだ。飛べない疾風がつぎつぎとでてきた。

「疾風はだめだ。故障のない隼の方いいぞ」と、この名機も評判が悪かった。しかし、

「飛べないのは、整備が下手なんだ。おれの整備した疾風は、決して故障しないぞ」

こう、いいきっている人がいた。

飛行第四七戦隊の整備隊長の刈谷大尉だ。

大尉のことばは、決して空威張りではなかった。その証拠に、飛行第四七戦隊の疾風は、いつでも全機出動できた。

少年飛行兵第一期生、整備の神様といわれた大尉は、たくましい重戦闘機疾風を、なによりも愛していた。大尉は、寝食をわすれて疾風ととりくんだ。そして、疾風のすべてをしりつくしたのだった。

二〇年近くたったいまでも、目をつぶると、中尉のまぶたのうらには、あの疾風のメカニズム、疾風とともに生き、ともに死んでいった、パイロットたちのすがたがありありとよみがえってくるという。

この引用した文は、稚拙な文章で恐縮だが、昭和三〇年代末に、私が『少年サンデー』に連載した名戦闘機やエースたちの物語のひとつの「防空戦闘機隊ものがたり」の一節である（文中、整備隊長と記したが、正確な肩書は整備隊指揮小隊長で、当時の階級は中尉であった）。

私が刈谷さんに、初めてお目にかかったのは、この記事の取材のため成増のお宅にお邪魔したときであった。

当時、刈谷さんは船橋の飛行場で航空関係の仕事をしておられた。道が混んでいるので、少し遅くなるが、ということであったが、待つ程もなく、当時、発売されたばかりのビールのジャイアントを両手に下げて帰ってこられた。

あいさつもそこそこに、テーブルにジャイアントをデンと置くと、開口一番、

「サア。これで行きましょう」

実に豪快であった。それ以来、ジャイアントを見るたびに刈谷さんの笑顔が目に浮かんだものである。

キ44（「鍾馗」）のこと、キ84（「疾風」）のこと。ハ45発動機のこと、そして、飛行第四七戦隊の戦友たちのこと、話は尽きなかった。戦友たちの話になると奥さんも加わって、昨日のことのように二〇年前の思い出を語ってくださった。

ハ45（誉）発動機の取扱説明書も拝見した。

当時、執筆のため、多くのかたがたにお会いしてご教示いただいたが、そのほとんどが、設計者とパイロットで、整備を手掛けてこられたのは、刈谷さんが初めてであ

った。

飛行第四七戦隊の使用機、とくに四式戦の稼働率の良さを聞いていたので、ぜひ、整備の神様と言われたこの人にと思って、取材をお願いしたわけであるが、その造詣の深さと整備員魂というか整備にかけた情熱と責任感にあふれた人間性に感服した。整備の神様という表現は決して誇張ではなかった。

その刈谷さんが、雑誌「航空ファン」の昭和三二年（一九五七）一〇月号から三四年（一九五九）の三月号に連載された「陸軍試作機物語」を加筆されたのが本書である。

連載当時、毎月、「航空ファン」が発売されると真っ先に読んだのが、この「陸軍試作機物語」で、刈谷さんのお話を聞きたいと思い立ったのも、「陸軍試作機物語」のおかげである。

明治一〇年（一八七七）の西南の役の際の気球試作で始まった日本の陸軍航空は、明治四三年の徳川好敏工兵大尉と日野熊蔵歩兵大尉の初飛行成功で、本格的なスタートをした。そして、日独戦役、満州事変、上海事変、日華事変、ノモンハン事件を経験したのち、大東亜戦争に突入、昭和二〇年八月一五日の終戦で、その幕を閉じた。

徳川大尉の使用したアンリー・ファルマン複葉機、日野大尉の使用したグラーデ単葉機など、揺籃期の使用機は、いずれも、外国からの輸入機であった。やがて、会式など少数の国産機も使用されたが、ほとんどが外国からの輸入機かこれを国産化したものが主力機という時代がつづいた。

この間、主力機を国産したいという機運が高まり、外国人技師に設計依頼したものを国内メーカーで製作する方法や外国人技師の指導のもとに日本人の手で設計製作するという方法が採られるようになった。準国産機の誕生の時代の到来である。

この当時は、開発の長期計画というものはなく、新たに開発する機体ごとにその要求仕様を作成して提示するという方法がとられていた。

これは、輸入した外国器材を制式採用した時代が終わり、準国産機の時代となっても、設計を外国人技師に依存していた状態では、長期的な研究方針を策定したくてもできないという状況であったことと、航空技術の進歩発展は日進月歩であるため、長期的な方針を策定しても、すぐに時代遅れとなり、改定が必要となることが明白であったうえ、方針を策定することにより研究を束縛し、自由な研究開発を阻害する恐れもあったためである。

しかし、昭和七年ごろになると、各社とも、招聘《しょうへい》した外人技師の指導により技術を習得した日本人技師の手で設計することが可能になるとともに、製作能力も大幅に向上しており、自主的に開発できる条件が整ってきた。

また、満州事変の戦訓により、当時の陸軍の軍備は比較的に旧式であっただけでなく、軍需品の整備のバランスがとれていなかったことが明白になり、早急に兵器の近代化と調和のとれた軍需品の整備の必要性を痛感するようになっていた。そして、そのためには、これまで、その時その時の要求に応じて統一性なしに個々に行なってきた飛行機とその装備品の開発を総合的かつ計画的に行なわなければならなくなったのである。

このため、昭和八年（一九三三）に航空兵器の研究方針を示した『陸軍航空本部器材研究方針』が策定され、これにもとづいて研究審査が進められることになった。海軍の航空機試製計画策定開始と比較しても二年は遅れており、遅きに失した感がないでもないが、この最初の研究方針は、戦闘機、重爆撃機、軽爆撃機、偵察機の四機種の試作要領を定めたもので、これにもとづいて、九三式重爆撃機（キ1）、九三式双軽爆撃機（キ2）、同単軽爆撃機（キ3）、九四式偵察機（キ4）が開発された。

以後、研究方針は、終戦までの間に、昭和一〇年、一二年、一三年、一四年、一五年、一八年と改正を繰り返した。制定された時期によって、『航空器材研究方針』、

『陸軍航空本部兵器研究方針』、『陸軍航空兵器研究方針』、『陸軍航空兵器研究方針及試作方針』などと名称は変わっていったが、陸軍の新型機開発の方針を示したものであったことは変わりなく、陸軍機は、終戦まで、これらにもとづいて開発されていった。

ここで陸軍機の進歩の跡を振り返って見ると、徳川大尉や日野大尉の使用機は「あんどん飛行機」「ちょんまげ飛行機」と呼ばれた木材を主とした骨組みに羽布を張った翼と骨組みだけの胴体というものであった。

やがて、胴体も羽布が張られるようになり、骨組みも木製から木金混合製、金属製へと改良され、外皮も羽布から合板、金属板と変わり、全金属製が主流となった。

主翼も、ごく初期には、複葉式は二層型、単葉式は一層型という古めかしい名前で呼ばれていたが、間もなく複葉式、単葉式という呼称が定着した。そして、複葉式から単葉式へと変わり、全金属製低翼単葉型式が主流となった。降着装置も固定式から引込式へと進歩した。

発動機の出力もアンリー・ファルマン機は五〇馬力、モ式は七〇～一〇〇馬力であったが、二〇〇馬力級、三〇〇馬力級、四五〇馬力級、一〇〇〇馬力級と次第に大出力になり、終戦当時は二〇〇〇～二五〇〇馬力級の時代になっており、ジェットエンジンやロケットエンジンも実用化されようとしていた。

そして、性能もアンリー・ファルマン機の最大速度は六五キロ／時であったが、三四年後の昭和一九年に制式採用された「疾風」は最大速度六二四キロ／時の陸軍最速の実用戦闘機で、基本練習機も最大速度が一八〇〜一九七キロ／時という時代となっていた。また、高速研究機のキ78の樹立した日本速度記録は六九九・九キロ／時に達しており、最大速度七〇〇キロ／時を越える高速戦闘機も開発中であった。

上昇力もアンリー・ファルマン機が初飛行したときの最高高度は七〇メートルに過ぎなかったが、昭和一〇年代には「赤とんぼ」として親しまれた九五式一型練習機でも実用上昇限度は六〇〇〇メートルに達しており、大戦末期の戦闘機の実用上昇限度はデータ上では一万メートルを超えていた。

主力火器も七・七ミリ機関銃から一三〜二〇ミリの機関砲にかわり、三七ミリ、五七ミリといった大口径砲も実用に供されるようになっていた。

刈谷さんの「陸軍試作機物語」では、こうした、陸軍機発達の歩みが見事に描き出されている。

本書の大きな特徴は、身をもって多くの陸軍機の整備を手掛けてこられたかたの書かれたものであるということである。搭乗員や設計者の回想記は多いが、整備従事者の回想記は少ない。

そして、第二の特徴は、刈谷さん個人の思い出だけでなく、創設以来の陸軍航空技術史とも言うべき内容になっていることである。このため、刈谷さんは、今はお目にかかることが出来なくなったが、当時、まだご存命であった徳川好敏中将をはじめとする揺籃期の陸軍航空の関係者にお会いして、そのお話を聞いて、執筆されており、実に貴重な話が盛り込まれている。

第三は、どの機体についても、整備技術者の目で見た解説がなされているが、特に、刈谷さんが全身全霊をこめて取り組んだ鍾馗と疾風のメカニズムについては、刈谷さんの経験に基づいた詳細な技術的解析がなされていることである。

このほか、キ66やキ67試作機の事故など、これまでほとんど知られていないエピソードも盛り込まれており、貴重な記録となっている。

また、機体と発動機だけでなく、火器、無線機といった装備品にも触れておられるのも特徴である。当初の予定では、これらについても、もっと詳細に紹介することを考えておられていたが、種々の理由で連載が中止となったという話を聞いたことがあり、事実とすれば残念の極みである。

ただ、関係者の多くが生存しておられ、生の資料も残っていたものの、隠れていた資料がいろいろと世に出てきた今日にくらべると、資料の少なかった時代に執筆されたものであるため、不備な点や誤りも見受けられるが、これは決して本書の価値を損なうものではないといえよう。

いずれにせよ、約半世紀まえに日本機ファンにとってバイブル的な存在であった記事が、こうしてよみがえり、新しい世代のかたがたにも読んでいただけるようになったことは、非常に喜ばしいことである。

光人社の牛嶋義勝氏から、本書の刊行にあたり、解説と考証を依頼されたとき、整備の神様といわれたかたの著作を、私のような浅学非才なものがという念にかられたが、尊敬していた刈谷さんの労作であり、出来る限り正確な形で後世に残したいという想いからお引き受けした次第である。

【補訂について】

考証にあたり、出来る限り原文に忠実にという方針で、検討したが、本文中、事実と異なっているのではないかと思われる箇所などが何ヵ所かあった。そのうち、相違が明らかなものについて、説明するとつぎの通りである。

注1　ドイツから戦利品として日本に配分された飛行機と発動機の数は、資料によって違いがあるが、大正一〇年一〇月に受領委員が作成した『独墺押収航空機受領業務報告』によると、ドイツ機七八機（うち四機は輸送の価値がないと判断して現地で処分）、同発動機五九一基、オーストリア機五〇機、同発動機は一五六基で、合計すると飛行機一二八機、発動機七四七基である。

いっぽう、大正一〇年三月に押収器材整理委員が作成した『押収軍用航空器材説明書』では、ドイツで受領した飛行機八一機、発動機五五三基のうち、大正一〇年三月末までに日本に到着したものは、飛行機四九機、発動機四四二基で、オーストリアの器材は未到着とされている。

ドイツから押収器材を積んだ貨物船の第一便がドイツを出発したのは大正九年六月であるが、最終便の出発は翌一〇年八月であり、一〇年三月末の時点では、かなりの数が未着であったわけである。オーストリアからの戦利器材の第一便がマルセーユ港を出発したのは大正一〇年四月一二日である。

注2　航空協会が昭和一一年に刊行した『日本航空史・乾』によると輸入機数は一

六機とされているが、当時の関係者の証言などによると一〇機前後であった模様である。

注3　川崎航空機の資料によると、KDA6の発動機は完成当時は川崎BMW6であったが、朝日新聞社の通信機に改造されたとき川崎BMW8に換装されており、キ3第一号機の発動機は川崎BMW9（ペ・エム・べ七〇〇馬力）であった。

注4　司令部偵察機という機種が新設され、陸軍の偵察機が司令部偵察機、軍偵察機、直協偵察機の三種類に分類されたのは、昭和一二年の研究方針（昭和一二年二月二八日の軍需審議会で決定）からで、昭和一〇年一〇月二九日の軍需審議会で決定した昭和一〇年の研究方針では、偵察機は、のちの軍偵察機に相当する「従来の偵察機と同目的のものなるも特に遠距離捜索を主任務とするもの」とのちの直協偵察機に相当する「第一線部隊に直接協同を主任務とするもの」の二種類だけであった。

ここに引用されている研究基礎要項は昭和一〇年の研究方針に盛り込まれている「従来の偵察機と同目的のものなるも特に遠距離捜索を主任務とするもの」の項に記されているもので、昭和一二年の研究方針の軍偵察機の項に盛り込まれている研究基礎要項は「軽爆撃機と同一機種とす」という項が削除されているほかは、ほぼ同じ内容であった。

注6　九七式重爆撃機に桜弾を装備した記録は見当たらない。
注7　キ76の取扱説明書によると、同機の離陸滑走距離は六八（無風）～四九（向かい風四メートル／秒）メートルで、着陸滑走距離は六一（無風）～四五（向かい風四メートル／秒）メートル。
注8　スパッド戦闘機でなく、大正一二年に高々度戦闘機の研究用に三機輸入したアンリオHD15複座戦闘機と思われる。

【諸元、性能、名称等の補訂について】

①　日本陸軍機に限らず、飛行機の諸元や性能は、出所によって数字が異なっているのが、普通である。本書の場合も、陸軍の資料だけでなく、種々の資料が使われており、表記方法もさまざまであったので、各種資料を対比して、最も正確と思われる数字に統一させていただいた。

②　機体の名称は正式の試作名称あるいは制式名称で記述されているので、問題はないが、発動機の場合は、同一発動機でも登場する箇所によって、制式名称で記述されていることもあれば、試作名称あるいは社内名称などで記述されているこ

『日本陸軍試作機物語』　二〇一七年九月　潮書房光人社刊　改題

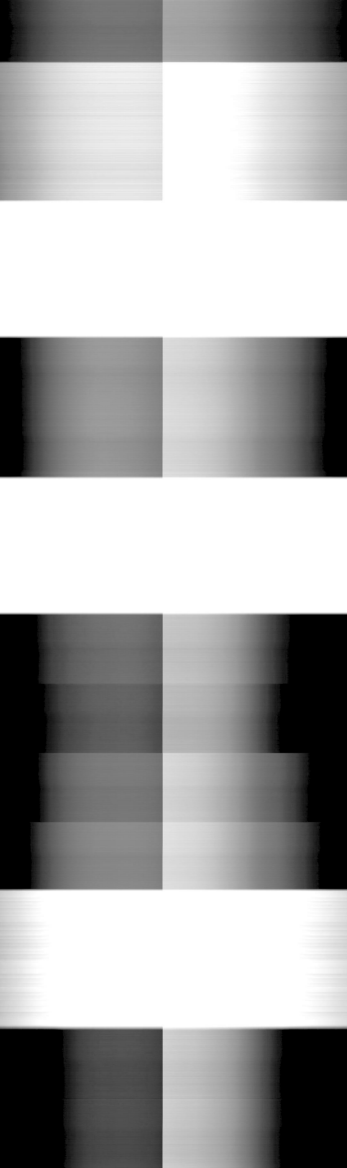

NF文庫

刊行のことば

第二次世界大戦の戦火が熄《や》んで五〇年――その間、小社は夥しい数の戦争の記録を渉猟し、発掘し、常に公正なる立場を貫いて書誌とし、大方の絶讃を博して今日に及ぶが、その源は、散華された世代への熱き思い入れであり、同時に、その記録を誌して平和の礎とし、後世に伝えんとするにある。

小社の出版物は、戦記、伝記、文学、エッセイ、写真集、その他、すでに一、〇〇〇点を越え、加えて戦後五〇年になんなんとするを契機として、「光人社NF（ノンフィクション）文庫」を創刊して、読者諸賢の熱烈要望におこたえする次第である。人生のバイブルとして、心弱きときの活性の糧《かて》として、散華の世代からの感動の肉声に、あなたもぜひ、耳を傾けて下さい。

「人の集まる場所への外出を避け、基本的に自宅で過ごすようにしてもらいたい」わけですが、そうなると、どうしたらよいのでしょうか。

日本幼児体育学会の指導者ならびに早稲田大学人間科学学術院の前橋　明研究室員が知恵を絞ってみました。私どもが考えた内容や提案が、少しでも、子どもたちや保護者の皆様、ならびに、ご指導なされる先生方の参考になれば幸いです。

コロナ禍でとがった空気を吹っ飛ばしたい気持ちで、時間を見つけては、子育て中の親御さんや、子ども支援や教育に携わっていらっしゃる先生方に、情報を提供し、参考資料をお届けするようにしました。

学校で学べることや仕事のできることが、なんと素晴らしいことか。連日、発信を続ける自分がいます。できることを、できる時に、できるものからしていこうと。友だちや子どもたちの心の中に、意欲や勇気、希望が、少しでも出れば幸いです。

これからも、よろしくお願いします。

幼児体育指導ガイド4

—新型コロナ感染症（COVID-19）対応

目　次

第４章　親子体操・親子あそび実技

〔作品は、次の執筆者名まで、同じ執筆者の作品が続きます〕

幼児体育指導ガイド 4

―新型コロナ感染症（COVID-19）対応 いま、私たちにできること―

第１章　コロナ禍における家庭での子どもの過ごし方

まず、先生や保護者が、共通意識のもとに、子どもに、コロナウィルスと休校の理由や意味をしっかりと伝えて、普段の夏休みや春休みのように外で自由に遊べない点を、理解させることが重要です。あそびの面に注目すると、子どもたちが家庭内にとどまり続けると、ストレスがたまり、心身の健康面でも心配です。

そこで、家庭内で、少しのスペースで、道具がなくてもできる、体力づくり運動や親子ふれあい体操を、子どもたちや各家庭に、ポスターにて配布・配信して、子どもたちの健康維持につなげていきたいと願っています。

そして、自分の命や健康は、自分で守るという意識を、子どもたちに、しっかり浸透させたいものです。そのために、生活面で必要なことを列挙してみますので、使えるものは使ってみてください。

1. 早寝の知恵

・日中にしっかり遊ばせて、心地よい疲れを得させる。陽光を浴びながらの散歩や外あそびは、極めて有効です。
・早めに食事と風呂をすませる。夕食の開始は、午後７時より前がお勧めです。寝る前に、飲食はさせない。
・寝る時刻やテレビを見る時間を決める。テレビやビデオを遅くまで見せない。テレビは、早い時間帯だけにする。
・寝る前に、過度な身体運動をさせない。眠りの前に活発な運動をし過ぎると、体温が上がり、かえって大脳が活性化して眠れなくなる。眠る前には、入浴をして、からだを温めて、リラックスさせることがよい。
・安心して眠れる環境を作る。テレビや灯りをつけない、優しい音楽を流す等の工夫をする。子どもの寝室には、テレビの音が聞こえないように静かにする。
・保護者が、「夜、子どもを外に連れ出さない」という基本姿勢をもつ。

2. 早起きの知恵

・子どもが寝ている部屋のカーテンをうすめにして、朝日が射し込むようにする。朝になったら、カーテンを開けたり、外の新鮮な空気を部屋に入れたりする。

・子どもが寝ているベッドの位置を窓の近くにして、朝の戸外の音（小鳥の鳴き声や生活音など）が自然と入りやすくする。
・起きる時間に、子どもの好きな音楽をかける。
・親が早く起きて、早起きの見本を示すとともに、朝の楽しい雰囲気を作りだす。
・おいしい朝食を作り、子どもが「今日の朝ご飯は何？」と、楽しみに起きてくることができるようにする。ときに、朝食のにおいを寝床に流す。
・子どもの好きな目覚まし時計を利用する。

3．日中のあそびや運動に集中する知恵

・前夜からよく寝て、疲れを回復させておく（十分な睡眠をとらせておく）。
・朝食をしっかり食べさせ、朝にウンチをすませ、すっきりさせておく。
・保育園や学童保育に行かせるのであれば、朝、子どもを気分良く送り出す。笑顔で送り出す。
・保育園や学童保育の現場では、指導者や保育者も、子どもといっしょに遊び、楽しさの経験ができるあそび、家で保護者と楽しめるからだ動かしを紹介・伝承する。
・子どもの興味のあるあそびや運動をしているときには、そっとして熱中させる。

・上手に運動しているところや良い点は、オーバーなくらいしっかり誉め、自信をもたせ、取り組んでいる運動を好きにさせる。
・子どもが「見てほしい」と願ったら、真剣に見て、一言、「よかったよ」とか、「がんばったね」と言葉を添える。どこが良かったかを伝えると、真剣に見てくれていると感じ、子どもは安心できる。
・子どもがからだを動かして遊んだら、「よく遊んだね！」と言って誉めてあげる。ふだんから、からだをよく動かすことを、奨励する習慣にしておく。

4. 夜食を食べないための工夫

・朝・昼・晩の三食を、バランスよくしっかり食べさせておく。
・日中にあそびや運動、活動をしっかり行わせ、夕食時には、おなかがすくようにさせる。
・おやつは、日中の決まった時間帯に与え、夕食に差し支えのない量を食べさせる。
・夕食前のおやつは食べさせない。午後４時以降は、おやつを食べないルールにする。
・夕食は、『十分に食べた』というくらいしっかり食べさせる。
・夕食後から寝るまでの間は、食以外のことを行う。例えば、子どもに本を読んで聞かせたり、一日の出来事を話したりして、できるだけ親が子どもといっしょに楽しく過ごす。
・夜食を食べない習慣を、家族が協力して作る。

もうひとつ欠かせないのが、居住している地域全体で、子どもの安全や健康を見守る大人たちの意識です。理由もなく、出歩いていると思われる子どもに対しては、保護者のつもりで、「どこに行くの？　大丈夫。」「家にいた方がいいよ」等と、声や言葉をかけてほしいのです。子どもたちの抱える・抱えさせられている問題の防止に欠かせないもの、効果的なものは、他者の暖かい目です。健康上、安全上の問題はないか、不審者はいないか等に注意を払い、買い物や散歩ついでに、公園や広場を覗いてみる等して、自分も子どもたちの健康管理や安全管理に重要な役割を担っていると考えて行動してもらいたいのです。

5. 親子で楽しみながらできる！　家の中での体力づくり運動

外あそびやお友だちとの交流を控えなくてはならない状況が続きました。お子さんが家庭内にとどまり続けなくてはならないことで、「充分に全身を動かせず、運動不足や体力低下が生じないか」、「人との関わりから育まれる社会性の発達が遅れるのではないか」と、ご心配されたことと思います。

その自粛期間中に、私が配信してきた事柄を、ここに整理して、今後に役立ててもらいたいと思います。

家庭内の少しのスペースで、道具がなくてもできる「体力づくり運動あそび」や「体操」をご紹介します。在宅でお仕事中のおうちの方も、休憩時間やちょっとした隙間時間で、親子で取り組めますので、ぜひ、お子さんといっしょにからだを動かし、スキンシップを楽しみながら、ストレスの発散をしてみてください。

親子で体力づくりあそび

■バランスごっこ（平衡性、筋力）

向かい合って立ち、片足立ちになります。足以外は、好きなポーズをしてバランスをとります。どちらが長く片足で立っていられるかの競争です。どんなポーズがバランスをとりやすいか、どんなポーズがおもしろいか等、いろいろ試してみると、楽しいです。

■おしりたたき（瞬発力、機敏さ）

向かい合って立ち、握手をするように手をつなぎます。空いている手で、相手のお尻をたたきにいきます。自分のお尻もたたかれないように、逃げるのもポイントです。１本のタオルやハンカチを用意して、握手のかわりに両端を持ち合って行うと、距離が確保できるので、動きの幅が広がります。

■じゃんけん足踏み（瞬発力、機敏さ）

向かい合って、両手をつないで立ちます。足でじゃんけんをして、勝った方は負けた方の足を踏みにいきます。負けた方は、踏まれないようにすばやく避けます。

■ロボット歩き（平衡性、空間認知能力）

親の足の甲の上に子どもが乗り、親子で手を握っていっしょに動きます。前方や横方向に、また、気をつけながら後方への移動も楽しいです。

■手おし車（筋力、持久力、リズム感）

子どもがうつ伏せの状態になり、腕を立てます。親は子どもの両足を持ち上げ、子どもは、腕を立てたまま、両手で歩きます。子どもにとって、腹筋や背筋、腕力を使うダイナミックな運動です。お子さんの体力を見つつ、無理をさせないのがポイントです。

慣れてきたら、前方向だけでなく、後方に進むのに挑戦するのもよいですね。

■姿勢変えあそび（瞬発力、柔軟性、リズム感、機敏さ）

「あぐら」「正座」「三角（座り）」の３つの姿勢を、おうちの方のかけ声に合わせて、子どもがすばやく姿勢を変えます。順番を変えたり、スピードを早めたりすることで、より楽しく遊べます。「しゃがむ」「ジャンプする」等、お子さんのできるポーズを加えることで、低年齢のお子さんも取り組めますし、お子さんが自分で好きなポーズを３つ考えて行うのも楽しいです。

メッセージ

運動不足やストレスの解消だけでなく、成長期の子どもにとっては、機敏さや瞬発力、リズム感、巧緻性、柔軟性、平衡性などの向上をねらえる運動が良いでしょう。

体操や運動あそびを組み合わせて、トータルで５分間ほど行うと、汗ばむほどの運動量がよいでしょう。加えて、しっかりとご飯を食べ、十分に睡眠をとるようにすると、自律神経の働きが向上します。

結果として、生活リズムが整いやすくなります。自律神経がきちんと機能するようになると、やる気が出てきて、いろいろなことに前向きにチャレンジできるようになります。無理のない範囲で、楽しくからだを動かしてみてください。

親子
ふれあい体操
食べて、動いて、よく寝よう！
早稲田大学人間科学学術院　教授／医学博士　前橋　明
〒359-1192　所沢市三ヶ島2-579-15　TEL&FAX 04-2947-6902
かんがえる子
がんばる子
やさしい子
くふうする子
かがやく子の
未来づくり
体操で育つもの
巧緻性や平衡性、敏捷性などの調整力、筋力、空間認知能力、回転感覚や逆さ感覚、支持感覚の向上、親（保護者）と子のコミュニケーションづくりと情緒の開放、感動体験
部屋の中で行うときは、窓を開けて風通しをよくして行いましょう。体操が終わったら、手洗いやうがいをして、汗をしっかりふくようにしましょう。では、親子ふれあい体操を紹介してみます。
①高い高い
子どもの大好きなあそび。喜ぶことで楽しく感じ、また、やりたいという気持ちを起こさせます。
②スーパーマン
親は、子どもの胸ともものに手をあてて、子どもを持ち上げます。移動しながら、子どもを上下させると、いっそう喜びます。
③メリーゴーラウンド
子どもを抱っこして腰と背中を手で支え、脇で子どもの足をしっかりと挟み、ゆっくり回ります。上下させたり、回る方向も変えてみます。
④ロボット歩き
親の足の甲に、子どもが乗り、親子で手を握っていっしょに動きます。前方や横方向、後ろ方向へと移動します。親が大またで動くと、子どもは大喜び。両足を広げて、またさきだ！
⑤手おし車
子どもにとって、腹筋や背筋、腕力を使うダイナミックな運動です。前進だけでなく、後ずさりもします。持っている足の高さを低くすると、少し歩きやすくなります。
⑥逆さロボット
子どもは、逆さになって、親の足の甲の上に、手を乗せます。親は、子どもの両足首を持ち、少し引き上げて歩きます。
⑦足跳びまわり
親は両足を開いて座り、子どもはその足の上を両足踏み切りで跳び越えて、親の背後をひと回りします。できたら、片足跳びや横跳び、後ろ跳びにも挑戦します。

［日本幼児体育学会・日本食育学術会議提供］

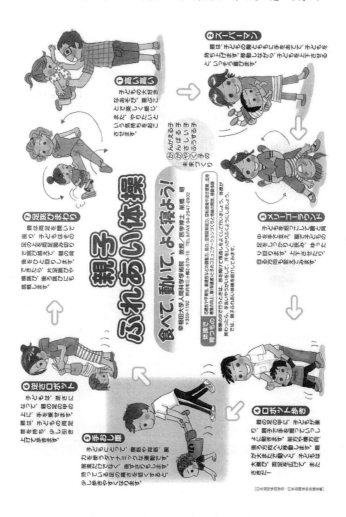

第２章　子どもへの伝える内容と伝え方のポイント

コロナ対策として、子どもたちにしてもらいたいことを、どのように伝えたらよいのでしょうか？　また、何を伝えたらよいのでしょうか。伝える内容や伝え方のポイント等を考えてみました。

基本的に、子どもたちに伝えなければならないことは、「消毒」や「手洗い」、「うがい」の励行、「タオルやハンカチ共用の回避」などが、感染防止のための努力として、必要不可欠な事柄ということです。

集団感染というものは、換気の悪い密閉空間や多くの人が密集している所、近距離での会話・発声のある場所で、密接になると起こりやすい特徴がありますので、密閉空間に大人数が密集し、密接する所に出かけさせないことが大切です。

つまり、子どもたちに避けさせたい場所は、集団感染の危険な環境としての「密閉空間での換気の悪さ（密閉）」、「人が密に集まって過ごす場所（密集）」、そして、「濃厚接触の起こる可能性の高い場所（密接）」という悪い条件がそろっている所です。ウイルスに感染した人が一人でもいれば、狭い場所で、しかも、大勢がいっしょに一日を過ごすような場所に行くことは、大変危険です。

そこで、子どもたちに伝える内容を考えてみました。大人に伝えるように、多くのことを言っても、子どもたちにはできませんので、ポイントを絞って、３～５つを選んで伝えていきましょう。

ここでは、10 個の目標をリストにしますが、お子さんの年齢や状態に合わせて選んで使ってください。例えば、①できていないこと、②必要なこと、③達成感をもたせるために、あえてできている事柄を目標の一つに加えるテクニックも有効に働きます。できることが増えていくのが、動機づけになっていいですね。

【子どもさんへのメッセージ】

「今、お父さんやお母さん、おじいちゃん、おばあちゃんたちが戦っているのは、人間のからだの中に入ってきて、人間を病気にする、時には人間を殺す「ウイルス」という、普通の目では、誰にも見えない手ごわい敵です。しかし、みんなをウイルスから守るために、毎日、戦っている人たちが、まわりにたくさんいます。おうちの人をはじめ、お医者さんや看護師さん、生活に必要ないろいろなものを運んでくれている人、お店屋さん等、とても多くの人たちが、みんなを守るために（元気にしてくれるために、病気に負けない体力をつけてくれるために、ウイルスの来ないきれいな場所にするために)、今も戦ってくれています。

みんなも、お友だちと遊べなくなったり、ずっとおうちの中にいて辛くなったりすると思うけど、今はみんなで力を合わせて、ウイルスから身を守るときなんだよ。だから、そのために、みんなは、自分のできることにチャレンジしてもらいたい。

では、チャレンジしてもらいたいことを言うよ。できることを、少しずつ増やしていこうね、さあ、みんなもしてみよう。

1)人がいっぱいいる所に行かないこと。頑張って家の中にいること。ウイルスに感染しないために、もし感染した時に、人にうつさないためにも、がんばって家にいよう。

2)手が汚れた後や、おうちに入るときは、必ず手洗いをしよう。手を洗うときは、好きな歌を一つ歌い終わるまで手の表裏や指、指の間、手首までしっかり洗うといいよ。消毒をする所では、必ず消毒をしよう。

3)朝起きた時、歯磨きをする時、家に入る時、ご飯を食べる前、寝る前は、きちんとうがいをしよう。

4)タオルやハンカチは、自分のものを使おう。ほかの人といっしょに使わないこと。

5)鼻水や咳、頭やおなかが痛い、吐きそう等、からだがいつもと違うときは、まわりの大人の人に助けてもらおう。

6）部屋の中でできる体操やダンス、運動などで、からだをしっかり動かし、強いからだをつくろう。

7）元気になるために、動けるからだづくりのためには、ご飯をしっかり食べよう。

8）早寝・早起きのリズムで生活しよう。しっかり寝て、毎日、すっきりした朝を迎えよう。いろんなことを考えることができ、頭もすっきりして、取り組めるよ。

9）自分にできることを続けて、絶対に負けないこと。

10）大切なことは、家族や友だちにも教えてあげよう。ただし、友だちには、電話やメールでいいよ。そして、誰かが頑張っているときは、必ず応援してあげよう。

第３章　新型コロナウイルス感染症に伴う公園利用について
― 混んでいたら利用しない、いつもより短めに使う、独占しないように使う ―

東京や大阪といった都市部を中心に新型コロナウイルス感染症患者数が急増し、クラスターの発生とともに、感染源のわからない例が増加してきました。そのため、行政から「緊急事態宣言」が発せられ、「外出の自粛」と「イベント開催の自粛」等が要請されています。

「外出の自粛」は、生活維持のために必要な場合を除いて外出を自粛すること、「イベント開催の自粛」については、生活の維持に必要なものを除く全てのイベントについて、規模や場所に関わらず開催を自粛することが要請されています。「公園の利用」に関しては、新型コロナウイルス感染防止対策を徹底する必要がある区域に指定されて、利用が禁止となっている地域があります。感染拡大を食い止めるには、人と人との接触の機会を大幅に減らす必要があり、外出の自粛が必要ですし、運動施設やレジャー施設などの閉鎖も余儀なくされています。もちろん、公園内での集会やイベントの開催については、自粛が基本になっています。

では、外の空気を吸いに、また、からだを動かしたり、気分転換をしたりする目的で、公園を利用されている方も多いと思いますが、コロナ禍においては、利用しない方がよいのでしょうか。とくに、子どもたちも、親たちも、公園利用禁止になると、ストレスがたまり、精神的にも情緒的にもおかしくなりそうという声や相談が、私のところに届きます。

そこで、「公園利用をどのように考えたらよいのでしょうか」「公園を利用できるのであれば、気をつけることは何でしょうか」、考えてみたいと思います。

1．公園利用上の基本的留意点

2020年の春、公園の光景が各地で一変しました。公園は、町の肺です。公園は、腐を転じて鮮となす場です。精神の洗濯場であり、空気の転換場でもあります。公園は、数少ない憩いの場です。とりわけ子どもたちにとっては、貴重な居場所です。立ち入り禁止のテープが巻かれた遊具は、見るたびに寂しくなりました。こぞって、使用禁止とされたのは、自治体の横並びか、過敏に反応した結果なのかわかりませんが、だれもがふらりと立ち寄って、過ごすことのできる空間であってほしいと願います。深呼吸も自由にできないようにしてはなりません。

公園の園地での散策や健康維持のための散歩や運動のような自由利用は可能と考えますが、その場合でも、他の利用者と一定以上の距離や間隔を確保することや、マスク着用や咳エチケット、手洗い等の感染予防対策は徹底して行ってください。

具体的には、

① 人が多い場所を避けて、とくに混雑する場所や時間帯は利用を見合わせる等して、２m 以内に人が集まるような密集状態を作らないことが重要です。ぜひとも、他人との距離を十分にとっていただき、長い時間、同じ場所に留まることや飲食はしないようにお願いします。

② 利用上のマナーとして、**咳エチケット**の励行や帰宅後の手洗い、うがいの徹底などをこまめに行って、大切な人にうつさない感染予防の取り組みも実践してください。**咳エチケット**とは、咳の出るときは、「マスクを着用して、口・鼻を覆う」「マスクがなくて、咳やくしゃみが出そうになった場合は、ハンカチやティッシュ、タオル等で口を覆う」「咳やくしゃみを受け止めた手は、すぐに洗う（その手で触った遊具やベンチ、ドアノブ等に菌やウイルスが付着し、他の子に病気をうつす可能性がある）」「マスクやティッシュ、ハンカチが使えない時は、長袖や上着の内側で口・鼻を覆う」等のことです。

③ 体調の優れない場合、咳やくしゃみの症状がある場合、発熱がある場合の利用は遠慮しましょう。

2. 行政の皆様に

公園は、多くの人や子どもたちが集まってきます。各地域の行政は、多くの人が集まる公園での感染対策に苦慮されるため、利用禁止や立ち入り禁止されたところもありますが、そうなると、とくに子どもたちはますます行き場所を失ってしまうのが問題です。

公園は、一律に閉鎖するのではなく、使い方の工夫や利用者に感染対策を呼びかけ、継続して安全に利用できることが望ましいと考えます。公園は、すいた時間や混雑していない場所を選んで、他人と密接にならないようにすること等、具体的な利用のしかたを呼びかけてもらいたいのです。公園でのジョギングも、マスクをして、お互いの距離や間隔をとって行えば、実践も可能でしょう。要は、密を避けて利用してもらうことです。

① 密集場所（大人数が集まる場所は避けてね）

② 密接場面（間近で会話や発声は控えてね）

③ 密閉空間（換気の悪い場所は避けてね）

に気をつける呼びかけ・掲示をしてください。

つまり、感染対策時の公園利用にあたっては、「少人数」「短時間」「運動、散歩」利用に限っての使用に理解を求めることが必要で、「他の人との距離・間隔を、２m 以上あける」「混んでいるときは利用を控える」「手洗い、マスクの着用、咳エチケットを引き続き呼びかける」ことを、お願いします。

3. 子どもをもつ保護者の皆様に

集団感染は、「換気が悪く」、「人が密に集まって過ごすような空間」、「不特定多数が接触する恐れが高い場所」ですので、公園を利用される場合は、感染拡大防止の面からも、手洗いやマスクの着用、咳エチケットの徹底をすることが必要不可欠です。

特に、利用の多いベンチや遊具、広場において、

① 混んでいたら利用しない

② いつもより短めに使う

③ 独占しないように使う

等を念頭に、密集を作らないよう、ご配慮とご協力をお願いします。

Q&A

Q：公園利用上の基本的留意点の中で「*園地での散策や健康維持のための散歩や運動のような自由利用は可能*」とされた上で、他の利用者との一定以上の距離の確保、マスク着用、咳エチケット等の徹底を呼びかけられてます。公園利用は、これら感染予防対策を行う「条件付き」で自由利用はＯＫという解釈でもよろしいでしょうか。

前橋：公園利用は、感染予防対策を行う「条件付き」で、利用は可能と考えます。

Q：「子どもをもつ保護者の皆さまに」の中で触れられている利用の多いベンチや遊具、広場においての注意点の１つ「*③独占しないように使う*」ですが、これは感染対策でしょうか、それともマナー的注意点でしょうか。

前橋：子どもたちは、自然と好きな遊具に集まります。つまり、必ず、密集が起こります。独占したい気持ちにもなり、ずっと居続けたりします。そんな気持ちをもった状態になると、必ず密に過ごすことが多くなりますので、独占は避けてもらいたいのです。一つのあそび場や固定遊具に密集しないようにするために、一人ひとりが独占を避けることが求められます。

Q：実際に公園利用者に聞いてみると、様々な疑問が寄せられました。
例えば、「マスクは遊んでいる最中もつけなきゃいけないの？」

前橋：普通の環境下では、マスクは必要ありませんでしたが、コロナ状況下では、感染を避けるためには、遊んでいるときも、マスク利用は基本ですね。

Q：「遊んでも良い少人数って何人くらいが目安？」

前橋：2～3人の少人数が、多くの子どもたちによる密集状態を抑えることにつながりますが、人数の問題だけでなく、あそびの内容やスペースの使い方を考えてください。お互いの距離や間隔があいた状態でできるあそびや運動はおすすめです。

　お互いの距離を保って遊べる「ボールの蹴りっこ」、安全のために通常でも距離をとって遊ぶ「縄跳び」、コンタクトを避ける「影ふみ」、自己空間を維持しながら楽しく動ける「リズム体操」等はいいですね。これらだと、人数が少し多くなっても、実施可能です。

Q：遊具利用は、やはり気になる点が多いようで、「くぐって遊ぶトンネルは呼気がこもりそうで危ない？」のではないのでしょうか。

前橋：空気の流通や換気が良ければ、トンネルくぐりは可能ですが、換気が悪く、トンネルの中に数人がこもって遊ぶ遊び方、または、長いトンネルは密閉状態を作りますので、控えさせましょう。

Q：「さっと拭けるウエットテッシュがあればより良い？」のような声もありました。

前橋：もちろん、あればよいですが、あそびの前後、汚れたときは、公園の水道の流水を使うことを基本にしましょう。

Q：感染拡大に落ち着きが見えてきても、しばらくは公園利用には注意が必要と考えてもよろしいでしょうか。

前橋：感染の可能性がある状況下では、常に注意は不可欠です。あいては、ウイルスという人間の目では見えない敵ですから、落ち着いたように見えても、しばらくは注意が必要です。

Q：「うがいは、子どもには難しいので、させなくてもよいか」

前橋：やめるのではなく、できるにはどうしたらよいか、どの程度ならできるのかを考えて、する方向性を大切にしてもらいたいものです。うがい中に飲み込んで逆効果というならば、口に水を含んで、「ブクブク・パー」と吐き出すだけでも良いです。できうることを大切にして、取り組みを習慣化することが必要なのです。

制限された環境下でも、楽しくからだを動かす方法や内容

家の中で過ごさざるを得ない生活が続くと、ストレスがたまりますね。制限された環境で、十分からだを動かせていないと、体力も落ちてきますね。どんな内容を、どのように行ったらよいのでしょうか、考えてみました。

1. 朝のラジオ体操

毎日だらだらとしないためにも、朝に、誰でもできる「ラジオ体操」を行うのがいいですよ。園や学校がある時と同じリズムの生活をするきっかけにできると思います。からだを動かして汗をかくと、血液循環もよくなって、頭がシャキッとします。

2. 新聞ボールのキャッチボール

新聞紙を丸めて、柔らかい新聞ボールを作って、投げたり蹴ったりして遊ぼう。

3. 空気イスごっこ

イスに座っているように、膝を曲げて耐えるあそびに挑戦しよう。誰が一番、長くできるかな？

4. 影ふみ

接触しない鬼ごっこを、影ふみの要領で行います。ほとんどの鬼ごっこはできますね。

5. なわとび

なわとびの基本として、安全のために、自己スペースを確保して、接触しないように行う運動あそびですから、そのままできますね。

6. ダンス

楽しく踊りながら、テンポや強度、回数を増やせば、トレーニング効果も大いに期待できます。足の回転数を上げたり、歩幅を広げたり、姿勢を変えたり、維持させたりして、からだを鍛えることができます。

7. 伝承あそびのコマやけん玉あそび

からだをリズミカルに動かし、物を操作する協応性が身につきます。

8. ウォーキングやジョギング

家族といっしょに、ウォーキングやジョギングにでかけ、地域の神社やお寺巡りをしてみましょう。住んでいる地域の珍しいものの発見もできます。きれいな植物や花にもふれ、気持ちが和みます。

9. テレビやインターネットの動画に流れる体操やリズムに挑戦

いかに楽しくからだを動かすか、そのためのツールとして、利用はおすすめです。

3密（密閉・密集・密接）の条件の揃わないところでなら、外で遊んでも大丈夫です。ただし、固定遊具は、不特定多数の方が触れるので、感染の心配があります。家に帰ったら、手洗いやうがいをし、こまめに消毒しましょう。手洗いは、流水で行いましょう。

とにかく、子どもをほめてあげて、ポジティブなメッセージを伝えていくことで、子どもは、自信を生み、自分で動こうという気持ちになるのです。そして、おもしろい、楽しい。また、したい。と感動すれば、生活の中で、運動実践はずーっと続きます。

4. 外あそびの魅力について

外あそびに興じることによって、子どもたちは、からだの発達と知的・精神的発達に伴って、あそびのルールや創造する力を生み、集団活動に適応できるようになっていきます。そして、他者とのかかわりの中で、新しい自己の目標を設定して、挑戦していきます。あそびは強制されてするものではないため、外に出てよく遊ぶ子は、それだけ自ら進んで遊び、あそびの中で、何らかの課題を見つけて自分から進んで解決していこうとする態度を身につけていきます。

このように、自分で考えて自分で決めていく創造の力は、次の課題を発展させます。つまり、子どもたちは、自発性をフルに発揮させる行為を積み重ねており、この繰り返しで成長していくのです。

今日の子どもたちの生活状態を考えてみると、もっと「からだづくり」のことを考えていかねばならないと感じます。とくに、健康的な生活を送るために必要な体力や基本運動スキルを、外あそびの繰り返しで、身につける中で、五感のトレーニングを重視し、危険を予知する能力を養うからだづくりが必要です。そのためには、子どもたちにもっと戸外での運動を奨励し、自然の中や太陽光の下で、適応力や抵抗力、空間認知能力、安全能力を身につけさせ、あわせて、多くの仲間とかかわり合いながら、しっかり運動することと、集団で動く楽しさを経験させていただきたいのです。つまり、外あそびの経験の拡大とともに、オートマチックにからだを守り、意欲を出させてくれる自律神経の働きを良くしてくれます。

もちろん、子どもの体調を見きわめて、展開することを基本にしますが、実際には、子どもが運動することを好きになり、いろいろな種類の運動に抵抗なく取り組もうとする意欲づくりと、思いきりからだを動かす喜びや、力いっぱいからだを動かした後の爽快感のわかる子、感動できる子に育てていただきたいのです。とくに、幼少児の運動実践では、運動技能の向上を主目的とするのではなく、外あそび場面での動き（運動）を通して、どのような気持ちを体験したのかを優先してほしいのです。楽しい、嬉しい、すごい、もっとしたい等といった、感動する心がもてる豊かな人間性を育てたいものです。

そのためには、何か一つでも、子どもが１人でできたときの喜びを大切にしていく配慮が必要です。そういう大人たちの配慮と、子どもたち自らの経験があると、子どもたちはそれらの体験を機会に、積極的に遊びこみ、課題に取り組んでいこうとするようになるはずです。つまり、戸外での運動あそびをすることで、体力や運動能力の向上だけを望むのではなく、「がんばってできるようになった」という達成感や満足感を自信につなげていくような「感動体験の場」をもたせることを大切にしたいと考えます。

第４章　親子体操・親子あそび実技

くぐってどこ通る？

【ねらい】

子ども：巧緻性、空間認知能力、判断力、移動系運動スキル

保護者：平衡性、柔軟性、筋力、非移動系運動スキル

【あそび方】

(1) 子どもは、お父さんとお母さんに背を向けた状態で待ちます。

(2) お父さんとお母さんは、2人で手をつないだり、足の裏をくっつけたりして、子どもがその中や上下を、くぐったり、ジャンプできる空間を作ります。

(3) 子どもは、お父さんに「もういいよ」と言われたら、ふり向いて、どこか通れるところを見つけます。

(4) 子どもは、お父さんやお母さんの手や足に、当たらないように通り抜けます。

【メ　モ】

★子どもが何回か行ったら、お父さんやお母さんも交代して行ってみましょう。

★くぐったり、ジャンプしたりできるところを、1ヶ所だけでなく、たくさんを探して行ってみましょう。

★お父さんやお母さんは、体勢を維持できるよう、バランスをとってがんばりましょう。

★慣れてきたら、通れるところを小さくしたり、難しい形にして、チャレンジさせてみましょう。

はさんでジャンプ

【ねらい】

子ども：持久力、脚筋力、瞬発力、リズム、移動系運動スキル

保護者：筋力、リズム、非移動系運動スキル

【準備物】　座ぶとん、または、雑誌やタオル等……子どもが股にはさんで、ジャンプしても危なくないもの。

【あそび方】

(1) 子どもは、座ぶとんを股にはさんで立ちます。

(2) 保護者は、子どもと向き合って立ち、子どもの両手を持ち

ます。

(3) 子どもは座ぶとんを落とさないよう、しっかり股にはさんだままジャンプをします。

【メ　モ】

★保護者は、子どもがジャンプしやすいように、両手でしっかりと支えてリズムをとってあげましょう。

★お互いに声をかけ合って、リズミカルにジャンプしましょう。

★子どもが股にはさむものについては、硬いものや重いものを用いるのは危険なので避けましょう。

ピョンピョンとび

【ねらい】

子ども：巧緻性、瞬発力、平衡性、リズム、移動系運動スキル

保護者：柔軟性、非移動系運動スキル

【あそび方】

(1) お父さんとお母さんはあおむけになって寝て、手足を自由に広げます。

(2) 子どもは、お父さんたちのからだや手足を踏まないように跳び越えます。

(3) お父さんからお母さんへ、お母さんからお父さんに、順番に跳んでまわります。

(4) この動きを何回も繰り返して行います。

【メ　モ】

★子どもが楽しく跳べるように、お父さんたちは「ピョン、ピョン」や「がんばれ」等と声をかけてあげるとよいでしょう。

★お父さんたちは、手や足をずらしていったり、上げていったりして、次第に難しい跳び方にチャレンジさせます。

★途中で「はい、反対まわり」や「次は、お母さんの方に行ってみよう」等と言いながら、ゲーム感覚で楽しみましょう。

★お父さんの上を、お母さんと子どもが、また、お母さんの上を、お父さんと子どもがいっしょに跳んでみるのもよいでしょう。

山登り

【ねらい】

子ども：筋力、瞬発力、平衡性、移動系運動スキル

保護者：筋力、柔軟性、非移動系運動スキル

【あそび方】

(1) お母さんは、うつ伏せで、両手と両膝を地面につけます。

(2) 子どもは、お母さんを踏まないように跳び越えて、もとの位置にすばやくもどります。

(3) お母さんは丸まって小さくなり、それを子どもが跳び越えます。お母さんは、四つ足状態になり、どんどん大きくなっていきます。

(4) お父さんは、前屈をして、子どもはお父さんのからだによじ登ります。

(5) お父さんはどんどん大きくなり、子どもはお父さんのからだを登っていきます。

【メ　モ】

★お母さんが山になっている時は、安全のため、お父さんが子どもの補助をしましょう。また、お父さんが山になっている時は、お母さんが補助をします。

★お父さんが山になって、子どもがよじ登る時は、できるだけ補助なしで、子どもにがんばって挑戦するように働きかけましょう。

★お父さんは、子どもが登る時、ぐらぐら動かないようにがんばりましょう。マットの上で行うと、安全でよいでしょう。

★時間を決めて、その時間内に何回お母さんを跳び越えることができるか、チャレンジをしてみましょう。

跳んだりくぐったり

【ねらい】

子ども：柔軟性、瞬発力、リズム、移動系運動スキル

保護者：筋力、非移動系運動スキル

【準備物】　棒

【あそび方】

(1) お母さんはしゃがんで、子どもの膝の高さで棒を持ちます。

(2) 子どもは、棒を跳び越えたら、すぐ方向転換して棒の下をくぐります。

(3) 子どもは5回、棒を跳んでくぐったら、次はお母さんの番

です。

【メ　モ】

★一定時間に何回跳んでくぐれるかを競争するのもよいでしょう。

★幼少児に対しては、棒を地面につけた状態からスタートし、くぐる時に棒を上げてください。上手に跳べるようになったら、少しずつ棒を高く上げていきましょう。

★跳び方は、片足跳びや両足跳び等、工夫して行ってみましょう。上手に跳べるようになったら、カエル跳びやウサギ跳びでも行ってみましょう。

★跳び越える動作のほかに、リンボーくぐりでくぐれるように頑張ってみましょう。

★大勢で行う時には、十分間隔をとってぶつからないように気をつけてください。

★棒は、子どもが片手で持てるくらいの太さ・重さで、当たってもあまり痛くないものがよいでしょう。

本乗せ競争

【ねらい】

子ども：筋力、調整力、移動系運動スキル

保護者：筋力、調整力、移動系運動スキル

【準備物】　座ぶとん、雑誌、タオル

【あそび方】

(1) 保護者と子どもは、四つ這いの状態になり、スタート位置に並びます。

(2) 子どもは保護者の背中に本を乗せ、保護者も子どもの背中に本を乗せます。

(3) 保護者による「ヨーイドン！」の合図で、本を落とさないようにゴールまで四つ這いで進みます。

(4) 本を落とさず、はやくゴールにたどりついた方の勝ちです。

【メ　モ】

★運びやすいように、本は軽くて大きいものを使うようにしましょう。

★本を落とした時は、その落とした所に止まって、本を背中に乗せてから、ゴールに向かって這うようにしましょう。

ブランコ

【ねらい】
子ども：平衡性、高低感覚、揺れ感覚、非移動系運動スキル
保護者：筋力、操作系運動スキル、移動系運動スキル

【あそび方】
(1) 親は、子どもの背後から、子どものひざの裏で両手を組み合わせて、子どものお尻を抱きかかえるように持ち上げます。
(2) 親は、子どもの様子を見ながら、不快感を抱いていないようなら、左右に揺らしたり、回ったりします。

【メ　モ】
★まわりにぶつかるものがないかを確認してから、行いましょう。
★子どもの様子を見ながら、子どもが楽しめる範囲内で、徐々に動きをダイナミックにしていきましょう。
★子どもが楽しめる変化を工夫しましょう。（上下、前後、歩く、軽く走る等）

くるくるダンス

【ねらい】

子ども：平衡性、リズム、回転感覚、平衡系運動スキル
保護者：筋力、リズム、協応性、操作系運動スキル

【あそび方】

(1) 親は、立った状態で片手の人指し指を下にして、子どもの前で構え、子どもに指を軽く握らせます。
(2) 子どものまわりで、円を描くように握った手を動かし、子どもを回わします。

【メ　モ】

★まわりにぶつかるものがないか、地面に石や段差などのつまずきやすいものがないかを確認してから行いましょう。
★子どもの転倒には十分注意しながら、子どもが楽しめる範囲内で、回転の速さを変えていきましょう。
★きょうだいがいる場合は、両手の指を使い、2人同時に遊ばせることができます。

ゆらゆらバランス

【ねらい】

子ども：平衡性、筋力、平衡系運動スキル

保護者：筋力、巧緻性、非移動系運動スキル

【あそび方】

(1) 親は、正座をして座ります。

(2) 太ももの上に子どもを立たせて、子どもが落下した時に、即、受け止められるように、子どもの背中側に両手を構えておきます。

(3) 太ももを揺らしたり、両足を開いたりして、バランスをとりにくくしていきます。

(4) 子どもは、集中してバランスをとって遊びます。

【メ　モ】

★まわりにぶつかるものがないかを確認してから行いましょう。

★子どもの様子を見て、安心して楽しむことのできる範囲内で揺らしていきましょう。

★上手にバランスがとれる場合は、子どもを立たせる場所（親のからだの部分）を変えて、難易度を変えて挑戦させましょう。(背中やすね、ひざ等の上で挑戦させてみましょう。)

後ろ回り

【ねらい】

子ども：柔軟性、平衡性、巧緻性、回転感覚、移動系運動スキル、平衡系運動スキル

保護者：筋力、操作系運動スキル

【あそび方】

(1) 親は、長座をして座ります。

(2) 親と子が向かい合うようにしてから、親の足に子どもを仰向けにさせます。親の膝が子どもの背中くらいの位置に移動したら、子どもの骨盤あたりに手を構えます。

(3) 親が膝をゆっくりと曲げ、子どもを後ろに傾けると同時に、子どもの足を子どもの頭後方に移動させます。あわせて、骨盤も頭後方に移動させて後ろ回りをさせます。

【メ　モ】

★まわりにぶつかるものがない所で、安全を確認してから行いましょう。

★子どもが回転時に苦しい場合は、子どもの頭が入る程度に親の足を開いてあげると苦しくなくなるでしょう。

★膝を曲げるときの足の力を利用すると、比較的軽く回転させることができます。

★子どもが慣れてきたら、子どもにバンザイをさせ、回転途中に床に手をつかせると、頭を支えて持ち上げられるようになるでしょう。

ガタガタ自動車

【ねらい】

子ども：平衡性、非移動系運動スキル

保護者：背筋力、協応性、巧緻性、操作系運動スキル

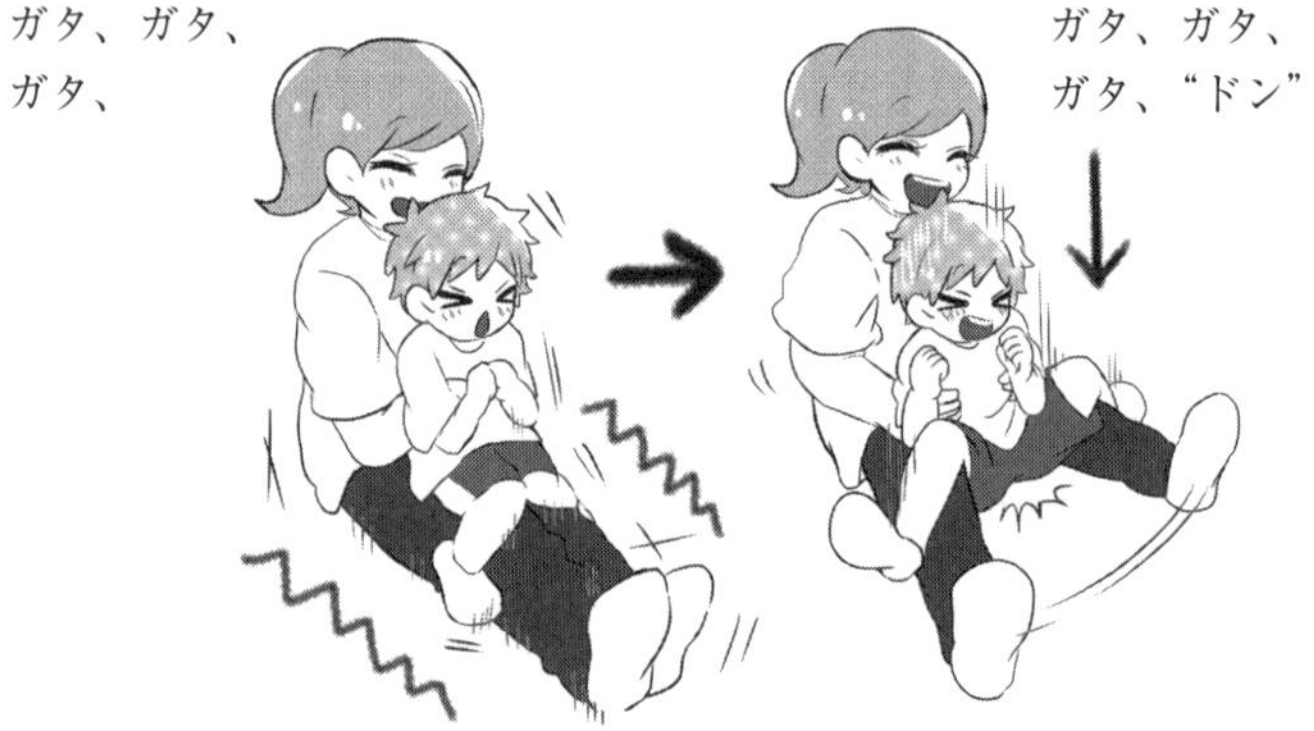

【あそび方】

(1) 親は、足を伸ばして座ります。子どもは、親が伸ばしている足の上で、足を伸ばして座ります。

(2) 親は、子どもの脇に手を添えて、「ガタ、ガタ、ガタ…」と、声を出しながら、足を交互に上下に動かします。

(3)「ドン！」のときに、親は足を開き、子どもの脇に手を添えたまま、お尻を床におろします。

(4) 次に、「ガタ、ガタ、ガタ…」の速度を遅くし、からだを

左右に大きく揺らします。慣れてくれば、「ガタ、ガタ、ガタ…」の速度を早くします。

【メ　モ】

★親は、子どものお尻が強く床に打ちつけないように、足を開くときに子どもの脇に手を添え、少し持ち上げて、ゆっくりおろしましょう。

★「ガタ、ガタ、ガタ…」の速度が速くなったときに、子どものお尻を強く床におろさないように気をつけましょう。

★「ガタ、ガタ、ガタ…」のリズムを変えたり、時間を長くしたりすると、子どものワクワク感が増し、楽しく遊ぶことができるでしょう。

シーソー柔軟

【ねらい】

子ども：リズム、柔軟性、筋力、操作系運動スキル、非移動系運動スキル

保護者：リズム、柔軟性、筋力、操作系運動スキル、非移動系運動スキル

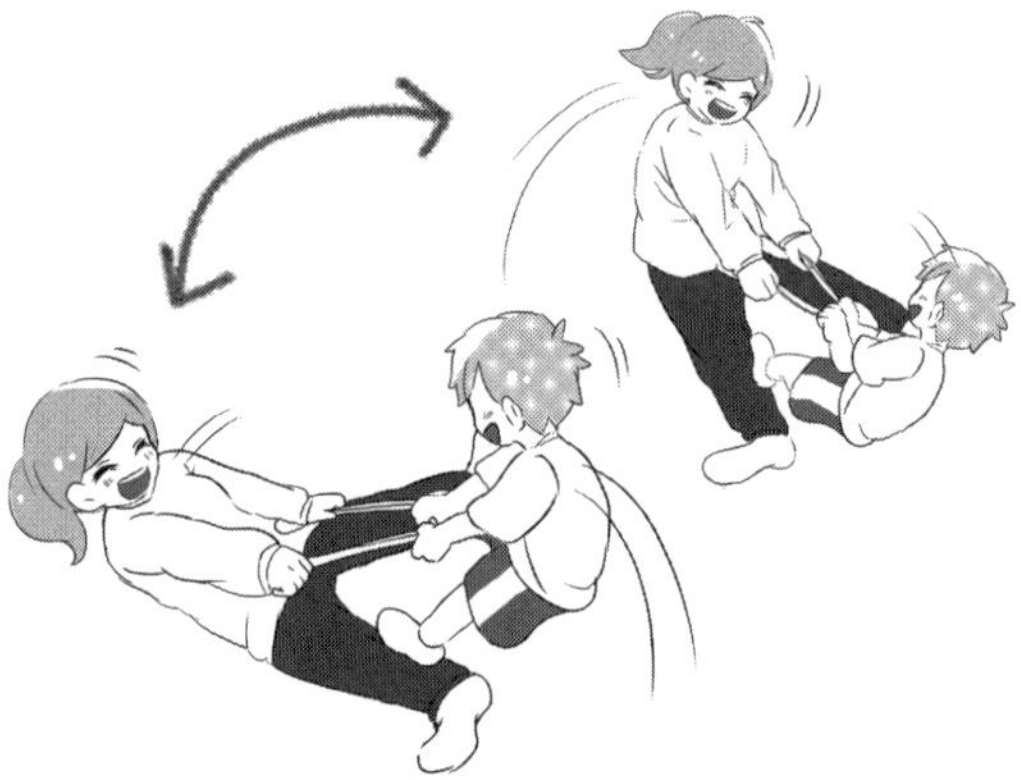

【あそび方】

(1) 短縄を半分に折り、両端を揃えて、さらに半分にして、1/4 の長さにします。親子は、床に座って、向かい合います。

(2) 親は、1/4 に折った短縄の両端を、子どもは短縄の中央部を握り、親の開いている足のふくらはぎ部分に、足を開い

【メ　モ】

★子どもが滑らないときは、親は自分のからだを動かして、子どもが足元に滑り降りるようにサポートしましょう。

★スピードをつけて滑る場合は、親はお尻をおろして座ったまま子どもを乗せ、子どもが滑る準備ができたときに、お尻を上げてみましょう。角度がつき、楽しく滑ることができるでしょう。

★からだの大きな子どもと遊ぶ場合は、親は無理をせず、子どもを滑らせることが可能な大人に代わってもらいましょう。

トンネルくぐり

【ねらい】

子ども：敏捷性、巧緻性、移動系運動スキル、空間認知能力
保護者：巧緻性、協応性、操作系運動スキル

【あそび方】

(1) 親は、両足を開いて立ちます。
(2) 子どもは、親の前で小さくしゃがみ、親の開いている足の間（トンネル）を通り抜けます。
(3) 親は、子どもが足の間を通り過ぎるときに、「早く行きなさい！」と言葉がけをし、子どものお尻を軽くたたきます。慣れたら、子どもはお尻をたたかれないように、すばやくトンネルくぐりをします。

【メ　モ】

★子どもは、四つ這いで、赤ちゃんのように動いても楽しく活動ができます。
★親が子どものお尻をたたくときは、強くせずに、手加減をして軽くたたくようにしましょう。
★子どもと親の役割を交代して遊びましょう。親は腹ばいで、子どもの足の間を通り抜けましょう。

バランスタッチ

【ねらい】

子ども：スピード、巧緻性、協応性、平衡性、操作系運動スキル、平衡系運動スキル、集中力

保護者：スピード、巧緻性、協応性、平衡性、操作系運動スキル、平衡系運動スキル、集中力

【あそび方】

(1) 子どもは、胸の前で両手を開いて、足は肩幅ほど開いて立ちます。

(2) 親は、両膝を床につけて、子どもの目線に合うように位置し、両手は曲げて、手を開きます。

(3) それぞれ自分のバランスを保ちながら、お互いの手をたたいたたり、押し合ったりします。バランスを崩し、動いた方が負けとなります。

(4) お互いに、相手の手のひら以外のからだの部分に触れると負けになります。

【メ　モ】

★子どもが慣れるまで、親の手は固定し、子どもが押して親を倒す楽しさを味わわせてみましょう。

★親は、ゆっくり押し、子どもを押し倒さないように気をつけましょう。

★上達したら、親も、子も、手をたたかれそうになると、手を前後や上下・左右に動かして逃げてもかまいません。

ペットボトルキャッチ

【ねらい】

子ども：協応性、巧緻性、操作系運動スキル、集中力

保護者：協応性、操作系運動スキル

【あそび方】

(1)　親は、新聞紙を丸めて、新聞ボールを作ります。

(2)　子どもは、半分を切った２リットルのペットボトルの下を持ち、親が投げた新聞ボールをキャッチします。

(3)　親は、子どもの様子を見ながら、次の新聞ボールを投げます。

(4)　子どもは、親が投げた新聞ボールを、ペットボトルで何個キャッチできるか挑戦します。

(5) 子どもと親の役を交代して遊びます。

【メ　モ】

★最初は、お互いが近くに位置し、親は子どものペットボトルをめがけてゆっくりと投げるように心がけましょう。

★子どもが慣れてくると、少しずつ高く投げ上げた軌道の新聞ボールのキャッチに挑戦させてみましょう。

★慣れてくれば、大きさを変えた新聞ボールで活動してみましょう。

ボールとりゲーム

【ねらい】

子ども：筋力、瞬発力、敏捷性、操作系運動スキル、集中力
保護者：筋力、非移動系運動スキル

【あそび方】

(1) 親は、床の上で、お腹にボールを抱え、ボールをとられないように丸くなります。
(2) 子どもは、親が抱えているボールを、いろいろな角度から捕りに行きます。
(3) 親のボールが捕れないときは、近くにいる大人や子どもたちの力を借りて、捕れるように頑張ります。子どもが指定時間内にボールを捕ると、子どもの勝ちとなります。親がボールを守ると、親の勝ちです。
(4) 次は、親の番です。子どもと親の役を交代して、遊びます。

【メ　モ】

★子どもは、同じ場所だけでなく、反対側からも挑戦してみましょう。
★親は、子どもの様子を見て、ボールを捕らせて勝つ喜びを味わわせましょう。
★複数でボールを捕る場合は、両側からだけでなく、同方向から力を合わせて行う等の工夫をしてみましょう。

レジ袋ボール キャッチボール

【ねらい】

子ども：投力、協応性、集中力、移動系運動スキル、操作系運動スキル

保護者：投力、協応性、集中力、移動系運動スキル、操作系運動スキル

【あそび方】

(1) 親は、レジ袋を丸め、小さなレジ袋ボールを作ります。

(2) 親は、レジ袋ボールを優しく、子どもの手をめがけて、下からゆっくりと投げます。

(3) 子どもは、両手でレジ袋ボールをキャッチします。

(4) 子どもは、捕球したレジ袋ボールを、下から上に、親に向

かって投げます。

(5) 親は、移動して、レジ袋ボールが床に落ちるまでにキャッチします。

(6) 慣れてくると、親と子どもの距離を広げて行います。親は、子どもの正面から左右の離れたところに投げ、子どもは移動して、からだの正面でレジ袋ボールをキャッチします。

【メ　モ】

★レジ袋の枚数を増やし、レジ袋ボールの大きさを変えて遊びましょう。

★慣れてくれば、高く上げたレジ袋ボールをキャッチしてみましょう。

★子どもが慣れてくると、上からオーバーハンドで投げたキャッチボールに挑戦しましょう。

ロケットジャンプ

【ねらい】

子ども：腹筋力、平衡性、非移動系運動スキル

保護者：腹筋力、背筋力、腕力、瞬発力、移動系運動スキル

【あそび方】

(1) 子どもは、しゃがんだ親の下で、うつ伏せに寝ます。

(2) 親は、子どもの脇にしっかり手をあてます。

(3) 親は、「5・4・3・2･1」の合図で、子どもを下から上空へ、一気に持ち上げます。

(4) 親は、子どもが着地するまで、手を離さないようにします。

【メ　モ】

★大勢で行うときには、他の親子とぶつからないように、距離や間隔をあけて、まわりをよく見て、活動しましょう。

★最初は、ゆっくりと持ち上げて、子どもの足が着く高さから始めましょう。

★からだの大きな子どもと遊ぶ場合は、親は子どもを無理に頭の上まで持ち上げず、肩の高さまで持ち上げて遊びましょう。

手つなぎ 逆あがり

【ねらい】

子ども：筋力、瞬発力、巧緻性、バランス、移動系運動スキル、空間認知能力

保護者：筋力、背筋力、協応性、巧緻性、操作系運動スキル

【あそび方】

(1) 親と子は、向かい合って、手を繋ぎます。

(2) 子どもは、親のからだを足で登っていき、一回転します。

(3) 親は、軽く膝を曲げて立ち、子どもの手をゆっくりと持ち上げて、回転動作をサポートします。

(4) 子どもは、慣れてくると、回転後に親の手を離さず、からだを丸めて反対に回り、もとに戻ります。

【メ　モ】

★子どもが回転中にぶつからないように、安全なスペースであることを確認してから遊びましょう。

★回転動作に慣れた子どもは、両足回転（足を曲げて両足でいっしょに回る）に挑戦してみましょう。

★からだの大きな子どもと遊ぶ場合は、親は無理をせず、他の大人の協力を得て、回転動作の補助をお願いしましょう。

新聞棒ジャンプ

【ねらい】

子ども：瞬発力、巧緻性、リズム、移動系運動スキル
保護者：協応性、筋力、操作系運動スキル

【あそび方】

(1) 親は、丸めた新聞棒の端を持ち、床から少し上げて、子どもの足の方向に動かします。

(2) 子どもは、新聞棒に当たらないようにジャンプし、親の背後を一周します。

(3) 親は、子どもの様子を見ながら、少しずつ新聞棒を床から上げていきます。

(4) 慣れてくると、子どもは、親の背後を回らずに、とび越した後は新聞棒の方を向き、親が動かした新聞棒を続けてとび越します。

(5) 子どもが一定数（例えば10回）跳ぶと、次は親の番です。子どもと親の役割を交代します。

【メ　モ】

★最初は、高さを低くして、新聞棒をとび越すタイミングをつかめるようにさせましょう。

★子どもは、慣れてくると、両足ジャンプに挑戦してみましょう。

★慣れてくれば、子どもは横向きになり、連続ジャンプに挑戦しましょう。

世界一周

【ねらい】

子ども：筋力、巧緻性、バランス、移動系運動スキル
保護者：筋力、巧緻性、操作系運動スキル

【あそび方】

(1) 親は、正面で向かい合った子どもを抱きかかえます。
(2) 親は、子どもを落とさないように、手を動かし、自分のからだを一周させます。
(3) 子どもは、親のからだのまわりを自力で移動し、親は手を添えたり、ももの上を渡るようにさせたりして、子どもの動きをサポートします。
(4) 慣れてくれば、反対方向に回ります。

【メ　モ】

★他の親子とぶつからないように、まわりをよく見て、動けるスペースを確保してから、活動しましょう。
★最初は、ゆっくりと活動し、子どもが怖がらないように気をつけましょう。
★慣れてくれば、親は手を広げて立つだけで、子どもは自力で親のからだまわりを一周することに挑戦していきます。

背中で一回転

【ねらい】

子ども：筋力、巧緻性、バランス、非移動系運動スキル
保護者：筋力、巧緻性、操作系運動スキル

【あそび方】

(1) 子どもは、親と背中合わせになり、両手を上げます。
(2) 親は、子どもの手首を持ち、片方の肩に子どもの首の後ろをつけます。
(3) 親は、肩を軸とし、からだを前に倒し、子どもの手を引っ張り回転させます。
(4) 子どもは、足を上げ、親の背中で回転し、足裏で着地をします。

【メ　モ】

★大勢で行うときには、他の親子とぶつからないように、まわりをよく見て、広いスペースで動きましょう。
★親は、子どもの手を引っ張りすぎないように気をつけましょう。
★親の体調が悪い場合やからだの大きな子どもと遊ぶ場合は、子どもに一回転はさせずに、半回転で足を上げるところまでを目標としましょう。回転させる場合は、からだの大きな親や保育者にお願いしましょう。

膝のリバランス立ち

【ねらい】

子ども：巧緻性、平衡性、筋力、平衡系運動スキル

保護者：筋力、腹筋力、非移動系運動スキル

【あそび方】

(1) 親は、膝を曲げて座り、子どもは親の両膝の上に立ちます。

(2) 親は、子どもの腰を両手で補助し、子どもは静かに立ち上がり、手を広げます。

(3) 子どもは、落ちないようにバランスを保ちます。

(4) 親は、子どもが挑戦できるよう、5秒数えます。

【メ　モ】

★高さのある膝の上に立つことを子どもが怖がる場合は、親は足を伸ばして低くしてあげましょう。

★慣れてくると、親は補助している手をゆっくり離し、子どもが一人で立てるように挑戦させてみましょう。

★親は、子どもの目を見て、応援や励ましの言葉をかけるようにします。

なかよくおやつタイム

【ねらい】

子ども：腹筋力、背筋力、脚筋力、非移動系運動スキル

保護者：腹筋力、背筋力、脚筋力、非移動系運動スキル

【あそび方】

(1) はじめに、おやつの内容を話し合って決めます。

(2) 向かい合って立ち、両足を肩幅くらいに開き、イスに腰かけたポーズをとります。

(3) 前かがみにならないように、お互いを見つめ合い、手を合わせて「いただきます」と、あいさつをします。

(4) 飲み物を飲んだり、おやつを食べたりする真似をします。

(5) 食べ終わったら、ふたたび手を合わせて「ごちそうさまで

した」とあいさつをして、元の姿勢（立ち姿勢）に戻ります。

【メ　モ】

★低年齢の子どもは、おやつをひとつだけ決め、年齢が上がるにつれて、おやつの数を増やしていきましょう。

★飲み方や食べ方の動作（袋をあける、道具を使う等）を丁寧に表現することで、競い合うこともできます。

なかよしキャタピラー

【ねらい】

子ども：腹筋力、調整力、リズム、移動系運動スキル

保護者：腹筋力、腕筋力、調整力、リズム、移動系運動スキル

【あそび方】

(1) 子どもは、うつ伏せになり、両腕を上にあげます。おとなは、子どもに覆いかぶさるように、四つ足になります。

(2) 子どもは横転し、おとなは、子どもの横転に合わせて、四つ足や高這いで前方向に進みます。

(3) 子どもの回転を逆方向にすると、おとなは四つ足や高這いで後ろ方向に進みます。

【メ　モ】

★四つ這いや高這いで後ろ方向に進むときは、まわりに危険物がないかを確認して行いましょう。

★子どもが、四つ足でかぶさる役をするときは、膝をつかない高這いをすると、筋力をより使うことができます。

★年齢やからだの大きさによって、横転する人を２人、高這いする人を２人といった変化をつけると、動作が難しくなり、お互いを意識して遊ぶことができます。

あっち行って、ホイ！〈両足跳び、片足跳び編〉

【ねらい】

子ども：跳躍力、バランス、リズム、移動系運動スキル、判断力
保護者：跳躍力、バランス、リズム、移動系運動スキル、判断力

【あそび方】

(1) 親と子は、向かい合って立ちます。親は、子どもにどちら（左右上）側に行くかを指示します。指示は、年齢によって配慮し、方向を示す方法は、指や腕を使い、言葉では、「ホイ！」の代わりに方向を言って知らせます。
(2) 親は、「あっち行って～」と始まりの合図で間をとり、「ホ

イ！」と同時に、行く方向を指示します。子どもは、反応して指示された方向へ１歩移動（歩く・両足跳び・片足跳び）します。

(3) 年齢が上がると、指示された方向に動いたら、元の場所にすぐに戻って遊びます。

【メ　モ】

★「かに」の横歩きや、「かえる」「あひる」「くま」等の模倣でも行ってみましょう。

★年齢が上がってできるようになると、指示された方向とは反対に動いて楽しみます。また、「下」や「斜め」等、加えても楽しめます。

★ゲーム的なあそびとして、お互いにじゃんけんをし、勝った側が、指示する役になって遊ぶこともできます。

★指示する方向も、１方向だけではなく、「ホイ！ホイ！」と、増やすこともできます。

あっち行って、ホイ！
〈転がりバージョン〉

【ねらい】

子ども：跳躍力、バランス、腹筋・背筋力、リズム、移動系運動スキル、判断力

保護者：跳躍力、バランス、腹筋・背筋力、リズム、移動系運動スキル、判断力

【あそび方】

(1) 親子は、向かい合って座り（あぐら・正座）ます。親は、子どもに、どちら（左右）側に倒れるかを指示します。指示は、年齢によって配慮し、指や腕、ことばで示します。

(2) 親は、「あっち行って～」と、始まりの合図で間をとり、「ホイ！」と、同時に行く方向を指示します。子どもは、指示された方向へ軽く倒れてすぐに戻ります。

【メ　モ】

★年齢が上がってできるようになると、指示された方向とは反対に倒れて楽しむとよいでしょう。

★座るのではなく、「うつ伏せ寝」や「正座でお辞儀をした格好」で、横転を楽しみます。

★ゲーム的なあそびとして、お互いにじゃんけんをし、勝った側が、指示する役になって遊ぶこともできます。また、お互いに行く方向（左右）を決めておき、合図で横転して元の位置に戻る早さを楽しむこともできます。

手のタッチあそび

【ねらい】

子ども：瞬発力、筋力、リズム、移動系運動スキル

保護者：瞬発力、筋力、リズム、移動系運動スキル

【あそび方】

(1) 親は、自分の手を前に出して、子どもは親の手にタッチします。
(2) 親は、自分の手をいろいろなところに動かして、子どもは動いた親の手にすばやくタッチします。
(3) この動作をお互いに交代して行い、繰り返し遊びます。

【メ　モ】

★あそびに慣れたら、親は、子どもたちがタッチしにくいところに手を動かして、チャレンジさせましょう。
★たくさんのところに、すばやく手の位置を変えてください。
★慣れてきたら、走りながら、タッチをしてみましょう。

空中足裏たたき

【ねらい】

子ども：腹筋、脚筋力、平衡性、協応性、リズム、操作系運動スキル

保護者：腹筋、脚筋力、平衡性、協応性、リズム、操作系運動スキル

【あそび方】

(1) 親と子どもは、向かい合って長座姿勢になります。

(2) 親と子どもは、自分の足で自分の足の裏をたたきます。

(3) 親は、自分の左足で子どもの左足をたたき、その後、両足をタッチさせます。

(4) 親が自分の右足で子どもの右足をたたき、その後、両足をタッチさせて、くり返します。

【メ　モ】

★上げる足の高さを変えながら、楽しみましょう。

★ぶつかる足のリズムを取るために、「の１、の２、の１、の２」と親と子どもが声をかけながら行いましょう。

★親と子どもの足の裏がしっかり合うようにがんばりましょう。

かえるとび

【ねらい】

子ども：瞬発力、平衡性、リズム、移動系運動スキル

保護者：瞬発力、平衡性、リズム、移動系運動スキル

【あそび方】

(1) 親と子どもは、前に向かい、つま先を足で開いてスクワットします。両手を前の地面に置く。

(2) クワ、クワの音を出しながら、リズムに合わせて前に跳びます。

(3) 前方や後方、右方向や左方向などに移動してみましょう。

【メ　モ】

★親と子どもいっしょにカエルの鳴き声をまねて、カエルになりましょう！

★慣れてきたら、親子は前向きに早く跳び、競争してみましょう。

★親と子どもの足の裏がしっかり合うようにがんばりましょう。

仲良しすわり

【ねらい】

子ども：柔軟性、筋力、協応性、リズム、移動系運動スキル

保護者：柔軟性、筋力、協応性、リズム、移動系運動スキル

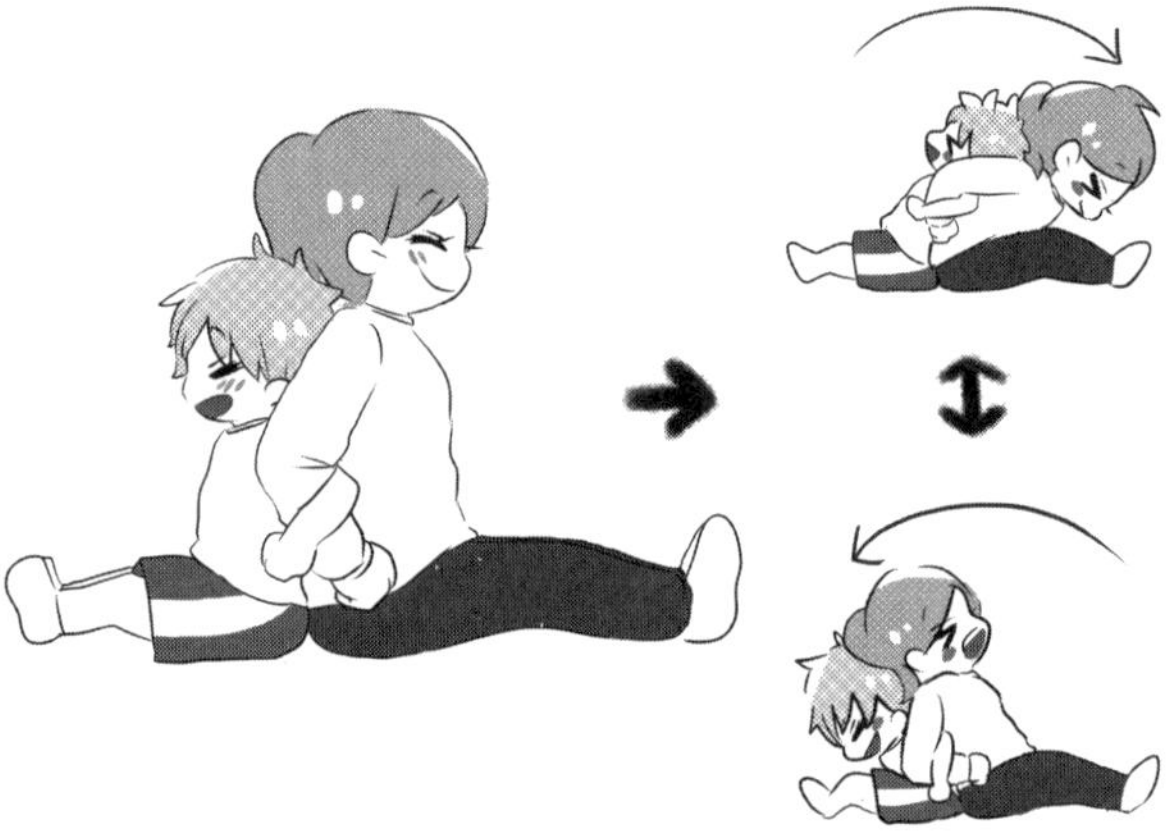

【あそび方】

(1) 親と子どもは、お互い背を合わせて長座姿勢になります。そして、腕を組みます。

(2) 親は、前に倒れ、からだをしっかり前に折り曲げます。同時に子どもは、親の背に倒れ、からだをしっかり伸ばします。

(3) この動作をお互いに交代して行い、繰り返します。

【メ　モ】

★背中合わせに座り、できるだけお尻をくっつけ、背筋を伸ばします。

★　慣れてきたら、息を吸って背中を伸ばして後ろに倒れ、吐きながらギッコンと前屈する動作をリズミカルに行います。

★　親が子どもの背中に倒れる時は、軽く押す程度にしましょう。

片足のストレッチ

【ねらい】

子ども：柔軟性、筋力、協応性、リズム、移動系運動スキル

保護者：柔軟性、筋力、協応性、リズム、移動系運動スキル

【あそび方】

(1) 親と子どもは、お互いに、向かい合って座ります。親は、左足をまっすぐ伸ばして、右足を曲げます。そして、右手を上にまっすぐ伸ばし、右の耳に近づけます。子どもは、右足をまっすぐ伸ばして、左足を曲げます。左手を上にまっすぐ伸ばし、左の耳に近づけます。

(2) 親は、からだを自分の左足に倒し、右足に折り曲げます。同時に、子どもは、からだを自分の左足に倒し、左足に折り曲げます。

(3) この動作をお互いに交代して行い、繰り返します。

【メ　モ】

★倒れるとき、できるだけ背筋を伸ばした足をまっすぐにします。

★慣れてきたら、息を吸って背中を伸ばして座り、息を吐きながら、からだを横に倒す動作をリズミカルに行います。

★親子はお互いに、10秒、体を倒しましょう。慣れてきたら、からだを何秒倒していられるか、競争してみましょう。

大根抜き

【ねらい】

子ども：筋力、筋持久力、巧緻性、非移動系運動スキル

保護者：筋力、筋持久力、非移動系運動スキル

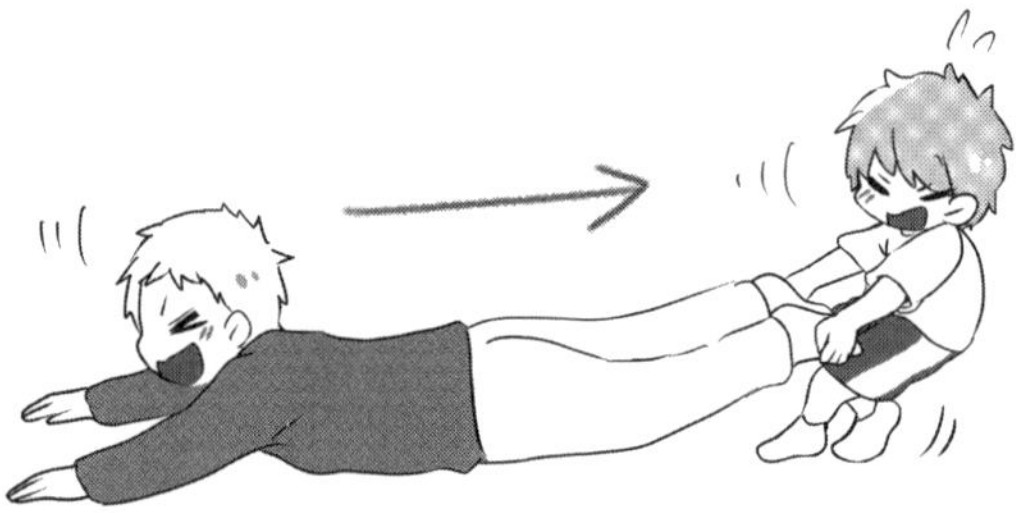

【あそび方】

(1) 親は、うつ伏せになります。

(2) 子は、親の足首をもって引っ張ります。

(3) 先に決めた位置まで引っ張ることができたら、大根抜きは成功です。

【メ　モ】

★引っ張られても、親の衣類がはだけないように、活動前にシャツをズボンの中に入れてから始めましょう。

★慣れてきたら、親は手でふんばって負荷を強くしてみましょう。

★引っ張った反動で後ろに転倒しても、後ろの物とぶつからないように、まわりにゆとりのあるスペースで行うようにしましょう。

ホットケーキ

【ねらい】

子ども：筋力、筋持久力、巧緻性、非移動系運動スキル

保護者：筋力、筋持久力、非移動系運動スキル

【あそび方】

(1) 親（ホットケーキ）は、うつ伏せになります。

(2) スタートの合図で、子は親（ホットケーキ）を仰向けにひっくり返します。

(3) 10秒間で返らなかったら、ホットケーキは焦げて食べられません。ひっくり返ったら、親のお腹を食べます（くすぐります）。

【メ　モ】

★衣服がはだけないように、ズボンにシャツを入れて始めましょう。

★子どもが下敷きにならないよう、注意して返りましょう。

★簡単に親をひっくり返せるようになったら、親が踏ん張って難易度を上げてみましょう。

コアラ

【ねらい】

子ども：筋力、筋持久力、非移動系運動スキル

保護者：筋力、持久力、移動系運動スキル

【あそび方】

⑴　親は、脚を肩幅程度に開いて立ちます。
⑵　子は、親の足にお尻がのるように座り、脚にしがみつきます。
⑶　親は、子を乗せたまま歩きます。

【メ　モ】

★親の膝が子の顔にぶつからないように気をつけましょう。
★子が脚にからだを密着させると進みやすいでしょう。
★親は、前に進むのが難しい場合には、後ろに足を滑らせるように進んでも良いでしょう。

ニンニン手洗い♪

【ねらい】

親子で忍者になりきり、楽しく手洗い修行を実行します。

子ども：調整力、操作系運動スキル

保護者：調整力、操作系運動スキル

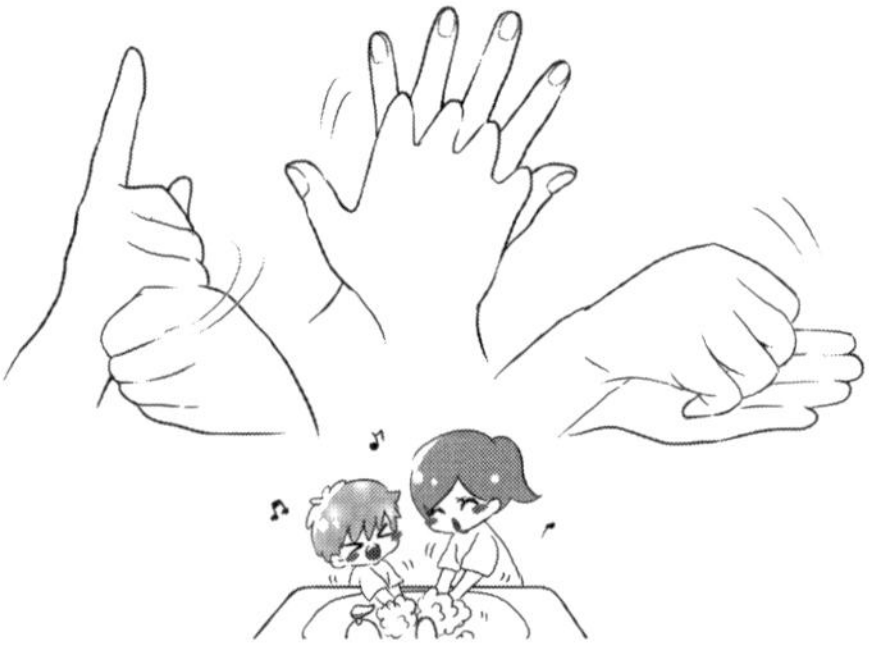

【準備物】 清潔なタオル（人数分）、石けん（1）

【あそび方】

(1) 親子が横並びになって、洗面台に立ちます。

(2) 親子で、「忍法すいとんの術」と発声します。両手を流水で濡らします。

(3) 手に石けんをつけて、泡立てます。

(4) 片手の指を広げて下に向け、その手の甲の上に、反対の手の指を広げて重ねます。上側の手の指を、下側の指の間に滑り込ませて、甲面と指の間を、５回程度、擦り洗います。同時に、シュシュ…と発声します。終わったら、掌を上に向けて同じように洗います。反対の手も実行します。

(5) 掌を上に向けて、指を揃えます。その手の上に、反対の手の５本の爪を立てて乗せます。乗せた爪を動かして、爪の間を、５回程度、擦り洗います。同時に、シュシュ…と発声します。終わったら、反対の手も実行します。

(6) 片手をグーにして、お父さん指（親指）を伸ばします。伸ばした親指を反対の手で握り、人差し指を伸ばして、忍者の手のようにします。ニンニンと発声し、同時に、親指側を回転させて、２回程度、擦り洗いを実行します。

(7) (6) と同じ洗い方で、お母さん指（人差し指）、お兄さん指（中指）、お姉さん指（薬指）、赤ちゃん指（小指）と続けていきます。終わったら、反対の手も実行します。

(8) 手首を握って、擦り洗いします。終わったら、反対の手も実行します。

(9) 最後に両手を流水で洗い流し、清潔なタオルで拭きとり、乾かします。

【メ　モ】

★仕上げとして、親子で互いの洗い具合を確認し合いましょう。

★汚れ具合によって、擦り洗いの回数を増やしましょう。

★親が愉快に忍者になりきることで、子どもが楽しく、手洗い修行ができるでしょう。

はっけよい、足タッチ

【ねらい】

子ども：筋力、巧緻性、平衡性、柔軟性、平衡系運動スキル

保護者：筋力、巧緻性、平衡性、柔軟性、平衡系運動スキル

【あそび方】

(1) 親は、両手が地面から移動したら、負けのルールを説明します。

(2) 親子で向き合います。親は、「両手をついて」の発声をし、互いに両手を地面につけて、頭が接触しない距離を保ち、相撲の立ち合いのポーズで静止します。

(3) 親は、「見合って、見合って」の発声をして、互いの顔を見ます。
(4) 親は、「はっけよーい、足タッチ」を発声します。親は、自分の両手よりも前方に片足を出します。次に、子どもは、親の出された片足に、自分の片足を前方に出してタッチします。タッチができたら、成功です。
(5) ３回程タッチを繰り替えしたら、交代して遊びましょう。慣れてきたら、空中で片足タッチも楽しみましょう。

【メ　モ】
★腰に負担がかかりますので、準備運動をしてから行いましょう。
★頭を下げた低い体位のため、食後すぐに行うことは控えましょう。
★子どもの両手が多少動いても、大目にみてあげましょう。

まきまき♪ふきふき♪

【ねらい】

子どもがトイレットペーパーを手に巻きつける動作と、お尻ふきのしかたを覚えます。

子ども：協応性、リズム、巧緻性、操作系運動スキル

保護者：協応性、リズム、巧緻性、操作系運動スキル

【準備物】 トイレットペーパー（1）、割りばし（1）

【あそび方】

(1) 親子で向き合います。互いに手の指をくっつけたパーを作り、自分に向けます。「（親）まきまき♪、（子）まきまき♪」の言葉を親子で交互に発声しながら、リズムよく腕をゆっくりグルグル回して、トイレットペーパーを巻き取る動作を覚えます。

(2) 子どもは、トイレットペーパーに通した割りばしの両端を

持ち、「まきまき♪」の発声に合わせて、親は実際にトイレットペーパーを手に巻き取っていきます。次に、トイレットペーパーを切り取って、親子の役を交代します。

(3) 巻き取れたトイレットペーパーを使い、「（親）ふきふき♪、（子）ふきふき♪」の発声に合わせて、子どものお尻を拭きます。終わったら、親子交代します。

【メ　モ】

★親が愉快に行うことで、子どもは楽しく模倣します。

★子どもがふざけて、トイレットペーパーを使いすぎても、親は笑顔で温かく見守ってあげましょう。

★家庭のトイレでも、実践してみましょう。

昆虫じゃんけん

【ねらい】

チョウチョ、クワガタ、ダンゴムシの３種の昆虫で、じゃんけんを楽しみます。

子ども：瞬発力、精神力、協応性、リズム、巧緻性、機敏性、予測性、操作系運動スキル

保護者：瞬発力、精神力、協応性、リズム、巧緻性、機敏性、予測性、操作系運動スキル

【あそび方】

(1)「パー」は、チョウチョです。

(2)「チョキ」は、クワガタです。親指と人差し指で、クワガタの大顎を真似た形を作ります。

⑶「グー」は、ダンゴムシです。

⑷ 通常のじゃんけんと同じです。「昆虫じゃんけん、じゃんけんポン」を発声し、ポンのタイミングで、親子同時に自分の希望する昆虫を出します。チョウチョは、ダンゴムシに勝ちます。ダンゴムシは、クワガタに勝ちます。クワガタは、チョウチョに勝ちます。

⑸ 後出しじゃんけんあそびができます。親役は、「先に出した昆虫に、負ける昆虫を出してください」と指定します。次に、「後出し昆虫、じゃんけん（親）ポン・（子）ポン」「ポン・ポン」「ポン・ポン」とタイミングよく発声しながら、後出しで親に負ける昆虫を３回連続で出せたら、子の勝ちです。親子役を交代したり、あいこや勝ちのバリエーションも楽しみましょう。

【メ　モ】

★親役が発声をリードします。

★自ら出す昆虫を、手と同時に発声して、勝負するのもよいでしょう。

★子どもが勝った場合、親が大げさに悔しがると、子どもの喜びが高まり、もっとしたいと、いきいきしてきます。

★子どもが、勝負に勝ちたくて、ズルをしても、親は腹を立てずに、笑顔で温かく見守ってあげましょう。

小鳥さんが止まります

【ねらい】

子ども：持久力、自制力、非移動系運動スキル、空間認知能力

保護者：調整力、操作系運動スキル、身体認識力

【あそび方】

(1) 子どもは、真っ直ぐ仰向けに寝て、目を開けます。両腕をからだにつけて、木の役をします。

(2) 親は、片手に１羽の小鳥をつくり、鳥の役をします。

(3) 親は「小鳥さんが止まりますよー」と発声します。次に「どこに止まろうかな？」と発声したり、「ピーピー」と小鳥の鳴き声をアレンジしながら、小鳥を操作し、降下させていきます。

(4) 木の役の子どものからだに、小鳥が１回止まります。最後

まで、子どもが声を出したり、動いたり、笑わずにいられたら、子どもの勝ちです。

(5) 鳥を２羽（両手に鳥を作る）にしたり、親子役を交代して遊びましょう。

【メ　モ】

★小鳥は、木の役に強く接触しないようにしましょう。

★子どもが怖がったりしないようにしましょう。

★子どもを睡眠から起こす際に、試してみるのもよいでしょう。

しっかりとれるかな♪エアキャッチ

【ねらい】

キャッチボールの要領で、全身の筋力と瞬発力、運動感覚を養います。

子ども：巧緻性、協応性、操作系運動スキル、身体認識力、想像力、模倣能力

保護者：巧緻性、協応性、操作系運動スキル、身体認識力、想像力

「エアキャッチ」

【あそび方】

(1) 親子が、お互いに向き合って、２ｍ程度、距離をあけます。相手にボールを投げるふりをして、投げられた方は「キャッチ！」と声を発して、ボールを捕ったふりをしま

す。

(2) 投げるものを、「ボール」から、「やり」に変えて行ってみましょう。受ける方は、「キャッチ！」と声を発して、両手でやりを捕ったふりをします。

(3) 投げるものを、「手裏剣」に変えて行ってみます。投げ方は、「手裏剣」を手のひらに置いて、もう片方の手で払うように投げます。受ける方も「キャッチ！」と声を発しながら、両手を横にして、はさみ込むように捕ったふりをします。

【メ　モ】

★複数人で行ったり、点数を決めたりして、遊び方をアレンジしてみましょう。

★やり投は、全身を使って、ダイナミックなフォームで投げると、より運動効率が高まります。また、「ボール」の時よりも距離をあけると、盛り上がるでしょう。

★「手裏剣」は、初めは１個で行い、徐々に複数の「手裏剣」を連続で投げてみましょう。

おしりフリフリ♪しりもじあそび

【ねらい】

ゲーム感覚で、下半身の筋力と柔軟性、バランス感覚を養うと同時に、親子のコミュニケーションを育みます。

子ども：筋力、柔軟性、協応性、平衡系運動スキル、身体認識力、想像力

保護者：筋力、柔軟性、協応性、平衡系運動スキル、身体認識力、想像力

「しりもじ」

【あそび方】

(1) 親子いっしょに、お尻をふって、空中に文字を書くあそび「しりもじ」に挑戦します。

(2) 保護者が子どもに、お題を提示して、子どもといっしょにお尻で文字を書きます。子どもが、ひらがなを習得していない場合は、○や△、☆等の記号を描いてみましょう。

(3)「しりもじ当てっこ」をします。お互いに何の文字を書くのかは声に出さず、「しりもじ」を見るだけで、相手がどんな文字を書いたか当ててみましょう。

(4)「しりもじ当てっこ」に慣れてきたら、「しりもじしりとり」にチャレンジします。「しりもじ」を連続で行い、しりとりをします。

【メ　モ】

★歌や音楽に合わせて行う、得点を競い合う等、子どもの好みによって、あそび方や競い方にアレンジを加えてみましょう。

★「しりもじ当てっこ」では、事前に、何の単語を書くのかは相手に伝えず、当てっこの要素を入れると、よりゲーム性が高まり、盛り上がるでしょう。

★「しりもじしりとり」では、初めは短い単語から行い、徐々に単語の文字数を増やしていきましょう。

コアラ♪カエル♪ダンゴムシ♪

【ねらい】

災害時の避難姿勢３種を、動物や虫に例えて、親子で楽しみながら覚えます。

子ども：瞬発力、協応性、機敏性、高低感覚、非移動系運動スキル

保護者：筋力、瞬発力、巧緻性、協応性、機敏性

(2) カエル姿勢

(1) コアラ姿勢

(3) ダンゴムシ姿勢

【あそび方】

(1)「コアラ」の発声で、子どもは親に抱きついてコアラの姿勢をとります。腕や足にしがみついてもよいです。〈危険な生物や不審者などが現れた時の避難姿勢〉

(2)「カエル」の発声で、子どもと親は、向き合って両手両足を地につけてカエルの姿勢をとります。〈地震や揺れに対しての避難姿勢〉

(3) 親子のいずれかが、カエルの姿勢に対し、手で押して、両手両足の踏ん張り具合を確認します。

(4)「ダンゴムシ」の発声で、親子でダンゴムシのようにからだを丸めて、同時に両手で頭を抱える姿勢をとります。〈落下物に対する避難姿勢〉子どもが小さい場合は、親のからだの下に子どもを入れます。テーブルや机の下や、こたつの中に隠れてもよいです。

(5) ３種類の避難姿勢を不規則に読み上げて、機敏に行動してみます。

【メ　モ】

★準備運動をし、体調に合わせて愉快に行いましょう。

★まわりにぶつかるものや、つまずくものがないかを確認してから行いましょう。

★子どもを押す際、安心して楽しむことのできる範囲内で押してあげましょう。

ニンニン屈伸♪

【ねらい】

親子で忍者になりきり、脚力を高め、バランス力を競います。
子ども：筋力、持久力、巧緻性、平衡性、平衡系運動スキル
保護者：筋力、持久力、巧緻性、平衡性、平衡系運動スキル

【あそび方】

(1) 親子で向き合います。互いに両手をグーにして、両手の人差し指を立てます。次に、片方の人差し指を握れば、忍者ポーズの手の完成です。
(2) 親子で片足立ちをして、軸足以外の足を膝上に乗せたり、ふくらはぎ側に密着させたりしてバランスをとります。これで屈伸忍術の準備完了です。
(3) 親は、「忍法、屈伸の術」を発声します。次に、「(親) ニ

ンニン♪」と発声して、屈伸動作を開始します。続いて、子どもも「ニンニン♪」と発声して、親の動作を模倣します。親役が、膝を大きく曲げたり、小さく曲げたり、ゆっくり曲げたり、すばやく曲げたりして、子役のバランスに揺さぶりをかけます。先に、軸足が定位置から移動したり、軸足以外のからだの部分が、地面や周囲に接触したら負けです。３回程続けたら、軸足を取り替えたり、親子役を交代したりして遊びましょう。

(4) 忍法つま先立ちの術（屈伸忍術の状態から、つま先立ちをする）や、お辞儀の術（屈伸忍術の状態から、前屈みに頭を下げる）等のバリエーションも楽しみましょう。

【メ　モ】

★まわりにぶつかる物がないかを確認し、危険なものは片づけてから行いましょう。

★脚筋力を使いますので、準備運動をして、無理のない範囲で行いましょう。

★子どもに勝たせてあげることで、子どもの喜びが高まり、もっとしたいと、いきいきしてきます。

★親が愉快に忍者になりきることで、子どもが楽しく、忍者修行ができるでしょう。

親子でロケット

【ねらい】

子ども：筋力、平衡性、平衡系運動スキル、高低感覚、揺れ感覚

保護者：筋力、巧緻性、柔軟性、操作系運動スキル、非移動系運動スキル

【あそび方】

(1) 親は仰向けになり、両膝を立ててロケットの発射台になります。子どもはロケット役になって親の両足の甲に乗り、両膝にしっかり捕まります。これで、子どもロケットの発射準備完了です。親の両腕は、地面につけてもよいです。

(2)「３・２・１・発射」のカウントダウン発声後、親はゆっくり両膝を上げて、子どもロケットを飛び立たせます。

(3) 親は、自分の膝を左右に回転させたり、両足を少し伸ばしたりしながら、飛び立った子どもロケットを操作します。

(4) 子どもが揺れに慣れて、バランスが良くなってきたら、膝に捕まっている子どもに手を離させて、両手を広げて「飛

行機」、片手を伸ばして「スーパーマン」等のバリエーションを楽しみましょう。

【メ　モ】

★親は、飛び立つ音や、飛行中の音を、効果音として発声すると、楽しくなります。

★親は腹筋力を使いますので、無理のない範囲で行いましょう。

★子どもが怖がったり、落下したりしないように、速度や動く範囲に注意しましょう。

★子どもロケット飛行中は、子どもの唾液が落下する場合があるので、ティッシュを用意しておきましょう。

タオル機関車

【ねらい】

子ども：リズム、協応性、移動系運動スキル

保護者：リズム、調整力、協応性、移動系運動スキル

【準備物】　タオル（2）…同じ長さ

【あそび方】

(1) 親の後ろに子どもが立ちます。タオルの端を小指側が長くなるようにします。親は、左右1本ずつタオルを持ち、子どもは、親の右手のタオルの端を右手で持ちます。左も同じようにします。これでタオル機関車の準備完了です。

(2) 親子の右手を、ガッツポーズのように曲げます。親子で「出発進行！」と、声高らかに発声し、同時に親子で右手を高く上げます。

(3) 親は、「ポッポー」と発声し、親子で１回、屈伸します。

(4)「シュッシュッポッポ、シュッシュッポッポ…」と、親子で発声しながら、両手のタオル車輪を前回転させて進みます。

(5) 進行方向に障害物がある場合は、親が「ポッポー」と発声して、周囲と後ろの子どもに知らせ、遊びます。

【メ　モ】

★親役が、タオルをリードしましょう。

★タオルは、強く引っ張らないようにしましょう。

★親が愉快にタオル機関車になりきることで、子どもは楽しく、後からついてくるでしょう。

★親子を交代したり、速度を上げたり、バックしたり、トンネルをくぐったり、タオルを追加して人数を増やしたりして、バリエーションを楽しみましょう。

ペーンペンペン♪

【ねらい】

親子でペンギンになりきり、あそびを通して、からだの部位や、右左の方向性を覚えます。

子ども：調整力、リズム、操作系運動スキル、身体認識力

保護者：調整力、リズム、操作系運動スキル、身体認識力

【あそび方】

(1) 子どもに、正面から触れられる部位と、右と左を説明します。

(2) 親子で向き合い、親が立ち膝になります。子どもは立ちます。

(3) 親子で、「ペーンペンペン、どこペンペン」と発声し、そのペンの発声に合わせて、両腕を伸ばしながら、からだの側面を５回叩きます。

(4) 親は、「右肩、左腕、首、耳、お腹、頬…」等の正面側から触れられる身体の部位を、３つ指定します。

(5) 子どもは、その指定順に手でタッチします。

(6) ３つ全て正解した場合は、親は、「ペンペーン」と元気に

発声し、その発声に合わせて、伸ばした両腕で、からだの側面を２回叩きます。不正解の場合は、親は、「残念ペンペン」と発声し、その発声に合わせて、両肩を２回、上げ下げします。

(7)　３回行ったら、親子の役割を交代して遊びましょう。

【メ　モ】

★親がペンペンの動作を大きく行うことで、子どもは楽しく挑戦します。

★指定する部位は、１つから始めてもよいです。

★慣れてきたら、親が子どもに背中を向けて、背中の部位も挑戦しましょう。

★子どもが楽しくタッチできるように、正解したら褒めてあげましょう。

タオルでシーソー

【ねらい】

子ども：筋力、協応性、巧緻性、操作系運動スキル、空間認知能力

保護者：筋力、協応性、巧緻性、操作系運動スキル、空間認知能力

【準備物】　タオル（2）

【あそび方】

(1) 1本のタオルを、2回結んでタオルボールを作ります。

(2) 親子で向き合って、もう1本のタオルを床に広げて敷き、タオルボールをタオルの端に載せます。

(3) 親は立ち膝になり、子どもは立ちます。互いにタオルの端を握り、タオルボールを落とさないように、タオルを水平

にゆっくり持ち上げます。

(4) タオルボールがある側は、タオルの端を上げて、タオルボールを低い方へ転がします。2人でタオルボールを落とさないように、タオルを操作しながら、シーソーあそびをします。2人で何度も繰り返し、続いたら成功です。

【メ　モ】

★タオルボールは、ゆっくり転がしましょう。

★タオルの端は、しっかり握りましょう。

★タオルボールの速度が上がらないように、親は、言葉かけをしましょう。

タオルまたぎ

【ねらい】

子ども：筋力、巧緻性、柔軟性、操作系運動スキル、身体認識力

保護者：筋力、巧緻性、柔軟性、操作系運動スキル、身体認識力

【準備物】　タオル（1）

【あそび方】

(1) 親子で向き合い、互いに立って、タオルの端を持って広げます。

(2)「１ひねり」。親は、持っているタオルをまたいで、タオルを１ひねりして、しゃがみます。

(3) 子どもは、親に続いて、持っているタオルを親と同一方向にまたいで、１ひねりを直します。タオルのひねりを直すことができれば、成功です。

(4)「２ひねり」。タオルを、２回、またぐ動作になります。

【メ　モ】

★またぐときに、相手を蹴らないように注意しましょう。

★最初は、親がまたぐ方向の声かけをしてあげましょう。慣れてきたら、またぐ方向を子どもに考えさせましょう。

★回転しすぎると、気分が悪くなる場合があるので、ゆっくり行いましょう。

タオルでトランポリン

【ねらい】

子ども：筋力、協応性、巧緻性、リズム、操作系、運動スキル、空間認知能力

保護者：筋力、協応性、巧緻性、リズム、操作系運動スキル、空間認知能力

【準備物】 タオル（2）

【あそび方】

(1) １本のタオルを、２回結んでタオルボールを作ります。

(2) 親子で向き合い、もう１本のタオルを床に広げて敷き、タオルボールをタオルの中央に載せます。

(3) 親は立ち膝になり、子どもは立ちます。互いにタオルの端を握り、タオルボールが落ちないように、タオルを水平にしてゆっくり持ち上げます。

(4) 親子で息を合わせ、「１・２の３」でタオルを上げて、タオルボールを空中に跳ね上げます。降りてきたタオルボールを床に落とさずに、タオルの上に載せることができたら成功です。

【メ　モ】

★親の立ち膝は、立ってもよいです。

★タオルの端は、しっかり握りましょう。

★親は笑顔で、タイミングの声かけをしましょう。

タオルで観覧車

【ねらい】

子ども：筋力、協応性、柔軟性、操作系運動スキル、集中力、空間認知能力

保護者：筋力、協応性、柔軟性、操作系運動スキル、集中力、空間認知能力

【準備物】　タオル（1）

【あそび方】

(1)　1本のタオルを、2回結んで、タオルボールを作ります。

(2)　親子で向き合い、もう1本のタオルを床に広げて敷き、タオルボールを中央に載せます。

(3)　親は立ち膝になり、子どもは立ちます。互いにタオルの端を握り、タオルボールが落ちないようにゆっくり持ち上げ

ます。

(4)「観覧車」は、タオルボールを落とさないように、タオルを同一方向にゆっくり小さく回転させます。

(5)「大観覧車」は、タオルボールを落とさないように、タオルを同一方向にゆっくり大きく回転させます。

【メ　モ】

★手首や肩回しの準備運動をしてから始めましょう。

★タオルの端は、しっかり握りましょう。

★親は、観覧車の速度が上がらないように、笑顔で言葉かけや声かけをしましょう。

タオルで大波小波

【ねらい】

子ども：筋力、協応性、巧緻性、柔軟性、操作系運動スキル

保護者：筋力、協応性、巧緻性、柔軟性、操作系運動スキル

【準備物】　タオル（1）

【あそび方】

(1) 親子で向き合い、互いにタオルの端を持って広げます。

(2)「小波」は、互いに座った姿勢で、親子で息を合わせて、タオルを「ザザー、ザザー」と小きざみに上下させます。

(3)「大波」は、親は立ち膝になり、子どもは立ってタオルを持ちます。親子で息を合わせて、タオルを「ザブン、ザブン」と、大きく上下させます。

(4)「スーパー大波」は、互いに立ってタオルを持ちます。「大

波」実施時にタオルの上昇と同時に、いっしょに親子で息を合わせて、「せーの」のかけ声で、「ザッパーン、ザッパーン」とジャンプします。

(5)「ターン」は、互いに両腕を上げながら、同一方向にその場でぐるりと一回転します。

【メ　モ】

★親は、楽しそうに笑顔で声かけをしましょう。

★タオルの端を、しっかり握りましょう。

★親は、子どもに合わせたスピードや勢いで、タオルを操作しましょう。

いもむしロデオ

【ねらい】

子ども：筋力、協応性、平衡性、平衡系運動スキル

保護者：筋力、移動系運動スキル、身体認識力、空間認知能力

【あそび方】

(1) 親は、「いもむし」役になります。からだはうつ伏せになり、両手は肩より上にあげ、両足を伸ばして閉じます。

(2) 子どもは、親の頭の方を向いて、尻溝に乗ります。子どもの両手は、親のお尻や腰の周辺に乗せます。お尻にしがみついてもよいです。子どもの両膝は、親の尻溝を挟み、両足先は親の足の間に入れます。

(3) 親は、ブルブルとお尻を揺らす動作や、お尻を上げ下げする動作をして、乗っている子どものバランスに揺さぶりをかけます。

(4) 子どもが、親のからだから落ちないように、バランスがとれたら成功です。子どもが、親のからだから落ちたら、やり直しましょう。

(5) 親は、両肘や両手を床に着いて、からだを反らす動作や、ずり這い前進などのバリエーションも楽しみましょう。

【メ　モ】

★親は、腰に負担をかけないよう、準備運動を十分にしてから行いましょう。

★親は、最初は言葉かけをしながら、ゆっくり揺らしてあげましょう。

★親は、子どもを怖がらせたり、ケガをさせたりしないように注意しましょう。

ニンニンどろん♪

【ねらい】

親子で忍者になりきり、しゃがんだり立ったりしながら足腰を鍛える修行をします。

子ども：筋力、瞬発力、平衡性、柔軟性、平衡系運動スキル

保護者：筋力、瞬発力、平衡性、柔軟性、平衡系運動スキル

【あそび方】

(1) 親子で向き合い、両手をグーにして、両手の人差し指を立てます。次に、片方の人差し指を握れば、忍者ポーズの手の完成です。

(2) 親は、「ドロンします」と発声後、片方の足を、反対側の足にクロスさせるように出し、床に着くと同時に、1回転しながらしゃがみます。次に、「ニンニン」と発声後、逆

方向に１回転しながら、立ち上がります。

(3) 子どもは、親の模倣をします。バランスよくスムーズにできたら、成功です。

(4) 親子が同時に行う動作や、立ち上がりの最後にジャンプする動作や、反対まわりの動作や、バスタオルを用意して、その後ろに隠れる等のバリエーションも楽しんでみましょう。

【メ　モ】

★足首と膝の柔軟運動を行ってから、始めましょう。

★１回転するコツは、軸足以外の足の着地位置を、軸足の真裏にするとよいでしょう。

★子どもが上手にできたら、しっかり褒めてあげましょう。

ニンニン忍び歩き♪

【ねらい】

親子で忍者になりきり、抜き足、差し足、忍び足で、静かに歩く修行をします。

子ども：筋力、平衡性、巧緻性、移動系運動スキル

保護者：筋力、平衡性、巧緻性、移動系運動スキル

【あそび方】

(1) 親子で向き合います。互いに両手をグーにして、両手の人差し指を立てます。次に、片方の人差し指を握れば、忍者ポーズの手の完成です。

(2)「抜き足」は、音を立てないように、足をそっと持ち上げます。

(3)「差し足」は、音を立てないように、足を床にそっと下ろします。

(4)「忍び足」は、音を立てないように、そっと歩きます。

(5) 親子で (2)～(4) を練習します。次に、子どもが、親の後ろに立ちます。親は (2)～(4) を駆使して、音を立てないように歩きます。親の後ろから、子どもが続きます。互いに音を立てなければ成功です。

(6) 親は、途中で立ち止まる動作や、素早く動く動作や、しゃがむ動作、後ろを振り向く動作などのバリエーションを楽しみましょう。

【メ　モ】

★寝ている赤ちゃんや鬼を想像して、起こさないように静かに歩いてみましょう。

★親がゆっくり大きく動作することで、子どもは模倣しやすくなるでしょう。

★子どもが上手にできたら、子どもをしっかり褒めてあげましょう。

第５章　コロナ状況下の工夫
― できることを・できるときに・できるものからしていこう ―

1. コロナ状況下での健康づくり「散歩」

2020 年、新型コロナウィルスの蔓延により、日本の子どもたちは、運動量の低下や自然体験の減少、近隣社会の付き合いの希薄化、生活習慣の乱れ等、多くの問題が懸念されています。

本章では、コロナ状況下での健康づくり「散歩」と題し、徒歩の魅力をご紹介します。また、幼稚園における徒歩通園という昔ながらの活動を実践している保護者の皆さんから、徒歩についての魅力や知恵も教えていただきました。あわせて、ご紹介します。

散歩の魅力

散歩には、様々な魅力があります。ここでは、日本幼児体育学会が提唱する幼児体育が育むことができる諸側面の中から、身体的側面、知的側面、社会的側面に焦点を当てて、紹介します。

（1）身体的側面　朝夕の散歩について

1）朝の散歩

朝の散歩は、まだ眠気の残っている子どもの血液循環をよくして、脳を目覚めさせ、体温を高めます。冬でも、少し大またで早く歩くと汗が出てくるぐらいからだが温まります。からだや頭を目覚めさせることは、これから始まる日中の活動を意欲的に取り組む基礎になります。

ちなみに、徒歩通園をしている子について、歩く距離が長い子ほど、土踏まずの形成率がよく、園内の歩数も多い[1]という報告があります。徒歩通園の子どもたちは、通園時間を使って幼稚園や保育園が始まるまでに、ウォーミングアップを済ませているので、眠気が残っている子やからだがだるいという訴えのある幼児に比べ、同じ保育活動でも、より意欲的に活動しています。これらは、活動自粛によって家にいる子に対しても同様の効果があると考えられます。

2）夕方の散歩

夕方に散歩を行う利点は、日中で体温が一番上昇する午後の時間帯に必ず一定の運動量を確保できるところにあります。15時から17時の間に汗をかくくらいの運動が、ホルモンの分泌バランスや自律神経機能（体温調節機能）の亢進に役立つ[7]ことから、一日の中で、子どもに一番からだを動かしてほしい時間帯に運動させることができます。そして、子どもたちが、公園や広場でダイナミックに外あそびをするための準備運動にもなっています。

朝夕の散歩による運動刺激は、日中の質の高いあそびを引き出すための、とても良い運動です。動いて汗をかいたり、外気にふれて抵抗力や適応力を高めてくれるとともに、自律神経の働きを増々高めてくれます。

（2） 知的側面

1） 安全についての理解の深まり

安全に道を歩くには、信号や横断歩道、様々な標識の意味を知り、理解していく必要があります。特に、幼稚園や保育園にバスや車で通っている場合、小学校に進学したとたんに、歩いて通学することになります。幼児期から大人といっしょに散歩をしながら、様々な場面や状況を経験することで、交通ルールを自然と身につけていきたいものです。

街中を実際に歩いてみると、細くても車がよく通る道、自転車が飛び出してくる交差点、雨や雪だと滑りやすくなるような場所、でこぼこしている道などがあります。歩くことを毎日続けることで、子どもは、散歩ルートのとても細かい部分まで把握していきます。さらに、理解が深まっていくと、信号の赤は止まる、青は進む等の基本的な交通ルールの理解に留まらず、「後ろから車の音が聞こえてきたから注意しよう」「（正面から向かってくる車を見て）あ、くるま！でもウインカー出てるから、たぶん大丈夫だね！」等、高度な危険予測ができるようになっていきます。決して、年に一度の交通安全教室では、得ることができない能力を身につけていくのです。

2）自然や自分の住む街の理解

普段、車や自転車を使っている大人が道を歩くと、「あ、ここにはこんなものがあったのか」「今日は、風が気持ちいいな」等と発見があります。生まれて数年と経たない子どもにとっては、毎日が新しい発見のオンパレードでしょう。子どもといっしょに歩き、会話に注目してみると、実に様々な発見をしていることがわかります。「田んぼに水が入ったね」「夕焼けの色がだんだん変わってきたよ」「あそこの道を曲がって、こっちに行って、あっちに行くと、お家だよね」等、子どもたちは、散歩をすることで自然の様子や季節の移ろい、街並みについて、様々な発見をしています。そんな子どもの感動に、いっしょに歩く大人が共感し、興味を示すことで、子どもは、ますます世の中の事象に好奇心を寄せ、理解を深めていきます。

（3）社会的側面

1）地域の人たちとの交流

地域を歩くと、同じように散歩をしている近所の方々に、「おはよう」「おかえり」「良いお天気ね！」等と、言葉をかけていただくことが増えてきます。道路で車や自転車に道を譲ってもらったり、仲良しのご近所さんに、畑で収穫した野菜をいただくこともあるでしょう。大人といっしょに挨拶やお礼を伝えることを覚えながら、様々なかかわりを経験することにより、親や先生以外の大人にも見守られていることを知ることができます。こうして、地域の一員としての気持ちをしっかり育んでいくことができます。

（4） 散歩の距離について、通園距離からの考察

「幼児期は、どのくらい歩けますか」という質問がよくあります。現在、徒歩通園を行っている公立私立の幼稚園の子どもは、通園距離が 2km 程度であれば歩いています。歩数にしてみると、個人差はありますが、おおむね 3,000 ～ 3,600 歩程度です。これを毎日往復すると、約 6,000 ～ 7,200 歩ということになります。先行研究では、昭和期の子どもの日中の活動量が約 12,000 歩であるという報告があり、これを目標とする現代の子どもにとって、日中の主の活動以外で上記の徒歩数を得られるということは、とても魅力的であることがわかります。

例え、短い距離であっても、毎日のくり返しの中で動くという習慣をつけて、身近な大人とふれあいの時間をもつことは、上記に記してきたように様々な利点があります。徒歩は、手間がかかるようですが、幼児期の発育・発達からは、欠かせない活動です。

徒歩通園をしている保護者の意見

実際に徒歩通園を行っているおうちの方、いわば、散歩のエキスパート達に、徒歩についての魅力や子どもが元気に歩ける

取り組みを聞いてみました。

（1） 徒歩の魅力

・歩くスピードやリズムも良くなり、いっしょに歩くことが楽しいです。

・初めは、「こんなに歩かせるなんて、かわいそう」と思っていたけれど、歩くことは本当によいことだと思いました。体力もつくし、年上の子は、年下の子の手を繋いで道路の内側に入れてあげ、年下の子を守ってあげることも覚えていました。

・徒歩通園のおかげで、外でも歩くことを苦にしなくなりました。また、毎日、しっかり歩くので、早く寝てくれます。生活リズムも整えやすくなって助かります。

・徒歩通園をしている子は、公園に行っても、ずっと走り回り遊んでいられるけれど、他の子は、すぐ「疲れた」と言って、家の中に入りたがります。

・親同士で歩きながらコミュニケーションが取れるため、情報交換の場が得られて、とても良いです。

・自宅から小学校まで距離がありますが、徒歩通園のおかげで、重いランドセルを背負っての通学も、元気に行くことができています。

・普段でも抱っこを要求することが少なくなりました。

（2） 子どもが元気に歩いて行ける取り組み

・親の送迎の際やちょっと出かける時も、歩くことにしています。

・天候についてネガティブな発言をしない。「雨だから嫌だね」を「雨だとお花が喜んでいるね」に、表現をポジティブに変えています。

・帰ってきてから、ギューッと抱きしめてあげています。

・疲れが残らないように、ゆっくりお風呂でからだを温めています。

・早寝、早起き、朝ご飯をきちんと行います。

・「歩いていく子は偉いよね」「元気モリモリマンになれるんだよ」と、徒歩に対して前向きになるような言葉をかけています。

中には、「歩いていくことは、当たり前。生きていくうえで必要なことなので、あえて褒めない」という意見もありました。一見厳しいようですが、「わが子に力強く生きていってほしい」という、そんな気持ちが感じられるような回答も、寄せられました。

まとめ

散歩は、子どもの健全な育成において、非常によい活動です。この活動から得られる利点は、健康面のみならず、親子のふれあい、自然や交通ルールの理解など、子どもたちにとって得られるものが多くあります。近年の子どもたちから少しずつ失われつつある面の改善、回復の知恵が多く含まれています。

コロナ禍において、子どもにとっても元気よく遊べる場が少なくなり、人と人との距離が開き、地域の関係が希薄になっている今だからこそ、日々の生活の中で行える徒歩の魅力を再考していただければ幸いです。このような時だからこそ、みんなで頑張りましょう。

文献

1）　原田碩三：足からの健康づくり，中央法規出版，pp.98-100，1997.

（廣中栄雄）

2. リズム運動・体操づくり

音楽を使ったリズム運動や体操・各種ダンスは、3密を避けた環境でも、思いっきりからだを動かすことのできる運動種目の1つです。保育室や園庭、家庭など、ソーシャルディスタンスを確保できるスペースがあれば、1人でも、誰とでも、どこでも実施が可能です。好きな音楽に合わせて、思いっきりからだを動かしたり、表現できたりすると気分爽快です。

リズム運動やダンスを創作するときは、からだのすべての部分を動かせるよう、頭部・体幹・上肢・下肢のすべてにアプローチできる振り付けにしましょう。また、発達段階により、音楽の速さを変えたり、リズムを変えたり、使用する空間や方

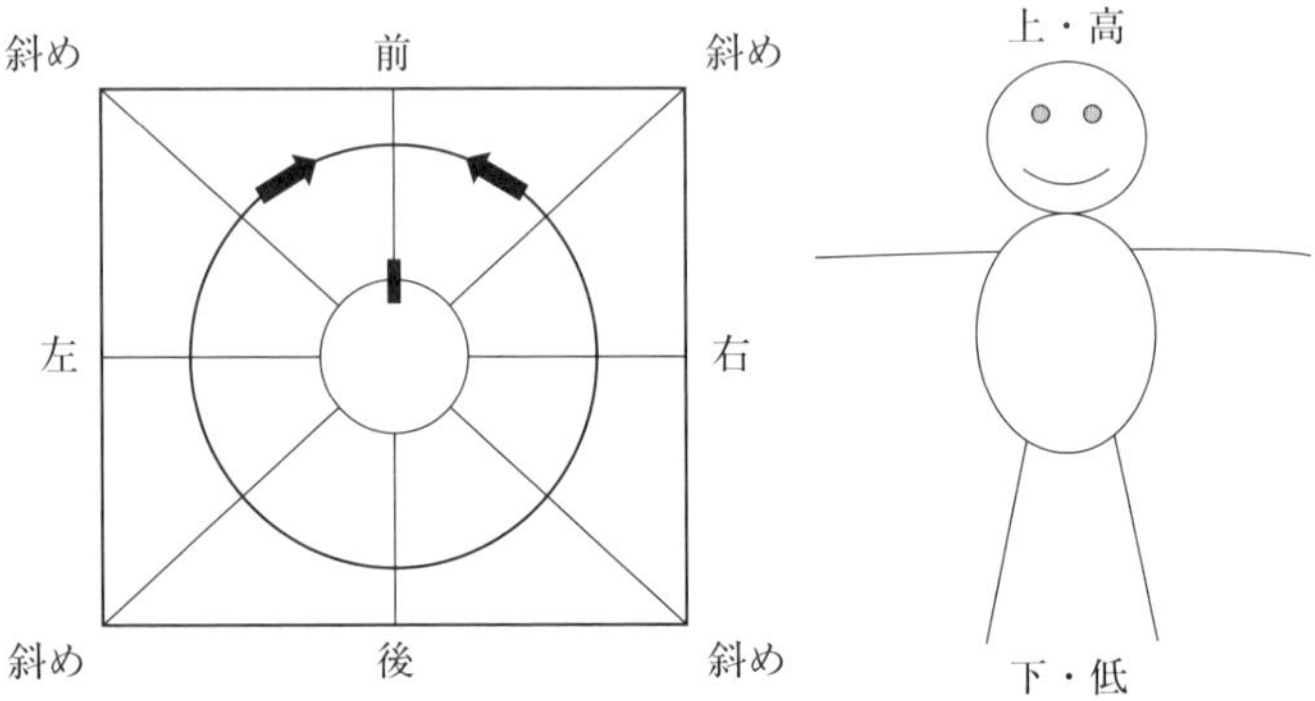

図 5-1　からだを取り巻く空間と方向

向を変えたりします。筋肉を動かす速さや方向が変わり、より多くの運動内容で、からだを動かすことができます。からだを取り巻く空間については、上下・左右・高低・回転方向など、取り入れて創作してみましょう（図 5-1）。

また、乳幼児期の運動発達から考えると、乳幼児期に音楽に合わせて、自分のからだのすべての部分を動かし、いろいろな空間を知り動くことができると、児童期以降の運動がスムーズになると推察できます。発達段階を考慮して、手と足が違う動きを同時に行う動きを取り入れると、協応性の発達にもつながり、より身体認識力が向上し、自分のからだを自在に使えるようになります。

音楽を選ぶときは、子どもたちが好きな音楽であること、子どもたちが理解しやすく覚えやすいものであること、メロディーが一定の繰り返しのもの等を基準に選ぶとよいでしょう。

WEBサイトに紹介されているリズム運動を子どもたちと楽しむときは、WEBサイトの内容を、子どもたちの実態に合わせて、振り付けを変更するとよいでしょう。発達段階に沿った振付にアレンジすることで、より楽しく動くことができます。

運動会でのリズム運動では、ソーシャルディスタンスを鑑みた隊形移動やリプル（カノンともいい、順に振りが隣へ移っていく、時間差で動く）等も取り入れながら実施でき、よりダイナミックな運動やダンスに仕上がります。

子どもたちがソーシャルディスタンスを意識せずに保てるように、手具をもって行うと、横の間隔や前後の距離を取りやすく、表現する内容にも沿ったものになりますし、華やかさも増します。手具は、スカーフや旗、ペットボトルで作った物、ポンポン等、音楽のイメージや表現の内容により考えてみましょう。

（藤田倫子）

3. 読書・趣味・掃除

（1） 絵本の読み聞かせ・読書

子どもがことばを発達させるには、たくさんのことばとふれることが必要です。そして、実体験を通して、五感（視・聴・嗅《きゅう》・味・触の五つの感覚）を刺激し、体験したことと、ことばとを結びつけていきます。そのような体験から、ことばの意味を知り、獲得をしていきながら、それらを豊かに育んでいきます。その大切な役割を担うもののひとつに、「絵本」があげられます。

絵本は、(挿) 絵を通して視覚に訴えかけ、そのモノを知る手立てとなるばかりか、想像力を膨らませ、自分なりの解釈をして楽しむこともできます。

また、単にことばの獲得だけではなく、お父さんやお母さん、保育者らといっしょに絵本をみたり読んでもらいながら、互いのぬくもり感じることで、情緒が安定し、想像力や空想力を豊かにする効果も考えられます。

さらに、絵本を読み聞かせることは、幼児期以降の読書力の土台である想像力を伸ばすことにつながります。読書は単に、語彙や知識の量を増やしたり、知的な関心を育てていくだけでなく、他人の気持ちが分かるようになる等、人間関係が広がり、社会性を育んでいくことにもつながります。

本そのものがもつ、においや質を感じたり、様々な仕掛けに実際に触れながら、絵本や読書の世界を楽しみましょう。

(2) 子どもの発達に応じた絵本

1) 0歳～おおよそ2歳半の絵本

絵本は、「見て」喜ぶものが中心です。言葉の理解がまだ難しいので、ストーリー性はほとんど必要ありません。赤ちゃん絵本は、シンプルで分かりやすい絵柄で、大きく描かれたもの、色彩が鮮やかな絵がメインとなっているのが特徴です。内容的には、同じ動きや展開の繰り返しが多く見られ、言葉の響きやリズムが重視されています。

①おおよそ５か月

生後５か月ごろから、身近なものに敏感に反応し、声を出して笑うといった表現行動が始まります。このような様子がみられるようになる頃から、絵本の読み聞かせを行うとよいでしょう。

スキンシップをはかりながら、絵を共に見ながら、ゆったりとした気持ちで話しかけます。子どもが見ること、聞くことを通じて、会話の楽しさを体感することができるようにするのが大切です。絵本を選ぶポイントは、絵がはっきりと分かりやすく描かれていること、また、ことばの響きがきれいでリズムのある言葉が添えられていることです。絵本の位置や高さに気をつけましょう。

②おおよそ１歳

１歳ごろからは、子どもが歩行できるようになるので、いろいろなものに興味を示します。物に触ったり、動くことが楽しいこの時期には、絵本に描かれた物を見ながら語りかけると、物とその名前とがつながり、理解できるようになります。絵本を選ぶときは、身近な物、家の様子、生き物、乗り物などの生活に密着した内容の物を選ぶとよいでしょう。また、大人との関係、子ども同士の関係づくりのきっかけとなるような内容を取り入れると、少しずつ社会性が芽生えていきます。

③おおよそ２歳

歩行が上手になると、さらに行動範囲が広がるので、様々な物に興味を示します。食事をする、入浴する、といった生活の中の身近な動きを描いた本や、簡単なストーリーのある絵本を楽しみます。また、この時期は言葉を覚え、少しずつ自分で話すようになり、読み聞かせに合わせて声を出したり、繰り返しの言葉を口にして喜びます。響きのきれいなことばや、思わず口ずさんでしまうような楽しい擬音や言葉のものを選ぶとよいでしょう。また、友だちにも興味が出てくる時期なので、友だちと絵本を読（見）る時間を共有できるように工夫をしましょう。

２） おおよそ３歳〜４歳の絵本

ことばに対する興味が強くなり、ストーリーを理解できるようになってきます。絵とことばの響きを楽しむだけでなく、少しずつ意味や内容を理解し始める重要な時期です。

①おおよそ３歳

おおよそ３歳になると、注意力や観察力が高まり、「なぜ？なに？」という疑問をよく口にする等、知識欲が高まってきます。絵本では、簡単なストーリーを理解でき、ある程度感情移入して物語を楽しむようになります。自分の知っているもの、経験をしたこと等を絵本の中に見つけると喜ぶ姿が見られます。満足感や達成感を得られる物語絵本、昔話もよいでしょう。絵本を通して、行事や季節などにもふれながら、日本の四季や文化にもふれられるとよいでしょう。

②おおよそ４歳

おおよそ４歳になると、自意識の芽生えとともに、自分以外の存在をはっきりと認識するようになります。友だちの存在と自分の自我の間で悩み、けんかも多くなりますが、人だけでなく、他の生き物や木や石にも心があると感じるようになります。これが優しさや創造力の発達にもつながります。絵本を選ぶときは、ストーリー性があり、絵にも連続性のあるもの、喜びや驚き等、主人公の気持ちに共感できるようなお話がよいでしょう。また、好奇心が旺盛な時期です。子どもが疑問をもち、それを子ども自身で解決に導ける手立てとなる絵本もよいでしょう。

③おおよそ５歳の絵本

内面的な成長が著しい時期であり、友だちの存在が大きくなってきます。きまりを守ったり、手伝いをしたり等、集団の中で必要なことを理解し、どうすれば自分の意志を伝えられるかを考えはじめます。知識欲が増して文字への興味も出てきます。そのため、ひとりで絵本を見て楽しむようになります。絵本を選ぶ際は、物語性がしっかりあるもの、登場人物の性格や個性が出ているもの、心に感動を与え、想像力を刺激するようなものを選ぶとよいでしょう。また、個性的な絵柄も楽しみます。世界中の絵本に触れられる機会もあるとよいでしょう。

④おおよそ６歳の絵本

心身も頭脳も大きく発達し、多くのことばを覚えることができます。この時期には、職業や街の仕組みといった社会的なこと、生き物や植物をはじめとする自然現象、人体のしくみや科学などの事柄にも興味をもち、本の内容に対する疑問や批判的な感想も出るようになります。「成り立ち」「やり方」「作り方」といった具体的なことがわかるもの、想像力をふくらませ、自分なりのイメージを作るきっかけになるもの等、これまでよりも一歩進んだ内容の絵本を選ぶとよいでしょう。また、この頃は、クイズやなぞなぞも大好きです。子ども同士で問題を出し合いながら遊ぶ姿も大切にしたいです。

○手づくり絵本

① 画用紙（コピー用紙）を８等分にします

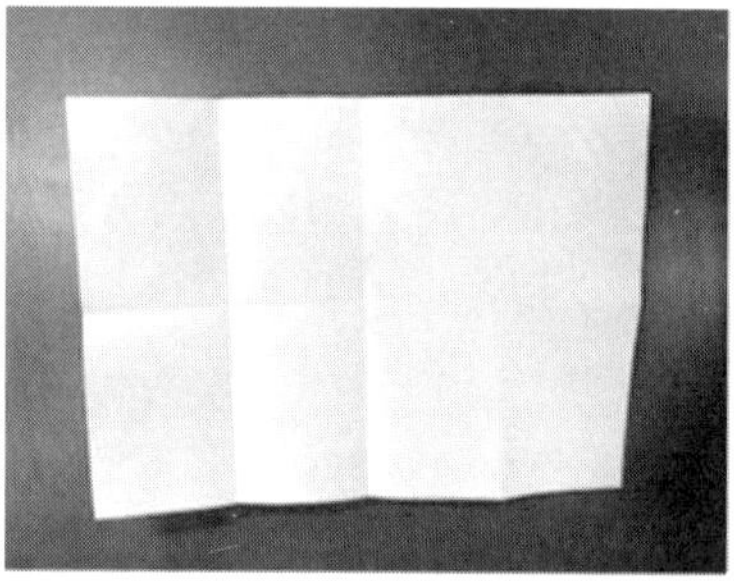

②　半分に折り、写真のように中央まで切り込みを入れます

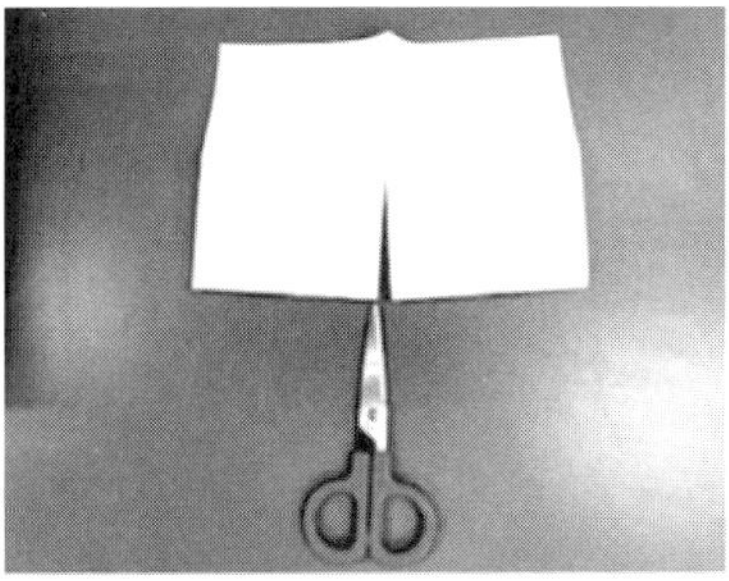

③　横長に折り、切り込みをした部分が開くような感じに折ります

④　切り込みをした部分をとじます

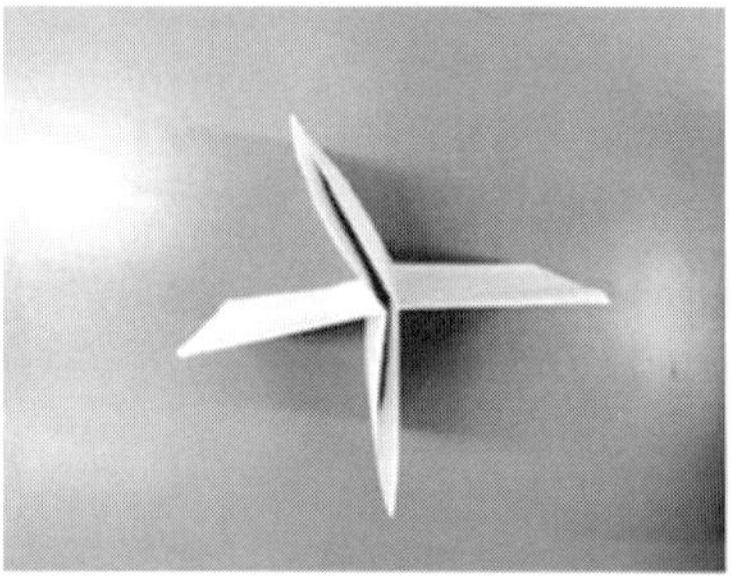

⑤　でき上がりです（表・裏表紙を含め、8ページできます）

⑥　ペンや絵の具を使用して、絵を描いたり、折り紙を貼ったり、工夫をして楽しみましょう

引用・参考文献

1）赤羽有里子・鈴木穂波：新時代の保育双書　保育内容　ことば　第3版，株式会社みらい，2018.
2）林　幸範・石橋裕子：保育園　幼稚園の実習完全マニュアル，成美堂出版，2007.

（3）身近なモノを使って遊ぶ

1）造形あそび

造形というと、作品づくりを求めてしまうことが多くあります。まずは、子どもの負担感のないところからはじめ、楽しく遊べるよう配慮をしましょう。

①粘土あそび

粘土は、種類が豊富で多種多様なことから、子どもの年齢と発達段階に応じて様々な活動内容を行うことが可能です。また、可塑性（力を加えると形を変え、力を抜いても、元に戻らない）という特性をもっています。

粘土あそびは、手や指の運動を展開し、大脳の働きを促進させます。そして、たたく・のばす・つぶす・まるめる・つむ・ちぎる・なでる等の基礎的な動きとともに、様々な技法を身につけていきます。さらに、型押し・型抜き・つまむといった粘土活動の段階を経て、共同から協同への芽も育んでいきます。

①　小麦粉粘土　②　パン粉粘土　③　片栗粉粘土

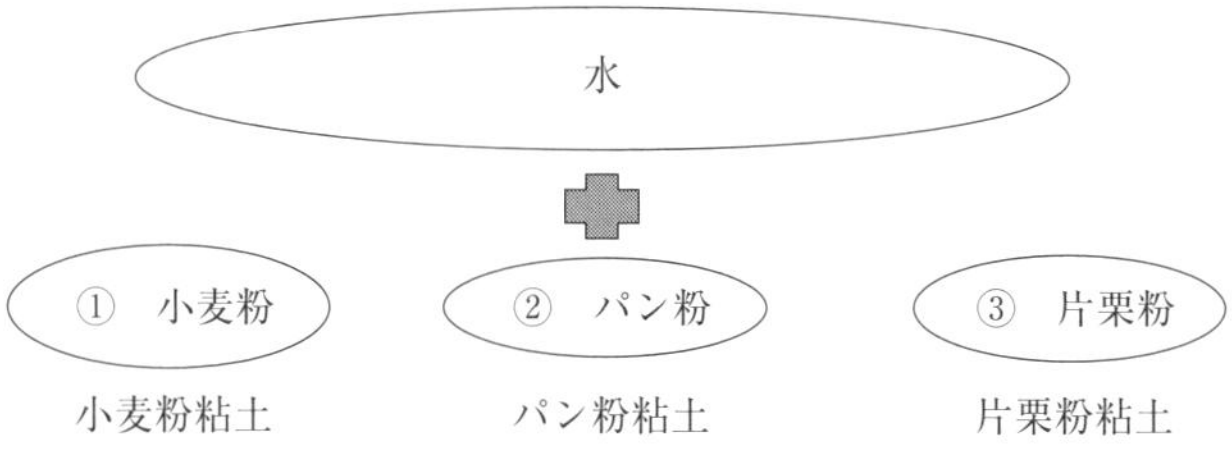

＊基本となる材料は「水」と「小麦粉」もしくは「パン粉」、「片栗粉」のみです。

① 小麦粉粘土

〈材料・用具〉

・小麦粉　1カップ

・水　1/3カップ

・油　少々

（艶出しとまとまりをよくします。なくても可）

・塩　小さじ1

（防腐剤代わりになります。また、万が一、口に入れてしまってもしょっぱさを感じ、吐き出します。）

・食紅（着色用。なくてもOK）

・大きめの容器

※小麦粉と水の量がだいたい3：1の割合であれば、まとまります。

水の量を調整しながら、子どもの作りやすい硬さにしましょう。

〈小麦粉粘土の作り方〉

① 小麦粉に塩を入れて混ぜます。

② 混ぜた小麦粉に油を入れます水を少しずつ入れてこねて混ぜ合わせます。

③ 色を付けたい場合は食紅を垂らし、色が均一になるよう、こね合わせます。

④ 感触を楽しみながら遊びましょう。

また、180℃のオーブンで15分～20分焼いてから、冷ますと固まります。

〈小麦粉粘土の発展　COOKING!!〉

「すいとん」

〈材料〉（4人前）

○小麦粉　100g

○ぬるま湯適量

○本だし大さじ2

○大根や人参、こんにゃく等、お好きな具を用意してください

○本だし（出汁入り味噌でない場合）お好みの量

○味噌お好みの量

〈作り方〉

1. 小麦粉に本だしを入れて混ぜ、少しずつぬるま湯を足して手でこねていきます。
2. 粉っぽさが無くなるまでこねます。
3. 生地から適量ちぎり、丸めます。

※この時、表面に指でくぼみを作ると、火が通りやすくなります。

4. 鍋に水を沸騰させ、5分ほど茹でます。
すいとんが上に浮いてきたら茹で上がりです。
5. ゆで汁に出汁を入れ、味噌を溶いたら完成です。
（ゆで汁の量を調節してください。また、醤油で味もアレンジして下さい。）

「餃子の皮」

〈材料〉（4人分）

○水餃子の皮24個（1人6個くらい）

○薄力粉　300g

○お湯（お風呂の温度より熱め）150cc

〈作り方〉

1. ボウルに薄力粉と湯を少しずつ加え、箸でぐるぐるし、一つにまとめます。
2. ラップで包み、冷蔵庫で30分寝かせます。
3. 具とタレを休ませている間に、餃子の生地を冷蔵庫から出し4つにカットします。
4. それぞれの生地を細長くし、さらに6つにカットします。
5. カットした生地をまるく潰し、直径9cmくらいに麺棒でのばします。
6. 餃子の皮はくっつきやすいので、分量外の片栗粉をまぶし、伸ばした皮を重ねます。24枚できます。
7. お好みの具を包み、焼いたり、茹でたり、蒸したりし、おいしくいただきましょう。

②　パン粉粘土

〈材料・用具〉

○パン粉　150 g

○水　100cc

○食紅
○大きめの容器

〈パン粉粘土の作り方〉

①　パン粉に水を少しずついれてこねて混ぜ合わせます
②　色を付けたい場合は食紅を垂らし、色が均一になるようこね合わせる
③　感触を楽しみながら遊びましょう

③　片栗粉粘土

〈材料・用具〉

○片栗粉　150ｇ
○水　100cc
○食紅
○大きめの容器

〈片栗粉粘土の作り方〉

①　片栗粉に水を少しずつ入れてこねて混ぜ合わせます。
②　色を付けたい場合は食紅を垂らし、色が均一になるよう、こね合わせます。
③　感触を楽しみながら遊びましょう。
④　黒い画用紙を台紙にして、その上に垂らして遊んでも、おもしろいです。

〈片栗粉粘土の発展　COOKING!!〉

「わらび餅」

〈材料〉

○片栗粉　25g

○砂糖　30g

○水　200ml

○氷水　適量

○きな粉　適量

○黒蜜　適量

〈作り方〉

1. ボウルに片栗粉と水、砂糖を入れてよく混ぜ合わせます。
2. 鍋に1を入れて弱火で加熱しながら、ヘラ等で絶えずかき混ぜます。
3. 生地が透明になってきたら、鍋を火から下ろし、濡れ布巾の上にのせて、さらによくかき混ぜます。
4. 生地がまとまってきたら、氷水に入れて冷やし、手でちぎります。
5. 4の水気を切り、器に盛りつけます。
6. お好みで黒蜜ときな粉を添えます。

＊「水」を「牛乳」にすると、「ミルクわらび餅」になります。

②影絵あそび

影絵とは、デイリーコンサイス国語辞典（三省堂）によると、「紙や指でいろいろの形を作り、障子や幕にその影を映すあそび」とあります。

影絵は、特別な道具のいらないあそびです。自分の「手」や「指」などの身体を使用し、そこに灯を当てさえすれば、容易にできるため、室内外のどちらでも楽しく遊ぶことができます。

また、灯の当たり具合で、大きくも小さくも、平面から立体面へと変化をさせることもできます。さらに、紙やセロファン等を使用したり、灯の色を変えたりすると、また違った表現も楽しめます。

現在では、スマートフォン等の電子機器の普及により、視覚に直接的に訴えかけるあそびが増えてきました。しかし、それ故に、2次元空間に慣れてしまい、奥行き等の距離感がつかめない、つまり3次元空間での生活が難しくなっているという現象もみられるようになってきました。さらに、社会的距離を保ちながらのあそびも必要とされています。

影が作り出す様々な形に想像を膨らませ楽しみながら、空間を感じ取る感性を育み、空間認知能力を高めていきましょう。

○手影絵の方法

複雑に見えますが、実際に行ってみると簡単にできます。

① 犬

② うさぎ

〔出典：Hands Shadows by Lara Mendes〕

○紙コップ影絵

〈準備するもの〉

○紙コップ○輪ゴム○油性マジック○ラップ○カッターナイフ○懐中電灯（もしくは、スマートフォンの懐中電灯機能を使用しても可能です）

〈手順〉

①　紙コップの底を切り抜きます。

②　紙コップの飲み口の方にラップをしわにならないように張って輪ゴムでとめます。その後、油性ペンで好きな絵をそっと描きます。描きにくい場合は、ラップに描いてから紙コップに取り付けるとよいでしょう。

③　切り抜いた底から、灯をあてます。

〈影絵の発展　影踏み〉

①　鬼を一人決めます。

②　鬼はみんなを追いかけ、逃げている子の影を踏みます。

③　影を踏まれた子は、鬼を交代します。

④　あるいは、鬼を増やしていきます。

＊社会的距離を保ちながら、あそびを楽しむことができます。

＊場所によって、影の見え方（見えなくなる）の変化を楽しみましょう。

（4） 掃　除

掃除とは、デイリーコンサイス国語辞典（三省堂）によると、「よごれを除いてきれいにすること」とあります。しかし、掃除には物理的な面だけでなく、精神面にも良い影響をもたらすと言われています。実際にニューヨークでは、地下鉄の落書きを消しただけで、犯罪が75%も減少した、との報告もされています。では、どのような効果が期待されるのでしょうか。

1） 掃除の効果

① 空気がきれいになり、健康になります。

② 探し物が減り、時間が有効に使えます。

③ あそびや勉強に集中できるようになります。

④ 無駄遣いが減ります。

⑤ モノを大切にするようになります。

⑥ 人が集まり、人間関係が広がります。

⑦ 約束やルールを守れるようになります。

2） 掃除を始めるには

① 最初は１か所だけ、５分だけと決めて負担にならないようにしましょう。

② 「出したら、元の場所にしまう」と約束をし、習慣化していきましょう。

③ 皿洗い、風呂掃除など、子どもにお手伝いをしてもらいしょう。その際、「ありがとう」と感謝の気持ちを伝えましょう。

〈掃除の発展　運動不足の解消！〉

①雑巾がけ

雑巾がけのポイントは、腕を伸ばし、床を押すようにしっかり行うことです。そうすることで、二の腕の運動にもなります。手足で体重を支えるので、体幹も鍛えられます。

最近は、雑巾が絞れない子どもも増えています。雑巾の洗い方、絞り方、干し方もきちんと伝えていきましょう。

②窓ふき

窓ふきは、全身運動のチャンスです。高いところ、低いところを拭くことで、立ったりしゃがんだりのスクワットにもなります。少し高いところも、つま先立ちしてしっかり腕を伸ばします。腕を大きく動かしながら拭けば、背中と脇腹の運動にもなります。

＊掃除をすることで、心とからだを健康にし、さらに社会性を高めていくことにつながります。

（笹井美佐）

4．運動の動画づくりと配信

2020年、新型コロナウィルス感染症（COVID-19）の流行により、わが国では緊急事態宣言が発令され、子どもたちの生活は保護者や社会全体の生活変化に伴い、著しく影響を受けました。4月には「緊急事態宣言」が発令され、保育現場においても、自粛期間中には、園に継続して通う子どもと在宅で生活する子どもに分かれての生活が余儀なくされました。その結果、子どもたちの健全育成に必要不可欠な休養（睡眠）・栄養（食事）・運動（あそび）のバランスが崩れた子どもたちの存在が報告されています。

それらの問題を解決するために、保育・教育専門家は、園の先生方や保護者のための保育・教育動画、親子ふれあい体操、家庭でできる運動あそび等、からだ動かしや体操・運動の動画づくりが急増してきました。そこで、運動の動画づくりのためのあそびや運動の提案をいたします。

【運動の動画づくりのねらい】

① テレビやパソコン・携帯電話などのメディアが利用可能であり、家庭でも、園でも、手軽に見ることができます。動画を見ながら、家でからだを動かしてみましょう。

② 保育や幼児教育、幼児体育専門の指導者が録画し、子どもたちに分かりやすいの言葉づかいや動作表現を、直感的に感じ取ることができます。

③ 動画には、字幕をつけるもでき、言語発達が未熟な子どもも見ることで理解しやすくなります。

④ 子どもたちは、運動の動画を見ることで、スクリーンを見ながら、動画の身体活動と連動して、自分のからだを動かすことへの興味を喚起し、座位活動を減少させ、運動量を増やすことができます。

⑤ 園の先生にとって、子どもの体育教育に対する正しい理解

を増やし、子どもに不足している動作を改善することができます。

⑥　家庭では、親子で運動することで、コミュニケーションの機会を増やし、親密度を高めることができます。

【留意事項】

①　家庭の場合、子どもが長時間動画を見ていると、目に負担がかかります。子どもがビデオを見ているときは、画面との距離や時間をコントロールし、画面から1メートル以上離れ、一度に30分以内に抑えて視聴させ、その後、外で遊ぶように促しましょう。

②　子どもの空間認知能力の発達が十分ではなく、スクリーンから見た左右の動きがうまく分からない場合があるので、保育者あるいは保護者がそばで説明や補助をすることも必要です。

③　寝る前は、テレビや動画を見ることを控え、光刺激や音刺激を避けるように、配慮しましょう。

（郭　宏志）

親子でリズム体操（リズム感、柔軟性）

音楽を使って、準備体操をします。全身がほぐれるように、上半身、下半身、体幹、からだ全体へと、パートごとに動かしながら、体温を徐々に上げていくように、体操にチャレンジしてみましょう。順番に名前を言いながら、身体の部位を意識して動かすことで、身体認識力をしっかり身につけていくことができます。歌に合わせて、大好きなパパやママといっしょに動けるので、楽しく体操することになり、「楽しい！」「もう一回！」と、心が動き、繰り返し行うことで、家の中でも自然な体力づくりや感動体験を味わうことにつながっていきます。運動、心動、感動です。

運動不足やストレスの解消だけでなく、成長期の子どもにとっては、機敏さや瞬発力、リズム感、巧緻性、柔軟性、平衡性などの向上もねらえる運動が良いでしょう。体操や運動あそびを組み合わせて、トータルで５分間ほど行うと、汗ばむほどの運動量になります。加えて、しっかりとご飯を食べ、十分に睡眠をとるようにすると、自律神経の働きが向上します。結果として、生活リズムが整いやすくなります。自律神経がきちんと機能するようになると、やる気が出てきて、いろいろなことに前向きにチャレンジできるようになります。無理のない範囲で、楽しくからだを動かしてみてください。

（前橋　明）

5. 健康づくりのためのあそびや運動の提案

○涼しくなるために、からだを使おう

暑さをしのぐために、自分で「風を起こして涼む」ことを考えてみましょう。おとなは、紙で扇いだり、影を作ったりします。それをあそびにしてみましょう。日本には、団扇（うちわ）や扇子（せんす）があります。団扇の棒部分は、危険を伴

うので、扱う年齢によって配慮が必要ですが、幼児でも風を起こせます。しかし、自分が涼むとなると、少し難しくなります。自分以外の人に扇いであげて、喜んでもらうこと、風の強弱に気づくこと等、多くのことが経験できます。さらに、扇子は、開くところから少しコツが必要になります。開けたとしても、風を起こすことは、手首の使いや握り方も必要になります。親子で扇ぎながら、涼むことを楽しんでください。そして、片づける（元に戻す）ことにも、挑戦してください。

さらに、夏に「涼む」あそびとして、水あそびがあります。多くの玩具があり、とても魅力的なものがあります。あえて、身近な空容器やビニル袋を利用してみませんか。穴の開け方（位置・大きさ・数）で、水の出方が異なり、親子でいっしょに考えて遊ぶことができます。何度も失敗することが、あそびの集中と熱中につながります。袋の中の水をこぼさないように持つ握力も必要です。また、お風呂やプールでは、フェイスタオルを水面に浮かべて、中央に空気を入れ、タオルの風船を作り、水の中に入れたり潰したりするあそびもあります。タオルを絞ることも、運動の始まりです。握力を使うことが少なくなっている現代では、大人も絞る動作を是非お勧めします。また、少し大きめのタオルは、踏みつけたり、手のひらで押したりと、からだの部位を使って、絞ることの挑戦をしてみましょう。大型洗濯機がない頃は、毛布を足で洗っていましたよ。

また、水を運ぶことや水を貯めるために、容器を選び、注ぐことに苦労することも、子どもたちにとっては、筋力やバランス能力を養うことになります。さらに、打ち水として、水をまくことも行ってみましょう。シャワーで満遍なく水をまくことはできますが、柄杓や子ども用スコップも使えます。バケツに水を入れて、自分の手でまくこともできます。いろいろ試すことが、あそびになると思います。

高温注意がでるほど、夏が過ごしにくくなりますが、できることから「涼む」方法をみつけて、いっしょに楽しんでください。おとなの仕かけづくりが、子どもたちには、きっと良い刺激になることでしょう。

○からだを暖めるに、からだを使おう

エアコンが必要な現代で、エアコンを有効に利用することは不可欠です。しかし、寒くてもからだを暖める方法を自身のからだでしてみませんか。膝を少し曲げ伸ばしてリズムをとること、軽く跳ぶこと、立ったりしゃがんだりを繰り返すことで、からだは少し暖まります。また、手のひらや手の甲をこすり合わせ、息をかけること、腕を大きく回すこと、お互いの背中をこすること等、自分のからだを動かすことによって、からだを暖める方法は、多くあります。親や保育者、子育支援の関係者の皆様には、是非、その場ですぐに自分のからだを使って暖まるための方法を、あそびとして展開できる仕かけづくりをお願いします。

（阿部玲子）

第６章　新型コロナウイルス感染症（COVID-19）対策

日本では、2020 年 5 月 25 日に、緊急事態宣言がようやく全国的に解除され、休園していた幼稚園やこども園も徐々に分散登園を導入し、工夫されて日常を取り戻していく方向に向かいましたが、第二波、第三波の流行を生じ、その予防と対策に奮闘努力が続いています。

依然、警戒しなくてはならず、油断のできない状況です。保育・教育の再開・運営に際して、コロナ対策として、みなさんに知っておいていただきたいこと、実行してもらいたいこと等を、本章で整理してみました。

■コロナウイルスとは

新型コロナウイルスの症状をお知らせします。発熱や咳、倦怠感、頭痛がありますが、症状が出ない場合や軽い場合もありますので、注意してください。潜伏期間は、2 ～ 12.5 日です。

感染経路は、新型コロナウイルス感染患者から、接触感染や飛沫感染で、健常者の方が感染します。感染者の糞便から感染することもありますので、感染者のトイレ使用後は消毒をしてください。

対策としては、手洗い・うがいと消毒（次亜塩酸ナトリウム1.000ppm、アルコール70%）です。

(1) 密を避ける。…外出を控え、密集・密接を回避することが基本です。

(2) 家で過ごす。

(3) 手洗い・換気を欠かさずに行う。咳エチケットを忘れないようにする。

手洗いのタイミングは、①外から部屋に入るとき、②咳やくしゃみ、鼻をかんだとき、③給食の前後、④掃除の後、⑤トイレの後、⑥遊具や固定施設など、共有のものを触ったときです。

(4) 園内での感染を防ぐには、

① 毎日、健康観察をする。

② 家族に発熱や咳症状のある場合は、家庭に対し、幼児の登園を控えてもらう。外から、ウイルスを持ち込まないようにすることが基本です。

③ 感染症が蔓延している地域では、幼児の登園を控えることが重要です。

(5) 休日は、感染が広がらないように、①不要不急の外出は控える。②家族を守るため、コロナ禍では、家族ぐるみの交流による接触を控える。

■感染症対策の基本を知ろう

感染症対策の基本は、①感染源を絶つこと、②感染経路を絶つこと、③抵抗力を高めることです。

(1)　感染源を絶つこと

①　登園前に、咳、のどの痛み等の風邪症状があるときは、登園しない。

②　登園後には、検温をはじめ、健康状態の正確な把握をする。発熱した場合には、他の園児と分離し、即、保護者に連絡をして帰宅要請を行う。

(2)　感染経路を絶つこと（飛沫感染、接触感染）

①　手洗い

②　換気

③　咳エチケット

④　消毒

《飛沫感染予防策》

①　マスク、フェイスシールドを、外出時や感染の危険が考えられる場所に入る前に装着する。

②　こまめに手洗いや消毒をする。

《接触感染予防策》

①　手袋、エプロン、アイプロテクションを、外出時や感染の危険が考えられる場所に入る前に装着する。

②　外出時や感染の危険がある場所から出るときに、手袋、エプロン、アイプロテクションをはずして、手洗いや消毒をする。

③　アルコール、次亜塩素酸ナトリウムを使用して、電気のスイッチやドアノブ等の拭き掃除をする。

(3) 抵抗力を高めること

① 生活習慣を整える（「食べて、動いて、よく寝よう！」運動の実行）。

② からだ動かし（運動）を実行する。

③ 運動の基本である「歩くこと」を、コツコツ行う。

■新たな生活様式に向かって

休校／休園していた学校や施設の再開にあたり、地域の感染レベルが、レベル１「生活圏内の状況が感染観察を要する地域」、レベル２「感染拡大注意地域（感染経路が不明な感染者がいたため、要注意の地域）」、レベル３「特定警戒地域」の３段階にわけて考えてみます。

心がけとしては、レベル１の地域では、１ｍを目安に、クラス内で最大限に、距離や間隔をとり、会話時は一定距離を保ち、からだが接するあそびはしないようにしましょう。食事は、衛生管理を徹底して行って下さい。保育・活動教育は、感染対策をして行うようにお願いします。

レベル２以上では、できるだけ２ｍ程度はとるようにして下さい。トイレ休憩は、混雑回避のため、動線を提示して下さい。

レベル３の地域では、密集運動は行わないようにして下さい。個人や少人数で、リスクの低い活動を短時間で行うように心がけましょう。また、密集する運動や接触の多い活動はしないようにして下さい。

■普段の生活での注意事項

① 外出するときは、マスクを着用し、人ごみは避ける。

② 手洗い、うがい、手指の消毒。

③ 十分な距離の確保。人から、1m以上の距離を保つ。

④ 一つの場所に長居をしない。

⑤ パーティー、宴会など、多人数で集まらない。

⑥ 健康維持、抵抗力アップのため、適度な運動をする。

■運動時の留意事項

① 環境整備（清掃・用具や遊具の消毒・換気）をする。

② 運動前の手洗い・うがい・洗顔をする。

③ 密閉、密集、密接（三密）を避ける運動内容を実施する。

④ 体調に応じた臨機応変のプログラムや運動強度を提供する。

⑤ 暑さに少しずつ慣らし、適応力や抵抗力をつける。

⑥ 戸外で、互いに2m以上の距離や間隔を保てれば、マスクを外してもよい。気温や湿度、運動量が多くなれば、マスクの着用が体調不良を招くことがある。

⑦ 水分補給の時間（15～20分に1回）を設ける。

⑧ 運動後の手洗い・うがい・洗顔をする。

■公園利用の注意事項

利用の多いベンチや固定遊具、広場において、「混んでいたら利用しない」、「いつもより短め」に使う、「独占しない」ように使う。

子どもたちは、自然と好きな遊具に集まります。つまり、必ず、密集が起こります。独占したい気持ちにもなり、ずっと居続けたりします。そんな気持ちをもった状態になると、必ず密に過ごすことが多くなりますので、独占は避けてもらいたいのです。一つのあそび場や固定遊具に密集しないようにするために、一人ひとりが独占を避けることが求められます。こうして、密集を作らないようしてください。

また、狭い空間に長居をしないことを大切です。長い時間、同じ場所に留まることをしない。空気の流通や換気が良ければ、トンネルくぐりは可能ですが、換気が悪く、トンネルの中に数人がこもって遊ぶ遊び方、または、長いトンネルは密閉状態を作りますので、控えさせましょう。

２～３人の少人数が、多くの子どもたちによる密集状態を抑えることにつながりますが、人数の問題だけでなく、あそびの内容やスペースの使い方を考えてください。お互いの距離や間隔があいた状態でできるあそびや運動がおすすめです。

お互いの距離を保って遊べる「ボールの蹴りっこ」、安全のために通常でも距離をとって遊ぶ「縄跳び」、コンタクトを避ける「影ふみ」、自己空間を維持しながら楽しく動ける「リズム体操」等はいいですね。これらの運動あそびであれば、人数が少し多くなっても、実施可能です。

① 感染対策時の公園利用にあたっては、まず、体調の優れない場合、咳やくしゃみの症状がある場合、発熱がある場合は、利用しない。

②　公園は、すいた時間帯や場所を選んで、利用する。人が多い場所を避けて、とくに混雑する場所や時間帯は利用を見合わせる。つまり、「少人数」「短時間」利用を心がける。混んでいるときは、利用を控える。

③　他の利用者と一定以上の距離や間隔を確保する。ジョギングは、少人数で、すれ違うときは、距離をとる。2m以内に人が集まるような密集状態を作らない。他の人との距離・間隔を、2m以上あける。

④　マスク着用や咳エチケット、手洗い等の感染予防対策は徹底して行う。あそびの前後、手や顔が汚れたときは、公園の水道の流水を使って洗うことを基本にする。

■買い物のときの注意事項

①　一人、または、少人数で、すいた時間に済ませる。

②　計画を立てて、すばやく済ませる。

③　展示品の接触は控えめにする。

④　レジに並ぶときは、前後の距離、左右の間隔を開けて並び、スペースを確保する。

⑤　電子決算の利用を勧める。

⑥　通販の利用も勧める。

■食事のときの注意事項

①　大皿は避けて、料理は個別にとる。

②　対面より、横並びで食べる。

③　料理に集中し、おしゃべりは控えめにする。

④　グラスの回し飲みは避ける。

⑤　屋外空間を利用する。

⑥　持ち帰りやデリバリーを利用する。

■交通機関の利用時の注意事項

①　会話は控えめにする。

②　混んでいる時間帯の利用は、避ける。

③　徒歩や自転車利用も併用する。

■行事のときの注意事項

①　多人数での会食は避ける。

②　発熱や風邪症状のあるときは、参加しない。

第７章　子どもの保育・教育に従事している方へのメッセージ

1．出勤前

体温を測定し、体調を確認します。熱がある場合は、職場の責任者に連絡・相談し、24 時間経過し、症状が改善するまで、自宅で経過観察して下さい。

2．通勤時

徒歩は、他人から距離を保って歩き、自転車は、丁寧に拭いて消毒し、利用します。自家用車は、消毒や換気をして利用し、バスや電車を利用する場合は、常に正しくマスクをつけ、むやみに駅や車内の物に触れないようにしましょう。

【子どもの送迎時】

① 保護者が、保育室や教室に立ち入らないようにしてもらう。

② 玄関での受け入れをしてもらう。

3. 正しいマスクの着脱方法

① マスクをつける前に、手洗いをする。

② マスクを鼻の形に合わせて、ゴムひもを耳にかけ、鼻と口を確実に覆い、隙間をなくす。

③ マスクをあごの下まで伸ばし、顔にフィットさせる。

④ 使い終わったマスクは、ウイルスが付着している可能性のある面には触れないようにしてはずし、ビニール袋に入れて口を閉じて捨てる。

4. 出勤したとき

① 出勤したら、着替える。通勤着と職場での服の併用は避ける。

② 通勤時に使用したマスクは、子どもたちと関わる保育中や指導中には使用しない。

③ 勤務中の休憩時や隙間時間に検温をして、自己の体調把握をする。

④ 体温が37.5度を超える場合は、帰宅させてもらい、安静にする。必要に応じて、事前の電話連絡をして、病院での診療を受ける。

5. 勤務中の注意事項

① マスクを着用する。

② エレベーターよりは、できるだけ階段を利用し、手すりはもたないようにする。

③　人との距離を１ｍ以上保つよう、心がける。
④　食事の前後と、トイレの後は、手を洗う。
⑤　熱中症対策のためにも、こまめに水分補給をする。
⑥　休憩時も、間隔をあけて座り、過度な会話は控える。
⑦　外部の人を受け入れるときは、検温の協力と入室記録を残し、マスク着用と手洗い、または、手指消毒を依頼する。

【保護者が園内・校内に入るとき】

①　保護者には、マスク着用、手指の消毒をしてもらう。
②　門から、受け入れ場所までは、間隔をあけて進む線を引いてわかりやすく示す。
③　保護者が園内に入ったら、手洗いをしてもらう。保育室に入る場合は、アルコール消毒を行ってもらう。
④　掲示物を減らして、保護者が立ち止まらないように工夫する。
⑤　必要なことについては、メールや郵送で対応する。

6. 手洗いの仕方

①　爪は短く切り、時計や指輪ははずす。
②　流水で、手をよく濡らす。
③　石鹸をつけ、手のひらをよくこする。
④　手の甲を伸ばすようにこする。
⑤　指先や爪の間を念入りにこする。

⑥　指の間を洗う。

⑦　親指と手のひらをねじり洗いする。

⑧　手首も洗う。

⑨　洗い終わったら、十分に流水で流す。

⑩　清潔なタオルやペーパータオルで、よくふき取って乾かす。

7．会議での注意事項

①　会議室に入る前に、手を洗い、マスクをつける。

②　会議の頻度を減らし、時間を短縮するように心がける。

③　参加者の間隔を、１m 以上離す。

④　窓や扉を開け、換気をする。

⑤　会場や使用機器は、会議後にも消毒をする。

⑥　茶器は煮沸消毒、もしくは、使い捨て容器を使用する。

8．食事をする際の工夫

①　食事の前後に手を洗う。

②　食事の直前にマスクを外す。

③　料理のシェアはしない。

④　食事中の会話は、極力控える。

⑤　給食は、園児といっしょに食べないようにする。

⑥　混雑を避けるために、食事時間帯をずらして、設定を工夫する。

⑦　部屋の換気を行い、間隔をあけて食べさせる。

⑧　園児の当番活動は、控える方が良い。配膳は、特定の者が行う。

9. 公共スペースや事務用品・機器

①　ホールや階段、会議室、保育室、エレベーター、トイレ、廊下、ドアノブ、蛇口、手すり、パソコンマウス、キーボード、電話、事務用品などの消毒を、アルコールや家庭用塩素系漂白剤などの消毒剤を用いて行う。

②　各エリアに、その場専用の清掃、消毒用品を置いて使用する。使いまわしは避ける。

10. 保健・健康観察・子どもへの指導

①　子どもの健康観察カードを作る。

②　手洗いや咳エチケットの大切さを指導する。

③　定期的に検温をし、体調把握に努める。

④　保育室内の消毒や時間を決めての換気を行う。各クラス、30分ごとに換気を行うことをすすめる。

⑤　個人専用の歯ブラシやコップの適正管理に努める。保管時に、他児のものと接触させない。使用後は、水で十分にすすぎ、清潔な場所で乾燥させる。

⑥　園庭の安全、衛生点検をする。密集しないように、園庭遊具や場所を使用する。

⑦　小動物の飼育後の手洗いを徹底する。

⑧　砂場は、定期的に掘り起こし、砂全体を日光消毒する。

11. 退勤時の注意事項

① 職場内専用のマスクは、正しく取り外し、廃棄、あるいは、持ち帰って洗浄消毒する。

② 帰宅するときには、自身の清潔なマスクと取り換え、正しく着用する。

12. 帰宅時の注意事項

① マスクを取り外し、手洗いや洗顔、うがい、消毒をする。

② 携帯電話や鍵などをアルコールで拭き、消毒をする。

③ シャワーを浴びたり、入浴したりして、服を着替える。

④ 衣類やハンカチ等、使用後は、適宜、洗濯をして、清潔を保つ。

【文献】

1） 前橋　明：新型コロナ（COVID-19）対応　家庭での子どもの過ごし方　幼児体育学研究 12（1），pp.1-4，2020.

2） 前橋　明：子どものコロナ対策，幼児体育学研究 12（1），pp.5-6，2020.

3） 前橋　明：新型コロナウイルス感染症に伴う公園利用について，幼児体育学研究 12（1），pp.7-9，2020.

資　料　現在のコロナ状況下で、工夫したこと、良き方向に向けた内容・良くなかったことから、学ぼう

コロナ状況下で、良き方向に向けて工夫したこと、良い方向として表れた内容

●良い方向に向かったことですが、一番は、家族の団らんの時間が増えたことです。それから、今まで剣道の竹刀を振っていた娘は、料理をしてくれるように変化したこと。それから、自分を見つめ直す時間がもてたことです。（保護者 A）

●良かったことは、家族との時間が増えたことで、いっしょに遊ぶことができたこと、時間に追われず、親に急かされることなく、子どもたちは自分で朝の身支度ができたこと。そして、子どもたちが、食事の準備を手伝ってくれたり、いっしょにお菓子づくりができたことです。

良くなかったことは、勉強不足、運動不足、友だちといっしょに遊べない、テレビ・ゲーム視聴時間の増加、食費の増加です。（保護者 B）

●学校で、先生の声に耳を傾け、友だちと意見交換をしながら学ぶことが、何よりも大切です。在宅が3カ月近く続いて、運動不足になっている子どもが多い中、いきなり激しい運動をするのは避け、散歩のような負担の軽い運動で、徐々に体力を回復するような活動を実施してほしいものです。

（保護者C）

●保護者の立場から、良かったことは、①家で子どもといっしょにご飯を作ったり、いっしょにゲームをしたりして過ごす「おうち時間」が増えて、子どもと向き合えるようになったことでした。②普段、家でなかなかできなかったことができる。大掃除とか、草とりとかです。③テレビでも、いろいろな過ごし方を紹介しているので、逆に、運動するようになりました。④家族の会話が増えたこと、⑤子どもの手伝いスキルが上がったこと。⑥学校でのコロナ感染を防げていることです。

（保護者D）

●良かったことは、①娘たちと遊ぶ時間ができたこと。②外に出れないので、家で工夫して楽しむこと。③普段、時間がかかってできないお菓子やパンづくり等を娘たちとできること。④上の子は、時間を決めて、勉強時間と遊ぶ時間のメリハリができるようになったので、勉強を計画的に進められるようになりました。⑤下の子は、これまで食べたことのない食材にチャレンジする機会が増えたこと。⑥洗濯物干しやた

たみ、片づけ等のお手伝いを、子どもたちが積極的にしてくれるようになったことです。 （保護者E）

●①テレビの視聴時間が長くなっているので、視力の低下が心配、②戸外で十分に遊ばせられないので、お腹が空かない（食事がすすまない）、したがって、心地よい疲れを感じないので、寝つきが悪い（早寝ができない）状態になっています。

そのような状況の中、今まで家庭で実践して（いる）きたことは、（1）自然に関することでは、①苗植え、②水栽培、③春探し、（2）クッキングでは、①餃子づくり、②ドーナッツづくり、③クレープづくり（こいのぼり）、（3）運動あそび（おおよそ1時間）では、①ラジオ体操から身体ほぐし運動、②走りこみ、③ボールひろい、④反復横跳び、⑤縄跳び、⑥ダンスステップ、⑦壁ボールあて＆キャッチ、⑧動物変身リレー、（4）制作あそびでは、①こいのぼり制作、②段ボール机・椅子・滑り台づくりでした。

（保護者F）

●休校になって、良かったことは、①朝の準備でイライラしなくていいこと。②両親といっしょにいる時間が増えて、嬉しいこと。③日頃できないことがゆっくりできること。例えば、ご飯づくり、工作、運動、散歩などです。

逆に、悪いことは、①行事やイベントの中止が残念なこと。

②自宅学習が不安なこと。③友だちと会えなくて寂しいこと。④夏休みが無くなるかもしれないことが嫌なこと。⑤今回の休校は、普通の休みと違い、制限が多く、外で自由にできないのでつらいことでした。（小学４年生）

●良かったことは、①人との接触が減って、安心できたこと。②仕事のストレスが減ったこと。③職場の仲間を思いやる気持ちが増したこと。④新しい会議方法でも、充分に意見交換できることがわかったこと。⑤自宅でゆっくりできることが楽しいこと。

逆に、良くなかったことは、長引くことで、不安なこと、不安が増したことでした。（会社員 A）

●良かったことは、子どもと遊ぶ時間がいつも以上に増えたこと。悪いことは、子どもが、一日の勉強時間がなかなかうまくとれず、どのように進めていくかが不安になっています。

仕事に関してよかったことは、いろいろな仕事の方法を考えれたことと、時間ができたので、身のまわりがしっかり整理できたことです。悪いことは、社員と同行できないので、コミュニケーションが不足しているように思います。

（会社員 B）

●保育園は休園ではなく、自粛なのですが、子どもの登園数は半分以下だったので、日頃できない場所や書類の整理や清掃がゆっくりできました。私自身、外出は食事の買い物と薬局ぐらいだったのですが、孫と過ごす時間が多く、家の中でお店屋さんごっこやままごとあそびを楽しんだり、いっしょに花を植えたりと、穏やかな時間を過ごしました。

（保育者 A）

●食事は、娘と私が楽しみながら作りました。時には、娘が開く焼き肉屋だったり、手づくり餃子屋、時には私が開く天ぷら屋、ラーメン屋など、外食できないので、家で少しだけ、外食気分を味わっていました。私は、マスクも作りました。オンラインでの仕事ではないので、家にいる間はゆっくり時間が流れています。（保育者 B）

●良かったことは、①園舎内の大掃除ができたこと。②例年より多く、クラス運営について各クラスの担任と話し合いや打ち合わせができたこと。③子どもの登園が 1/4 に減ったので、職員に対し、順番に休みを取らせることができたことでした。

一方、悪かったことは、①職員、子ども、自分自身の健康管理に気を使ったこと。②３月は、学校や幼稚園が休みになったのに、保育園は休みにならなかったこと。就職を考える学生のことを考えると、休みのとれない保育士が不人気職種にならないかが心配なことです。また、③４月にクラスの雰囲気ができあがってくるが、それができないまま緊急事態宣言が発令されたので、再開後、クラスの雰囲気づくりにかなりの動力が必要になると思うこと。④登園自粛している家庭への連絡、および状況収集が大変なこと。家庭で、子どもの世話に行き詰まっていないか、虐待やDVが起こっていないかが心配なことです。そして、⑤園行事の中止や延期の判断が難しいこと。⑥登園自粛してくれた家庭への保育料の返還事務が難しいこと。⑦役所からの登園状況の調査報告や欠席児童の報告書作成に労力がいること。⑧職員（保育士）の士気が落ちないように、モチベーションを保つための話し合いを工夫すること。⑨保護者が、仕事をクビになっていないかが心配なこと。⑩マスクやアルコールが手に入らず、困っていること。⑪取引業者も自粛をしたため、通常より、いろいろな物品の納品が出ていないこと、納品までに時間を要する事態が増えたこと。⑫市や保育協会など、園以外の会議が全て中止になり、役員の引き継ぎや情報交換・収集などができていないこと。⑬役所も機能がマヒしている。補助金関係の精算や申請が遅れていて、決算ができないこと。⑭保育学生の就職活動が、どのようにスタートしていくのか、園見学をどうするのか、どう求人していくか、就職フェアが開催できないこと等が困っていることです。また、非常事態が開けて通常に戻ったとき、今までのように再開できるのかが心配なことです。⑮近所の公園に散歩に行けない。公園遊具が使用禁止になっていることです。

（保育者・園長C）

●市は、保護者に園の利用自粛を依頼していて、6割は家庭保育です。1クラスの人数を少なくして保育できるため、感染リスクを減らせるので、助かっています。ただ、この状態が続くと、積み上げた経験に基づく行事もできない可能性が大きくなることに不安を抱きます。でも、だからこそ、豊かな保育内容を模索できることは、良いことだと思っています。

（保育者D）

●良かったことは、登園してきている子どもに、手厚く保育ができたことです。悪かったことは、休んだり登園したりする子どもに、運動不足の様子が感じられることです。かけっこをすると、すぐに転んだり、鬼ごっこをすると、友だちとぶつかったりする姿が、よく見られます。食事面では、きちんと食べてない様子が伺えます。運動が足りないので、食欲がなく、食べません。わがままを言えるので、食事をきちんと食べなくても、他の物を食べさせてもらえることです。

（保育者E）

●本園は、認定こども園ですので、自粛期間中でも、保育の必要な方の保育は行ってきました。緊急時では、エッセンシャルワーカーの方々のお子さんだけですので、少数でした。1号認定と言われる短時間保育、いわゆる幼稚園部分の子どもたちは、入園式や進級式は、行っていません。今年度、新担任は、子どもたちと一度も会っていない状況です。

幼稚園で仲間と様々な経験を重ねていく、その機会が失われていることは、とても残念です。この状況ですと、家庭で心身ともにフルに使って過ごすことの難しさがあると思いますし、加えて仲間とのかかわりの部分が欠けてしまうこと、また、親子関係が煮詰まって、ストレスが重なっていることも心配です。

園に来られるお子さんへの感染防止についても、とても気を配っています。保育の場では、信頼関係を築くためにも密になることが大事ですが、距離感に気を配りすぎたり、笑顔も豊かな表情もマスクに隠されてしまったりして、保育で大切にしていることが実現できない現状があります。

保育が必要な方以外は休園ですが、それでよかったことを、強いて挙げますと、本園はこども園になって２年目です。幼稚園部分と乳児、長時間保育の部分が、しっかり分かれている段階ですが、この機会に先生方が一つになって、保育必要児の保育にあたっています。相互の理解の第一歩になりました。

また、家庭で過ごしている親子のために、先生たちの自己紹介や家庭で楽しめるものをみんなで考え、工夫しながら動画を作成し、発信をしています。先生方が、子どもたちを心にかけながら、協力して行っています。

出勤しない日は、在宅研修日となっています。保育のデザイン研究所のオンライン講義を受けることができます。それが、充実した学びになっているようです。この共通の学びも、今後の保育に生かされることと思います。今年度は、様々な園の行事も変わらざるを得ないと思います。運動会や遠足も、いつもとは違ったものになるのかもしれません。先が見えないことは、不安ではありますが、このピンチも、何とか成長と学びの機会にしていきたいものです。子どもたちの心とからだの健康が守られることを、切に願います。

今、心配なのは精神的な疾患のあるお母さんとそのお子さんや、働かざるを得ない、いっぱい、いっぱいの一人親のお母さんとそのお子さんのことです。できることをして、支えていきたいと思います。（保育者F）

●良くなったことと言えば、運動欲求が高まったことです。今までは、「家では休みたい」と思っていましたが、最近は車ではなく、歩いて移動したり、YouTubeで愉快なエクササイズを見つけて、汗だくになるまで動いたりしています。

（保育者G）

●幼児についても、よかったことは、親子の時間を工夫して楽しもうとされていること。いつもは、幼稚園で、子どもたちはいろいろな人と出会い、自分とは違ういろいろな価値に出会い、学んでいきますが、それができないのが残念です。早く再開できるといいのですが。また、広い園庭で、からだが動かせない。幼児も運動不足になっています。

私自身のことで良かったことは、家がきれいになったり、

料理に時間をかけるようになったこと。悪かったことは、運動不足になり、体重が増えそうなことです。　　(保育者 H)

●管理者という仕事について、未知の事態に、判断の一つひとつに神経を使いますし、責任の重さを考えますが、その分、自分の考えを整理することができています。正解が出るまでは、まだ時間もかかり、私自身もわかりませんが、自分を成長させる良い緊張感だと感じています。　　(保育者・園長 I)

●運動不足の子どもたちのことが心配です。4歳、5歳の子どもが、歯で口の中と外を噛むケガや、滑り台を滑って顔を擦りむくケガをしました。できると思ってることに、身体がついていっていないようです。　　(保育者 J)

●保育園を1ケ月近く休んでる子どもたちの様子ですが、3歳～5歳の子どもたちは集団生活の流れに戸惑ってしまう姿が見られます。自分が座っていた場所がわからなくなったり、次に何をしたら良いのかがわからなくなったりしています。休む前は、何でもしている子どもでした。また、友だちとぶつかることが増え、かけっこや鬼ごっこをすると転ぶ子が増えたように感じます。身長、体重の状態ですが、身長は伸びていますが、体重はほとんど増えていません。保育園で生活していると、体重の増加は、1ケ月 0.5kg 程度ですが、1ケ月自宅で過ごしたにもかかわらず、保育園の子どもたちは体重が増えていません。家庭では食事をしっかり食べていないのではないかと推察されます。そして、1歳〜2歳の子どもは、表情が硬く、言葉を発することが少なくなったように感じます。友だちの名前や先生の名前も言えなくなっていました。（保育者K）

●保育園は、保護者が医療に従事していたり、自宅で子どもの面倒を見られなかったりするケースがあり、全面休園はできませんし、保育士と園児の濃厚接触は避けられない実情があります。（保育者L）

●自分の授業をオンライン用に作成したものを見直すことで、自分の授業の改善すべき点がわかったこと。学生を目の前にして、学生の反応を確認しながら授業できることは、自分のモチベーションを保つためにも大切であることに改めて気づいたこと。自分を見つめる時間が増えたことが良かったことです。（教師A）

●休校は、余り感染者のいない私の町でも、基礎疾患をもっている先生や、生徒や先生の家族に年寄りや基礎疾患を抱えている人たちにとって、ほっとできる方法だったと思います。ただし、生徒は、学校がなければ自由に動き回るレベルの生徒や社会情勢に敏感なレベルの生徒がいます。自由に動き回るレベルの生徒には．かなり強く言わないと、言うことは聞きません。

良かったことは、①感染リスクが減ったこと、②部活動ができないので、勤務時間が守れるようになったこと、③家族のために時間ができたことです。

良くなかったことは、①進路保障が困難になったこと、②生徒の夢が壊れたこと、スポーツ大会が全て中止になったこと、③家庭で教育ができない生徒と、そうでない生徒との差がますます広がったこと、④ますます生活水準の差ができたことを、感じています。　(教師B)

●小学校指導者の立場から、子どもたちを見て感じたことは、家庭でゆとりの時間ができたみたいで、学校に来ても、疲れたとか、眠たいとか、あまり言わなくなりました。

良かったことは、手洗いやマスクは言われなくても進んでするようになったこと、②給食は無言で食べるようになったこと。③自分で時間割を決めて、勉強しようという気持ちをもつようになってくれたこと。④友だちに会えて本当に嬉しそうな姿が見られること。学校が楽しい！という生徒が多いのが嬉しいことでした。　(教師C)

●メリットは、思いがけず時間ができたので、今まで、わが子にしてやれなかったことを、孫たちにいろいろなことができていること。孫といることで、こちらも、元気づけられています。

デメリットは、コロナ、コロナで、結構、追い詰められ、何もないと鬱症状になりそうなことです。（教師D）

●保育現場や家庭での現状から考えますと、休園生活にて、日常・生活習慣の乱れは容易に想像できます。戸外あそびの現状から考えますと、①戸外（公園）あそびでは、他者・同年齢とのふれあいの減少（人の少ない時間帯を探すことから）、②固定遊具には規制線が貼られている所もあり、あそびが制限されていますので、遊び方の変化が現われるのではないかが心配です（スピード感や距離感）。また、③歩行の機会が減少していることから、本来、基本的な人間としての土台づくりの時期が保たれていないことへの懸念があります。

保育再開後は、①十分に陽を浴びていないことで、どのような影響が生じるか、②心や身体が急に解放され、どのような事故やケガが考えられるか、また、その配慮や援助方法はどのようにしたらよいか等、心配しています。

園での対応では、①乳児に加え、幼児においても、登校・園時、午睡後の検温を行っています。また、②保護者には、子どもの様子を中心にして話を聞いています。また、特に配慮を要する保護者には、休園中であっても、電話連絡を行うという配慮をしています。

今後、知りたいことは、①子育てのヒントやアイディア、②親子クッキング・幼児食、③親子制作、④廃材や身近なものを使用した遊び場づくりや活動、⑤きょうだい（異年齢）

におススメなあそび、⑥季節を感じられるもの、⑦手抜き術です。
（教師 E）

●良かったところは、児童が、手洗いやうがい、アルコール消毒の習慣や感染症に対する知識を身につけられたことです。

良くなかったところは、児童においては、他者（学校の先生やクラスメイト、地域の大人たち）と接する機会が失われていることです。そのために、児童、とりわけ低学年児の情緒的発達や社会的発達に、ネガティブな影響を及ぼしていることです。また、外あそびや学校での学びの機会が減少しているために、身体的発育や知的発達にも良くないと考えます。

（指導員 A）

おわりに

今現在、コロナ禍において、今までに経験したことがない感染症対策に立ち向かうことは、老若男女に求められており、新生活様式については、各々の迷いや不安を感じられている方もいらっしゃるでしょう。しかし、考えてみるといつの時代においても、想定外の事象は起きており、悲しみや苦しみの中から、その都度、ヒトはそれぞれが知恵を出し合って、乗り越えて、今に至っています。「今、ここに生きる」ことは、特に、幼い子にとっては、発育発達の最中であり、とても大切な時期と考えます。この時を逃すことも、後回しにすることもできません。これまでの先人たちの知恵や研究者たちの研究知見などを大切にして、今できることで、幼い子たちの成長に寄り添う支援が必要です。

この書籍を手にしてくださった幼児体育指導者の皆様、子育て中の方、保育関係の方、行政の方など、皆様のお役に立ちたいと、幼い子の生活において家庭や地域でできるメッセージを込めました。親子体操では、からだを使うことで、楽しさや、わが子の発達を再確認できます。さらに、ご家庭では、わが子とのオリジナルあそびに発展するヒントになると幸いです。また、子どもの発育発達に環境相互と関係を大切にするならば、大人にできることを惜しまずに子どもたちに提供し、子どもたちの笑顔を守るヒトの力が増えることを願います。

阿部玲子

執筆者紹介

阿部玲子　（あべ　れいこ）

所属：早稲田大学大学院修士課程

学会：日本レジャー・レクリエーション学会会員

資格：日本幼児体育学会専門指導員

専門：子どもの健康福祉学、幼児体育

古谷野浩史　（こやの　ひろし）

所属：早稲田大学前橋研究室

学会：日本レジャー・レクリエーション学会会員

専門：子どもの健康福祉学、幼児教育・保育

門倉洋輔　（かどくら　ようすけ）

所属：早稲田大学大学院修士課程

学会：日本レジャー・レクリエーション学会会員

資格：日本幼児体育学会初級指導員

専門：子どもの健康福祉学、学童保育研究

舒　浩璐

所属：早稲田大学大学院・博士課程

学会：国際幼児体育学会会員

下崎將一　（しもざき　しょういち）

所属：Sports Interface（スポーツインターフェイス）代表

資格：日本幼児体育学会専門指導員
学位：鹿児島大学　学士

松尾貴司　（まつお　たかし）

所属：大阪市立大学大学院　博士課程
学会：日本幼児体育学会会員
資格：日本幼児体育学会初級指導員
専門：疲労科学、幼児体育
学位：修士（医科学）

郭　宏志　（かく　こうし）

所属：早稲田大学大学院・博士課程
学会：国際幼児体育学会会員、国際体重コントロール学会編集委員会事務局委員、日本レジャー・レクリエーション学会会員、国際幼児健康デザイン研究所　委員
専門：子どもの健康福祉学
学位：修士（スポーツ科学）

笹井美佐　（ささい　みさ）

所属：東京 YMCA 社会体育・保育専門学校

小石浩一　（こいし　こういち）

所属：小田原短期大学（専任講師）／早稲田大学（教育コーチ）
学会：国際幼児体育学会（理事）／日本レジャー・レクリエーション学会（理事）／日本幼児体育学会（理事）／日本保育保健学会／日本乳幼児教育学会／日本子ども家庭福祉学会／日本食育学術会議／イン

ターナショナルすこやかキッズ支援ネットワーク
専門：健康福祉、子どもの健康福祉学、健康指導法、幼児体育
学位：修士（人間科学）

イラスト

満処絵里香　（まんどころ　えりか）
所属：早稲田大学大学院・修士課程
学会：日本レジャー・レクリエーション学会会員
専門：子どもの健康福祉学、親子ふれあい体操

■編著者略歴

前橋　明　（まえはし　あきら）

現　職：早稲田大学人間科学学術院　教授・医学博士

専　門：子どもの健康福祉学　幼児体育

最終学歴：1978 年　米国ミズーリー大学大学院：修士（教育学）

1996 年　岡山大学医学部：博士（医学）

教育実績（経歴）：倉敷市立短期大学教授、米国ミズーリー大学客員研究員、米国バーモント大学客員教授、米国ノーウィッジ大学客員教授、米国セントマイケル大学客員教授、台湾：国立体育大学客員教授を経て、現在、早稲田大学人間科学学術院教授。

（学部、e-school、大学院：修士課程・博士課程）

社会的活動：国際幼児体育学会　会長、国際幼児健康デザイン研究所　顧問

日本食育学術会議　会頭、日本レジャー・レクリエーション学会　会長

インターナショナルすこやかキッズ支援ネットワーク　代表

日本学術振興会科学研究費委員会専門委員（2009.12 ～ 2017.11）

幼児体育指導ガイド 4

— 新型コロナ感染症（COVID-19）対応 いま、私たちにできること —

2021 年 3 月 15 日　初版第 1 刷発行

■編 著 者——前橋　明

■発 行 者——佐藤　守

■発 行 所——株式会社 **大学教育出版**

〒 700-0953　岡山市南区西市 855-4

電話（086）244-1268　FAX（086）246-0294

■印刷製本——モリモト印刷㈱

ISBN978 - 4 - 86692 - 113 - 6